Übungsbuch Mathematik für Wirtschaftswissenschaftler

Tilo Wendler · Ulrike Tippe

Übungsbuch Mathematik für Wirtschaftswissenschaftler

Aufgabensammlung mit ausführlichen Lösungen

2. Auflage

 Springer Gabler

Tilo Wendler
Vizepräsident Studium, Lehre und
Internationales der Hochschule für Technik
und Wirtschaft (HTW)
Berlin, Deutschland

Ulrike Tippe
Präsidentin der Technischen
Hochschule Wildau
Wildau, Brandenburg, Deutschland

Ergänzendes Material zu diesem Buch finden Sie auf http://extras.springer.com.

ISBN 978-3-662-58714-0   ISBN 978-3-662-58715-7   (eBook)
https://doi.org/10.1007/978-3-662-58715-7

Die Deutsche Nationalbibliothek verzeichnet diese Publikation in der Deutschen Nationalbibliografie; detaillierte bibliografische Daten sind im Internet über http://dnb.d-nb.de abrufbar.

Springer Gabler

Springer Gabler ist ein Imprint der eingetragenen Gesellschaft Springer-Verlag GmbH, DE und ist ein Teil von Springer Nature
Die Anschrift der Gesellschaft ist: Heidelberger Platz 3, 14197 Berlin, Germany

Vorwort

Studierende werden meist im ersten Semester mit der Mathematik und ihren wirtschaftswissenschaftlichen Anwendungen konfrontiert. So relevant dieses Fachgebiet in diesem
Fall ist, so schwierig wird es von vielen empfunden.

Das Stichwort „Üben!" wird in diesem Buch wörtlich genommen. Denn häufig fehlt
nicht das Verständnis der Lehrinhalte, sondern das selbstständige und wiederholende
Bearbeiten von Aufgaben und Problemstellungen. Es gibt bereits viele Mathematiklehr-
bücher mit didaktisch hervorragend aufbereiteten Inhalten. Das Ziel dieses Buches ist es,
eine umfängliche Aufgabensammlung bereitzustellen, die sich inhaltlich an den grundlegenden mathematischen Themen für Studierende insbesondere (aber nicht nur) der Wirtschaftswissenschaften orientiert und eine Vielzahl von Aufgaben nebst Lösungen bietet.

Jedes Kapitel wird kurz mit Texten zum jeweiligen Stoffgebiet eingeleitet. Die hier
präsentierten grundlegenden Überlegungen sollen anderen Lernstoff (Vorlesung, Skripte,
Bücher) nicht ersetzen, sondern einen Überblick über die wichtigsten Hintergründe der
nachfolgenden Übungsaufgaben geben. Diese stellen dann den eigentlichen Schwerpunkt
dar und laden zum umfänglichen Vertiefen und Wiederholen der Themen der Algebra,
der reellen Funktionen sowie der Differenzial- und Integralrechnung einer reellen Veränderlichen ein. Die Lösungen befinden sich am Buchende. Teilweise wurde das Computer-
Algebra-System MAPLE genutzt, um Sachverhalte besser zu veranschaulichen. Auch
Microsoft Excel findet Einsatz.

> Alle Lösungen zu den Übungen dieses Buches stehen als PDF- und MAPLE-Datei
> zum Download unter http://www.wiwistat.de/downloads zur Verfügung. Bitte nut-
> zen Sie das Passwort am Ende des Buches.

Abschließend soll nicht versäumt werden, den beiden Studierenden Frau Tina Gillmeister sowie Herrn Tim Luther für ihre tatkräftige Unterstützung zu danken.

Berlin   Tilo Wendler
Mai 2019   Ulrike Tippe

Inhaltsverzeichnis

Algebra

1

1.1 Termumformungen

1.1.1 Theorie

1.1.1.1 Allgemeines zu Termumformungen

Terme können allgemein beschrieben werden als mathematisch sinnvolle Kombinationen aus Grundzeichen (Zahlen, Buchstaben, Zeichen für Rechenoperationen, Funktionssymbole, Klammern, Indizes usw.).

Ziel der Übungen in diesem Kapitel ist es, den Umgang mit den grundlegendsten Rechenregeln mit Zahlen und Variablen bei der Termumformung zu üben und sich somit sicher auch komplexeren Umformungen in den folgenden Kapiteln stellen zu können.

1.1.1.2 Vertiefung zum Thema „Logarithmen"

Bei der Lösung praktischer Fragestellungen wird es öfter notwendig sein, Gleichungen oder Ungleichungen mithilfe von Logarithmen aufzulösen. Dabei gestaltet sich der Umgang mit den Logarithmen nicht immer einfach. Aus diesem Grund sollen die Grundlagen, beginnend mit der Definition und folgend mit den wichtigsten Eigenschaften, hier vorgestellt werden.

Dabei sollen die Ausführungen den Umgang mit Logarithmen auf verständliche Art und Weise verdeutlichen. Es wird eine pragmatische und weniger mathematisch sowie formell besonders ausgefeilte Darstellungsweise gewählt.

Um eine Potenz ordnungsgemäß in einen Logarithmus zu überführen, also eine Gleichung äquivalent umformen zu können, bedarf es zweier Dinge:

1. Es sollte zunächst klar sein, dass der Logarithmus immer dann zum Einsatz kommt, wenn die zu ermittelnde unbekannte Größe im Exponenten steht.

© Springer-Verlag GmbH Deutschland, ein Teil von Springer Nature 2019
T. Wendler und U. Tippe, *Übungsbuch Mathematik für Wirtschaftswissenschaftler*,
https://doi.org/10.1007/978-3-662-58715-7_1

2. Weiterhin sollte man sich überlegen, wie man den Term $\log_a b$ ausspricht. Korrekt lautet dieser: „Logarithmus b zur Basis a".

Die Kenntnis dieser beiden Fakten reicht bereits aus, um den Logarithmus anzuwenden. Dies soll an folgendem Beispiel erläutert werden:

$$2^{3x+1} = 1024$$

Es ist klar ersichtlich, dass der gesuchte Wert x im Term 2^{3x+1} im Exponenten steht. Damit muss der Logarithmus eingesetzt werden, um den Wert von x zu ermitteln. Dies geschieht schrittweise wie folgt:

Aufgrund der Kenntnis, dass der Logarithmus dazu dient, den Exponenten zu ermitteln, ist klar, dass das Ergebnis die Form

$$3x + 1 = \log \ldots$$

haben muss.

Mithilfe der zweiten Regel, dass $\log_a b$ als „Logarithmus b zur Basis a" ausgesprochen wird, überlegt man sich nun, was denn die Basis in der Ausgangsgleichung ist. Man ermittelt 2 und schreibt nun weiter

$$3x + 1 = \log_2 \ldots,$$

denn die Basis $a = 2$ steht im unteren Teil des Terms $\log_a b$.

Das Ziel ist nun so gut wie erreicht. Denn der verbleibende Ausdruck (bzw. hier nun eine einzelne Zahl) 1024 kann nur noch an einem Platz, nämlich an der mit „…" beschriebenen Stelle platziert werden. Somit folgt

$$3x + 1 = \log_2 1024.$$

Es ist also relativ einfach, den Logarithmus anzuwenden und eine Gleichung so umzuformen, dass der Exponent ermittelt werden kann. Wie später noch zu sehen sein wird, ist dies gerade im Bereich der Wirtschaftswissenschaften wichtig, um beispielsweise bei finanzmathematischen Berechnungen wichtige Kenngrößen zu ermitteln.

Betrachtet man die letzte Gleichung, so fragt man sich vielleicht, wie denn eigentlich $\log_2 1024$ berechnet werden kann. Auf jedem Taschenrechner findet man zwar die Taste „log", doch hier kann nur ein Argument angegeben werden und eben nicht zwei, wie im vorliegenden Fall. Die Frage der Berechnung von $\log_2 1024$ soll gleich geklärt werden. Vorab jedoch einige Besonderheiten des Rechnens mit Logarithmen.

Es gilt $\log_a 1 = 0$. Der $\log_1 b$ ist nicht definiert. Für $\log_a b$ mit der Basis $a = 10$ erhält man den dekadischen Logarithmus, kurz bezeichnet mit „lg". Man findet sowohl die Schreibweise lg 2, als auch lg (2). Im Folgenden soll die erstgenannte Darstellung bevorzugt werden.

Auf allen Taschenrechnern existiert eine Taste „log". Hiermit ist bereits der dekadische Logarithmus gemeint.

Beispiel

$$\log_{10} 2 = \lg 2$$

Für $\log_a b$ mit der Basis $a = e = 2{,}7182\ldots$ erhält man den natürlichen Logarithmus, kurz bezeichnet mit „ln".

Beispiel

$$\log_e 2 = \ln 2$$

Es ist $\log_z z = 1$ für alle $z > 0$.

Für das Rechnen mit Logarithmen existieren einige besondere Regeln, die kurz dargestellt werden sollen, um dann das Ausgangsbeispiel

$$3x + 1 = \log_2 1024$$

endgültig lösen zu können.

Wichtige Regeln für das Rechnen mit Logarithmen sind:

$$\log_a b = \frac{\ln b}{\ln a}$$

$$\log_a b = \frac{\lg b}{\lg a}$$

$$\log_a (b_1 \cdot b_2) = \log_a b_1 + \log_a b_2$$

$$\log_a \left(\frac{b_1}{b_2}\right) = \log_a b_1 - \log_a b_2$$

$$\log_a b^n = n \cdot \log_a b \text{ mit } n \in \mathrm{N}\backslash\{0\}$$

Man beachte, dass gilt

$$\log_a (b_1 + b_2) \neq \log_a b_1 \cdot \log_a b_2$$

$$\log_a (b_1 - b_2) \neq \frac{\log_a b_1}{\log_a b_2}$$

$$\left(\log_a b\right)^n \neq n \cdot \log_a b.$$

Nun wurden alle Hilfsmittel bereitgelegt, um das Eingangsbeispiel zu beenden. Mithilfe der zweiten obigen Gleichung folgt aus

$$3x + 1 = \log_2 1024$$

$$3x + 1 = \frac{\lg 1024}{\lg 2},$$

womit durch weitere Umformungen

$$x = \frac{\frac{\lg 1024}{\lg 2} - 1}{3}$$

folgt. Damit ist $x = 3$.

Weitere Hinweise zur Anwendung der aufgeführten Regeln werden in folgenden Beispielen gegeben.

Beispiel

Die oben genannte Äquivalenz wird stets benutzt, um Werte von Logarithmen zu berechnen, deren Basis ungleich 10 oder e ist. Man formt $\log_3 5$ um, um den Wert mit einem Rechner bestimmen zu können:

$$\log_3 5 = \frac{\ln 5}{\ln 3} = \frac{1{,}6094}{1{,}0986} = 1{,}4650$$

Damit gilt ebenso

$$\log_3 5 = \frac{\lg 5}{\lg 3} = \frac{0{,}6990}{0{,}4771} = 1{,}4650.$$

Achtung:

Eine abwechselnde Benutzung von ln und lg bei ein und derselben Umformung führt zu Fehlern. Denn es gilt

$$\frac{\ln 5}{\ln 3} \neq \frac{\lg 5}{\ln 3} \quad \text{bzw.} \quad \frac{\ln 5}{\ln 3} \neq \frac{\ln 5}{\lg 3}.$$

1.1.2 Übungen

Aufgabe 1.1: Identifikation von Koeffizienten und Variablen

Identifizieren Sie in den folgenden Termen die Koeffizienten. Formulieren Sie Ihre Antworten in Anlehnung an: „… ist der Koeffizient des Terms … mit der Variablen …". Sie können dies durch Nutzung einer zweispaltigen Tabelle (Koeffizient/von Variable) realisieren.

a) $2x - 3$

b) $\frac{1}{3}K^2 - 4E + 3$

c) $\frac{2}{x^2} - \frac{1}{4x} - 2$

d) $\frac{3}{2}x^5 - 4y + 6$

e) $4{,}5$

f) $\alpha x + \gamma y - \frac{\delta}{u}$ mit $\alpha, \gamma, \delta \in \mathbb{R}$ und konstant

Aufgabe 1.2: Vermeiden negativer Exponenten in Potenzen

Die folgenden Terme sind mit positivem Exponenten darzustellen und so weit wie möglich zu vereinfachen.

a) M^{-2}

b) Z^{-1}

c) $4k^{-5} \cdot 2$

d) $4k^{-5} + 2$

e) $5u^{-1} - \frac{1}{2}$

f) $(m + i)^{-1}$

g) $8^{-2}(a + c)^2$

h) $f^{-2} + c^{-1}$

i) $(l^{-1})^0$

j) $(l^0)^{-1}$

k) $\left(m \cdot n^{-5}\right)^2$

l) $\left(-m \cdot n^5\right)^{-2}$

m) $\left(-m \cdot n^5\right)^{-3}$

n) $16 \cdot Z^0 \cdot \frac{n^{-2}}{4l^{-2}} \cdot x^2$

o) $\frac{27a^2b^2}{3z^{-1}}3^{-1}$

Aufgabe 1.3: Anwendung der Potenzgesetze

Vereinfachen Sie folgende Terme. Die Potenzgesetze finden Sie in der Formelsammlung in Anhang A1.

a) $\left(-\sqrt{5}\right)^2$

b) $(x - z)^8 \cdot (x - z)$

c) $\left(b^3\right)^n \cdot a^n \cdot c^n$

d) $\frac{(3a^2 \cdot b)^5}{a^5 \cdot b^5}$

e) $\left(3s \cdot (x + z)^2\right)^3$

f) $\frac{(8ab)^k}{(2b)^k}$

g) $\left(x^2 \sqrt{v} \cdot \sqrt{xv}\right)^{2n}$

h) $\frac{a^{n+3} \cdot y^2}{a^3 \cdot y^{n+3}}$

i) $3a^3b \cdot b^4 + 4ab \cdot a^2b^4 - a^3b^5$

j) $\frac{\left[(a-b)^2\right]^t}{(a^2 - b^2)^t}$

Aufgabe 1.4: Wurzeln in Potenzen umformen

Eliminieren Sie die Wurzel in folgenden Termen und schreiben Sie diese mit positivem Exponenten. Zum Beispiel gilt $\sqrt{5} = 5^{\frac{1}{2}}$.

a) $\sqrt{6}$

b) $\sqrt[4]{9}$

c) $\sqrt[5]{7^2}$

d) $\sqrt{m}$

e) $\sqrt{z^4}$

f) $\sqrt[k]{t^5}$

g) $\sqrt{k} + \sqrt{l}$

h) $\sqrt{k+l}$

Aufgabe 1.5: Komplexere Anwendungen der Wurzelgesetze

Vereinfachen Sie folgende Terme unter Anwendung der Wurzelgesetze.

i) $\sqrt{\frac{u}{v} \cdot \sqrt[3]{\frac{v^2}{u^2}} \cdot \sqrt{\frac{1}{u}}}$

j) $5 \cdot \sqrt[3]{\frac{27}{125}}$

k) $\sqrt{2 + \frac{7}{9}}$

l) $\sqrt[3]{\left(a^5 b^3\right)^9}$

m) $\sqrt{25^2 - 20^2}$

n) $\frac{2 + 3 \cdot \sqrt{2}}{3 - 2 \cdot \sqrt{2}}$

o) $\frac{\sqrt[4]{x} \cdot \sqrt[5]{y^2}}{\sqrt[3]{x^2} \cdot \sqrt{y^3}}$

p) $\sqrt{17^2 - 8^2}$

q) $\sqrt[3]{8}$

r) $-\log_3 \left(\log_3 \sqrt[3]{\sqrt[3]{3}} \right)$

s) $\frac{2}{3} \sqrt[3]{3a^6 b^4 c^3}$

t) $\frac{1}{\sqrt[3]{3a^5}}$

u) $\sqrt[6x \cdot 10x]{ax^3}$

v) $10 \cdot \sqrt{x^4 y^2 3 z^6}$

w) $8 \cdot \sqrt[4]{m^2 4 l^9 k^{12}}$

x) $6 \cdot \sqrt[3]{j^2 6 x^6 z^3}$

y) $5 \cdot \sqrt[4]{m^3 5 j^7 k^6}$

z) $\sqrt[3]{6 x^2 y^6 9 z^3}$

aa) $\frac{1}{2 \cdot \sqrt[3]{x^5}}$

bb) $\frac{1}{8 \cdot \sqrt{4 x^6}}$

Aufgabe 1.6: Ausklammern

Formen Sie die folgenden Summen durch Ausklammern in Produkte um. Beispielsweise gilt:

$$3a^2 + 18ax - 2ay - 12xy$$
$$= 3a(a + 6x) - 2y(a + 6x)$$
$$= (3a - 2y) \cdot (a + 6x)$$

Hinweis: Die Lösungswege der Teilaufgaben b, h, i, m, p, r und t finden Sie in ausführlicher Form im Lösungsteil, Kap. 6. Zu allen anderen Aufgaben ist die finale Lösung angegeben.

a) $3a^2 - 18ax + 2ay - 12xy$
b) $3a^2 - 18ax - 2ay + 12xy$
c) $-3a^2 + 18ax + 2ay - 12xy$
d) $-3a^2 + 18ax - 2ay + 12xy$
e) $3a^3 - 18a^2x + 2a^2y - 12axy$
f) $3a^2z + 18axz - 2ayz - 12xyz$
g) $-3a^3y^2z + 18a^2xy^2z + 2a^2y^3z - 12axy^3z$
h) $ax + ay + az + bx + by + bz$
i) $ab + ac + bx + bz + cx + cz$
j) $ax - ay - az - bx + by + bz$
k) $ab - ay - bx + bz + xy - yz$
l) $-ax + ay + az + bx - by - bz$
m) $ax + ay - az + bx + by - bz - cx - cy + cz$
n) $ax - ay + az - bx + by - bz - cx + cy - cz$
o) $ab - ax + ay - az + bc - cx + cy - cz$
p) $a^3 + a^3b + a^2c + ab^2 + ab + bc$
q) $a^3 - a^3b + a^2b + abc - ac - bc$
r) $a^3 + a^2b + a^2bc + a^2c^2 + ab^2c + abc^2 + ac + bc^2 + c^3$
s) $abc + ab^2c - bc^2 - a^2 - a^2b + ac + a^3 + a^3b - a^2c$
t) $6a^2 + 5ab + 8ac + b^2 + 4bc$
u) $a^2 + ac - b^2 + bc$

Aufgabe 1.7: Binomische Formeln anwenden

Formen Sie die folgenden Summen in Produkte um.

Beispielsweise gilt:

$$x^2 + 2xy + y^2 - z^2$$
$$= (x + y)^2 - z^2$$
$$= ((x + y) + z) \cdot ((x + y) - z)$$
$$= (x + y + z) \cdot (x + y - z)$$

Hinweis: Die Lösungswege der Teilaufgaben a, b, o, t, cc, bb, dd und ee finden Sie in ausführlicher Form im Lösungsteil, Kap. 6. Zu allen anderen Aufgaben ist die finale Lösung angegeben.

a) $x^2 - y^2 + 2yz - z^2$

b) $x^2 - 2xz - y^2 + z^2$

c) $x^2 + 2xz - y^2 + z^2$

d) $x^2 + x - y^2 + y$

e) $xy - xz + y^2 - z^2$

f) $y^2 - xy + xz - z^2$

g) $x^2 + xz - y^2 + yz$

h) $x^2 - xz - y^2 + yz$

i) $x^2 + xy - yz - z^2$

j) $xy - xz - y^2 + 2yz - z^2$

k) $xy + xz - y^2 - 2yz - z^2$

l) $x^2 + xy - 2xz - yz + z^2$

m) $x^2 + xy - y - 1$

n) $xy - x - y^2 + 2y - 1$

o) $x^2 - xy - y - 1$

p) $x^2 + xy + y - 1$

q) $x + xy + y^2 - 1$

r) $x + xy - y^2 + 1$

s) $x^2 + 4x - y^2 + 4y$

t) $xy - 2x - y^2 + 4y - 4$

u) $x^2 + xy - 4x - 2y + 4$

v) $3y - 6z - yz + z^2 + 9$

w) $4x^2 - y^2 + 2y - 1$

x) $x^3 + x^2 + x + 1$

y) $x^3 + x^2 - x - 1$

z) $x^3 + 2x^2 - x - 2$

aa) $x^3 + 2x^2 + x + 2$

bb) $x^3 + 2x^2 + 2x + 1$

cc) $x^6 - 25x^4 + x^2 - 25$

dd) $x^3 + 5x^2 - 9x - 45$

ee) $x^6 - 9x^4 - 16x^2 + 144$

Aufgabe 1.8: Termumformungen

Vereinfachen Sie die folgenden Terme so weit wie möglich.

Hinweis: Die Lösungswege der Teilaufgaben a, b, c, e, h, r und u finden Sie in ausführlicher Form im Lösungsteil, Kap. 6. Zu allen anderen Aufgaben ist die finale Lösung angegeben.

a) $\frac{a}{a-b} - \frac{b}{a+b}$

b) $\frac{a+b}{a-b} + \frac{a-b}{a+b}$

c) $\frac{a+b}{a-b} - 1$

d) $\frac{a-b}{a+b} + 1$

e) $\frac{a}{a+b} + \frac{2ab}{a^2-b^2} - \frac{b}{a-b}$

f) $\frac{a}{a-b} + \frac{b}{b-a}$

g) $\left(a - \frac{1}{a}\right) \div \left(1 + \frac{1}{a}\right)$

h) $\frac{1}{a} + \frac{a+1}{a^2-a} - \frac{a-1}{a^2+a} - \frac{4}{a^2-1}$

i) $\frac{a}{b} - \frac{b}{a} \div \left(\frac{1}{a} + \frac{1}{b}\right)$

j) $\frac{1}{a-1} - \frac{4}{1-a} - \frac{8}{1+a} + \frac{3a+7}{a^2-1}$

k) $\frac{a}{a^2+b^2} - \frac{b \cdot (a-b)^2}{a^4-b^4}$

l) $\left(\frac{a}{a+b} + \frac{a}{a-b}\right) \cdot \left(1 - \frac{b^2}{a^2}\right)$

m) $\left(\frac{1}{a} + \frac{1}{b}\right) \div \left(\frac{1}{b} - \frac{1}{a}\right)$

n) $\left(\frac{a}{b} - \frac{b}{a}\right) \cdot \left(\frac{a+b}{a-b} - \frac{a-b}{a+b}\right)$

o) $\left(\frac{a}{a-b} - \frac{a}{a+b}\right) \div \left(\frac{1}{a-b} - \frac{1}{a+b}\right)$

p) $\left(\frac{a}{b} + \frac{b}{a}\right) \div \left(\frac{a+b}{a-b} + \frac{a-b}{a+b} - \frac{a^2+b^2}{a^2-b^2}\right)$

q) $\frac{7}{a+b} - \frac{4}{a-b} + \frac{10b-2a}{a^2-b^2}$

r) $\frac{a+b}{b} - \frac{a-b}{a} \div \left(\frac{1}{a^2-ab} + \frac{1}{ab+b^2}\right)$

s) $\frac{8a+6}{5ab-a^2} \cdot \frac{25ab-5^2}{6ab} \div \frac{20ab+15b}{9ab^2}$

t) $\frac{9ab-3b^2}{4ab-3a} \cdot \frac{4a^2+10ab}{18a-6b} \div \frac{4ab+10b^2}{8ab-6a}$

u) $\frac{3}{ab-a^2} - \frac{6}{b^2-ab} - \frac{5}{a^2-ab} + \frac{2}{ab-b^2}$

Aufgabe 1.9: Anwendung von Logarithmengesetzen

Formen Sie unter Nutzung der Logarithmengesetze die linke Seite der Gleichung so um, dass Sie die rechte Seite erhalten. Die Logarithmengesetze finden Sie in der Formelsammlung im Anhang A1.

a) $\lg\left(x \cdot 10^3\right) = \lg(x) + 3$

b) $\ln(a) - \ln(b) + 3 \cdot \ln(c) = \ln\left(\frac{a}{b} \cdot c^3\right)$

c) $2 \cdot \lg(x) - \lg(y) = \lg\left(\frac{x^2}{y}\right)$

d) $4\lg(x) - \frac{1}{4}\lg\left(\frac{1}{y}\right) + \lg(x-1) = \lg\left(y^{\frac{1}{4}}x^4(x-1)\right)$

e) $\log_a x + \log_{\frac{1}{a}} x = 0$

Aufgabe 1.10: Potenzen und Logarithmen in Termen

Vereinfachen Sie die folgenden Terme. Die Potenz- und Logarithmengesetze finden Sie in der Formelsammlung im Anhang A1.

a) $10 \cdot 100^{0,5\lg 9 - \lg 2}$

b) $49^{1 - \log_7 2} + 5^{-\log_5 4}$

c) $100^{0,5} - x \cdot \log_4 4$

d) $e^{n \cdot \ln(x^2+1)}$

e) $10^{-\lg(x^2+1)}$

f) $\left(10^{-1}\right)^{\lg(x)}$

Aufgabe 1.11: Fehlersuche bei Termumformungen

Die folgenden Terme auf der linken und rechten Seite des Gleichheitszeichens stimmen nicht immer überein. Das heißt, bei der Termumformung „von links nach rechts" haben sich Fehler eingeschlichen. Finden Sie die Fehler oder begründen Sie, weshalb die Umformung ggf. korrekt ist.

a) $10 + 3x \cdot 2 = 60x$

b) $6x - (z + 2x) = 8x - z$

c) $3a - (7c + 3)(2 - 4b) = 3a - 14c - 28cb + 6 - 12b$

d) $6 + 8 \cdot x = 14x$

e) $3x - (4y + 3x) = 3x - 4y + 3x$

f) $24 : 6 \cdot 2 = 24 : 12$

g) $-(4x) = (-4) \cdot (-x) = 4x$

h) $\left(2^2\right)^3 = 2^6$

i) $\frac{3x - 8z}{3a - 8b} = \frac{x - z}{a - b}$

j) $3 \cdot 4^2 = 12^2$

k) $\frac{\ln(x)}{\ln(z)} = \ln(x) - \ln(z)$

l) $3^x = x\log 3$

Aufgabe 1.12: Vollständige Fallunterscheidung bei Beträgen

Die Bedeutung von Termen, in denen absolute Beträge enthalten sind, kann man in der Regel schwer interpretieren. Um einen besseren Überblick über einen solchen Term zu erhalten, ist es sinnvoll, diesen zu vereinfachen. Dazu nutzt man die Definition des absoluten Betrags einer Zahl

$$|x| = \begin{cases} x & \text{für } x \geq 0 \\ -x & \text{für } x < 0 \end{cases}$$

und führt Fallunterscheidungen durch. Das folgende Beispiel verdeutlicht das Vorgehen. Zu vereinfachen ist der Term

$$T(x) = (3 + x + |x|) \cdot (5 + x + |x|).$$

Im 1. Fall bei $x > 0$ kann lt. Definition des absoluten Betrags $|x| = x$ gesetzt werden:

$$T(x > 0) = (3 + x + x) \cdot (5 + x + x)$$

$$T(x > 0) = (3 + 2x) \cdot (5 + 2x)$$

$$T(x > 0) = 15 + 6x + 10x + 4x^2$$

$$T(x > 0) = 4x^2 + 16x + 15 \text{ für alle } x > 0$$

Im 2. Fall ist nun $x = 0$. Damit gilt $|x| = 0$:

$$T(x = 0) = (3 + 0 + 0)(5 + 0 + 0)$$

$$T(x = 0) = 15 \text{ für } x = 0$$

Letztendlich verbleibt im Teil 3 die Fallunterscheidung für $x < 0$. Damit gilt lt. Definition $|x| = -x$. An der Stelle des Betrags wird demnach „$-x$" eingesetzt.

$$T(x < 0) = (3 + x - x)(5 + x - x)$$

$$T(x < 0) = 15 \text{ für alle } x < 0$$

In der Zusammenfassung also:

$$T(x) = \begin{cases} 4x^2 + 16x + 15 & \text{für alle } x > 0 \\ 15 & \text{für alle } x = 0 \\ 15 & \text{für alle } x < 0 \end{cases}$$

$$T(x) = \begin{cases} 4x^2 + 16x + 15 & \text{für alle } x > 0 \\ 15 & \text{für alle } x \leq 0 \end{cases}$$

Lösen Sie analog die folgenden Aufgaben.

a) $(2 + x) \cdot (2 + |x|) - (2 - x) \cdot (2 - |x|)$

b) $|x| \cdot (3 + x) - x \cdot (|x| - 3)$

c) $(5 + 4x - 2|x|) \cdot (2x + 3|x| - 1) - (8 - x - 3|x|) \cdot (x - 3 + 2|x|)$

d) $2(|x| + x)^3 - (|x| - x)^3 + 6(x - |x|)^2 + 2(x + |x|)^2$

e) $(|x| + x + 1)^2 - 3(|x| + x)^2 + (2x + |x| + 1)^2 + (x + |x|)^4 + (x - |x|)^3$

f) $(3 - |x|) \cdot (2 - x) - \frac{|x|}{x} \cdot (1 - x) + (4 + |x|)$

g) $\frac{4 - x^2}{2 + |x|} - \frac{5x + |x|}{4x - |x|} \cdot \frac{6x + |x|}{3x + 2|x|} \cdot \frac{7x - 2|x|}{3x + 4|x|}$

1.2   Gleichungen

1.2.1   Theorie

Verbindet man zwei Terme $T1$ und $T2$ durch ein Gleichheitszeichen, so erhält man eine Gleichung der Form $T1 = T2$. Enthalten die Terme keine „Variablen", so liegt eine normale Gleichheitsaussage vor, die entweder wahr oder falsch ist. Enthalten die Terme eine oder mehrere „Variable" $x, y, z, \ldots$, so stellt $T1 = T2$ im Sinne der mathematischen Logik eine „Aussageform" dar, die erst durch Konkretisierung der Variablen zu einer (wahren oder falschen) Aussage wird.

In der Gleichungslehre werden $x, y, z, \ldots$ als noch unbekannte reelle Zahlen interpretiert. Diese „Unbekannten" sollen (möglichst) so bestimmt werden, dass die Gleichung zu einer wahren Aussage wird. Dazu ist die Addition oder Subtraktion gleicher Zahlen oder identischer Terme auf beiden Gleichungsseiten genauso nutzbar wie die Multiplikation und die Division mit von null verschiedenen Zahlen.

Zu beachten ist, dass das Quadrieren von Gleichungen nicht zu diesen äquivalenten Umformungen gehört. Hier besteht die Möglichkeit, dass Scheinlösungen im Ergebnis auftreten. Diese sind zwar rechnerisch korrekt hergeleitet, jedoch keine Lösung der Ausgangsgleichung. Die Identifikation solcher Scheinlösungen ist nur mithilfe einer abschließenden Probe möglich.

1.2.2   Übungen

Aufgabe 1.13: Einfache Gleichungen mit Brüchen

Zunächst soll ein Beispiel für die Lösung einer Gleichung mit Brüchen gezeigt werden:

$$\frac{-3}{x + 4} = \frac{2}{x - 1}$$

Multiplizieren beider Seiten jeweils mit dem Nenner (über Kreuz) ergibt

$$-3 \cdot (x-1) = 2 \cdot (x+4)$$
$$-3x+3 = 2x+8$$
$$-5x = 5$$
$$x = -1$$

Die Lösung gehört zum Definitionsbereich $R \setminus \{-4; 1\}$ der Gleichung, und die Probe zeigt die Exaktheit der Lösung $x = -1$.

Ermitteln Sie die Lösung folgender Gleichungen.

a) $\frac{3}{x-4} = \frac{6}{x-4}$

b) $\frac{3}{x-4} = \frac{6}{x-5}$

c) $\frac{3}{x-4} = \frac{3}{x-4}$

d) $\frac{3}{x-4} = \frac{3}{x-5}$

e) $\frac{2x}{x-7} = \frac{8}{x-7}$

f) $\frac{2x}{x-7} = \frac{4}{x-1}$

g) $\frac{2x}{x-7} = \frac{14}{x-7}$

h) $\frac{2x}{x-7} = \frac{16}{x+7}$

i) $\frac{2x}{x-7} = \frac{16}{x-7}$

j) $\frac{2x}{x-7} = \frac{0}{x-7}$

k) $\frac{2x}{x-7} = \frac{14}{x+7}$

l) $\frac{2x}{x-7} = \frac{14}{x-7} + 2$

m) $\frac{2x}{x-7} = \frac{8}{x-4} + 2$

n) $\frac{x^2-7x+6}{x^2-2x-4} = 6$

o) $\frac{x^2+11x-126}{x^2-9x+14} = 5$

p) $\frac{5}{x+6} = \frac{6x-3}{2x^2+5x-3}$

q) $\frac{1}{x^2-x-6} = \frac{3}{x^2+x-2}$

r) $\frac{4}{7x^2+18x-9} = \frac{1}{7x^2+11x-6}$

s) $\frac{5x-10}{3x^2+13} = \frac{x^2-4}{x^3+2x^2-x-2}$

Aufgabe 1.14: Wurzelgleichungen

Das folgende Beispiel zeigt die Lösung einer Wurzelgleichung:

Gesucht ist die Lösung der Gleichung

$$\sqrt{6x-5} - 1 = \sqrt{2x+2}.$$

Beim Quadrieren beider Seiten ist zu beachten, dass auf der linken Seite eine Differenz steht. Die Lösung für binomische Formeln der Form

$$(a - b)^2 = a^2 - 2ab + b^2$$

ist anzuwenden.

$$\left(\sqrt{6x - 5} - 1\right)^2 = \left(\sqrt{2x + 2}\right)^2$$

$$\left(\sqrt{6x - 5}\right)^2 - 2\sqrt{6x - 5} + 1 = 2x + 2$$

$$6x - 5 - 2\sqrt{6x - 5} + 1 = 2x + 2$$

$$-2\sqrt{6x - 5} = -4x + 6$$

$$\sqrt{6x - 5} = 2x - 3$$

Nochmaliges Quadrieren beider Seiten führt zu:

$$\left(\sqrt{6x - 5}\right)^2 = (2x - 3)^2$$

$$6x - 5 = 4x^2 - 12x + 9$$

$$0 = 4x^2 - 18x + 14$$

Man erhält zunächst die Lösungen

$$x_1 = 3{,}5; \; x_2 = 1.$$

Die Probe zeigt, dass es sich bei $x_2 = 1$ um eine Scheinlösung handelt. Diese ist nicht Lösung der Ausgangsgleichung. Die Ausgangsgleichung besitzt nur die Lösung $x_1 = 3{,}5$.

Ermitteln Sie die Lösungen folgender Gleichungen. Quadrieren Sie dazu ggf. beide Seiten. Führen Sie die Probe durch, um Scheinlösungen zu identifizieren.

a) $\sqrt{6x - 2} - 2 = \sqrt{2x - 2}$
b) $\sqrt{36x + 16} - 1 = \sqrt{4x + 4}$
c) $\sqrt{4 - x^2} - 2 = \sqrt{9 - x^2} - 4$

Aufgabe 1.15: Gleichungen mit Potenzen und Logarithmen
a) Ermitteln Sie die Lösung der folgenden Gleichungen.

1. $2^{4x+2} = 16 \cdot 2^{x+5}$
2. $2^{x+1} \cdot 4^{2x+2} = 8^x$
3. $2^{2x+5} - 3 \cdot 2^{x+2} + 1 = 0$
4. $0{,}8 \cdot 0{,}6^{-x} = 1{,}72 \cdot 1{,}5^{-2x+1,4}$
5. $3{,}5 \cdot 2{,}25^{1,4x} = 6{,}18^{2,5 \cdot (x-1)}$

b) Stellen Sie die folgenden Gleichungen nach x um und überlegen Sie, welche Bedingungen erfüllt sein müssen, damit tatsächlich eine Lösung ermittelt werden kann.

1. $\left(\frac{a}{b}\right)^x = \frac{c}{d}$
2. $u^{2x-1} = v$
3. $a = A \cdot \left(1 - e^{-bx}\right)$
4. $w \cdot x^n = \frac{1}{x}$ mit $n \in \mathbb{N}\setminus\{0; 1\}$

c) Ermitteln Sie einen rationalen Näherungswert für x.

1. $12{,}4^x = 0{,}75$
2. $x^{3,1} = 0{,}04$
3. $\frac{(4,3)^x}{2,7} = 0{,}4$
4. $x = 0{,}17^{4,2}$
5. $x = 24{,}2^3$
6. $x = \sqrt[10]{0{,}1}$
7. $x = \log_{0,5} 12{,}8$
8. $x = \log_2 0{,}73$
9. $x = 5 \cdot \log_{1,7} 1{,}45$
10. $2{,}5 = \log_x 20$
11. $-3 = 4 \cdot \log_2 x$
12. $4{,}8 = \sqrt[5]{2x}$

Aufgabe 1.16: Betragsgleichungen

Ermitteln Sie die Lösungen folgender Betragsgleichungen. Beachten Sie die notwendigen Fallunterscheidungen. Weitere Details zu Fallunterscheidungen bei Beträgen enthält auch „Aufgabe 1.12: Vollständige Fallunterscheidung bei Beträgen".

a) $|x| = 3$
b) $|2 - x| = 1$
c) $|2x - 4| = 12$
d) $|3x - 6| = 0$
e) $|8 - 4x| = -2$
f) $|2x - 3| = 1$
g) $3 \cdot |2x - 5| - 17 = 4$
h) $|1 - 0{,}5x| = 1{,}5$

1.3 Ungleichungen

1.3.1 Theorie

Zur Erinnerung seien im Folgenden die Gesetze der Anordnung genannt.

Für je zwei reelle Zahlen a und b ist genau eine der drei Beziehungen

$$a < b, a = b, a > b \text{ wahr.}$$

Für alle $a, b, c \in \mathbb{R}$ gilt:
   Wenn $a < b$ und $b < c$, dann gilt auch $a < c$ (Transitivität).
   Für alle $a, b, c \in \mathbb{R}$ gilt:
   Wenn $a < b$, dann gilt auch $a + c < b + c$ (Monotonie der Addition).
   Für alle $a, b, c \in \mathbb{R}$ mit $c > 0$ gilt:
   Wenn $a < b$, dann gilt auch $a \cdot c < b \cdot c$ (Monotonie der Multiplikation).
   Für alle $a, b, c \in \mathbb{R}$ mit $c < 0$ gilt:
   Wenn $a < b$, dann gilt auch $a \cdot c > b \cdot c$ (Anti-Monotonie der Multiplikation).
   Sehr wichtig ist die letzte Regel, welche hier nochmals in Worte gefasst werden soll:
„Wird eine Ungleichung auf beiden Seiten mit einer negativen reellen Zahl multipliziert
(durch eine negative reelle Zahl dividiert), dreht sich das Ungleichheitszeichen um."
   Äquivalente Umformungen einer Ungleichung $T1 < T2$ in eine andere sind u. a.

- die Addition/Subtraktion gleicher Zahlen oder identischer Terme auf beiden Seiten,
- die Multiplikation beider Seiten mit gleichen, *positiven* Zahlen/Termen,
- die Division beider Seiten durch gleiche, *positive* Zahlen/Terme,
- die Multiplikation beider Seiten mit gleichen, *negativen* Zahlen/Termen – bei gleichzeitiger Vertauschung des Ungleichheitszeichens von „<" in „>" (entsprechend für „≤"),
- die Division beider Seiten mit gleichen, *negativen* Zahlen/Termen – bei gleichzeitiger
  Vertauschung des Ungleichheitszeichens von „<" in „>" (entsprechend für „≤").

Die Lösungsmengen von linearen Ungleichungen sind unendliche Intervalle (Halb-
geraden auf der Zahlengeraden) der Gestalt $]\alpha, \infty[, [\alpha, \infty[,]-\infty, \alpha[$ oder $]-\infty, \alpha]$, je
nachdem, welches der Zeichen „<" oder „≤" auftritt ($\alpha \in \boldsymbol{R}$, fest).

1.3.2 Übungen

Aufgabe 1.17: Einfache Ungleichungen
Bei der Lösung von Ungleichungen sind die Hinweise im Einleitungstext von Abschn.
1.3.1 zu beachten. Gegebenenfalls folgt daraus die Notwendigkeit von Fallunterscheidungen. Dies zeigt das folgende Einleitungsbeispiel.
   Zu ermitteln ist die Lösung der Ungleichung:

$$\frac{21 + x}{2x} < 4$$

Bei der Multiplikation mit dem Term $2x$ kann der Fall $2x < 0$ eintreten, wodurch sich das
Relationszeichen ändert. Deshalb ist hier gleich zu Beginn der Rechnung eine Fallunterscheidung sinnvoll:

1. Fall $x > 0$:

$$\frac{21 + x}{2x} < 4$$

$$21 + x < 8x$$

$$21 < 7x$$

$$x > 3$$

Der 2. Fall $x = 0$ ist hier nicht zu betrachten, da die Division durch null in der Ausgangsungleichung bereits nicht zulässig ist.

3. Fall $x < 0$:

Für $x < 0$ muss bei der Multiplikation der Ungleichung das Relationszeichen geändert werden.

$$\frac{21 + x}{2x} < 4$$

$$21 + x > 8x$$

$$21 > 7x$$

$$3 > x$$

Abschließend sind die Bedingungen und (!) die berechneten Lösungen zusammenzufassen.

Aus dem 1. Fall $x > 0$ und $x > 3$ folgt $]3; \infty[$. Im nun noch zu verarbeitenden Fall Nummer 3 mit $x < 0$ und (!) $x < 3$ erhält man $x < 0$. Für die Lösung folgt $x \in R$ und x aus $]-\infty; 0[$ oder $]3; \infty[$.

Lösen Sie nun die folgenden Ungleichungen.

a) $-\frac{1}{3}x < 100$
b) $6 - 2x > 3$
c) $32 > 4 - 7x$
d) $7x + 16 < 14x - 5$
e) $-8 - 3x > 3 - 6x$
f) $16 > 10 - 6x$
g) $\frac{21+x}{2x} + 1 < 5$
h) $\frac{16x}{x^2 + \frac{15}{4}} > 4$
i) $-\frac{2}{3}x + \frac{2}{3}y \leq \frac{2}{3}$

Aufgabe 1.18: Betragsungleichungen
Ermitteln Sie die Lösung folgender Betragsungleichungen. Beachten Sie die notwendigen Fallunterscheidungen. Diese sind auch in „Aufgabe 1.12: Vollständige Fallunterscheidung bei Beträgen" ausführlich erläutert.

a) $|2x - 7| < 3$
b) $|3x + 6| > -4{,}5$
c) $|4x - 16| < -48$
d) $|5 - 2x| < 4$
e) $|9 - 3x| > -5$
f) $|3x + 6| \leq 4{,}5$
g) $\left|x^2 + 5\right| > 2$
h) $|15 - 3x| > 0$

1.4   Gemischte Aufgaben

Aufgabe 1.19: Gemischte Übungsaufgaben
Für welche reellen Zahlen x gelten die folgenden Aussageformen? Ermitteln Sie die Lösungsmenge jeder Aussageform durch äquivalente Umformungen über dem (ggf. einzuschränkenden) Variablengrundbereich.

a) $(2x + 1)^2 + (3 - x)^2 + (1 - 2x)^2 > (3x - 1)^2 + 10$
b) $(2x + 1)^2 + (3 - x)^2 + (1 - 2x)^2 > (3x - 1)^2 + 9$
c) $(2x + 1)^2 + (3 - x)^2 + (1 - 2x)^2 > (3x - 1)^2 - (11x + 1)$
d) $(23x + 4)(3x - 1) + (3x - 4)^2(x - 2) + 65 = (x - 2)^3 + (2x + 3)^3$
e) $\left|x^2 + 13x\right| = 30$
f) $\left|x^2 - 52x + 551\right| = 100$
g) $\left|x^4 - 130x^2 + 2529\right| = 1440$
h) $|2 - |8 - x|| = 1$
i) $\left|48 - \left|x^2 - 62{,}5\right|\right| = 10{,}5$
j) $\left|2x^2 - 8x + 7\right| = 1$
k) $\left|25x^2 - 72 - x^4\right| = 72$
l) $\frac{1}{x^2-5x+6} + \frac{1}{x^2-7x+12} = \frac{2}{x^2-6x+8}$
m) $\frac{x}{x^2-5x+6} + \frac{1}{x^2-7x+12} = \frac{2}{x^2-6x+8}$
n) $\frac{x}{x^2-5x+6} + \frac{1}{x^2-7x+12} = \frac{4}{x^2-6x+8}$
o) $\frac{x}{x^2-5x+6} + \frac{2}{x^2-7x+12} = \frac{4}{x^2-6x+8}$
p) $\frac{x}{x^2-5x+6} - \frac{1}{x^2-7x+12} = \frac{1}{x^2-6x+8}$
q) $0{,}5^{\frac{1}{x}} = 32$
r) $2 \cdot \left(\log_4 x\right)^2 = 2 - 3 \cdot \log_4 x$

s) $115^{2x} = 23{,}4$

t) $x^{0{,}84} = 7{,}5$

u) $x = 0{,}12^{1{,}7}$

Aufgabe 1.20: Capital Asset Pricing Model

Beim Capital Asset Pricing Model (CAPM) spielt folgende Gleichung eine wichtige Rolle:

$$\mu_{\text{Aktie}} = r_b + (\mu_{\text{Markt}} - r_b) \cdot \beta_{\text{Aktie}}$$

Dabei ist:

$\mu_{\text{Aktie}} \ldots$ Erwartungswert der Aktienrendite,

$r_b \ldots$ risikoloser Zins (einer Anleihe),

$\mu_{\text{Markt}} \ldots$ Erwartungswert der Rendite des Marktportfolios,

$\beta_{\text{Aktie}} \ldots$ β-Faktor der Aktie als Maß für die Korrelation mit den Schwankungen des Marktportfolios.

Gesucht ist der risikolose Zins r_b. Stellen Sie die obige Gleichung nach r_b um.

1.5 Rechnen mit dem Summenzeichen

1.5.1 Theorie

An dieser Stelle sollen folgende Vereinbarungen getroffen werden:

Die Variable n stehe für die Anzahl der betrachteten Werte, Elemente oder Objekte.

X sei das Merkmal, welches es zu untersuchen gilt.

Die gemessenen Werte des Merkmals X, die sogenannten Merkmalswerte, sollen mit x_i bezeichnet werden. Der Index i kann maximal den Wert n annehmen. In der Statistik ist i eine natürliche Zahl, da minimal mit der Nummerierung bei null begonnen wird. Prinzipiell kann i eine ganze Zahl sein, also $i \in Z$.

Die Verwendung des Summenzeichens soll anhand eines einfachen Beispiels erläutert werden. Hierzu soll das Nettogehalt X mit seinen konkreten Werten x_i von vier Personen betrachtet werden. Die Gehälter sollen sein:

$$x_1 = 810{,}20 \quad x_2 = 700{,}00 \quad x_3 = 1400{,}00 \quad x_4 = 89{,}80$$

Hier gilt also für die möglichen Werte des Indexes $i : i \in [1; 4]$. Man schreibt oft auch x_i mit $i = 1, 2, \ldots, n$ oder x_i mit $i = 1(1)n$. Die in Klammern stehende 1 gibt an, in welcher Schrittweite von der unteren zur oberen Intervallgrenze „gezählt" werden soll. In der Schreibweise $i = 1, 2, \ldots, n$ wird dies durch die Nennung der ersten beiden (!) Indexwerte vorgegeben. Erst auf diese beiden Zahlen folgen die Auslassungspunkte.

Doch zurück zu den Nettogehältern: Will man nun die Summe aller Werte berechnen, so würde man mit der herkömmlichen Notation

$$x_1 + x_2 + x_3 + x_4 = 810{,}20 + 700{,}00 + 1400{,}00 + 89{,}80 = 3000{,}00$$

schreiben.

Da dies bei sehr vielen Werten sehr umständlich ist, schreibt man verkürzt

$$x_1 + x_2 + x_3 + x_4 = \sum_{i=1}^{4} x_i$$

und spricht wie folgt: „Summe aller x_i mit i gleich 1 bis 4".

Werden nicht nur vier, sondern n Gehälter von Personen betrachtet, so schreibt man entsprechend

$$x_1 + x_2 + \ldots + x_n = \sum_{i=1}^{n} x_i.$$

Das Zeichen „$\sum$" ist der große Buchstabe „Sigma" aus dem griechischen Alphabet.

Mathematiker sind bestrebt, weitere Abkürzungen zu nutzen. Dies führt dazu, dass selbst bei Verwendung des Summenzeichens Elemente weggelassen werden. Eine Übersicht möglicher Sonderfälle zeigt Tab. 1.1.

1.5.2 Übungen

Aufgabe 1.21: Grundlagen zum Summenzeichen

a) Beweisen Sie die Äquivalenz $\sum_{i=1}^{n} (x_i + a) = na + \sum_{i=1}^{n} x_i$.

b) Schreiben Sie die folgenden Terme mithilfe von Summenzeichen und vereinfachen Sie diese so weit wie möglich.

    1. $(x_1 - 4) + (x_2 - 4) + \ldots + (x_n - 4)$
    2. $(x_1 \cdot 2) + (x_2 \cdot 2) + \ldots + (x_n \cdot 2)$

Tab. 1.1 Besonderheiten der Schreibweise von Summenzeichen

Schreibweise	Bedeutung
$\sum_{i=1}^{n} x_i = \sum_{i} x_i$	Summe aller x_i für alle „sinnvollen" oder möglichen Indexwerte i, die sich aus dem Kontext der Ausführungen ergeben
$\sum_{i=1}^{n} x_{i-1} = \sum_{i=0}^{n-1} x_i$	Hier wird im Index eine Verschiebung vorgenommen

Aufgabe 1.22: Umgang mit dem Summenzeichen

a) Schreiben Sie die folgenden Summen mithilfe von Auslassungspunkten, indem Sie das Summenzeichen auflösen.

1. $\sum_{i=1}^{n} i^2$
2. $\sum_{i=0}^{n-1} i^2$
3. $\sum_{i=1}^{n} (-1)^i$
4. $\sum_{j=1}^{m} a_{ij} \cdot x_j$
5. $\sum_{j=1}^{m} 7 \cdot x_j$
6. $\sum_{i=0}^{2n} x_i \cdot y_i^2$
7. $\sum_{m=0}^{k} m \cdot z_k$
8. $\sum_{n=0}^{3} (n^2 + n + 4)$
9. $\sum_{i=1}^{n} x_i^3 \cdot \left(y_i^2 - z_i\right)$

b) Schreiben Sie die folgenden Terme mithilfe von Summenzeichen.

1. $1 + \frac{1}{3} + \frac{1}{5} + \ldots + \frac{1}{199}$
2. $-1 + \frac{1}{3} - \frac{1}{5} + \ldots + \frac{1}{199}$
3. $-\frac{1}{2} + \frac{1}{4} - \frac{1}{6} + \ldots + \frac{1}{200}$
4. $a^{n-1} + a^{n-2}b + \ldots + ab^{n-2} + b^{n-1}$

Aufgabe 1.23: Vervollständigen von Summenzeichen

Vervollständigen Sie die folgenden Terme.

a) $\sum_{k=1}^{n} a_k = \sum_{j=4}^{n\ldots} a_{j\ldots}$
b) $\sum_{i=1}^{n} 10{,}5 \cdot a_i = \ldots \sum_{j=1}^{n} 5{,}25 a_j$
c) $\sum_{i=1}^{n} a_i + \sum_{K=3}^{n+1} 2b_{k-1} = \sum_{i=1}^{n} (a_i + \ldots)$
d) $\sum_{i=1}^{n} \frac{\alpha_i}{\delta} = \ldots \sum_{k=\ldots}^{\ldots} \alpha_{k-5}$ mit $\delta = $ konst.

Aufgabe 1.24: Test auf Korrektheit der Schreibweise von Summenzeichen

Prüfen Sie folgende Aussagen auf ihre Allgemeingültigkeit. Lehnen Sie diese ab, so nennen Sie ein Gegenbeispiel.

a) $\sum_{i=1}^{3} (a_i + b_i) = \sum_{i=1}^{3} a_i + \sum_{i=1}^{3} b_i$
b) $\sum_{i=1}^{3} a_i b_i = \left(\sum_{i=1}^{3} a_i\right) \cdot \left(\sum_{i=1}^{3} b_i\right)$
c) $\sum_{i=1}^{n} c \cdot a_i = c \cdot \sum_{i=1}^{n} a_i$

Aufgabe 1.25: Preisindizes

Preisindizes sind wichtige Gradmesser für die Entwicklung der Lebenshaltungskosten. Zudem existieren Mengenindizes. Folgende grundlegende Indizes können definiert werden:

Laspeyres-Preisindex $\quad L_{0;t}^{P} = \frac{\sum_{i=1}^{n} p_t^{(i)} \cdot q_0^{(i)}}{\sum_{i=1}^{n} p_0^{(i)} \cdot q_0^{(i)}} \cdot 100$

Paasche-Preisindex $\quad P_{0;t}^{P} = \frac{\sum_{i=1}^{n} p_t^{(i)} \cdot q_t^{(i)}}{\sum_{i=1}^{n} p_0^{(i)} \cdot q_t^{(i)}} \cdot 100$

Tab. 1.2 Preis und Mengen eines Warenkorbes

Produkt	2000		2010	
	Preis €	Menge	Preis €	Menge
Butter	0,89	5	1,09	4
Brot	1,19	7	1,15	6
Kaffee	7,99	2	8,99	3

Während beim Laspeyres-Index die Preise mit den Mengen der Basisperiode $x + xy + y^2 - 1$ gewichtet werden, nutzt der Paasche-Index die Mengen der aktuellen Periode $x + xy - y^2 + 1$.

Es wird ein kleiner Warenkorb mit den drei Produkten: 250 g Butter, 1 kg Brot sowie 500 g Kaffee betrachtet. Tab. 1.2 gibt die im Monat verbrauchten Mengen einer dreiköpfigen Familie an. Zudem sind die Preise der Produkte aufgeführt.

a) Berechnen Sie den Preisindex nach Laspeyres sowie nach Paasche.
b) Drücken Sie die Steigerungen der Lebenshaltungskosten der Familie in Prozent aus.
c) Vergleichen Sie die Steigerungsraten, und nennen Sie Ursachen für die unterschiedlichen Ergebnisse. Warum ist es nicht sinnvoll, in einem Index im Zähler die aktuellen und im Nenner die Mengen des Basisjahres zu nutzen?
d) Entwerfen Sie eine Excel-Tabelle zur nochmaligen Durchführung der obigen Berechnungen. Nutzen Sie die Funktion „Summenprodukt".

Aufgabe 1.26: Mengenindizes
Neben Preisindizes lassen sich auch Mengenindizes berechnen. Es gelten die folgenden Formeln:

Laspeyres-Mengenindex $\quad L_{0;t}^{M} = \dfrac{\sum_{i=1}^{n} p_0^{(i)} \cdot q_t^{(i)}}{\sum_{i=1}^{n} p_0^{(i)} \cdot q_0^{(i)}} \cdot 100$

Paasche-Mengenindex $\quad P_{0;t}^{M} = \dfrac{\sum_{i=1}^{n} p_t^{(i)} \cdot q_t^{(i)}}{\sum_{i=1}^{n} p_t^{(i)} \cdot q_0^{(i)}} \cdot 100$

Nutzen Sie den Warenkorb der Aufgabe „Preisindizes" (vgl. Tab. 1.2), und lösen Sie die folgenden Aufgaben.

a) Berechnen Sie den Mengenindex nach Laspeyres sowie nach Paasche.
b) Vergleichen Sie die Steigerungsraten und interpretieren Sie die Ergebnisse.
c) Nennen Sie praktische Beispiele für den Einsatz von Mengenindizes.
d) Entwerfen Sie eine Excel-Tabelle zur nochmaligen Durchführung der obigen Berechnungen. Nutzen Sie die Funktion „Summenprodukt".

Aufgabe 1.27: Doppelsummen

Genau wie Klammern werden auch Doppelsummen „von innen nach außen" aufgelöst. Ein Vertauschen der Summationsreihenfolge, d. h. der Summenzeichen, ist jedoch problemlos möglich.

Es gilt: $\sum_{i=1}^{n} \sum_{j=1}^{m} a_{ij} = \sum_{j=1}^{m} \sum_{i=1}^{n} a_{ij}$

Beispiel

$$
\sum_{i=1}^{3} \sum_{j=1}^{2} (2i + 5j) = \sum_{i=1}^{3} \left[\sum_{j=1}^{2} (2i + 5j) \right]
$$

$$
= \sum_{i=1}^{3} [(2i + 5) + (2i + 10)]
$$

$$
= \sum_{i=1}^{3} [4i + 15]
$$

$$
= (4 \cdot 1 + 15) + (4 \cdot 2 + 15) + (4 \cdot 3 + 15)
$$

$$
= 19 + 23 + 27
$$

$$
= 69
$$

Berechnen Sie:

a) $\sum_{i=1}^{3} \sum_{j=10}^{12} (4i + j)$

b) $\sum_{m=0}^{3} \sum_{k=4}^{6} (m + k)$

c) $\sum_{i=0}^{3} \sum_{j=0}^{4} (i + j)$

d) Es soll $\sum_{m=1}^{3} \sum_{n=m}^{3} a_{m,n}$ mit m als Zeilenindex und n als Spaltenindex der folgenden Matrix sein:

$$
\begin{pmatrix} 7 & -2 & 1 \\ 0 & 15 & -3 \\ 4 & 3 & 6 \end{pmatrix}
$$

Es ist also beispielhaft $a_{1,2} = -2$ und $a_{3,2} = 3$.

Veranschaulichen Sie sich die Matrixelemente und berechnen Sie obige Doppelsumme.

Aufgabe 1.28: Summenformel für arithmetische Reihen

Eine sogenannte arithmetische Reihe entsteht durch Aufsummieren der Glieder einer arithmetischen Zahlenfolge. Man erhält als Formel für die n-te Summe, die auch Partialsumme genannt wird, folgende Formel:

$$
s_n = \sum_{i=1}^{n} a_1 + (i - 1) \cdot d
$$

Zeigen Sie mithilfe der Reihenregeln für das Summenzeichen, dass

$$s_n = \sum_{i=1}^{n} a_1 + (i-1) \cdot d = \frac{n}{2} \cdot [2 \cdot a_1 + (n-1) \cdot d]$$

gilt. Nutzen Sie dabei die als Gauß'sche Summenformel bekannte Beziehung

$$\sum_{i=1}^{n} i = \frac{n}{2}(n+1).$$

1.6   Rechnen mit dem Produktzeichen

1.6.1   Theorie

Die Ausführungen aus Abschn. 1.5.1 zum Rechnen mit dem Summenzeichen lassen sich sinngemäß auch auf das Rechnen mit Produkten und damit das Produktzeichen übertragen. Man schreibt für x_i mit $i = 1, 2, \ldots, n$ oder x_i mit $i = 1(1)n$ dann das Produkt als

$$x_1 \cdot x_2 \cdot \ldots \cdot x_n = \prod_{i=1}^{n} x_i$$

und spricht wie folgt: „Produkt aller x_i mit i gleich 1 bis n".

1.6.2   Übungen

Aufgabe 1.29: Umgang mit dem Produktzeichen
Vereinfachen Sie, indem Sie das Produktzeichen auflösen.

a) $\prod_{i=1}^{5} i$
b) $\prod_{i=1}^{4} (i+2)$
c) $\prod_{i=1}^{3} a_i b_{(4-i)}$
d) $\prod_{i=1}^{4} (-1)^i$
e) $\prod_{i=1}^{2} (a+b)^i$

Aufgabe 1.30: Test auf Korrektheit der Schreibweise von Produktzeichen
Prüfen Sie folgende Aussagen auf ihre Allgemeingültigkeit. Lehnen Sie diese ab, so nennen Sie ein Gegenbeispiel.

a) $\prod_{i=1}^{3} (a_i \cdot b_i) = \left(\prod_{i=1}^{3} a_i \right) \cdot \left(\prod_{i=1}^{3} b_i \right)$
b) $\prod_{i=1}^{2} (a_i + b_i) = \left(\prod_{i=1}^{2} a_i \right) + \left(\prod_{i=1}^{2} b_i \right)$
c) $\prod_{i=1}^{n} (c \cdot a_i) = c \cdot \prod_{i=1}^{n} a_i$

Aufgabe 1.31: Anwendung des Produktzeichens in der Zinsrechnung

Bei endfälligen Anleihen, die über mehrere Jahre laufen und dem Zinseszins unterliegen – den Zins also wieder mitverzinsen –, berechnet man den effektiven Jahreszins wie folgt:

$$i_{\text{eff}} = \left[\prod_{j=1}^{n} \left(1 + i_j \right) \right]^{\frac{1}{n}} - 1,$$

mit n als Laufzeit und i_j als Zinsfuss in der j-ten Zinsperiode.

Eine Anleihe läuft 3 Jahre und wird mit 1,75 % im ersten, 2,25 % im zweiten und 3,10 % im dritten Jahr verzinst. Berechnen Sie mithilfe obiger Formel den durchschnittlichen Jahreszins.

1.7 Einsatz des Taschenrechners/einer Handy-App

Aufgabe 1.32: Übung zur Nutzung des Taschenrechners

a) Führen Sie die folgende Berechnung mit voller Genauigkeit – ohne Notation von Zwischenergebnissen – durch und notieren Sie Ihr Resultat mit sechs Dezimalstellen nach dem Komma.

$$0,057^{(3+\log_3 2)} + \frac{0,0000014 \cdot 10^4 + 72}{5,1 \cdot 10^{-2}}$$

b) Führen Sie die folgenden Berechnungen durch und notieren Sie Ihre Resultate in Dezimalschreibweise.

1. $4\frac{7}{8} + 7\frac{11}{8}$
2. $\left(\frac{1}{2} + \frac{7}{9} \right) \cdot \frac{1}{3}$

c) Berechnen Sie:

1. $\sqrt[4]{625}$
2. $274625^{\frac{1}{3}}$
3. $4,5 \cdot 10^{-3} \cdot 8 \cdot 10^{-2} = 0,\dots?$

d) Berechnen Sie:

1. 12 % von 230 g
2. 114 % von 605 l
3. 45 % von 72,30 €
4. 0,2 % von 120 kg
5. 6 ‰ von 15 l
6. 0,2 ‰ von 7,14 g

e) Wie viel Prozent sind…

1. 6 von 36?
2. 12 € von 35 €?
3. 300 € von 30 €?
4. 18 km von 75 km?

f) Berechnen Sie die fehlenden Werte der folgenden Tabelle mit einer Genauigkeit von drei Nachkommastellen.

e^x	$\lg(x)$	$\ln(x)$
...	...	0,700
...	−0,325	...

Aufgabe 1.33: Lineare, quadratische und kubische Gleichungen

a) Informieren Sie sich in der Bedienungsanleitung Ihres Taschenrechners über die Möglichkeiten der Lösung linearer, quadratischer und kubischer Gleichungen.

b) Ermitteln Sie die Lösungen folgender Gleichungen ausschließlich durch Nutzung Ihres Taschenrechners – also ohne vorherige schriftliche Umformungen – mit einer Genauigkeit von vier Nachkommastellen.

1. $x^2 - 2x - 3 = 0$
2. $\left(\log_2 5\right) \cdot x^2 - 14x + 4 = 0$
3. $\sqrt{2x^2 - 3x} - \sqrt{7} = 2$
4. $3^{\frac{5}{4}} \cdot x^3 = -12x^2 + 15$

1.8   Wirtschaftswissenschaftliche Anwendungen

Spezielle Aufgabenstellungen in den wirtschaftswissenschaftlichen Anwendungen ergeben sich insbesondere im Bereich der Finanzmathematik. Hier gibt es zahlreiche verschiedene Aufgabentypen und zu klärende Fragen.

Anhand des einfachen Beispiels der Zinsrechnung soll an dieser Stelle kurz auf das Thema eingestimmt und der Zusammenhang zu den in Abschn. 1.7 verwendeten Term- und Gleichungsumformungen gezeigt werden.

Angenommen man legt 100 € zu einem Zinssatz von 3 % über 15 Jahre an. Wie groß ist der Auszahlungsbetrag nach dieser Zeitspanne?

Die Antwort auf diese Frage bedarf einer Unterscheidung. Hebt der Anleger die gezahlten Zinsen am Ende jedes Jahres ab oder bekommt er diese ausgezahlt, so handelt es sich um die sogenannte einfache Verzinsung. In diesem Fall erhält er jährlich 3 % von 100 €, also 3 € und gerechnet über 15 Jahre entsprechend 45 €.

Werden die Zinsen nicht abgehoben, so müssen sie im folgenden Jahr wieder mitverzinst werden. Nach einem Jahr hat man $K_1 = 100 + 100 \cdot 0,03 = 100 \cdot (1 + 0,03) = 103$ €. Im Verlauf der nächsten Jahre – auch Zinsperioden genannt – ergeben sich jeweils am Jahresende die folgenden Beträge:

2. Jahr:

$$K_2 = 103 + 103 \cdot 0,03 = 103 \cdot (1 + 0,03)$$

Um eine Gesetzmäßigkeit für die Berechnung des Endbetrages zu finden, kann man die 103 € wie oben gezeigt durch den Term $100 \cdot (1 + 0{,}03)$ ersetzen. Man erhält dann unter Anwendung der Potenzgesetze

$$K_2 = 100 \cdot (1 + 0{,}03) \cdot (1 + 0{,}03)$$
$$= 100 \cdot (1 + 0{,}03)^2$$
$$= 106{,}09 \,€$$

und für das 3. Jahr:

$$K_3 = 106{,}90 + 1006{,}90 \cdot 0{,}03 = 106{,}90 \cdot (1 + 0{,}03)$$
$$= 100 \cdot (1 + 0{,}03) \cdot (1 + 0{,}03) \cdot (1 + 0{,}03)$$
$$= 100 \cdot (1 + 0{,}03)^3$$
$$= 109{,}27 \,€$$

Man erkennt nun bereits eine Gesetzmäßigkeit, die für das 15. Jahr folgenden Endbetrag ergibt.

15. Jahr:

$$K_{15} = 100 \cdot (1 + 0{,}03)^{15} = 155{,}80 \,€$$

Demnach ergibt sich für ein gegebenes Anfangskapital K_0, das zu einem festen Zinssatz von p % angelegt wird, die folgende „Zinseszinsformel" $K_n = K_0(1 + p)^n$. Im Übrigen sei erwähnt, dass diese Formel prinzipiell immer dann genutzt werden kann, wenn sich ein Anfangsbestand – welcher Art auch immer – in gleichbleibenden Zeitperioden stets um p % vermehrt. Zudem führt dieser Ansatz zu einer entsprechenden Formel zur Berechnung des „Restwertes" eines Gegenstandes, dessen Wert in gleichbleibenden Zeitperioden um immer denselben Prozentsatz abnimmt. Hier ist entsprechend p ein negativer Wert.

Weitere Formeln finden Sie in der Formelsammlung im Anhang A1.

1.8.1 Einfache Verzinsung

Aufgabe 1.34: Formeln der einfachen Zinsrechnung

In der Zinsrechnung unterscheidet man im Wesentlichen die einfache Verzinsung sowie die Zinseszinsrechnung. Bei der ersten Variante werden die Zinsen entsprechend ausgezahlt, während bei der zweiten Variante die Zinsen wiederum verzinst werden. Mit der Lösung der folgenden Teilaufgabe können Sie sich eine Tabelle mit einigen notwendigen Formeln der Zinsrechnung erarbeiten (vgl. auch „Aufgabe 1.40: Formeln der Zinseszinsrechnung").

Stellen Sie die Formel $K_n = K_0 \cdot (1 + n \cdot i)$ zur Berechnung des Endkapitals K_n bei einfacher Verzinsung nach allen enthaltenen Variablen um.

Aufgabe 1.35: Geldanlage bei einfacher Verzinsung

Die folgenden Teilaufgaben gehen von einer Gutschrift der Zinsen nach jeder Zinsperiode aus. Die Zinsen in Höhe des Zinssatzes i werden in Prozent des Anfangskapitals fällig und sollen über die gesamte Laufzeit als konstant betrachtet werden.

a) Welches Endkapital ergibt sich bei einfacher Verzinsung in Höhe von 4,5 % p. a. nach 10 Jahren Laufzeit für ein Anfangskapital von 6000 €?

b) Ein Betrag von 2000 € wurde am 16.03.2008 zu einem Zinssatz von 4 % eingezahlt. Ein weiterer i. H. v. 3500 € am 05.10.2008. Welchen Betrag erhält ein Kunde/eine Kundin am Jahresende? Der Einzahlungstag wird als voller Zinstag betrachtet.

c) Welcher Betrag hätte am 01.01.1998 eingezahlt werden müssen, um bei einfacher Verzinsung zu 6,5 % p. a. am 31.12.2009 ein Kapital von 12.000 € zu erhalten?

d) Wie hoch ist der Zinssatz bei einfacher Verzinsung, wenn im Zeitraum vom 01.01.2003 bis zum 31.12.2008 ein Anfangskapital von 3200 € auf 3950 € angewachsen ist?

e) Sicherheitsorientierten/konservativen Anlegern werden oft Anleihen wie z. B. Bundesanleihen empfohlen. Sie haben eine Laufzeit von 10 bis 30 Jahren. Im Gegensatz dazu beträgt die Laufzeit von Bundesobligationen (Bobls) 5 Jahre. Im Folgenden wird von einer Laufzeit der Geldanlage von 10 Jahren ausgegangen. Dabei unterscheidet man den Nennwert und den Ausgabekurs. Anleihen können zum Nennwert (zu pari), unter Nennwert (unter pari) oder über Nennwert (über pari) gegeben werden. Der Ausgabekurs liegt umso näher am Nennwert, je mehr der Anleihezins dem aktuellen Marktzins entspricht.

  1. Ein Kunde/eine Kundin erwirbt Anleihen im Nominalwert von 10.000 € mit einem Nominalzins von 6 % und einer Laufzeit von 10 Jahren. Welche Zinszahlung erhält er/sie am Ende jeder Zinsperiode bei einem Ausgabekurs von 100 %?
  2. In einem weiteren Fall soll nun der Ausgabekurs 97,5 %, also ungleich 100 %, sein. Es sollen 8500 € investiert werden. Die Provision von Börse und Banken soll zusammen 0,9 % vom Kurswert betragen. Der Nominalzins der Anleihe betrage 5,43 % Ermitteln Sie
     i.   den Kurswert zu Beginn der Laufzeit,
     ii. die Höhe der Provision in Euro,
     iii. die Höhe des insgesamt ausgezahlten Kapitals bei einer Laufzeit von 10 Jahren sowie
     iv. den Effektivzins unter Berücksichtigung der Provision.
  Hinweis:
  Man beachte zudem den Begriff des Anleihekurses. Der Kurs einer Anleihe ergibt sich aus dem Angebot und der Nachfrage. Er kann über oder unter dem Nennwert liegen.

f) Ein Anleger möchte maximal 15.000 € in ein Zertifikat investieren. Er ist bereit, die Gebühren zu diesem Betrag zusätzlich aufzuwenden. Das Zertifikat wird an der Börse zu einem Preis von 102,35 € gehandelt. Der Nennwert beträgt 100,00 €. Beim Kauf fallen Gebühren i. H. v. 54,10 € an. Welche Rendite erhält der Anleger, wenn das

Zertifikat im besten Fall zu 100 % in zwei Jahren zurückgezahlt wird und eine Verzinsung von 4,75 % p. a. – bezogen auf den Nennwert – bietet? Die Zinsen werden jährlich ausgezahlt.

g) Leiten Sie die Formel zur Berechnung der Anlagedauer bei einfacher Verzinsung her, in der sich das eingesetzte Kapital verdoppelt. Wie viele Jahre sind das bei einem Zins von 3,5 %? Ist dieser Zeitraum bei Zinseszins-Betrachtung größer oder kleiner?

Aufgabe 1.36: Bonuszahlung eines Unternehmens bei einfacher Verzinsung

a) Der Geschäftsführer einer Firma soll unter bestimmten Bedingungen eine Bonuszahlung i. H. v. 80.000 € in exakt 2 Jahren erhalten. Die Personalabteilung hält die Zahlung für äußerst wahrscheinlich. Welchen Betrag muss sie *bei einfacher Verzinsung (!)* und einer Marktverzinsung von 3 % heute anlegen, um die Ansprüche erfüllen zu können?

b) Der Geschäftsführer nutzt den Betrag von 80.000 €, um für das Alter vorzusorgen. Welche Rente kann bei jährlich nachschüssiger Zahlung, einem Marktzins von 2 % und einer Laufzeit von 10 Jahren gezahlt werden, bis das Kapital vollständig aufgebraucht ist?

Aufgabe 1.37: Bewertung eines Finanzproduktes

Ein Kreditinstitut bot den Anlegern eine Anleihe mit folgender Funktionsweise an (realer Fall): In den ersten 4 Jahren erhalten Sie einen festen jährlichen Kupon von 5 % p. a. In den folgenden 4 Jahren richtet sich die Verzinsung der Anleihe nach der Wertentwicklung eines Aktienkorbes, bestehend aus 25 globalen Blue Chip-Werten. Die Höhe des Kupons wird dabei als Durchschnitt der Kursentwicklung der einzelnen Aktien berechnet und stets mit dem Stand bei Auflegung der Anleihe verglichen. Dabei kann jede Aktie mit maximal 8 % plus in die Berechnung eingehen. Der Kupon ist dadurch auf maximal 8 % p. a. begrenzt. Sie erhalten

5 % p. a. sicher in den ersten 4 Jahren und

bis zu 8 % p. a. in den 4 Folgejahren.

Außerdem hat die Anleihe einen attraktiven Lock-In-Mechanismus: Zwar kann nach dem 4. Jahr der Kupon im ungünstigten Fall auch weniger als 5 % oder gar null betragen, erreicht oder übersteigt der Kupon ab dem 5. Jahr 5 %, 6 % oder 8 %, so wird die jeweilig erreichte Zinsstufe als garantierter Mindestkupon bis zum Laufzeitende (für alle Folgejahre) festgeschrieben.

Beantworten Sie folgende Fragen:

a) Nennen Sie zwei Vorteile des Produktes aus Sicht des Anlegers.

b) Begründen Sie mithilfe Ihrer Kenntnisse aus der Statistik, weshalb die Berechnungsmethodik für die Berechnung der Rendite in der letzten Hälfte der Laufzeit mehrere Nachteile besitzt. Nennen Sie die kritischen Aspekte und schildern Sie deren Auswirkung auf die Renditeberechnung.

c) Ist es möglich, dass der Anleger einen Totalverlust seines eingesetzten Kapitals erleidet? Begründen Sie Ihre Aussage nachvollziehbar.

Aufgabe 1.38: Rendite-Risiko-Profil eines Portfolios
Die folgende Tabelle zeigt die Zusammenstellung eines kleinen Portfolios, bestehend aus
75 % Autoaktien sowie zu 25 % Aktien eines Mineralölkonzerns.

	Anteil im Portfolio (%)	Monat 1 (%)	Monat 2 (%)	Monat 3 (%)	Durchschnittliche Rendite μ (%)
Autoaktie	75	−0,10	0,15	0,40	0,15
Ölaktie	25	1,10	−0,13	−1,00	−0,01
Rendite		(A1)	0,08	0,05	(A2)

a) Berechnen Sie die durchschnittliche Rendite im Monat 1, in Abb. 1.1 mit (A1)
   bezeichnet.
b) Gesucht ist der Erwartungswert (Mittelwert) der Portfoliorendite (A2) als Mittelwert
   der Monatsrenditen.
c) Berechnen Sie die *Jahres*rendite der durchschnittlichen Portfolioverzinsung μ mit
   vierstelliger Genauigkeit nach dem Komma.
d) Abb. 1.1 zeigt das Rendite-Risiko-Profil des hier betrachteten Portfolios. Erläutern
   Sie, welche Wirkung die Portfoliozusammenstellung auf Rendite und Risiko besitzt.

Hinweis: Diese Aufgabe wurde erstellt in Anlehnung an Finke (2005, S. 106 ff.).

Aufgabe 1.39: DAX Kupon Korridor-Anleihe (Excel-Übung)
Herr Grönert (Anleger) möchte Geld am Kapitalmarkt investieren. Die Geldanlage in
Aktien ist ihm jedoch zu risikoreich. Der Berater empfiehlt ihm eine sogenannte „DAX
Kupon Korridor-Anleihe". Vorausgesetzt, die für das Produkt verantwortliche Bank
(Emittent) fällt nicht aus, so erhält der Anleger 100 % des Kapitals nach einem Jahr
Laufzeit zurück. Auf die Betrachtung von Gebühren wird an dieser Stelle verzichtet.
Die Bedingungen sehen zudem vor, dass der Anleger eine Zinszahlung (Kuponzahlung)
von 4,5 % auf das eingesetzte Kapital erhält, wenn der DAX-Kurs zum Bewertungstag

Abb. 1.1 Rendite-Risiko-
Profil eines Portfolios

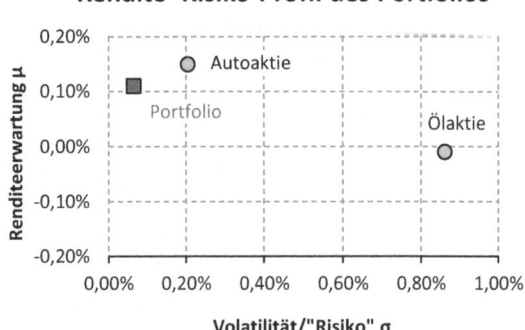

Rendite -Risiko-Profil des Portfolios

gegenüber dem Stand des Vorjahres nicht um 35 % oder mehr gefallen ist. Zudem darf der DAX nicht um 30 % oder mehr gestiegen sein. Daher auch der Name Korridor-Anleihe.

Herr Grönert nimmt an, dass er zum Monatsende investiert und lädt sich eine Liste der DAX-Werte von 2006 bis 2011 aus dem Internet herunter. Die Werte stehen in der zugehörigen Excel-Tabelle auf der linken Seite. Er möchte mit einfachen Berechnungen prüfen, wie hoch seine Chancen gewesen wären *(backtesting)*, tatsächlich eine Zinszahlung von 4,5 % zu erhalten. Helfen Sie ihm und lösen Sie dazu die folgenden Aufgaben.

a) Analysieren Sie zunächst die oben genannten Bedingungen für eine Kuponzahlung und beschreiben Sie diese mit eigenen Worten.

b) Ziel ist es nun zu prüfen, mit wie vielen Zahlungen Herr Grönert zwischen 2006 und 2011 hätte rechnen können. Nutzen Sie dazu die Beispieldaten. Ergänzen Sie zunächst die korrekten Schwellenwerte für eine Kuponzahlung in den gelben Feldern im Kopf der Tabelle.

c) Vervollständigen Sie nun die Excel-Tabelle durch die entsprechenden Berechnungen.

   1. Berechnen Sie die prozentuale Änderung des DAX je Monat im Vergleich zum Vorjahresmonat und ergänzen Sie die entsprechenden Formeln in Spalte E.

   2. Analysieren Sie die „Wenn"-Funktion in Spalte F und erläutern Sie deren Funktionsweise mit eigenen Worten. Verwenden Sie ggf. die Excel-Hilfe oder eine Internetrecherche.

   3. Nutzen Sie Ihre Erkenntnisse zur Wenn-Funktion und ergänzen Sie die Berechnungen in Spalte G.

   4. Mit einem kleinen Trick lässt sich die Wenn-Funktion auch in Spalte H anwenden. Finden Sie die korrekte Formulierung? Können Sie Spalte H so vervollständigen, dass die Ergebnisse aus F und G kombiniert werden?

d) Am unteren Ende der Tabelle finden Sie eine vorbereitete kleine Häufigkeitstabelle für die Werte „1" und „0". Vervollständigen Sie diese mithilfe der Funktion „ZÄHLENWENN" zur Ermittlung der absoluten Häufigkeiten. Berechnen Sie zudem die relativen Häufigkeiten und interpretieren Sie diese. Sollte Herr Grönert sein Geld in dieses Produkt investieren?

e) Zusatz: Angenommen, dass Produkt laufe über 5 Jahre. Dies entspricht auch dem Zeitraum, die Herr Grönert mit seinen Testdaten von 2006 bis 2011 abdecken kann. Ermitteln Sie durch geschickte Ergänzung weiterer Berechnungen die Gesamtzahl der Kuponzahlungen, mit denen ein Anleger über die gesamte Laufzeit rechnen kann. Gesucht ist also eine Häufigkeitsverteilung der folgenden Art: „0 Zahlungen über 5 Jahre in XX Fällen", „1 Zahlung in 5 Jahren in XX Fällen" usw. (vgl. hierzu auch Tab. 1.3). Interpretieren Sie Ihr Berechnungsergebnis.

Tab. 1.3 Häufigkeitstabelle	Anzahl der Zahlungen	absolut	relativ
der Zahlungen über 5 Jahre	0		
	1		
	2		
	3		
	4		
	5		
	Summe		

1.8.2   Zinseszinsrechnung

Aufgabe 1.40: Formeln der Zinseszinsrechnung

Während bei der einfachen Verzinsung die Zinsen ausgezahlt werden, verzinst man diese bei der Zinseszinsrechnung wiederum mit. Mit der Lösung der folgenden Teilaufgabe können Sie sich in Ergänzung von „Aufgabe 1.34: Formeln der einfachen Zinsrechnung" eine Tabelle mit allen notwendigen Formeln der Zinsrechnung erarbeiten.

Stellen Sie die Formel $K_n = K_0 \cdot (1 + i)^n$ zur Berechnung des Endkapitals K_n bei der Zinseszinsrechnung nach allen enthaltenen Variablen um.

Aufgabe 1.41: Geldanlage mit Zinseszins

Im Gegensatz zur Geldanlage mit einfacher Verzinsung (s. beispielsweise „Aufgabe 1.35: Geldanlage bei einfacher Verzinsung") werden die Zinsen in der nachfolgenden Zinsperiode mitverzinst, d. h. dem Kapital zugeschlagen bzw. kapitalisiert.

a) Notieren Sie unter Verwendung der allgemein bekannten Symbole die Formeln zur Berechnung des Kapitals am Ende der 1. sowie der 2. Zinsperiode. Leiten Sie daraus eine allgemeingültige Formel zur Berechnung des Endkapitals bei Zinskapitalisierung für beliebige Laufzeiten n her.

b) Ein Anfangskapital von 4350 € wird 8 Jahre zu 2,75 % p. a. und Zinskapitalisierung angelegt. Berechnen Sie das Endkapital. Welchen Mehrbetrag erhält man im Vergleich zur einfachen Verzinsung?

c) Ein Anfangskapital von 12.000 € ist innerhalb von 9 Jahren auf 19.264,01 € angewachsen. Welcher Zinssatz p. a. war hierzu erforderlich?

d) Ein Betrag von 25.000 € soll bei jährlicher Zinszahlung so lange angelegt werden, bis der Wert der Anlage sich verdoppelt hat. Der Zinssatz betrage 3,5 % p. a. Wie viele Jahre muss das Geld bei Verzinsung fest angelegt und die Zinsen kapitalisiert werden? Leiten Sie eine allgemeine Formel zur Berechnung der Verdoppelungszeit bei Zinseszinszahlung her.

e) Zusatz Computeraufgabe:

Stellen Sie den funktionalen Verlauf der Anlagedauer für eine Verdoppelung des eingesetzten Kapitals in Abhängigkeit der Anlagerendite i grafisch dar. Die Funktionsgleichung haben Sie im Teil (e) bereits hergeleitet. Beschreiben Sie den Funktionsverlauf mit eigenen Worten.

f) Die folgenden Teilaufgaben dienen der Untersuchung der Auswirkungen des Einzahlungszeitpunktes auf die Höhe des Endkapitals. Die Zinsen werden in allen Fällen per Jahresende und/oder zum Auszahlungszeitpunkt gutgeschrieben.

1. Es werden 8500 € am 1. März eingezahlt und sollen genau 1 Jahr zu 2 % verzinst werden. Welches Endkapital erhält der Kunde/die Kundin?

2. Wie hoch ist das Endkapital, wenn die Einzahlung statt am 1. März am 1. Oktober erfolgt? Wie hoch ist das ausgezahlte Kapital nach einem Jahr Laufzeit?

3. Wo liegt der günstigste Zeitpunkt der Einzahlung bei jährlicher Zinsgutschrift?

Aufgabe 1.42: Logarithmierte Renditen

Im Bereich des Risikomanagements benutzt man statt der Renditen oft die sogenannten logarithmierten Renditen. Diese auch stetige Renditen genannten Werte haben aufgrund der Rechengesetze des Logarithmus einige Vorteile (vgl. hierzu auch die Formelsammlung im Anhang A1).

Sei P_t der Preis einer Sicherheit oder eines Finanzmarktproduktes zum Zeitpunkt t, so gilt für die logarithmierte Rendite

$$r_t = \ln\left(1 + R_t\right)$$

mit

$$R_t = \frac{P_t - P_{t-1}}{P_{t-1}}.$$

a) Interpretieren Sie die letztgenannte Formel zur Berechnung von R_t.

b) Ermitteln Sie die Werte der Renditen und der logarithmierten Renditen für die Werte 1 %, 5 %, 10 % und 25 % von R_t. Stellen Sie beide Werte jeweils in einer Tabelle gegenüber. Rechnen Sie mit einer Genauigkeit von vier Dezimalstellen nach dem Komma.

c) Vergleichen Sie die Renditen R_t sowie die logarithmierten Renditen miteinander. Was stellen Sie fest?

Hinweise:

Beachten Sie, dass der Name „logarithmierte Renditen" eigentlich irreführend ist. Abweichend vom Namen handelt es sich nicht um den Logarithmus von R_t, sondern um $\ln\left(1 + R_t\right)$.

Diese Aufgabe wurde in Anlehnung an Aussagen in Miller (2012, S. 3 ff.) erstellt. Der interessierte Leser findet hier weitere Details.

Tab. 1.4 Preisentwicklung eines Finanzmarktproduktes

Zeit/Jahr	Preis/Kurs in €
2008	100,00
2009	102,00
2010	105,00

Aufgabe 1.43: Beziehung zwischen Preisen und logarithmierten Renditen

In dieser Aufgabe soll die Beziehung zwischen Preisen und logarithmischen Renditen am Beispiel verdeutlicht werden. Für die Berechnung ist es zweckmäßig, eine Tabellenkalkulation zu nutzen. Führen Sie die Berechnungen mit einer Genauigkeit von zwei Nachkommastellen in Prozentschreibweise bzw. vier Nachkommastellen in Dezimalschreibweise durch.

Gegeben sind die Preise eines Finanzmarktproduktes, wie sie Tab. 1.4 zeigt.

a) Berechnen Sie für 2009 und 2010 die Jahresrenditen. Diese sollen mit $R_{2008;2009}$ sowie $R_{2009;2010}$ bezeichnet werden.

b) Ermitteln Sie für 2010 die Rendite über die letzten 2 Jahre, also von 2008 bis 2010.

c) Prüfen Sie die Gültigkeit der folgenden Formel hier am Beispiel:
$R_{2008;2010} = \left(1 + R_{2008;2009}\right) \cdot \left(1 + R_{2009;2010}\right) - 1$

d) Gegeben seien die Renditen R_t mit t als Kennzeichen des Zinszeitraums. Verallgemeinern Sie die unter c) gezeigte Beziehung für Zinszeiträume $t = 1$ bis n und geben Sie eine entsprechende Formel zur Berechnung der Gesamtrendite an.

e) Berechnen Sie nun für die Werte aus Teilaufgabe a) die logarithmierten Renditen $r_{2008;2009}$ sowie $r_{2009;2010}$.

f) Ermitteln Sie auch die logarithmierte Rendite $r_{2008;2010}$ über 2 Jahre aus dem Ergebnis von Teilaufgabe b).

g) Prüfen Sie die Gültigkeit der Formel $r_{2008;2010} = r_{2008;2009} + r_{2009;2010}$ hier am Beispiel. Interpretieren Sie die obige Formel.

Aufgabe 1.44: Nachweis der Beziehung zwischen Preisen und logarithmierten Renditen

Für die in Aufgabe 1.43 am Beispiel gezeigten Beziehungen sollen nun allgemeingültige Formeln hergeleitet werden. Dazu sei Folgendes vereinbart:

P ... Preis eines Finanzmarktproduktes

R ... Rendite des oben genannten Finanzmarktproduktes

In Abhängigkeit des Beobachtungszeitraumes gilt damit der Zusammenhang zwischen Renditen und Preisen, wie ihn Abb. 1.2 zeigt.

Abb. 1.2 Abhängigkeit
zwischen Rendite und Preisen

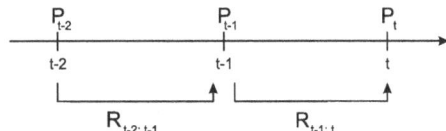

a) Als Erweiterung zu „Aufgabe 1.42: Logarithmierte Renditen" wird die Bezeichnung der Renditen um einen weiteren Index ergänzt. Interpretieren Sie die Bezeichnung $R_{t-2;t-1}$ aus Abb. 1.2. Was bedeutet dann $R_{t-2;t}$?

b) Zeigen Sie, dass gilt:

$$1 + R_{t-1;t} = \frac{P_t}{P_{t-1}}$$

c) Zeigen Sie nun:

$$R_{t-2;t} = \left(1 + R_{t-2;t-1}\right) \cdot \left(1 + R_{t-1;t}\right) - 1$$

d) Nun soll gezeigt werden, dass das Rechnen mit logarithmierten Renditen einfacher ist und die Interpretation vereinfacht.

Wenn die in Teil c) gezeigte Beziehung

$$R_{t-2;t} = \left(1 + R_{t-2;t-1}\right) \cdot \left(1 + R_{t-1;t}\right) - 1$$

gilt, dann folgt:

$$1 + R_{t-2;t} = \left(1 + R_{t-2;t-1}\right) \cdot \left(1 + R_{t-1;t}\right)$$

Zeigen Sie, dass nun mit der Umwandlung in logarithmierte Renditen der Form $r_t = \ln\left(1 + R_t\right)$ die Beziehung $r_{t-2;t} = r_{t-2;t-1} + r_{t-1;t}$ folgt.

e) Interpretieren Sie die in d) bewiesene Beziehung zwischen logarithmierten Renditen und verallgemeinern Sie diese, sodass Sie r_{t-n} berechnen können.

Aufgabe 1.45: Logarithmische Achseneinteilung
Abb. 1.3 und 1.4 zeigen beide den Preis eines Finanzmarktproduktes. Es liegen konstante Preissteigerungen von 25,0 % pro Jahr vor. Während Abb. 1.3 die übliche Achseneinteilung enthält, sind die Werte in Abb. 1.4 auf der vertikalen Achse – und nur hier – logarithmiert mit dem natürlichen Logarithmus.

Welche Unterschiede und auch Vorteile erkennen Sie bei der logarithmischen Darstellung in Abb. 1.4?

Abb. 1.3 Preisentwicklung in
linearer Skalierung

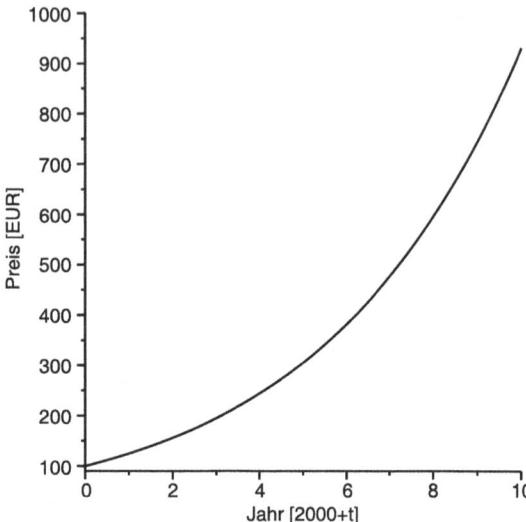

Abb. 1.4 Preisentwicklung in
logarithmischer Skalierung

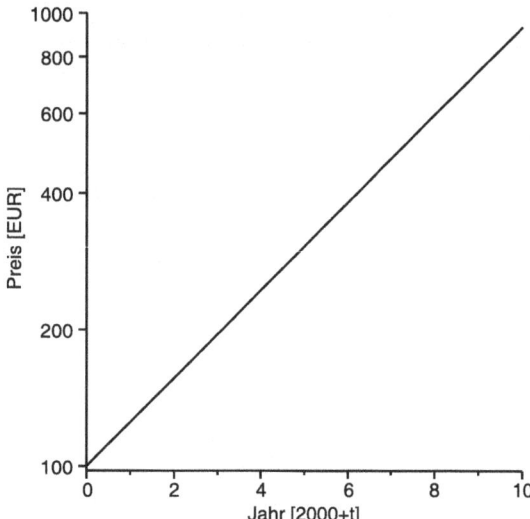

1.8.3   Zinseszinsrechnung bei unterjähriger Verzinsung

Aufgabe 1.46: Unterjährige Kapitalverzinsung
Ein Kapital von 7500 € wird auf ein Sparkonto eingezahlt, welches vierteljährig mit 0,6
% verzinst wird. Die Einzahlung erfolgt zu Beginn eines Quartals.

a) Welches Endkapital ergibt sich nach 5 Jahren?

b) Ermitteln Sie aus dem Anfangs- und dem Endkapital denjenigen Zins, den der Sparer jährlich erhalten müsste, um am Ende der Laufzeit den gleichen Betrag inkl. Zinsen angespart zu haben. Muss der Zins größer oder kleiner 2,4 % sein (Begründung)?

c) Welchen Zinssatz müsste die Bank dem Sparer bei monatlicher Zinszahlung bieten, damit dieser den gleichen Endbetrag anspart?

Aufgabe 1.47: Kurzfristige Kapitalanlage

Ein Unternehmen will seine liquiden Mittel von 65.000 € vorübergehend für einen Zeitraum von 7 Monaten fest anlegen. Die Bank offeriert einen Zinssatz von monatlich 0,5 % und monatlicher Zinsgutschrift. Das Geld wird zu Beginn eines Monats angelegt.

a) Mit welchem Endkapital kann das Unternehmen nach o. g. Laufzeit rechnen?

b) Welchem jährlichen Zins entspricht das Angebot der Bank?

Aufgabe 1.48: Weitere kurzfristige Kapitalanlage

Analog zu Aufgabe 1.47 „Kurzfristige Kapitalanlage" will ein Unternehmen 65.000 € zu 0,5 % monatlich für exakt 7 Monate anlegen. Die Zinsgutschrift erfolgt monatlich. Allerdings erfolgt die Einzahlung nun nicht zum Monatsanfang sondern am 13. eines Monats. Ein- und Auszahlungstermine sollen mitverzinst werden.

a) Fertigen Sie eine Skizze des Sachverhaltes an und markieren Sie Einzahlungs- und Auszahlungszeitpunkt sowie die Termine der Zinszahlungen.

b) Ermitteln Sie die Höhe des Endkapitals nach exakt 7 Monaten Anlagedauer.

Aufgabe 1.49: Optimaler Einzahlungszeitpunkt für Zinseszinsmaximierung

Ein Kapital K_0 wird zu einem monatlichen Zins von 3 % jährlich für genau 1 Jahr lang bei einer Bank angelegt. Die Einzahlung erfolgt zu Beginn eines beliebigen Monats.

a) Ermitteln Sie die Formel zur Berechnung des Endkapitals. Die Anzahl der Monate im ersten Jahr soll mit a bezeichnet werden, die Anzahl der Monate im zweiten Jahr mit b.

b) Sie erhalten eine Funktion des Endkapitals K_E. Von welchen Variablen hängt diese prinzipiell ab?

c) Ersetzen Sie b, indem Sie einen Zusammenhang zu a herstellen. Außer a sind nun alle Werte vorgegeben. Ermitteln Sie mithilfe der Differenzialrechnung denjenigen Parameterwert für a, der das Endkapital K_E maximiert. Weisen Sie nach, dass es sich um ein Maximum handelt.

d) Interpretieren Sie Ihr Ergebnis sachlogisch.

1.8.4 Gemischte Verzinsung

Aufgabe 1.50: Zertifikatekauf

Herr Naber möchte sein Geld im Aktienmarkt anlegen. Beim Blick in die Tagespresse stellt er fest, dass der deutsche Aktienmarkt derzeit haussiert. Die folgenden Aufgaben machen Sie mit den prinzipiellen Überlegungen im Falle eines Investments vertraut und führen zu einer konkreten Beispielrechnung. Er entscheidet sich für ein Bonuszertifikat auf Basis ausgewählter DAX-Unternehmen. Dieses kostet am 1. November 67,66 €. Sinkt der Basiswert des Zertifikates nicht unter einen gewissen Schwellenwert, so zahlt der Emittent am 31. Dezember des Folgejahres 75,50 €. Lösen Sie die folgenden Teilaufgaben.

a) Um den effektiven Jahreszins der Geldanlage zu ermitteln, stellen Sie sich vor, Sie würden das Geld auf ein „Sparkonto" mit gleichem Zins einzahlen. Damit folgt einfache Verzinsung innerhalb jedes Jahres und ein Zinseszinseffekt durch den Jahreswechsel. Lösen Sie dazu die folgenden Aufgaben.

   1. Veranschaulichen Sie zunächst den Einzahlungszeitpunkt für das Startkapital K_0, den Auszahlungszeitpunkt des Endkapitals K_E sowie den Zeitpunkt der Zinszahlung bei herkömmlicher Sparweise am 31. Dezember des Jahres der Investition auf einem Zeitstrahl.

   2. Ermitteln Sie eine allgemeingültige Formel zur Berechnung des Endkapitals anhand Ihrer grafischen Darstellung. Nehmen Sie für den Effektivzins einen Wert von allgemein „i_{eff}" an.

   3. Die ermittelte Formel kann nicht nach der Größe i_{eff} umgestellt werden. Um dennoch eine Lösung ermitteln zu können, vereinfachen Sie die Formel so weit wie möglich und vervollständigen Sie die Koeffizienten in folgender Funktionsvorschrift:

$$f(i_{\text{eff}}) = 0 = \ldots i_{\text{eff}}^2 + \ldots i_{\text{eff}} + \left(1 - \frac{K_E}{K_0}\right)$$

   4. Ermitteln Sie nun mit den für das Bonuszertifikat gegebenen Werten die Effektivverzinsung anhand der Nullstellen der Funktion. Notieren Sie Ihr Ergebnis mit siebenstelliger Genauigkeit nach dem Komma.

   5. Testen Sie die Korrektheit der Formel für den Kauf von zehn Zertifikaten.

b) Banken stellen Herrn Naber für den Kauf und für den Verkauf jeweils Gebühren in Rechnung. Diese betragen im vorliegenden Fall jeweils 40,00 €. Nehmen Sie an, Herr Naber ist ein vorsichtiger Anleger und möchte nur recht wenig Geld investieren. Ermitteln Sie die Effektivverzinsung für den Fall, dass er zehn Zertifikate kauft. Ermitteln Sie hierzu Anfangs- und Endkapital unter Beachtung der angefallenen Gebühren und setzen Sie die Werte in die von Ihnen hergeleitete und getestete Formel ein.

c) Herr Naber denkt aufgrund des erschreckenden Ergebnisses der letzten Rechnung über den Kauf von 100 Zertifikaten nach. Welche Effektivverzinsung ergäbe sich unter Berücksichtigung der Gebühren?

d) Vergleichen Sie die Effektivverzinsung in den letzten beiden Fällen. Welchen Schluss für Investments an der Börse können Sie unter Berücksichtigung anfallender Gebühren ziehen?

e) Der Kaufpreis je Zertifikat soll weiterhin 67,66 € und der Verkaufspreis 75,50 € betragen. Ermitteln Sie mithilfe einer Tabellenkalkulation diejenige Anzahl von Zertifikaten, bei der sich unter Voraussetzung eines Effektivzinses der Anlage von 3 % p. a. sowie Gebühren von jeweils 40,00 € für Kauf und Verkauf die Geldanlage gerade noch lohnt.

Aufgabe 1.51: Zinsrechnung für ein Tagesgeldkonto

Tab. 1.5 zeigt den Kontoauszug für ein Tagesgeldkonto mit zwei Einzahlungen zu unterschiedlichen Zeitpunkten. Ziel ist die Berechnung aller fehlenden Werte. Es gelten folgende banküblichen Regeln:

- Der Zinssatz betrage für die gesamte Laufzeit 1,5 % p. a.,
- Zinsgutschriften erfolgen zum Jahresende,
- für unterjährige Anteile der Geldanlage gilt die anteilige, einfache Verzinsung, wobei der Eintag nicht mitgezählt wird,
- ein Monat hat 30 Zinstage.

Berechnen Sie die Werte in den leeren Feldern und ergänzen Sie jeweils den fehlenden Buchungstext.

Tab. 1.5 Kontoauszug eines Tagesgeldkontos

Buchungsdatum	Buchungstext	Haben/Soll	Kontostand
01.01.2004		0,00 €	0,00 €
20.06.2004	Einzahlung	6000,00 €	6000,00 €
31.12.2004	…	…	…
31.12.2005	…	…	…
31.12.2006	…	…	…
01.09.2007	Einzahlung	2000,00 €	…
31.12.2007	Rechnungsabschluss	…	…

1.8.5 Barwertrechnung

Aufgabe 1.52: Altersvorsorge

Carola wird in ca. einem Monat 30 Jahre alt. Den vielen Aufforderungen in der Presse und durch ihre Verwandten folgend, will sie nun endlich für ihre Rente privat vorsorgen. Ein Versicherungsvertreter bietet ihr eine Kapitallebensversicherung an, bei der sie nach 30 Jahren eine Einmalzahlung von 50.000 € erhält. Carola hat leider keine Vorstellung, ob dies viel oder wenig ist. Helfen Sie ihr!

a) Welche Faktoren beeinflussen den Wert des Geldes?
b) Treffen Sie eine konkrete Annahme zum Wertverfall des Geldes und lösen Sie die folgenden Aufgaben.
   1. Berechnen Sie den Barwert, den die 50.000 € gemäß Ihren Annahmen nach 30 Jahren noch haben.
   2. Ermitteln Sie die Zeitdauer, nach der der Wert des Geldes sich halbiert hat. Begründen Sie den Ansatz sowie die einzelnen Schritte Ihrer Berechnungen.

Aufgabe 1.53: Einfache Barwertberechnung

Legt man den Bezugspunkt der Betrachtungen an das Ende des Anlagezeitraums, so kann man vom Endkapital auf das Anfangskapital schließen. Das Endkapital ist im Allgemeinen höher als das Anfangskapital. Man spricht deshalb hier bei der Berechnung des Anfangskapitals auch vom sogenannten Abzinsungs- oder Diskontierungsfaktor. Dieser soll die Verzinsung quasi rückgängig machen. Er entspricht dem reziproken Zinsfaktor.

a) Leiten Sie die Formel zur Berechnung des Anfangskapitals aus der allgemeinen Formel der Zinseszinsrechnung durch Umstellen ab.
b) Bei einer Sparform werden 4 % p. a. gezahlt. Es ist ein Endkapital von 8800 € angelaufen. Welcher Betrag wurde bei einer Laufzeit von 10 Jahren ursprünglich eingezahlt?

Aufgabe 1.54: Investorenaufgabe

Ein Investor muss heute sowie die nächsten 3 Jahre jeweils 80 € zahlen. Er erhält jedoch dafür in 3 Jahren auch 330 €.

a) Sollte er die Investition bei einem Marktzins von 6,20 % für die gesamte Laufzeit durchführen?
b) Ermitteln Sie mithilfe von Excel denjenigen maximalen (alternativen) Marktzins, bei dem die Investition gerade noch sinnvoll wäre, vorausgesetzt alle Risiken sind im Zins abgebildet.
c) Fassen Sie Ihre Erkenntnisse zu einer „Merkregel" für Investitionen zusammen.

Tab. 1.6 Cashflow einer Anleihe

	2005	2006	2007	2008	2009	2010	2011
Zahlung eines Emittenten	???	12 €	12 €	12 €	12 €	12 €	112 €

Hinweis:

Diese Aufgabe wurde erstellt in Anlehnung an Heidorn (2006, S. 19 ff.).

Aufgabe 1.55: Anleihekauf

Für eine Anleihe, die 2005 gekauft werden kann, sei ein Zahlungsstrom gemäß Tab. 1.6 gegeben.

Der Marktzins für die gesamte Laufzeit sei 5,5 %.

a) Bei welchem Kurs in 2005 lohnt sich der Kauf?
   Nutzen Sie für Ihre Berechnungen ggf. Excel.
b) Fassen Sie Ihre Erkenntnisse zu einer „Merkregel" für den Kauf und Verkauf einer Anleihe zusammen.

Hinweis:

Diese Aufgabe wurde erstellt in Anlehnung an Heidorn (2006, S. 19 ff.).

Aufgabe 1.56: Barwertrechnung für Kreditentscheidungen

Drei Firmen benötigen von einer Bank je einen Kredit i. H. v. jeweils 1 Mio. € und einer Laufzeit von einem Jahr. Die Bank kann sich inkl. eigener Unkosten Geld für 4,50 % am Markt beschaffen und den Kreditnehmern zur Verfügung stellen. Dieser risikolose Zinssatz hängt u. a. von der eigenen Bonität ab. Zusätzlich zu diesem Zins sind jedoch Faktoren wie z. B. eine eigene Marge und die Wiederverwertungsquote bei Insolvenz des Gläubigers zu berücksichtigen. Auch aus diesem Grund werden unterschiedliche Zinssätze je Kunde vereinbart.

Zusätzlich ist das Risiko der Bank über eine Versicherungsprämie (zahlbar bei Abschluss des Kredits (!) an die Bankengruppe) abzufangen. Dazu stellt das *treasury* die jeweiligen Risikoaufschläge in Abhängigkeit des (externen) Ratings des Kreditnehmers zur Verfügung. Dieses berücksichtigt die Ausfallwahrscheinlichkeit. Es soll gelten:

Firma	vereinbarter Zins (berücksichtigt u. a. Marge und Wiederverwertungssquote) (%)	Rating in S&P Notation	Risikoaufschlag (Prämie für Versicherung) (%)
A	5,60	AA	0,03
B	6,30	BBB+	0,07
C	8,90	B+	4,80

a) Ermitteln Sie mithilfe der Barwertrechnung, welche der drei Kredite aus Sicht der Bank vergeben werden sollten. Nutzen Sie dazu ggf. eine Excel-Tabelle.
b) Analysieren Sie die Rechnung und erläutern Sie, wann ein Kredit aus Sicht der Bank vergeben werden sollte.

Hinweis:
Diese Aufgabe wurde erstellt in Anlehnung an Heidorn (2006, S. 21 ff.).

1.8.6 Rentenrechnung und Ratenzahlungen

Aufgabe 1.57: Vergleich der Verrentungsarten
Studentin Jana besucht eine Vorlesung in Finanzmathematik. Ihre Mutter erzählt ihr von einem Gespräch mit einem Versicherungsmakler. Sie gab an, derzeit einiges Geld gespart zu haben und in Zukunft zahlreiche Reisen unternehmen zu wollen. Der Versicherungsmakler bot ihr daraufhin verschiedene Rentenversicherungen an, bei denen sie eine einmalige Einzahlung vornimmt und anschließend jährliche Rentenzahlung erhält. Mit ihren Kenntnissen aus der Vorlesung möchte Jana nun die Angebote nachrechnen. Versetzen Sie sich in ihre Lage und kalkulieren Sie die folgenden Fälle.

a) Janas Mutter gab an, dass sie 7000 € pro Jahr zusätzlich zur gesetzlichen Rente für ihre Reisen erhalten möchte. Der Versicherungsmakler rechnet ihr je ein Angebot für jährlich nachschüssige sowie vorschüssige Zahlung der Rente über 9 Jahre aus und legt dieser Kalkulation einen Zinssatz von 4,50 % zugrunde. Welchen Wert hat die jährliche Zahlung für Janas Mutter insgesamt am Ende der Laufzeit?
b) Mit den gleichen Eckdaten will der Versicherungsvertreter nun intern kalkulieren, welchen Betrag die Versicherung bei einem Vertragsabschluss von Janas Mutter mindestens verlangen muss, um die Rente tatsächlich auszahlen zu können. Helfen Sie ihm und führen Sie die Berechnungen für beide Zahlungsweisen aus.
c) Vervollständigen Sie mit Ihren Berechnungsergebnissen Tab. 1.7. Welche generelle Aussage können Sie im Hinblick auf die Zahlungsarten der Renten treffen?
d) Janas Mutter könnte aus einer Abfindung 44.900 € in die Rentenversicherung einzahlen. Wie lange kann die Versicherung die Rate von 7000 € bei einem angenommenen Marktzins von 3,00 % vorschüssig auszahlen (Verwaltungskosten werden vernachlässigt.)?

Tab. 1.7 Vergleich von vor- und nachschüssiger Rentenzahlung

Bezeichnung der Berechnungsgröße	vorschüssige Zahlung	nachschüssige Zahlung	Differenz

Hinweis:

Vergleichen Sie zudem „Aufgabe 3.16: Effektivzins bei Verrentung einer Einmalzahlung" für die Ermittlung des Effektivzinses.

Aufgabe 1.58: Verrentung eines Lottogewinns

Frau Braun ist gerade 60 Jahre alt geworden und hat im Lotto 100.000 € gewonnen. Aufgrund ihres Alters möchte sie diesen Betrag für ihre Altersvorsorge einsetzen. Der gesamte Betrag soll bei einer Versicherung eingezahlt werden, um eine Rente zu erhalten. Die Versicherung bietet Frau Braun an, die Renten ab Vollendung des 65. Lebensjahres jährlich nachschüssig auszuzahlen. Die durchschnittliche Verzinsung des Kapitals wird mit 5 % p. a. angegeben.

Lösen Sie die folgenden Aufgaben mithilfe einer Tabellenkalkulation. Gestalten Sie Ihre Berechnungen so, dass die Parameter variiert werden können. Nehmen Sie eine maximale Auszahlungsdauer von 20 Jahren an.

a) Der Versicherungsfachmann offeriert Frau Braun zwei Varianten für den Anlagezeitraum bis zur Vollendung des 65. Lebensjahres: Einerseits könne sie das Modell konservativ nutzen, bei dem eine Festverzinsung in Höhe des Garantiezinses erfolgt. Andererseits könnte sie ihr Kapital deutlich erhöhen, wenn sie die Variante Dynamik wählte, so der Versicherungsvertreter. Hierbei würde das eingezahlte Kapital in einen Aktienfonds angelegt und zu Beginn der Rentenzahlungsperiode in ein Festgeld umgewandelt. Bewerten Sie beide Varianten ausführlich. Welche Anlageform sollte Frau Braun dringend empfohlen werden (Begründung)?
b) Ermitteln Sie die Höhe des Kapitals, welches zu Beginn der Rentenzahlungen zur Verrentung bei Wahl der Variante konservativ zur Verfügung steht.
c) Wie viele Jahre kann die Versicherung die nachschüssige jährliche Rente i. H. v. 12.000 € zahlen?
   1. Nutzen Sie für die Kalkulation die Berechnungsformel und ermitteln Sie das Ergebnis mit der Tabellenkalkulation direkt unter Zuhilfenahme der Eingangsgrößen.
   2. Stellen Sie einen Auszahlungsplan auf, wie ihn Tab. 1.8 zeigt.
d) Gesucht ist die Höhe der Rente, die die Versicherung unter obigen Bedingungen zahlen kann, wenn das Kapital genau am Ende des 17. Jahres vollständig aufgebraucht sein soll. Führen Sie die Berechnung mithilfe der Zielwertsuche in der von Ihnen erstellten Kalkulationstabelle durch.

Tab. 1.8 Aufbau der Kalkulationstabelle

Jahr Nr.	Wert zu Jahresbeginn	Wert am Jahresende	abzgl. Rente	Endkapital am Jahresende

Aufgabe 1.59: Ratensparverträge

a) Welches Endkapital erhielt man Ende 2003 mit Betrachtung der Zinseszinsen, wenn folgende Beträge auf ein Sparkonto mit einer Verzinsung von 3 % p. a. bei jährlich nachschüssiger Zinszahlung eingezahlt wurden?

Einzahlungstermin	Betrag €
01.01.1999	1000
01.01.2000	2000
01.01.2001	4000
01.01.2002	1000
01.01.2003	2000

b) Die Einzahlungen werden nun angepasst. Nehmen Sie an, dass zu Jahresbeginn stets konstante Raten r i. H. v. 1500 € eingezahlt wurden. Berechnen Sie die Höhe des Endkapitals für diesen Fall.

c) In einen Sparvertrag werden jeweils zu Jahresbeginn 2000 € eingezahlt. Welches Endkapital erhält man nach 7 Jahren bei nachschüssiger Verzinsung i. H. v. 2,5 % p. a.?

d) Stellen Sie die Formel zur Berechnung des Gesamtendwertes von vorschüssigen Ratenzahlungen nach den Größen Jahresrate und Laufzeit um. Warum ist eine Umstellung nach der Größe Zinssatz nicht möglich? Was bedeutet dies für Berechnungen von Sparplänen mit nachschüssiger Verzinsung, bei denen man sich für die Rendite interessiert?

e) Welche Jahresrate r muss man vorschüssig einzahlen, um bei einem Zins von 2 % p. a. einen Betrag von 20.000 € nach 6 Jahren angespart zu haben?

f) Wie lange muss man jährlich 2000 € einzahlen, um bei einem Zins von 2 % p. a. einen Betrag von 12.000 € anzusparen?

g) In einem weiteren Sparvertrag werden zu Beginn eines jeden Jahres 2500 € auf ein Konto eingezahlt und zu 6 % p. a. verzinst. Welches Kapital hat man am Ende einer Vertragslaufzeit von 7 Jahren angespart? Veranschaulichen Sie die Entwicklung des Sparguthabens mithilfe einer Tabellenkalkulation.

Hinweis:

Um bei gegebenem Endwert, Laufzeit und Rate auf den Zinssatz zu schließen, muss man sich numerischer Methoden bedienen. Vergleiche hierzu auch die Herleitungen in der „Aufgabe 3.6: Herleitung der Formel des Newton'schen Iterationsverfahrens" und die darauf folgenden Aufgaben.

Hinweis: Diese Aufgabe wurde erstellt in Anlehnung an Ohse (1993, S. 181 ff.).

Aufgabe 1.60: Unterjährige Ratenzahlungen

Torsten zahlt monatlich in einen Sparvertrag 25 € ein. Der Zinssatz betrage 3 % p. a. und die Laufzeit des Vertrages 8 Jahre. Entspricht die Anlagedauer eines Betrages nicht einem Vielfachen der Zinsperiode (gebrochene Laufzeit), so nutzt man die sogenannte unterjährige Verzinsung. Dabei wird das betroffene Kapital einer einfachen Verzinsung – also ohne Zinseszinsen – unterworfen. Die folgenden Fragen verdeutlichen die Vorgehensweise am Sparplan von Torsten.

a) Nehmen Sie an, Torsten zahlt eine Rate am 1. Januar und eine Rate am 1. Februar ein. Ermitteln Sie die Höhe des Endkapitals, welches sich allein aus diesen beiden Raten und deren Verzinsung bis zum Jahresende ansammelt. Nutzen Sie die einfache Verzinsung für jede dieser Raten. Bedenken Sie, dass die zweite Rate mit 11/12-tel des Jahreszinssatzes verzinst wird.

b) Verallgemeinern Sie Ihre Überlegungen für insgesamt 12 Monatsraten der Höhe r. Welchen Endbetrag weist das Konto nach einem Jahr Laufzeit auf, wenn $r = 25$ gilt?

c) Es liegt Ihnen nun der Betrag vor, den Torsten jährlich inkl. Zinsen anspart. Ziehen Sie nun die Laufzeit des Vertrages in Betracht und ermitteln Sie das Endkapital zum Ende der Vertragslaufzeit.

Aufgabe 1.61: Wert von Ratenzahlungen bei unterjähriger Verzinsung

Ein großer Elektronikmarkt bietet seinen Kunden den Kauf von Produkten zu einem Effektivzins von null, um das Weihnachtsgeschäft zu forcieren. Peter kauft eine Hifi-Anlage und einen Beamer für zusammen 2400 €. Er muss den Kaufpreis in 24 gleichen Monatsraten zurückzahlen, wobei die erste Rate einen Monat nach dem Kaufdatum fällig wird.

Berechnen Sie den Gesamtwert der Ratenzahlungen für Peter bei einem angenommenen Zins von 2 % p. a., zu dem er das Geld bei *monatlicher* Zinsgutschrift bei einer Bank anlegen könnte. Welchen Betrag hätte Peter also am Ende der Laufzeit, wenn er das Geld sparen würde und nicht den Kredit bedienen müsste.

Aufgabe 1.62: Barwert von Teilzahlungen

Ein Unternehmen hat im Zuge eines Projektes drei aufeinanderfolgende jährliche Zahlungen vorzunehmen:

- 1000 € nach 1 Jahr,
- 1500 € nach 2 Jahren und
- 2000 € nach 3 Jahren.

a) Das Unternehmen hat eine hohe Kapitalverzinsung von ca. 11 %. Welchen Betrag muss das Unternehmen zu diesem Zinssatz anlegen, um genügend Rücklagen zur Deckung dieser drei Zahlungen zu besitzen? Wir nennen diesen Betrag auch den Barwert der drei Zahlungen.

b) Verallgemeinern Sie diesen Vorgang, indem Sie annehmen, dass n aufeinanderfolgende Zahlungen $a_1, a_2, \ldots, a_n$ zu tätigen sind und die Verzinsung von Guthaben mit durchschnittlich $p\,\%$ erfolgt. Welche Formel ergibt sich?

c) Es wird angenommen, dass gleichbleibende Zahlungen (Annuitäten) i. H. v. jeweils
   1000 € nachschüssig in den kommenden 8 Jahren bei einem Zinssatz von 6 % p. a.
   erfolgen sollen. Identifizieren Sie die korrekten Formeln aus der Rentenrechnung, mit
   denen Sie den Gesamtbarwert sowie den Gesamtendwert dieser Zahlungen ermitteln
   können. Berechnen Sie beide Werte.

Hinweis:
   Diese Aufgabe wurde in Anlehnung an Sydsæter und Hammond (2010, S. 417 ff.)
erstellt.

Aufgabe 1.63: Zahlungsmethode BVG-Fahrpreise
Die Berliner Verkehrsbetriebe bieten den Kunden für sogenannte Zeitkarten unterschied-
liche Zahlungsarten an (vgl. Abb. 1.5). Benötigt ein Kunde eine Monatskarte für den
Tarifbereich AB, so kann er zwischen einer monatlichen Zahlweise i. H. v. 12 Monats-
raten zu insgesamt 695 € oder alternativ eine Einmalzahlung i. H. v. 675 € wählen. Im
Folgenden geht es um die Bewertung dieses Preismodells mithilfe finanzmathematischer
Methoden. Dazu sollen die folgenden Fragen beantwortet werden:

a) Welche Gründe sprechen für einen höheren Preis bei der Bezahlung in Monatsraten?
b) Bei der monatlichen Zahlung handelt es sich um gleichbleibende Ratenzahlungen.
   Ermitteln Sie, ob diese im Sinne der Zinsrechnung vorschüssig oder nachschüssig
   erfolgen.

	Berlin AB	695,00 €
	Berlin BC	716,00 €
Monatskarte	Berlin ABC	875,00 €
VBB- Umweltkarte	Berlin ABC + 1	1200,00 €
im Abo	Landkreis	
(Abbuchung in	Berlin ABC + 2	1490,00 €
12 Monatsraten)	Landkreise	
	Berlin ABC + 1	1490,00 €
	Landkreis + 1	
	kreisfreie Stadt	
	VBB- Gesamtnetz	1800,00 €
	Berlin AB	675,00 €
	Berlin BC	700,00 €
Monatskarte	Berlin ABC	848,00 €
VBB- Umweltkarte	Berlin ABC + 1	1164,00 €
im Abo	Landkreis	
(Abbuchung 1x	Berlin ABC + 2	1445,30 €
jährlich)	Landkreise	
	Berlin ABC + 1	1445,30 €
	Landkreis + 1	
	kreisfreie Stadt	
	VBB- Gesamtnetz	1746,00 €

Abb. 1.5 Übersicht Fahrpreise BVG

c) Berechnen Sie mithilfe einer Tabellenkalkulation den monatlichen Zins, der seitens der BVG offenbar kalkuliert wurde, um die Höhe der einmaligen Vorauszahlung anstatt der monatlichen Ratenzahlung festzulegen.

1. Identifizieren Sie die zu benutzenden Formeln.
2. Nutzen Sie zur Berechnung des Monatszinses die von Ihnen bereitgestellten Formeln.

   Hinweise:

   Verwenden Sie die sogenannte Zielwertsuche der Tabellenkalkulation (z. B. Excel) oder ein geeignetes Iterationsverfahren, um die Lösung der Gleichung für den Monatszins zu ermitteln.

   Im Falle des Einsatzes eines Iterationsverfahren muss die Gleichung ggf. umgeformt werden, da die Nullstelle der Zielfunktion gesucht ist. Siehe hierzu auch „Aufgabe 3.6: Herleitung der Formel des Newton'schen Iterationsverfahrens" und die darauf folgenden Aufgaben.

3. Führen Sie eine Proberechnung durch, indem Sie den Barwert aller zwölf gleichbleibenden Raten mit dem ermittelten Monatszins berechnen.

   Hinweise:

   Überlegen Sie zunächst, wie oft beispielsweise die Januarrate und wie oft die Dezemberrate abzuzinsen ist.

   Stimmt die Summe der Barwerte mit dem Betrag der jählichen Einmalzahlung überein?

d) Ermitteln Sie aus dem monatlichen Zins den rechnerischen Jahreszins, den Sie erhalten müssten, um den gleichen Zinsvorteil wie bei der Einmalzahlung zu realisieren.

e) Bewerten Sie ausführlich die Ergebnisse. Welchen Rat geben Sie den Kunden des Unternehmens?

1.8.7 Tilgungsrechnung

Aufgabe 1.64: Annuitätentilgung

Ein Darlehen von 3000 € zu 10 % bezogen auf die Restschuld soll durch gleichbleibende jährliche Raten (Annuitäten) in 4 Jahren vollständig zurückgezahlt werden. Die Raten werden nachschüssig durch den Kreditnehmer an die Bank überwiesen.

a) Berechnen Sie die Höhe der Annuität.
b) Vervollständigen Sie den Tilgungsplan in Tab. 1.9.
c) Berechnen Sie mithilfe der Ihnen bekannten Formeln aus der Formelsammlung im Anhang A1 direkt die Werte für Restschuld, Zinsen und Tilgung für das 3. Jahr.
d) Berechnen Sie die Effektivverzinsung als Quotient der Zinssumme und Summe der Restschulden. Vergleichen Sie Ihr Ergebnis mit der oben genannten Nominalverzinsung.

Tab. 1.9 Tilgungsplan eines
Annuitätendarlehens

Jahr	Restschuld	Zinsen	Tilgung	Annuität
1	3000,00 €			
2				
3				
4				
Summe	–			

Aufgabe 1.65: Tilgung von Schulden

Bei der Tilgungsrechnung erfolgt zu Beginn des relevanten Zeitraumes eine Auszahlung, z. B. eines (Hypotheken-)Darlehens. Die Rückzahlung dieser Anfangsschuld erfolgt i. d. R. in Raten. Diese beinhalten jeweils einen Teil der Schuldzinsen sowie einen Teil der Tilgung. In der Praxis wird oft nicht die gesamte Schuld während der Laufzeit getilgt, sodass eine Anschlussfinanzierung erforderlich ist. Die Restschuld nach k Jahren ist gleich der Anfangsschuld abzüglich der bis dahin geleisteten Tilgungszahlungen. Der Zinsanteil jeder Rate spielt hierfür also keine Rolle.

Mit den folgenden Fragestellungen soll anhand von drei Tilgungsplänen die Funktionsweise der Formeln und die korrekte Verwendung verschiedener Begriffe der Tilgungsrechnung verdeutlicht werden.

Hinweis:

Bei einer sogenannten Hypothek wird im Bankwesen ein Kredit durch Immobilien abgesichert. Sie zählt daher zu den Grundpfandrechten. In der Umgangssprache wird oft nicht nur das Grundpfandrecht, sondern auch das damit verbundene Darlehen als Hypothek bezeichnet.

a) Recherchieren Sie zunächst nach den Begriffen „Hypothekendarlehen" sowie „Darlehenshypothek" und arbeiten Sie die Unterschiede heraus. Welchen Vorteil hat ein Hypothekendarlehen für ein Kreditinstitut?

b) Tilgungsplan 1: Familie Ehlert tilgt ein Darlehen von 50.000 € mit folgenden Raten zum Jahresende: 5000 €, 7000 €, 10.000 €, 12.000 €, 16.000 €. Dies sind die Tilgungsraten ohne Zinsen. Die Zinsen werden jeweils zum Jahresende auf die Restschuld ermittelt und betragen 7,00 %.

   1. Notieren Sie tabellarisch die Tilgungszeitpunkte, die Restschuld zu Beginn jedes Jahres, die Zinszahlungen, die Tilgung sowie die insgesamt an die Bank zu überweisende Rate. Man nennt eine solche Tabelle einen *Tilgungsplan*.

   2. Berechnen Sie die Effektivverzinsung als Quotient der Zinssumme und Summe der Restschulden. Vergleichen Sie Ihr Ergebnis mit der oben genannten Nominalverzinsung.

c) Tilgungsplan 2: Berechnen Sie nun die Werte eines zweiten Tilgungsplanes für die Familie, bei dem konstante Tilgungsraten (ohne Zinsen) i. H. v. 10.000 € gezahlt werden. Sind dann auch die Raten an die Bank gleich?

d) Tilgungsplan 3: Am häufigsten vertreten sind sogenannte Annuitätendarlehen, bei denen die Raten konstant bleiben. Eine Anfangsschuld S_0 soll mit $p\,\%$ p. a. verzinst werden. Die Tilgung soll in n Jahren durch konstante Annuitäten von A erfolgen. Dies wird mit dem dritten und letzten Tilgungsplan exemplarisch veranschaulicht.

1. Die oben genannte Summe von 50.000 € soll nun bei wiederum 7 % in $n = 5$ Jahren vollständig getilgt werden. Berechnen Sie die Annuität und stellen Sie den Tilgungsplan auf.

2. Berechnen Sie mit der Formel die Summe der Tilgungsleistungen.

3. Analysieren Sie die Anteile von Zinsen und Tilgung an den Ratenzahlungen/ Annuitäten. Welche Feststellung können Sie treffen, und worin liegt der von Ihnen bemerkte Effekt begründet?

Funktionen einer Veränderlichen 2

In diesem Kapitel werden die elementaren Funktionen $y = f(x)$ einer reellen Veränderlichen behandelt. Zu diesen zählen

- Potenzfunktionen ($y = x^n$, $n \in N$),
- Wurzelfunktionen ($y = \sqrt[n]{x}$, $n \in N$, $n > 1$),
- trigonometrische Funktionen,
- deren Umkehrfunktionen (Arcus-Funktionen),
- die Exponential- und die Logarithmusfunktion sowie
- die hyperbolischen Funktionen und deren Umkehrfunktionen (Area-Funktionen).

Funktionen, die sich als Summe, Differenz, Produkt oder Quotient der oben genannten Funktionen darstellen lassen, und hier insbesondere die rationalen Funktionen, sind in der Mathematik ebenfalls von großer Bedeutung.

Die folgenden Übungen sollen dazu dienen, wichtige Eigenschaften der Funktionen zu erarbeiten und mit ihnen routiniert umgehen zu können. Ein grundlegendes Verständnis dieser Charakteristika ist für viele Gebiete der Mathematik bedeutsam. Oft nutzt man beispielsweise eine Zusammensetzung von Potenzfunktionen als sogenannte Polynome, um komplizierte Funktionen oder anspruchsvolle Sachverhalte näherungsweise zu analysieren; man sagt auch zu approximieren.

© Springer-Verlag GmbH Deutschland, ein Teil von Springer Nature 2019
T. Wendler und U. Tippe, *Übungsbuch Mathematik für Wirtschaftswissenschaftler*,
https://doi.org/10.1007/978-3-662-58715-7_2

2.1   Grundlagen

2.1.1 Theorie

Dem Funktionsbegriff liegt zunächst der etwas allgemeinere Begriff der „Abbildung"
zugrunde:

Gegeben sind zwei Mengen A und B. Eine Abbildung f von A nach B ist eine Vor-
schrift, die jedem Element der Menge A in eindeutiger Weise ein Element der Menge B
zuordnet. Wird $x \in A$ auf $y \in B$ „abgebildet", so schreibt man $y = f(x)$ und nennt y das
„Bild von x" sowie x ein „Urbild von y". Abbildungen im Sinne dieser Definition werden
in symbolischer Form durch $f : A \to B$ beschrieben.

Eine mögliche Abbildung ist z. B. die folgende: Es sei A die Menge aller Studieren-
der eines Jahrgangs des Studiengangs BWL an einer bestimmten Hochschule, die am
Ende des ersten Semesters die Abschlussklausur im Fach Mathematik mitgeschrieben
haben. Bei der Korrektur dieser Klausuren „ordnet" der Dozent jedem dieser Studierenden „genau eine" Zensur zu. Bei dieser „Zuordnung" handelt es sich um eine klassische
„Abbildung" im obigen Sinne.

Abbildungen drücken somit auch immer gewisse Abhängigkeiten aus: Die vergebene
Zensur hängt (natürlich) vom jeweiligen Studierenden und den (hoffentlich) immer gleichen zugrunde liegenden Bewertungskriterien des Dozenten ab.

In der Mathematik und ihren Anwendungen hat man es i. d. R. mit Mengen A und B
zu tun, welche Teilmengen der reellen Zahlen sind. In diesem Fall nennt man die dort
definierten Abbildungen „Funktionen": Man betrachtet einen „Definitionsbereich" D,
der eine Teilmenge der reellen Zahlen ist, „nimmt" sich jedes Element x aus D, „ver-
arbeitet" x auf eine bestimmte festgelegte Art und erhält als Ergebnis die reelle Zahl y als
„Funktion von x": $y = f(x)$. Der Wert von y hängt somit von x und der jeweiligen „Ver-
arbeitungsvorschrift" ab.

Indem jedem x-Wert des Definitionsbereiches genau ein y-Wert zugeordnet wird,
entsteht eine Menge von „Punktepaaren" $(x; f(x))$, die als „Graph der Funktion f"
bezeichnet wird. Diese Punkte kann man in ein „kartesisches Koordinatensystem" einzeichnen. In den meisten, „gutartigen" Fällen liegen diese eingezeichneten Punkte auf
einer durchgehenden Kurve bzw. sind zumindest stückweise als durchgehende Kurve
darstellbar.

Einfache Beispiele sind lineare und die quadratische Funktionen, wie z. B.
$f(x) = 2x + 1$, deren zugehöriger Graph eine Gerade ist, oder $f(x) = x^2 + 3x - 6$, wo
der zugehörige Graph eine Parabel beschreibt.

Für die Analyse der Funktionen sind bestimmte markante x-Werte von Inter-
esse. Einige sind z. B. die sogenannten Nullstellen („Welchen x-Werten wird die Null
zugeordnet?"), die (lokalen) Extremstellen („Für welche x-Werte sind die zugehörigen
Funktionswerte zumindest lokal, d. h. in der Nähe des x-Wertes, maximal oder minimal?") oder auch die Wendepunkte („In welchen Punkten des Graphen verändert sich

das Krümmungsverhalten der Kurve, d. h., in welchen Punkten geht z. B. eine Links-
kurve in eine Rechtskurve bzw. umgekehrt über?").

Die Kenntnis über derartige Sachverhalte ermöglichen es dem Anwender, sich sehr
schnell ein grobes Bild über den Verlauf der Funktion zu verschaffen, ohne einzelne und
willkürlich gewählte Funktionswerte ausrechnen zu müssen, und rasch einige wichtige
Aussagen über das Abhängigkeitsverhalten bzw. die Entwicklung der Funktion für große
oder kleine x-Werte zu treffen.

Die beiden letzten Fragen sind klassische Fragen aus der Differenzialrechnung unter
Nutzung des „Ableitungsbegriffes", die erste Frage nach der oder den Nullstellen führt
letztendlich auf das Lösen von Gleichungen zurück, das sich – je nachdem welchen Typs
die Zuordnungsvorschrift f ist – mehr oder weniger schwierig gestaltet.

2.1.2 Übungen

Aufgabe 2.1: Portokosten privater Briefsendungen
a) Informieren Sie sich über die Preise zur Versendung von Briefen innerhalb Deutschlands bei Versand mit der Deutschen Post.
b) Stellen Sie die Kostenfunktion für private Einzelsendungen in Abhängigkeit von der
   Masse (gemessen in Gramm) mathematisch korrekt dar.

Aufgabe 2.2: Nullstellenbestimmung
Man bestimme alle reellen Nullstellen der folgenden im Bereich der reellen Zahlen definierten Funktionen. Geben Sie $f(x)$ auch als Produkt von Linearfaktoren an. Siehe hierzu
auch die Hinweise zur Zerlegung in Linearfaktoren sowie in der Formelsammlung.

a) $f(x) = x^5 - 13x^3 + 36x$
b) $f(x) = 4x^3 - 5x^2 - 6x$
c) $f(x) = 2x^3 + x^2 - 5x + 2$
d) $f(x) = 6x^5 + x^4 - x^3$
e) $f(x) = 2x^3 - 27x^2 + 109x - 126$
f) $f(x) = 2x^3 + x^2 - 73x + 126$
g) $f(x) = x^4 + 2x^3 - 12x^2 + 14x - 5$
h) $f(x) = x^4 + 4x^3 + 6x^2 + 8x + 8$
i) $f(x) = 4x^3 - 32x^2 + 85x - 75$
j) $f(x) = x^5 - 3x^4 + 7x^3 - 13x^2 + 12x - 4$

Aufgabe 2.3: Bestimmung des Definitionsbereiches von Funktionen
Geben Sie für die folgenden Zuordnungsvorschriften maximale Definitionsbereiche an
und treffen Sie ab der Teilaufgabe (h) eine Aussage über das Symmetrieverhalten der
Funktionen.

a) $f(x) = \sqrt{6x^2 - 5x - 6}$

b) $f(x) = \frac{x-4}{|x-4|}$

c) $f(x) = \sqrt{x-2}$

d) $f(x) = \frac{1}{\sqrt{x-2}}$

e) $f(x) = \sqrt{(x-2)(x-3)}$

f) $f(x) = \sqrt{x^2 - 2}$

g) $f(x) = \sqrt{|x| - 5}$

h) $f(x) = 4x^2 - 16$

i) $f(x) = \frac{x^3}{x^2+1}$

j) $f(x) = \frac{4x^2}{4x^2-16}$

k) $f(x) = \sqrt{x^2 - 25}$

Aufgabe 2.4: Bestimmung des Wertebereiches
Wie lauten die Wertebereiche (nicht die Definitionsbereiche!) der folgenden Funktionen?

a) $f(x) = \frac{1}{1+x^2}$, $x \in R$
b) $f(x) = 3 - \sqrt{x}$, $x \in R_0^+$

Aufgabe 2.5: Zuordnungen vs. Funktionen
Handelt es sich bei den folgenden Zuordnungen um Funktionen? Begründen Sie Ihre Aussage.

a) $f : [-5; 5] \to I\!R$ und $x \to y$ mit $x^2 + y^2 = 25$
b) $f : (-5; 5) \to I\!R$ mit $x \to \frac{1}{25-x^2}$

Aufgabe 2.6: Graphen von Funktionen
Zeichnen Sie die Graphen der folgenden Funktionen.

a) $f : I\!R \backslash \{4\} \to R$ mit $f(x) = \frac{x-4}{|x-4|}$
b) $f : [0; 4] \to I\!R$ mit $f(x) = \left| \frac{1}{2}x - 1 \right|$
c) $f : [-7; 7] \to I\!R$ mit $f(x) = |2x - 3|$

Aufgabe 2.7: Identifikation von Funktionen anhand der Graphen
Abb. 2.1 zeigt die Graphen dreier verschiedener Funktionen. Ordnen Sie die folgenden Funktionsgleichungen dem jeweiligen Graphen zu. Kombinieren Sie Funktionsnummer und folgende Buchstabenkennung. Ergänzen Sie die fehlenden Bestandteile der Funktionsterme und wählen Sie das korrekte Operationszeichen.

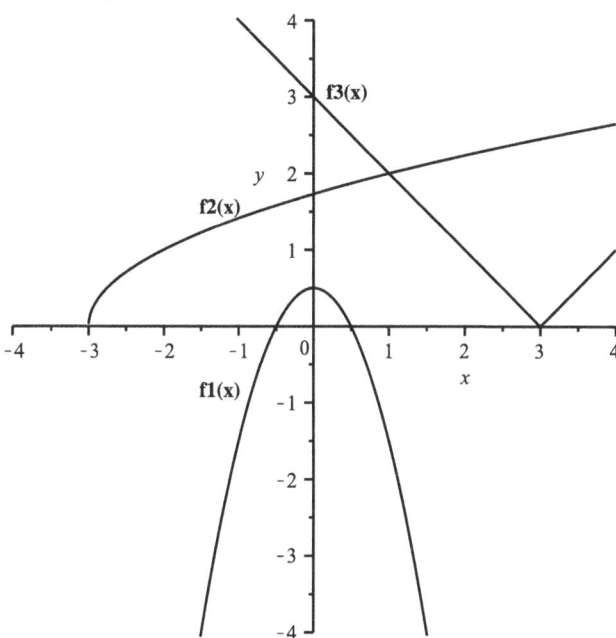

Abb. 2.1 Graphen verschiedener Funktionen

a) $f\ldots(x) = |x \pm \ldots|$
b) $f\ldots(x) = -2x^2 \pm \ldots$
c) $f\ldots(x) = \sqrt{x \pm \ldots}$

Aufgabe 2.8: Untersuchung von Funktionen auf Symmetrie
Welche der folgenden Funktionen ist gerade, ungerade oder besitzt keine dieser Eigenschaften? Beweisen Sie Ihre Behauptungen.

Hinweis: Betrachtet wird hier zunächst lediglich die Symmetrie zur y-Achse bzw. die Punktsymmetrie zum Koordinatenursprung. Natürlich sind Symmetrien zu anderen Achsen oder Punkten möglich. Deren Nachweis ist jedoch nicht ganz so trivial. Einen Ausblick darauf geben die Teilaufgaben g und h.

a) $f_1(x) = x^2 - x^4$
b) $f_2(x) = x^3 + \frac{1}{x^5}$
c) $f_3(x) = x^2 - x^3$
d) $f_4(x) = \begin{cases} -\sqrt{-x} & \text{für } x < 0 \\ \sqrt{x} & \text{für } x \geq 0 \end{cases}$
e) $f_5(x) = |x|$
f) $f_6(x) = 3x^5 - 7x^3 + 2x$
g) $f_7(x) = |x - 1|$
h) $f_8(x) = (x + 1)^3 - 2$

Aufgabe 2.9: Ermittlung einer Umkehrfunktion
Ermitteln Sie für die folgenden Funktionen die jeweilige Umkehrfunktion, indem Sie:

- die Funktion auf ihre Eineindeutigkeit prüfen,
- ggf. Intervalle definieren, in denen die Eineindeutigkeit gegeben ist, und
- nun abschließend die Umkehrfunktion für jedes der Intervalle angeben.

a) $f_1(x) = 3x - 2$
b) $f_2(x) = x^2$
c) $f_3(x) = |x|$
d) $f_4(x) = x$
e) Wie lautet die Umkehrfunktion von $f(x) = \frac{1}{2x}$, $x > 0$? Führen Sie auch eine Probe durch.
f) Wie lautet die Umkehrfunktion von $f : IR\backslash\left\{\frac{1}{5}\right\} \rightarrow IR\backslash\left\{\frac{7}{5}\right\}$ mit $f(x) = \frac{7x+3}{5x-1}$? Skizzieren Sie sowohl den Graphen von f als auch den von f^{-1}.
g) Ermitteln Sie die Inverse der folgenden Funktionen unter der Annahme, dass $x > 0$ gilt.

  1. $f(x) = 200 - 3x$
  2. $f(x) = 4x^3 - 2$
  3. $f(x) = 4e^{x-2}$

2.2 Potenzfunktionen und ganze rationale Funktionen (Polynome)

2.2.1 Theorie

Eine Funktion der Gestalt

$$y = f(x) = \sum_{k=0}^{n} a_k x^k = a_n x^n + a_{n-1} x^{n-1} + \ldots + a_2 x^2 + a_1 x + a_0$$

mit $a_k \in R$, $a_n \neq 0$, $n \in N$ heißt ganze rationale Funktion (mit reellen Koeffizienten a_k) vom Grade n. Der algebraische Ausdruck $\sum_{k=0}^{n} a_k x^k$ wird auch Polynom n-ten Grades genannt.

Der Graph der **konstanten Funktion** $y = f(x) = a$ ist ein Spezialfall der Polynome. Ihr Graph ist eine Parallele zur x-Achse, wie Abb. 2.2 zeigt. Auch die linearen Funktionen des Typs $y = f(x) = ax$ sind Polynome. Deren Graphen sind Geraden, die durch den Nullpunkt des Koordinatensystems verlaufen. Sie unterscheiden sich im Parameter a, der **Steigung** der Geraden. Vergleiche hierzu Abb. 2.3.

Abb. 2.2 Darstellung einer
konstanten Funktion

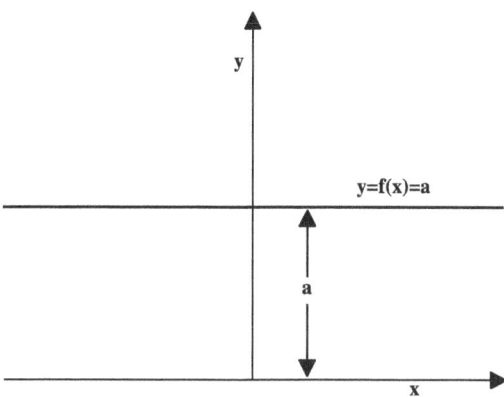

Abb. 2.3 Funktionen der Form
$f(x) = a \cdot x$ für $a = 2;\ 0,5;\ -0,5$
    und $-1,5$

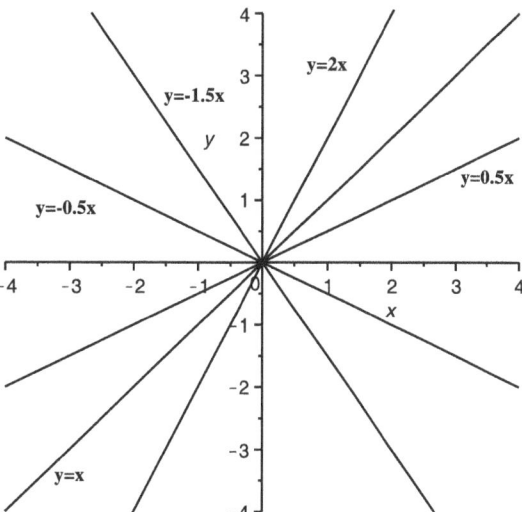

Die Addition einer Konstanten zu den Gleichungen der letztgenannten Funktionen
führt zu einer Verschiebung in Richtung der y-Achse. Vergleiche Abb. 2.4.

Auf diese Weise gelangt man sehr einfach zu den **linearen Funktionen**
$y = f(x) = mx + n$, auch ganzrationale Funktionen 1. Grades genannt.

Die Graphen der Funktionen $y = ax^2 + bx + c$ $(a \neq 0)$ stellen Parabeln dar. Der Faktor a dieser Polynome zweiten Grades bestimmt Form und Öffnung der Parabel. Es gilt:

- für $a > 0$ ist die Parabel nach *oben* geöffnet (d. h. in *positiver* y-Richtung),
- für $a < 0$ ist die Parabel nach *unten* geöffnet (d. h. in *negativer* y-Richtung),
- für $0 < |a| < 1$ ist die Parabel „gestaucht",
- für $|a| = 1$ hat die Parabel Normalgestalt („Normalparabel"),
- für $|a| > 1$ ist die Parabel „gestreckt".

Abb. 2.4 Grafische
Darstellung der Geraden
$f(x) = 2x - 1$ und $f(x) = 3 - 1,5x$

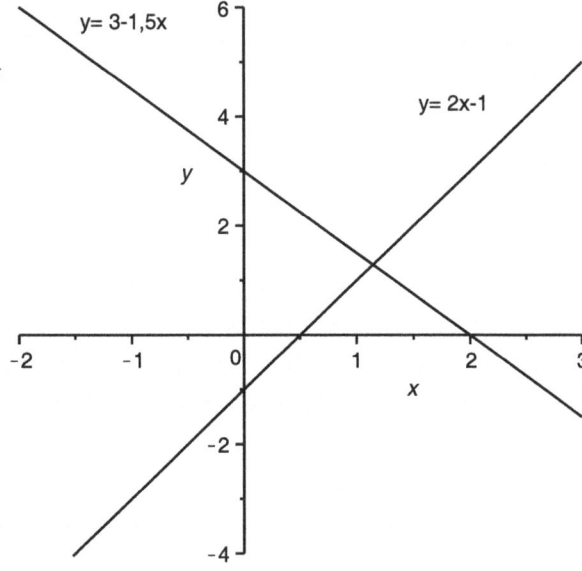

Abb. 2.5 Parabeln
$f(x) = axP_1 = (1, -3) + bx + c$
im Vergleich mit
$f(x) = xP_2 = (4, -4, 5)$

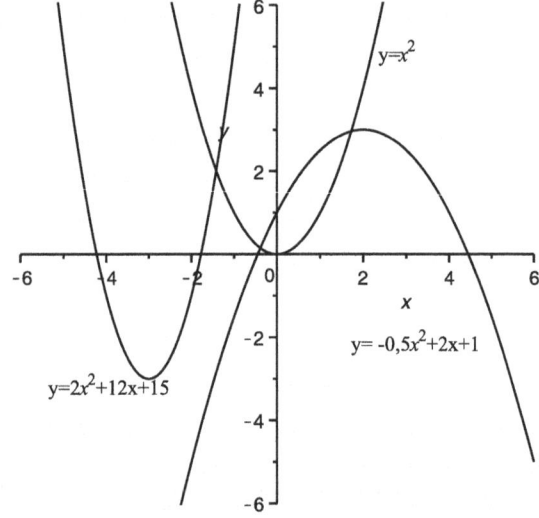

Die Koeffizienten b und c bestimmen (zusammen mit a) die Lage des Scheitelpunktes S
der Parabel. Die Funktionen der Form $y = ax^2 + bx + c$ mit $a \neq 0$ beschreiben alle
„nach oben" bzw. „nach unten" geöffneten Parabeln in der x-y-Ebene. Es werden zwei
typische Fälle in Abb. 2.5 grafisch dargestellt:

Beispiele

$y = 2x^2 + 12x + 18 = 2 \cdot (x + 3)^2$. Es handelt sich um eine gestreckte, nach oben geöffnete Parabel mit dem Scheitelpunkt $S(-3; 0)$.

$y = -0,8x^2 - 1,6x + 0,2 = -0,8 \cdot (x + 1)^2 + 1$. Es handelt sich um eine gestauchte, nach unten geöffnete Parabel mit dem Scheitelpunkt $S(-1; 1)$.

$y = 1,5x^2 + 6x + 2 = 1,5 \cdot (x + 2)^2 - 4$. Es handelt sich um eine gestreckte, nach oben geöffnete Parabel mit dem Scheitelpunkt $S(-2; -4)$.

$y = -2x^2 + 12x - 15 = -2 \cdot (x - 3)^2 + 3$. Es handelt sich um eine gestreckte, nach unten geöffnete Parabel mit dem Scheitelpunkt $S(3; 3)$.

$y = -0,1x^2 + 0,2x + 9,9$ beschreibt eine sehr flache, nach unten geöffnete Parabel mit $S(1; 10)$.

Im Zusammenhang mit den Nullstellen einer quadratischen Funktion interessiert ein weiterer – auf beliebige ganzrationale Funktionen übertragbarer – Satz:

Besitzt $y = f(x) = ax^2 + bx + c$ zwei reelle Nullstellen $x = \alpha$ und $x = \beta$, so lässt sich $f(x)$ in ein Produkt von Linearfaktoren zerlegen:

$$f(x) = ax^2 + bx + c = a \cdot (x - \alpha) \cdot (x - \beta).$$

Der Fall $\alpha = \beta$ ist eingeschlossen.

Besitzt $y = ax^2 + bx + c$ keine reellen Nullstellen, so ist die Funktion innerhalb der reellen Zahlen nicht in ein Produkt von Linearfaktoren zerlegbar.

Beispiel

Die Funktion $y = f(x) = 3x^2 + 6x - 45$ besitzt die Nullstellen $x = -5$ und $x = 3$. Der algebraische Ausdruck $(3x^2 + 6x - 45)$ muss nach dem oben Gesagten durch die Linearfaktoren $(x + 5)$ bzw. $(x - 3)$ ohne Rest teilbar sein. Wir führen die Division durch $(x + 5)$ aus:

$$(3x^2 + 6x - 45) : (x + 5) = 3x - 9 = 3(x - 3)$$
$$\underline{-|3x^2 + 15x} \quad L = \{0\}$$
$$-9x - 45$$
$$\underline{-|-9x - 45}$$

Ergebnis: $y = f(x) = 3x^2 + 6x - 45 = 3 \cdot (x - 3) \cdot (x + 5) \quad L = R/\{7\}$

Ganzrationale Funktionen höheren Grades

Abschließend ein kleiner Ausblick auf ganzrationale Funktionen höheren Grades:

Eine ganzrationale Funktion n-ten Grades besitzt höchstens n Nullstellen. (Eventuell vorhandene *mehrfache* Nullstellen werden in ihrer „Vielfachheit" gezählt.)

Eine ganzrationale Funktion n-ten Grades verhält sich für große positive und für große negative x-Werte im Wesentlichen so wie sein „höchstes Glied" $a_n x^n$. Daraus folgt, dass ganzrationale Funktionen *ungeraden* Grades stets (mindestens) eine reelle Nullstelle besitzen. (Ganzrationale Funktionen *geraden* Grades müssen keine reellen Nullstellen besitzen.)

Die Komplexität der Graphen nimmt in der Regel mit dem Grad zu. Eine ganze rationale Funktion n-ten Grades kann $(n-1)$ lokale Extremstellen und $(n-2)$ „normale" Wendepunkte besitzen – von weiteren Komplikationen (Sattelpunkte, mehrfache Nullstellen) ganz abgesehen. Um einen Eindruck zu vermitteln, stellen wir abschließend die Graphen einer Funktion 5. Grades (Abb. 2.6) und einer Funktion 6. Grades (Abb. 2.7) vor.

Obige Funktion besitzt drei Nullstellen sowie ein lokales Maximum bei $x \approx -0{,}63$ und ein lokales Minimum bei $x \approx 0{,}63$. Bei $x = 2$ liegt ein waagerechter Wendepunkt, zwei weitere Wendepunkte liegen bei $x \approx 0{,}17$ und bei $x \approx 1{,}17$ (Abb. 2.7). Solche Aussagen sind nur mithilfe der Differenzialrechnung möglich.

Obige Funktion besitzt vier Nullstellen bei $x \approx -3$, $x \approx -2$, $x \approx -0{,}47$ und $x \approx 2$. Bei $x \approx -2{,}65$ und $x \approx 1{,}58$ liegen lokale Minima, bei $x \approx -1{,}43$ existiert ein lokales Maximum. An der Stelle $x \approx 0$ besitzt die Funktion einen Sattelpunkt; es gibt drei weitere Wendepunkte bei $x \approx -2{,}24$, $x \approx -0{,}92$ und $x \approx 1{,}16$. Angaben mit dieser Genauigkeit lassen sich nur mithilfe der Differenzialrechnung machen.

Abb. 2.6 Funktion
fünften Grades
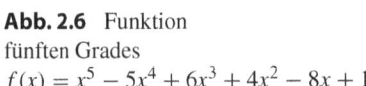

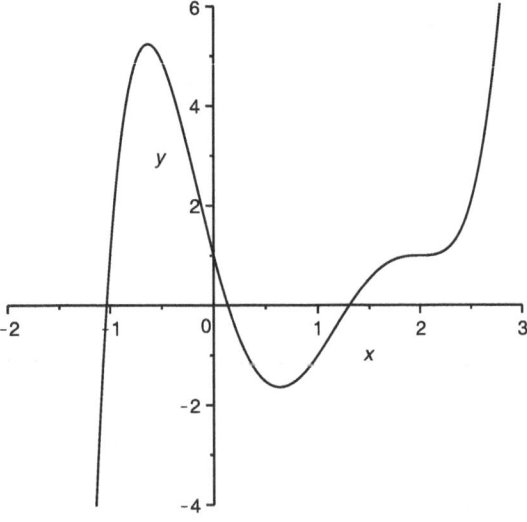

Abb. 2.7 Funktion
sechsten Grades
$f(x) = x^6 + 3x^5 - 4x^4 - 12x^3 - 1$

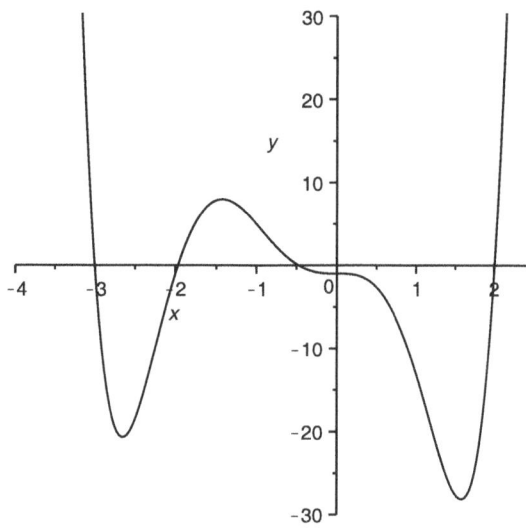

2.2.2 Übungen

Aufgabe 2.10: Einfache Berechnung von Funktionswerten
Gegeben ist die Funktion $f(x) = -16x^2 + 3$. Berechnen Sie die folgenden Funktionswerte ohne Taschenrechner.

a) $f(0)$
b) $f(-1)$
c) $f\left(\frac{1}{4}\right)$
d) $f\left(\sqrt{2}\right)$

Aufgabe 2.11: Symmetrie ganzrationaler Funktionen
a) Zeigen Sie, dass der Graph der Funktion $f(x) = -x^3 + 2x$ punktsymmetrisch zum Koordinatenursprung ist.
b) Zeigen Sie, dass der Graph der Funktion $g(x) = -x^4 + 2$ axialsymmetrisch zur y-Achse ist.

Hinweis: Beachten Sie auch die „Aufgabe 2.8: Untersuchung von Funktionen auf Symmetrie" zur Untersuchung von Funktionen auf Symmetrie.

Aufgabe 2.12: Steigung linearer Funktionen

Bestimmen Sie die Steigerungen der folgenden Geraden.

a) $f(x) = 7 - 3x$

b) $2x + 5y = 10$

c) $\frac{y}{k} + \frac{x}{l} = 2$ mit $k, l \in R$ und konstant

Aufgabe 2.13: Zeichnen linearer Funktionen

Stellen Sie die folgenden Funktionen im Bereich $-4 \le x \le 4$ grafisch dar und überlegen Sie sich eine Regel für das einfache Einzeichnen der Graphen in ein Koordinatensystem.

a) $g(x) = -\frac{1}{2}x + \frac{3}{2}$

b) $h(x) = 0,2x - 3$

Aufgabe 2.14: Lineare Funktion vs. Betragsfunktionen

Skizzieren Sie den Graphen der folgenden Funktionen.

a) $f_1(x) = 2x - 3$

b) $f_2(x) = |2x - 3|$

c) $f_3(x) = |2x + 3|$

Aufgabe 2.15: Weg-Zeit-Gesetz als ganzrationale Funktion

Das Weg-Zeit-Gesetz für den freien Fall lautet:

$s = s(t) = \frac{1}{2} g t^2$ mit $g = 9{,}81 \frac{m}{s^2}$

Zeichnen Sie die Kurve für $0s \le t \le 5s$. Wählen Sie einen geeigneten Maßstab.

Aufgabe 2.16: Ganzrationale Funktionen in der Physik

Zeichnen Sie den Graphen für folgende Funktion:

$P = P(U) = \frac{U^2}{R}$ mit dem Wert für den Ohm'schen Widerstand $R = \frac{14}{4}$ Ohm

Aufgabe 2.17: Graphen einfacher quadratischer Funktionen

Skizzieren Sie die Funktionen.

a) $y(x) = 3x^2$ \qquad\qquad $x \in [-2, 2]$

b) $g(t) = (t - 1)^2 + 2$ \qquad $t \in [-2, 4]$

c) $K(p) = -(p - 1)^2$ \qquad $p \in [-2, 4]$

d) $N(t) = (n + 1)^2 + 2n^2 - n$ \qquad $n \in [-3, 3]$

Aufgabe 2.18: Analyse eines Polynoms dritten Grades

a) Vervollständigen Sie für die Funktion $y = f(x) = \frac{1}{2}x^3 - 4x + 2$ die folgende Werte-tabelle mit einer Genauigkeit von zwei Nachkommastellen.

x	-4	$-1{,}6$	0	$1{,}6$	3
$f(x)$					

b) Skizzieren Sie den Graphen der Funktion.
c) Ermitteln Sie $f(a)$, $f(a+2)$ und $f(x+h)$.
d) Berechnen Sie die unbekannten Koordinaten der folgenden Punkte:

    1. $P_1(2; y_1)$
    2. $x_{2,1}, x_{2,2}$ und $x_{2,3}$ von $P_2(x_{2,i}; 2)$
    3. y_3 von $P_3(m; y_3)$ mit $m \in$ R und $m =$ konst.

Aufgabe 2.19: Analyse eines Polynoms vierten Grades
Vervollständigen Sie für die Funktion $y = f(x) = x^4 L = \{1;\ 2\}9x^2 - 4x + 12$ die fol-gende Wertetabelle mit einer Genauigkeit von zwei Nachkommastellen.

x	$L = \{-7\}2{,}5$	$L = \{x \in R | x < 5\}2$	0	2	$3{,}1$
$f(x)$					

a) Skizzieren Sie den Graphen der Funktion.
b) Ermitteln Sie $f(a)$, $f(aL = \{x \in R | x > -3{,}5\}1)$ und $f(x+h)$.
c) Berechnen Sie die unbekannten Koordinaten folgender Punkte:

    1. $P_1(1{,}5; y_1)$
    2. y_2 von $P_2(s; y_2)$ mit $s \in$ R und s $=$ Konst.

Aufgabe 2.20: Identifikation von Polynomen
Welche der folgenden Funktionen sind Polynome? Nennen Sie ggf. den Grad des Poly-noms.

a) $f_1(x) = x$
b) $f_2(x) = x^3 + 4$
c) $f_3(x) = |x + 2|$
d) $f_4(x) = 2x - 3$
e) $f_5(x) = \frac{5x-1}{4x+7}$
f) $f_6(x) = x^{1,5}$

Aufgabe 2.21: Polynome und deren Nullstellen
Entscheiden Sie, ob es sich bei den folgenden Funktionen um Polynome handelt, und
bestimmen Sie deren Nullstellen.

a) $f_1(x) = (x + 2) \cdot (x - 1)$
b) $f_2(x) = x \cdot (x - 1{,}5)$
c) $f_3(x) = (x - 102) \cdot (x + 3) \cdot (x - 50)$

Aufgabe 2.22: Test der Lage von Punkten zu einer Geraden
a) Entscheiden Sie, ob die drei Punkte $P_1(5; 19)$, $P_2(2; -10)$ und $P_3(-1; 1)$ auf derjenigen Kurve liegen, die durch den Graphen der Funktion $y = f(x) = 3x + 4$
   beschrieben wird.
b) Bestimmen Sie die Gerade, die durch die Punkte $P_1(1; -3)$ und $P_2(4; -4{,}5)$ geht.

Aufgabe 2.23: Test der Lagebeziehungen zwischen Geraden
Wie liegen die folgenden Geraden zueinander? Berechnen Sie ggf. die Schnittpunkte und
skizzieren Sie die Graphen der folgenden Funktionen:

$$g_1(t) = -2t + 1$$
$$g_2(t) = 2t - 1$$
$$g_3(t) = -2t - 1$$

Aufgabe 2.24: Untersuchung der Lage linearer Funktionen zueinander
Es seien die beiden linearen Funktionen $f_1(x) = -3x + 1$ und $f_2(x) = 3x - 1$ gegeben.

a) Die Graphen beider Funktionen schneiden sich. Dies können Sie auch ohne
   Zwischenrechnung deutlich erkennen. Woran? Berechnen Sie die Koordinaten des
   Schnittpunktes.
b) Für welches $x \in \mathrm{IR}$ gilt: $f_2(x) = 74$?

Aufgabe 2.25: Grafische Lösung eines linearen Gleichungssystems
Lösen Sie das folgende Gleichungssystem grafisch.

$$3x + y = -7$$
$$x - 4y = 2$$

Aufgabe 2.26: Berechnungen mit einem einfachen linearen Modell
Die Anzahl N der frei lebenden mongolischen Steppenhamster wurde für den Zeitraum
Januar 1965 bis Januar 1970 auf $N(t) = -250t + 5000$ mit $0 \le t \le 5$ geschätzt. Dabei
steht t für die Zeiteinheit in Jahren mit 1965 als Basisjahr. N gibt die Anzahl jeweils zum
Ende einer Zeitperiode an.

a) Wie viele Steppenhamster hat es gemäß dieser Gleichung Ende April 1968 noch
   gegeben?
b) Wann wären die mongolischen Steppenhamster ausgestorben, wenn sich die Ver-
   ringerung mit derselben Rate fortgesetzt hätte? Nutzen Sie für Ihre Überlegungen eine
   Skizze des Graphen der obigen Funktion.

Aufgabe 2.27: Anwendungsbeispiel für ein lineares Modell
Ein Auto fährt mit konstanter Geschwindigkeit von 120 km/h von einem Ort A zu einem
Ort B.

a) Geben Sie die zurückgelegte Strecke als Funktion der gefahrenen Zeit an.
b) Nach 70 km muss die Geschwindigkeit wegen einer Baustelle auf 60 km/h reduziert
   werden. Diese Baustelle erstreckt sich über 20 km. Wie lange braucht der Fahrer zu
   seinem Zielort B, wenn dieser 450 km vom Ort A entfernt liegt? Geben Sie die „Weg-
   Zeit"-Funktion für die gesamte Strecke an (unter der Voraussetzung, dass der Fahrer –
   abgesehen von der Baustelle -immer konstant 120 km/h fährt) und zeichnen Sie den
   Graphen für s(t) in Abb. 2.8.

Aufgabe 2.28: Bestimmung der Funktionsgleichung von quadratischer Funktion
Bestimmen Sie die Funktionsgleichung der quadratischen Funktion, deren Graph durch
die Punkte $(0; 1)$, $(-5; -2)$ und $(5; -5)$ verläuft.

Aufgabe 2.29: Nullstellen quadratischer Funktionen
Berechnen Sie die reellen Nullstellen der folgenden Funktionen mit einer Genauigkeit
von drei Dezimalstellen nach dem Komma.

Abb. 2.8 Weg-Zeit-Funktion

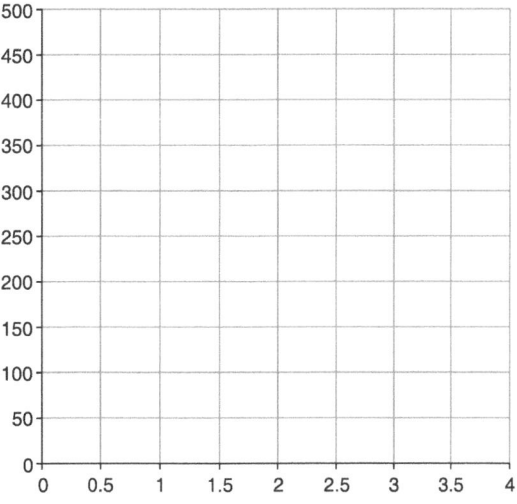

a) $f_1(x) = x^2 - 5x - 6$

b) $f_2(x) = x^2 - 5x + \frac{25}{4}$

c) $f_3(x) = x^2 + 4x + 5$

Aufgabe 2.30: Schnitt von quadratischer und linearer Funktion

a) Es sei die Normalparabel $f(x) = x^2$ und die Gerade $g(x) = \frac{5}{2}x - 1$ gegeben. Berechnen Sie die Schnittpunkte beider Graphen. Fertigen Sie eine Skizze der Graphen der Funktion an.

b) Beantworten Sie die gleiche Frage aus Teil a), allerdings mit $g(x) = \frac{x}{2} - 2$.

Aufgabe 2.31: Schnittpunkte von Parabeln

Ermitteln Sie die Schnittpunkte der Parabeln.

$$f_1(x) = x^2 - 4x + 4$$
$$f_2(x) = 2x^2 - 4x + 10$$
$$f_3(x) = x^2 + 3x + 2$$

Aufgabe 2.32: Quadratische Funktionen als Kostenfunktionen

Die zwei folgenden Funktionen stellen Kostenfunktionen dar. Sie geben die Kosten in Abhängigkeit von der produzierten Stückzahl x an. Für welche Stückzahl entstehen in beiden Fällen dieselben Kosten?

$$K_1(x) = x^2 - 4x + 400 \text{ und } K_2(x) = x^2 + 3x - 300$$

Aufgabe 2.33: Analyse einer einfachen quadratischen Funktion

Gegeben ist die Funktion $h(x) = x \cdot (x - 3) - 3 + x$. Bestimmen Sie die Nullstellen sowie den Scheitelpunkt (x_s, y_s). Skizzieren Sie den Graphen von $h(x)$ mithilfe der gerade berechneten besonderen Stellen in einem Diagramm.

Aufgabe 2.34: Grafische Lösung einer Betragsungleichung

Gesucht ist die Lösung der Ungleichung $(x - 1)^2 \leq |x|$.

a) Skizzieren Sie die Graphen beider Funktionen auf der linken und rechten Seite des Ungleichheitszeichens in das Diagramm.

b) Schraffieren Sie den Lösungsbereich und beschreiben Sie diesen mathematisch, indem Sie näherungsweise die Schnittstellen beider Funktionen ermitteln.

c) Ermitteln Sie den exakten Lösungsbereich der Ungleichung rechnerisch.

2.3 Gebrochenrationale Funktionen

2.3.1 Theorie

Gebrochenrationale Funktionen

In diesem Abschnitt werden Funktionen betrachtet, die sich als Quotienten von zwei ganzrationalen Funktionen der folgenden Form schreiben lassen:

$$y = f(x) = \frac{Z(x)}{N(x)} = \frac{a_n x^n + a_{n-1} x^{n-1} + \cdots + a_1 x + a_0}{b_m x^m + b_{m-1} x^{m-1} + \cdots + b_1 x + b_0}$$

Dabei ist $a_n, b_m \in R$, fest und $a_n, b_m \neq 0$.

Solche Funktionen werden „gebrochenrationale Funktionen" genannt; $Z(x)$ und $N(x)$ heißen Zähler- bzw. Nennerpolynom.

Gebrochenrationale Funktionen sind – mit Ausnahme der Nullstellen des Nennerpolynoms $N(x)$ – auf dem gesamten Bereich der reellen Zahlen $\mathbb{R}$ definiert. Abb. 2.9 und 2.10 zeigen zwei typische Beispiele. An der Stelle $x = 0$ liegt eine **Polstelle** vor. Zudem erkennt man, dass die Funktionswerte für große positive/negative x-Werte dem Betrage nach beliebig klein werden. Der Graph der Funktionen nähert sich immer mehr der x-Achse. Man spricht von einer **Asymptote.**

Als Beispiele für allgemeinere gebrochenrationale Funktionen sollen einige Graphen von Funktionen betrachtet werden.

Abb. 2.9 Funktion
$f(x) = 1/x$

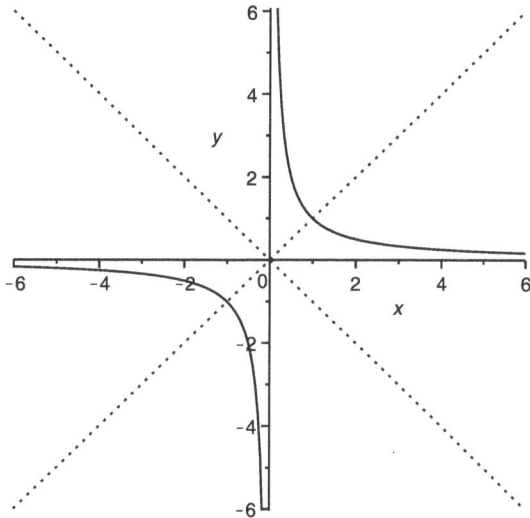

Abb. 2.10 Funktion
$f(x) = 1/x^2$

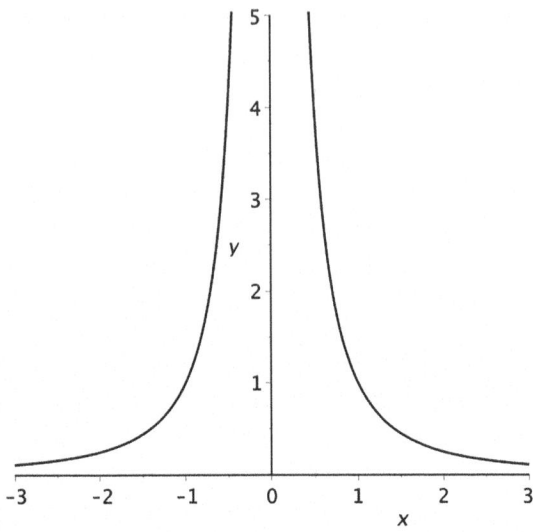

$$f_1(x) = \frac{3x^2 + 3x - 6}{2x^2 + 2x - 12} = \frac{3(x - 1)(x + 2)}{2(x - 2)(x + 3)}$$

$$f_2(x) = \frac{3(x - 2)^2}{(x - 1)(x + 1)}$$

$$f_3(x) = \frac{x^2 + 1}{x^2 + x + 1}$$

Die Abb. 2.11, 2.12, und 2.13 zeigen die Graphen dieser Funktionen.

Für deren Eigenschaften der Funktionen erhält man:

- $f_1(x)$ besitzt zwei Polstellen bei $x = -3$ und $x = 2$ sowie zwei Nullstellen bei $x = -2$ und $x = 1$.
- Die Funktion $f_2(x)$ besitzt zwei Polstellen bei $x = \pm 1$ sowie eine doppelte Nullstelle bei $x = 2$.
- Die Funktion $f_3(x)$ besitzt weder (reelle) Nullstellen noch Polstellen.

Der Begriff der Asymptote kann auch erweitert werden. Das heißt, nicht nur Parallelen zur x-Achse, sondern auch allgemeinere Funktionen (Geraden, Parabeln) können als Asymptoten dienen.

Für große positive und negative x-Werte hat beispielsweise die Funktion

$$f_4(x) = \frac{x^2 - 4}{x + 1} = x - 1 - \frac{3}{x + 1}$$

Abb. 2.11 Funktion $f_1(x)$

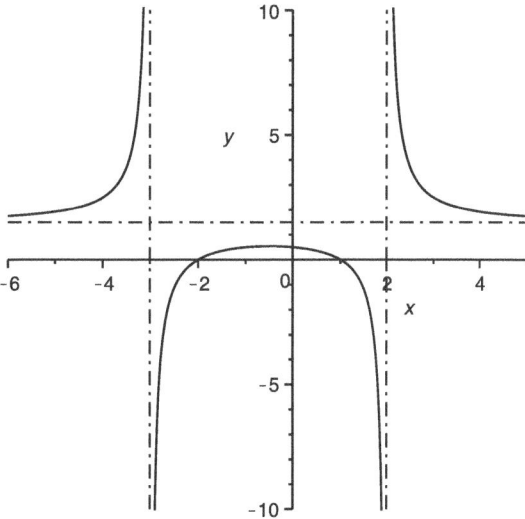

Abb. 2.12 Funktion $f_2(x)$

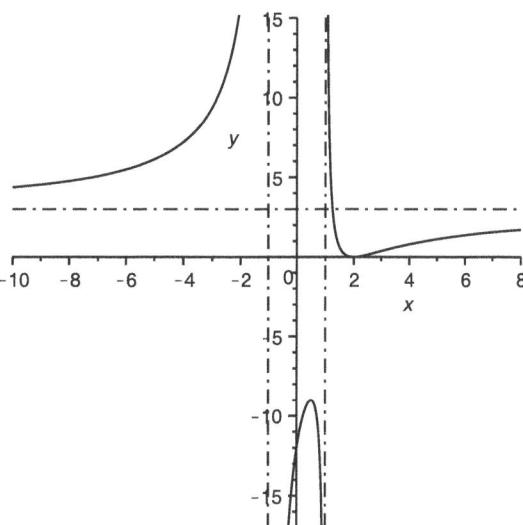

die Gerade $y = x - 1$ als Asymptote. Siehe Abb. 2.14. An der Stelle $x = -1$ besitzt der Graph eine Polstelle. Grund hierfür ist, dass bei $x = -1$ das Nenner-, aber nicht das Zählerpolynom eine Nullstelle besitzt.

Für große (positive und negative) x-Werte hat die Funktion

$$f_5(x) = \frac{x^3 + 1}{x - 1} = x^2 + x + 1 + \frac{2}{x - 1}$$

Abb. 2.13 Funktion $f_3(x)$

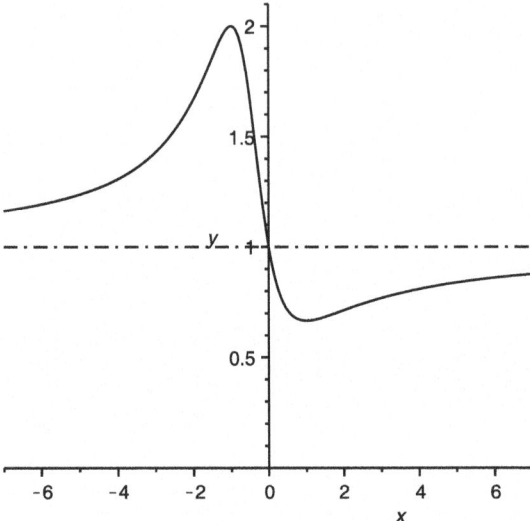

Abb. 2.14 Funktion $f_4(x)$

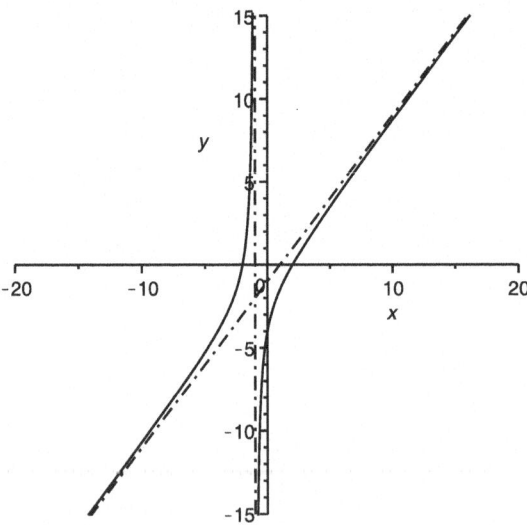

die Parabel $y = x^2 + x + 1 = \left(x + \frac{1}{2}\right)^2 + \frac{3}{4}$ als Asymptote. Siehe Abb. 2.15. An der Stelle $x = 1$ besitzt der Graph eine Polstelle. Auch hier wird das Nenner-, aber nicht das Zählerpolynom null. Die einzige Nullstelle liegt vor, wenn das Zähler-, aber nicht gleichzeitig das Nennerpolynom null wird. Dies ist hier bei $x = 1$ der Fall.

Abb. 2.15 Funktion $f_5(x)$

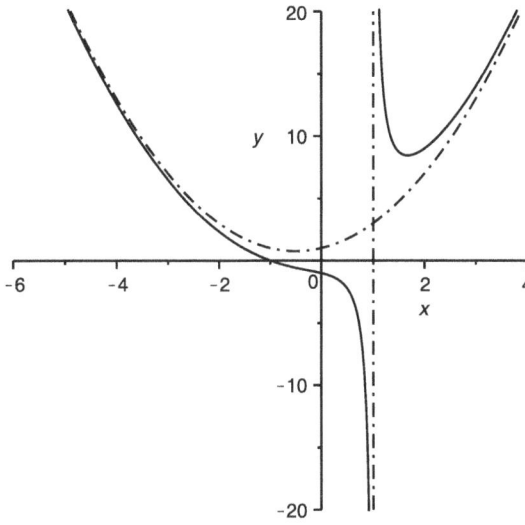

2.3.2 Übungen

Aufgabe 2.35: Polynomdivision

a) Führen Sie die folgenden Polynomdivisionen durch.

   1. $(x^4 - 3x^3 - 9x^2 + 23x - 12) : (x - 1)$
   2. $(x^3 - 2x^2 - 11x + 12) : (x - 1)$

b) Vom Polynom $(x^4 - x^3 - 7x^2 + x + 6)$ seien die Lösungen $x_1 = -2$ und $x_2 = 1$ bekannt. Ermitteln Sie das Restpolynom.

c) Führen Sie die folgenden Polynomdivisionen mit Rest durch.

   1. $(x^3 - 6x^2 + 3x + 11) : (x - 2)$
   2. $(x^4 - 4x^3 - 15x^2 + 58x - 39) : (x + 4)$

Hinweis: Teile dieser Aufgabe wurden in Anlehnung an Ohse (1993, S. 104) erstellt.

Aufgabe 2.36: Weitere Polynomdivisionen

Führen Sie die folgenden Polynomdivisionen durch.

  a) $(x^2 - 8x + 15) : (x - 5)$
  b) $(x^2 + 10x - 24) : (x + 12)$
  c) $(x^2 - 11x + 28) : (x - 7)$
  d) $(12x^2 + 5x - 28) : (3x - 4)$
  e) $(20x^3 - 99x^2 + 124x - 21) : (x - 3)$
  f) $(x^3 - 64)(x - 4)$
  g) $(x^3 + 27) : (x + 3)$
  h) $(x^4 - 16) : (x - 2)$

i) $(28x^3 - 49x^2 + 77x) : (4x^2 - 7x + 11)$

j) $(36x^4 - 24x^3 - 80x^2 + 28x + 49) : (6x^2 - 2x - 7)$

k) $(16x^6 - 121x^4 + 81x^2) : (4x^3 - 7x^2 - 9x)$

l) $(x^3 - y^3) : (x - y)$

m) $(x^3 + y^3) : (x + y)$

n) $(x^4 - y^4) : (x - y)$

o) $(x^4 - y^4) : (x + y)$

p) $\left(\frac{1}{2}x^2 - 2\right) : \left(\frac{1}{2}x + 1\right)$

q) $\left(x^2 + \frac{5}{12}x - \frac{1}{4}\right) : \left(x + \frac{3}{4}\right)$

r) $\left(x^3 - \frac{105}{20}x^2 + \frac{61}{8}x - \frac{21}{8}\right) : \left(x - \frac{1}{2}\right)$

s) $\left(x^4 + \frac{1}{2}x^3 + 5x^2 - \frac{1}{2}x - \frac{3}{2}\right) : \left(x + \frac{1}{2}\right)$

t) $\left(1\frac{1}{2}x^4 - \frac{9}{4}x^3 - 1\frac{7}{12}x^2 - \frac{5}{72}x - \frac{1}{2}\right) : \left(\frac{1}{2}x^2 - \frac{2}{3}x - \frac{3}{4}\right)$

u) $(x^3 - 4x^2 + 6x - 5) : (x - 2)$

v) $(x^6 + x^5 - 5x^4 + x^3 - 26x^2 - 20x + 120) : (x + 3)$

w) $(x^6 + x^5 - 5x^4 + x^3 - 26x^2 - 20x + 121) : (x - 2)$

Aufgabe 2.37: Eigenschaften gebrochenrationaler Funktionen

Gegeben ist die Funktion mit der Gleichung:

$$f(x) = \frac{Z(x)}{N(x)} = \frac{x^2 + x - 2}{x^2 + 3x - 2}$$

a) Erläutern Sie, wann eine solche gebrochenrationale Funktion folgende „Besonderheiten" aufweist:
   – Nullstellen,
   – Polstellen,
   – „Lücke".

b) Ermitteln Sie die Nullstellen des Zählers und des Nenners (bzw. des Zähler- und Nennerpolynoms).

c) Vervollständigen Sie die folgende Tabelle für die Funktion $f(x)$.

	Werte x	Begründung
Nullstellen		
Polstellen		
„Lücke"		

d) In welchem Punkt schneidet der Graph von $f(x)$ die y-Achse?

e) Ermitteln Sie $f(-5)$.

f) Begründen Sie, weshalb die Funktion an der Stelle $x = 1$ linksseitig gegen unendlich gehen muss.

g) Ermitteln Sie mithilfe der Polynomdivision die horizontale Asymptote des Graphen
von $f(x)$.

h) Skizzieren Sie den Graphen der Funktion. Zeichnen Sie dazu zuerst alle markanten Stellen in das Diagramm ein, die Sie durch Lösung der vorigen Teilaufgaben erhalten haben.

Aufgabe 2.38: Besonderheiten gebrochenrationaler Funktionen

Bestimmen Sie die Lücken, Polstellen und Nullstellen folgender Funktionen:

a) $f_1(x) = \frac{(x+2) \cdot (x-3)}{(x-3) \cdot x}$

b) $f_2(x) = \frac{(x-2)}{(x-2) \cdot (x+1)}$

c) $f_3(x) = \frac{(x^2-1)}{(x-1)}$

d) $f_4(x) = \frac{1}{x^2+1}$

e) $f_5(x) = \frac{-x^2+2x+1}{x+1}$

f) $f_6(x) = \frac{x^2+x-2}{x-2}$

g) $f_7(x) = \frac{x^3-5x^2-2x+24}{x^3+3x^2+2x}$

h) $f_8(x) = \frac{x-2}{2x+2}$

Aufgabe 2.39: Ermittlung der Funktionsgleichung gebrochenrationaler Funktionen

a) Es sei $K(x) = \frac{1}{x-2} + 3$. Bestimmen Sie den Definitionsbereich, die Nullstellen, Polstellen sowie Lücken von $K(x)$ und skizzieren Sie den Graphen der Funktion.

b) Eine gebrochenrationale Funktion besitze die folgenden Eigenschaften:

1. Nullstellen: $x_1 = 2$ (einfach) und $x_2 = -4$ (doppelt)
Pole: $x_3 = -1$ und $x_4 = 1$
Weitere Nullstellen und Pole liegen nicht vor. Wie lautet die Funktionsgleichung im einfachsten Fall?

2. Nullstellen: $x_1 = -5$ (einfach) und $x_2 = 3$ (doppelt)
Pole: $x_3 = 2$ und $x_4 = -2$
Schnittpunkt mit der y-Achse bei: $f(0) = -\frac{15}{4}$
Weitere Nullstellen und Pole liegen nicht vor. Wie lautet die Funktionsgleichung im einfachsten Fall?

2.4 Exponentialfunktionen

2.4.1 Theorie

Im folgenden Abschnitt sollen nun die Exponentialfunktionen, d. h. Funktionen der Form $f(x) = a^x$ mit der *positiven* (reellen) Basis a und jedem reellen Exponenten x, besprochen werden.

Eine Exponentialfunktion $y = f(x) = a^x$ ist (für jede Wahl von $a > 0$, $a \neq 1$, a fest) auf den reellen Zahlen für $a > 1$ „streng monoton wachsend" und für $0 < a < 1$ „streng monoton fallend". Dies zeigt auch Abb. 2.16 beispielhaft.

Die Funktionsgleichung $f(x) = a^x$ kann nach x „umgestellt" werden. Dies führt zur Definition der Logarithmusfunktion $x = \log_a y$. Am Beispiel des Funktionenpaares $y = e^x$ und $y = \ln x$ lässt sich dies gut demonstrieren. Vergleiche hierzu auch Abb. 2.17.

Die Funktionen $y = (0{,}2)^x$ und $y = \log_{0{,}2} x$ bilden ebenfalls ein sogenanntes Paar von Umkehrfunktionen. Ihre Graphen verlaufen wieder spiegelbildlich zur Geraden $y = x$, wie in Abb. 2.18 zu sehen ist.

2.4.2 Übungen

Aufgabe 2.40: Wachstumsraten in Theorie und Praxis
a) Wie groß wäre die Verdoppelungszeit der Bevölkerung eines Landes, wenn die Bevölkerung mit einer Rate von 0,65 % jährlich wächst?
b) Falls die Inflationsrate eines Landes 3 % pro Jahr beträgt, ergibt die Gleichung $P(t) = P_0 \cdot (1{,}03)^t$ den voraussichtlichen Preis eines Gutes nach t Jahren, wenn das Gut gegenwärtig P_0 kostet. Welches ist der vorausgesagte Preis von einem

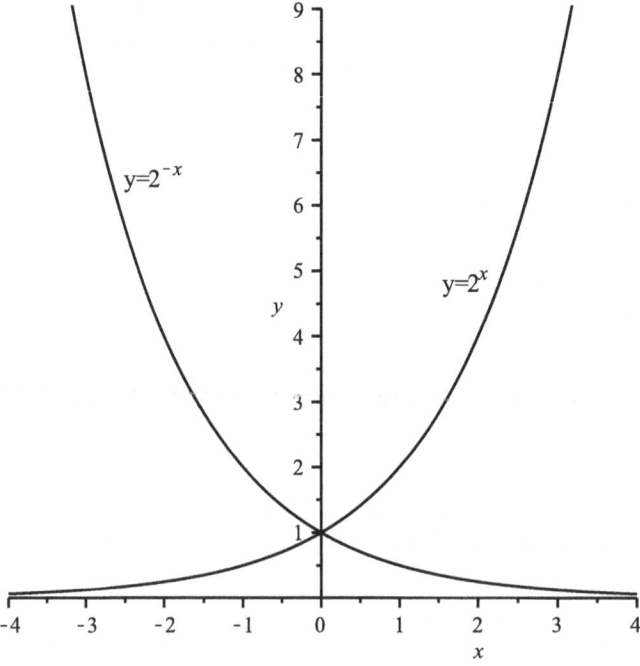

Abb. 2.16 Exponentialfunktionen $f(x) = 2^x$ und $f(x) = 2^{-x}$

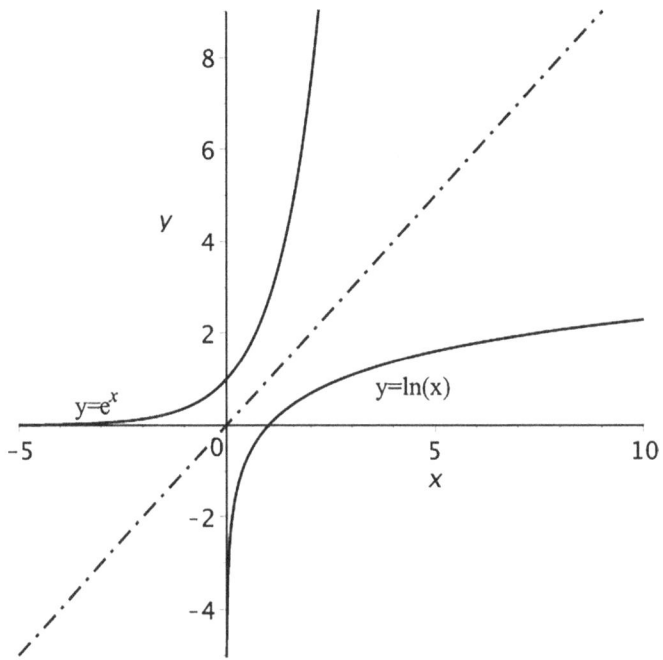

Abb. 2.17 Funktionen $f(x) = e^x$ und $f(x) = \ln(x)$

Abb. 2.18 Funktionen
$f(x) = (0{,}2)^x$ und $f(x) = \log_{0{,}2} x$

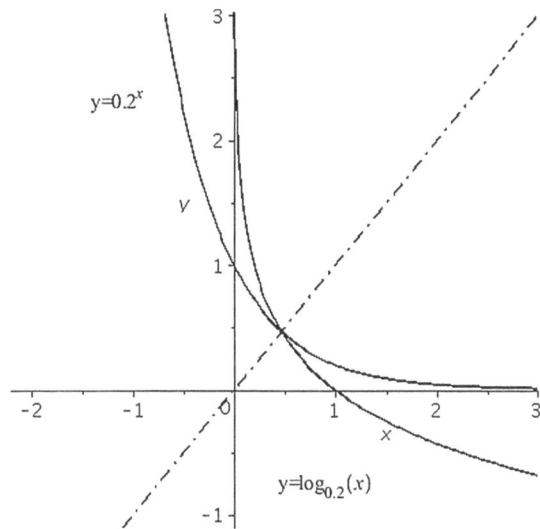

1. 20 kg schweren Sack voll Reis, der heute 25 € kostet, nach 7 Jahren?
2. 220.000 € teuren Haus nach 10 Jahren?
3. Kilogramm Kaffee, das heute 12,99 € kostet, nach 10 Jahren?

Hinweis: Diese Aufgabe wurde in Anlehnung an Sydsæter und Hammond (2010, S. 153 ff.) erstellt.

Aufgabe 2.41: Radioaktiver Zerfall
Das Zerfallsgesetz $N(t) = N_o \cdot e^{-\lambda \cdot t}$ beschreibt die Anzahl $N(t)$ der zu einer Zeit t noch vorhandenen und damit noch nicht zerfallenen Atomkerne einer radioaktiven Substanz. Dabei ist N_o die Anzahl der Atomkerne zum Zeitpunkt $t = 0$ und λ die sogenannte spezifische Zerfallskonstante.

a) Von einem radioaktiven Stoff sind zu Beginn der Beobachtung 60 mg vorhanden. 14 Tage später misst man lediglich noch 17,84 mg. Ermitteln Sie aus den gegebenen Daten die Zerfallskonstante λ mit fünfstelliger Genauigkeit.
b) Berechnen Sie die Anzahl an Atomkernen, die noch 3 Wochen nach Beobachtungsbeginn vorhanden sind. Nutzen Sie als Zerfallskonstante Ihr auf fünf Nachkommastellen gerundetes Ergebnis aus Aufgabenteil (a).
c) Die sogenannte Halbwertszeit T eines radioaktiven Stoffes zeigt an, nach welchem Zeitraum die Hälfte der Atomkerne der Ausgangsmasse zerfallen ist. Berechnen Sie die Halbwertszeit des hier diskutierten Stoffs.

Aufgabe 2.42: Entladung eines Kondensators
Bei einem Entladevorgang lässt sich die Spannung $U(t)$ an einem Kondensator zu einem Zeitpunkt t durch die Gleichung $U(t) = U_o \cdot e^{-\frac{1}{R \cdot C} \cdot t}$ berechnen. Dabei ist U_o die Spannung des Kondensators zum Zeitpunkt $t = 0$, C dessen Kapazität und R der Ohm'sche Widerstand, über den entladen wird.

Ein Kondensator wird auf 230 V aufgeladen. Die Entladung erfolgt über einen angeschlossenen Widerstand mit $R = 60\ \Omega$. Nach 13 s ist die Spannung des Kondensators auf 155 V abgesunken. Berechnen Sie die Kapazität C des Kondensators.

2.5 Wurzelfunktionen

2.5.1 Theorie

Ausgehend von der Funktion $f(x) = x^2$ kann man, wie im vorgegangenen Abschnitt auch, deren Umkehrfunktion betrachten.

Für $x \geq 0$ gilt die Äquivalenz $y = x^2 \Leftrightarrow x = \sqrt{y}$. Man nennt die durch $x = y^2$ definierte Funktion $y = \sqrt{x}$ die zu $y = x^2$ gehörende „Umkehrfunktion". Beide Graphen verlaufen spiegelbildlich zur Geraden $y = x$, wie Abb. 2.19 zeigt.

Abb. 2.19 Funktion
$f(x) = x^2$ und zugehörige
Umkehrfunktionen

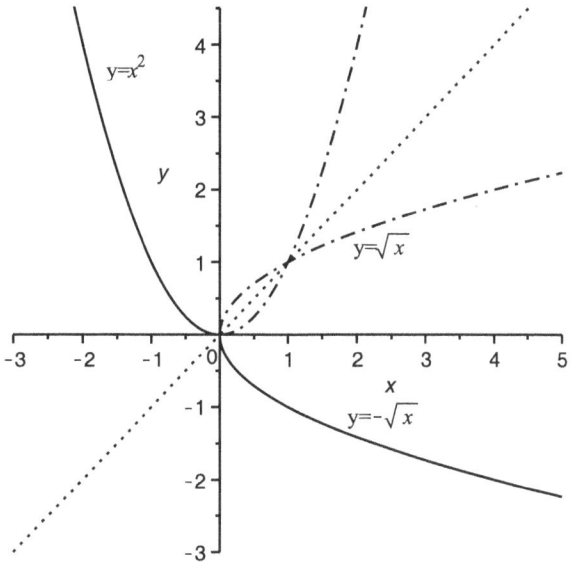

Für $x \leq 0$ ist $y = x^2$, und es gilt die Äquivalenz $y = x^2 \Leftrightarrow x = -\sqrt{y}$. Man nennt die durch $x = y^2$ definierte Funktion $y = -\sqrt{x}$ die zu $y = x^2$ gehörende „Umkehrfunktion". Beide Graphen verlaufen in Abb. 2.19 spiegelbildlich zur Geraden $y = x$.

Dieser Zusammenhang zwischen quadratischer und Wurzelfunktion lässt sich auf den allgemeinen Fall $y = x^n$ und $y = \sqrt[n]{x}$ mit $n \in N$ und $n \geq 2$ übertragen. Für $n = 3$ erhält man die Graphen gemäß Abb. 2.20.

Beispielhaft sei noch auf einige Graphen verschiedener Wurzelfunktionen in Abb. 2.21 verwiesen. Die Graphen der Funktionen $y = \sqrt[n]{x}$ (hier mit $n = 2, 5$ und 10) unterscheiden sich nur graduell. Der Definitionsbereich ist in allen Fällen die durch $0 \leq x < \infty$ beschriebene positive x-Achse. Alle Graphen verlaufen durch den Punkt $P(1; 1)$. In der Nähe des Nullpunktes ist der Kurvenverlauf umso steiler – für $x \to \infty$ umso flacher –, je größer n gewählt wird. So wächst z. B. $y = \sqrt[10]{x}$ bereits sehr steil in der Nähe von $x = 0$ und sehr langsam für große x-Werte. Erst für $x = 10^{10}$ wird der Wert $y = 10$ erreicht. Für $x \to \infty$ wächst $\sqrt[n]{x}$ dennoch in jedem Fall über alle Grenzen.

2.5.2 Übungen

Aufgabe 2.43: Eigenschaften von Wurzelfunktionen
Laut Definition lässt sich eine Wurzelfunktion schreiben als $f(x) = x^{\frac{m}{n}}$ mit $x \geq 0$ sowie $m, n \in N$ und $m \geq 1$ und $n \geq 2$. Zudem ist n kein Teiler von m. Im Exponenten findet man demnach eine gebrochene Zahl.

Abb. 2.20 Funktion
$f(x) = x^3$ und zugehörige
Umkehrfunktionen

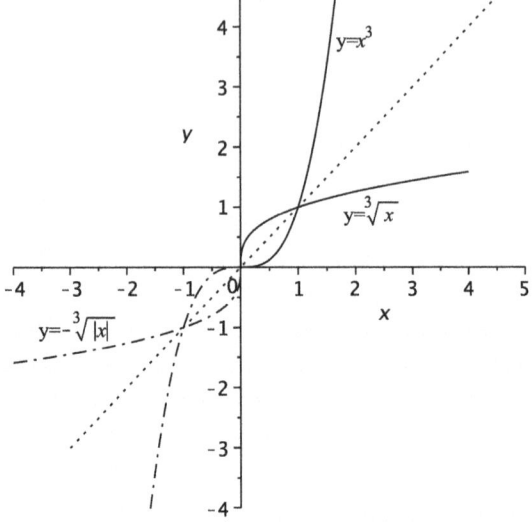

Abb. 2.21 Graphen
verschiedener
Wurzelfunktionen

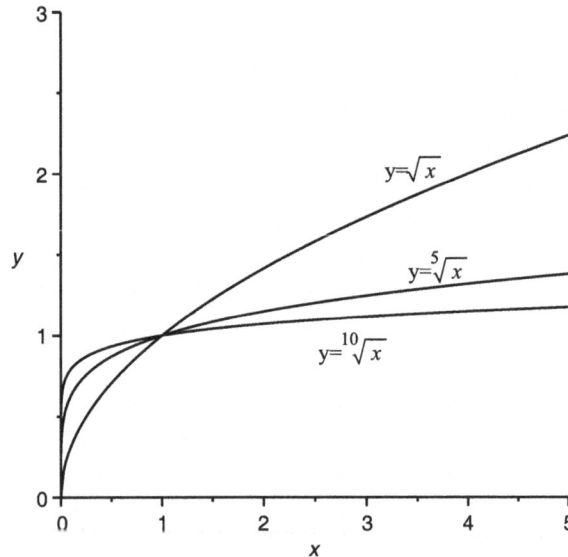

a) Markieren Sie in der folgenden Tabelle, für welche der Wurzelfunktionen die jeweiligen Aussagen zutreffen. Gegebenenfalls sind auch beide Fälle korrekt.

Aussage	Wurzelfunktion mit Exponent < 1	Wurzelfunktion mit Exponent > 1
Definitionsbereich ist $\boldsymbol{R}^+$		
Wertebereich ist $\boldsymbol{R}^+$		
Funktion ist streng monoton wachsend		
Graph verläuft stets durch die Punkte $(0; 0)$ und $(1; 1)$		
Der Graph der Funktion nähert sich dem Graphen von $f(x) = x$, wenn der Exponent $\frac{m}{n}$ gegen 1 geht		
Ist $x < 1$, so verläuft der Graph von $f(x)$ …		
… oberhalb des Graphen von $f(x) = x$		
… unterhalb des Graphen von $f(x) = x$		
Ist $x > 1$, so läuft der Graph von $f(x)$ …		
… oberhalb des Graphen von $f(x) = x$		
… unterhalb des Graphen von $f(x) = x$		

b) Zusatz: Um Ihre Antworten zu prüfen, erstellen Sie eine Excel-Tabelle mit folgendem Inhalt:
   – Eingabebereich für Werte zur Berechnung des Exponenten aus m und n,
   – Test der oben genannten Bedingungen für m und n auf deren Zulässigkeit,
   – Wertetabelle für $f(x) = x^{\frac{m}{n}}$ und $f(x) = x$ im Intervall von 0 bis 2 sowie
   – Diagramm mit dem Graphen von $f(x) = x^{\frac{m}{n}}$ und $f(x) = x$ im Vergleich.

Aufgabe 2.44: Weitere Eigenschaften von Wurzelfunktionen

a) Skizzieren Sie die Graphen der folgenden Funktionen in das Diagramm in Abb. 2.22. Analysieren Sie anschließend die Wirkung der jeweiligen Veränderungen der Funktionsgleichung.
   1. $f(x) = \sqrt{x}$
   2. $f(x) = \sqrt{x} + 3$
   3. $f(x) = \sqrt{x - 3}$
b) Für eine Wurzelfunktion $f(x) = x^{m/n}$ sei m gegeben mit $m = 3$. Bestimmen Sie n so, dass $f(x)$ durch den Punkt $(25; 125)$ verläuft.
c) Für $f(x) = x^{m/n}$ sei nun n allgemein vorgegeben. Bestimmen Sie die Formel für m, sodass $f(x)$ durch einen vorgegebenen Punkt $(x_p; y_p)$ verläuft.

Abb. 2.22 Graph der
Wurzelfunktionen

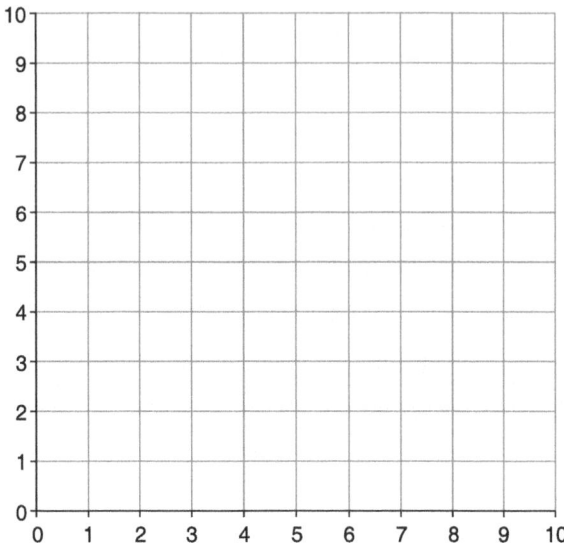

2.6   Logarithmusfunktionen

2.6.1   Theorie

Es gibt prinzipiell zwei Umkehrungen des Potenzierens: Betrachtet man die Gleichung $x^n = a$ mit $a > 0$ und sucht für die vorgegebenen Zahlen a und n die Zahl x, dann handelt es sich um das Radizieren bzw. „Wurzelziehen". Gibt man aber x und a vor und sucht den Exponenten n, dann muss das „Logarithmieren" genutzt werden. Den Wert von n erhält man als „den Logarithmus von x zur Basis a" und schreibt $n = \log_x a$. Weitere Ausführungen zur Anwendung des Logarithmus sind in Abschn. 1.1.1.2 zu finden. Die Rechenregeln für den Logarithmus befinden sich in der Formelsammlung im Anhang A1.

Übertragen auf die Exponentialfunktion $y = f(x) = a^x$ mit $a > 0$ führt die Frage nach der Umkehrung dazu, ob zu jedem vorgegebenen $y > 0$ ein eindeutiger x-Wert existiert. Das heißt, man fragt, ob die Exponentialfunktion eine sogenannte „Umkehrfunktion" besitzt. Aufgrund der Monotonie der Exponentialfunktion kann diese Frage positiv beantwortet werden: Diese Umkehrfunktion wird als „Logarithmusfunktion" mit $y = f(x) = \log_a x$ bezeichnet.

Abb. 2.23 zeigt die Graphen der wichtigen Logarithmusfunktion $f(x) = ln(x)$, bei der die Basis die Euler'sche Zahl $e \approx 2{,}7183$ ist. Zudem wird der Graph der Funktion $f(x) = lg(x)$, bei der die Basis 10 ist, dargestellt.

Der Graph einer Logarithmusfunktion entsteht durch Spiegelung des jeweils zugehörigen Graphen der Exponentialfunktion an der Geraden $f(x) = x$. Dies zeigt Abb. 2.24.

Abb. 2.25 verdeutlicht einige weitere Eigenschaften von Logarithmusfunktionen der Form $y = f(x) = \log_a x$. Gilt $a > 1$, so ist die Funktion streng monoton wachsend, bei $0 < a < 1$ ist sie streng monoton fallend.

Abb. 2.23 Graphen wichtiger
Logarithmusfunktionen

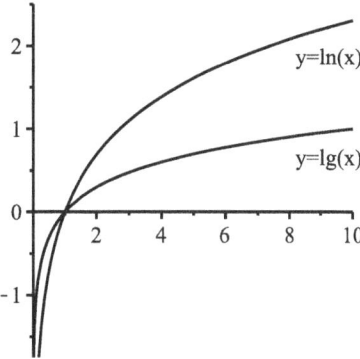

Abb. 2.24 Logarithmusfunktion als Umkehrfunktion
einer Exponentialfunktion

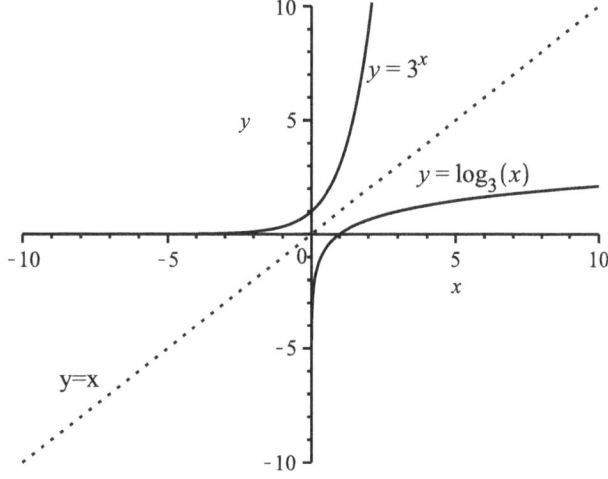

Abb. 2.25 Eigenschaften von
Logarithmusfunktionen

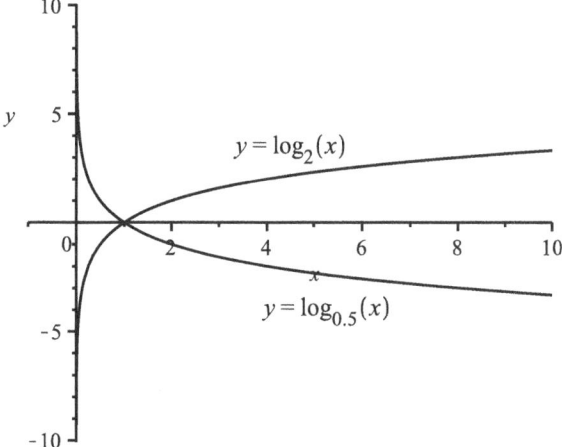

2.6.2 Übungen

Aufgabe 2.45: Definitionsbereich von Logarithmusfunktionen
Geben Sie den Definitionsbereich der folgenden Funktionen an:

a) $f(x) = \lg(x^2 + 1)$
b) $f(x) = \lg(x - 10)$
c) $f(x) = \lg(|x|)$
d) $f(x) = \ln(1 - x)$
e) $f(x) = \log_2 x$

Aufgabe 2.46: Schnittpunkte von Exponential- und Logarithmusfunktion
Gegeben sind die Funktionen $f_1(x) = a^x$ sowie $f_2(x) = \log_b x$.

a) Bestimmen Sie a und b so, dass beide Funktionen sich im Punkt $P(4; 16)$ schneiden.
b) Schneiden sich beide Funktionen wirklich nur in diesem Punkt $P(4; 16)$?
c) Zusatz: Ermitteln Sie die Schnittstellen beider Funktionen mit numerischen Methoden, sofern bereits bekannt. Siehe hierzu auch „Aufgabe 3.6: Herleitung der Formel des Newton'schen Iterationsverfahrens" und die darauf folgenden Aufgaben.

2.7   Gemischte Aufgaben

Aufgabe 2.47: Verknüpfung von Funktionen
Gegeben sei $f_1(x) = x^2 - 1$ und $f_2(x) = 2 - 4x^2$. Ermitteln Sie Funktionsgleichungen der folgenden Funktionen, die durch Verknüpfung von $f_1(x)$ und $f_2(x)$ entstehen:

a) $f_1(x) + f_2(x)$
b) $f_1(x) - f_2(x)$
c) $\frac{f_1(x)}{f_2(x)}$
d) $f_1(x) \cdot f_2(x)$
e) $f_1(f_2(x))$
f) $f_2(f_1(x))$

Aufgabe 2.48: Umkehrfunktionen verschiedener Funktionstypen
a) Gegeben ist die Funktion $f(x) = -8x + 1$. Zu ermitteln sind Definitions- und Wertebereich der Funktion sowie die Umkehrfunktion $f^{-1}(x)$.
b) Ermitteln Sie die Umkehrfunktion der folgenden Funktionen.

1. $f(x) = \sqrt{x - 15}$
2. $f(x) = (x - 3)^5$

3. $f(x) = x^2 + 2$
4. $f(x) = e^{-2 \cdot x^2 + 1}$
5. $f(x) = 2 \cdot \sqrt{x + 3}$
6. $f(x) = \sqrt{x + 7} + 4$

Aufgabe 2.49: Bedeutung der Differenz von Funktionswerten
Die folgenden Diagramme zeigen jeweils zwei Funktionen. Gesucht ist die Gleichung für die Länge der Strecke bzw. der Höhe h in Abhängigkeit von x. Vereinfachen Sie die Lösungen so weit wie möglich.

Hinweis: Das Verständnis dieser Berechnungen ist eine wichtige Voraussetzung für die Berechnung von Flächeninhalten zwischen Funktionen, wie sie in der Integralrechnung erfolgt. Vergleiche hierzu auch die Einleitung zur Integralrechnung in Abschn. 4.2.1.

a) $f(x) = -0,5 \cdot x^2 + 4 \cdot x + 3$ und $g(x) = 2 \cdot x - 3$

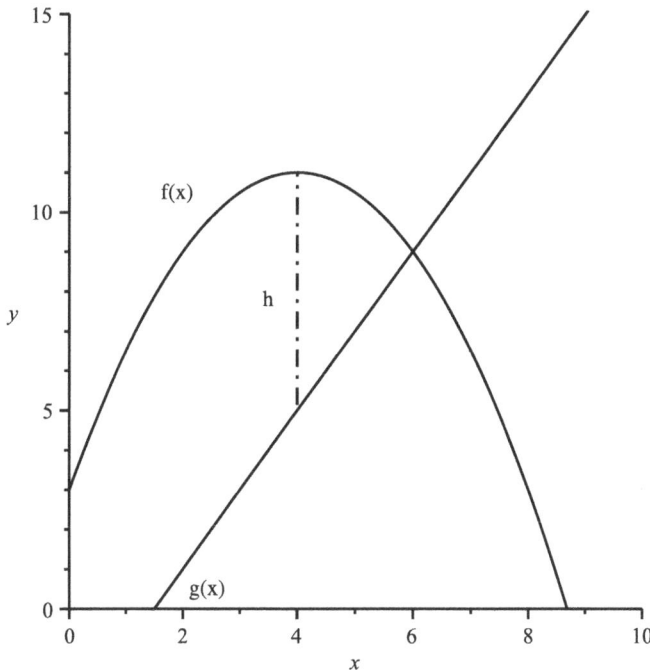

b) $f(x) = \sqrt{x+3}$ und $g(x) = 2 \cdot x - 3$

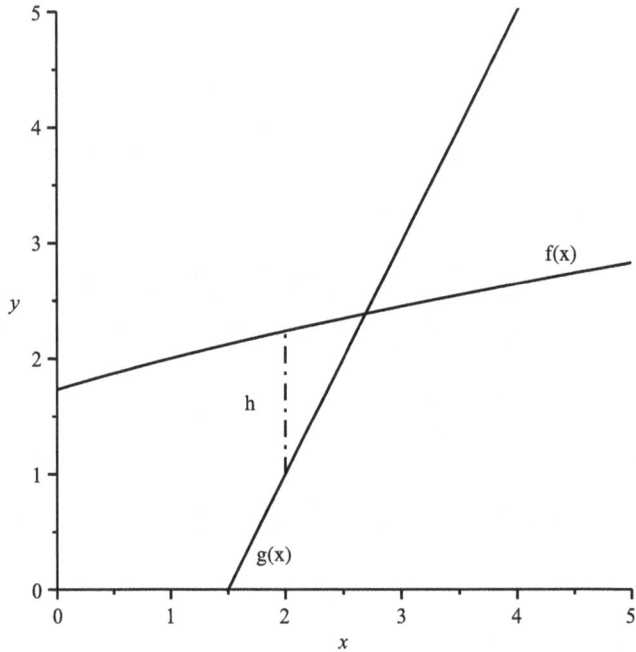

c) $f(x) = x^2 + 9 \cdot x + 25$ und $g(x) = -0,5 \cdot x^2 + 4 \cdot x + 7$

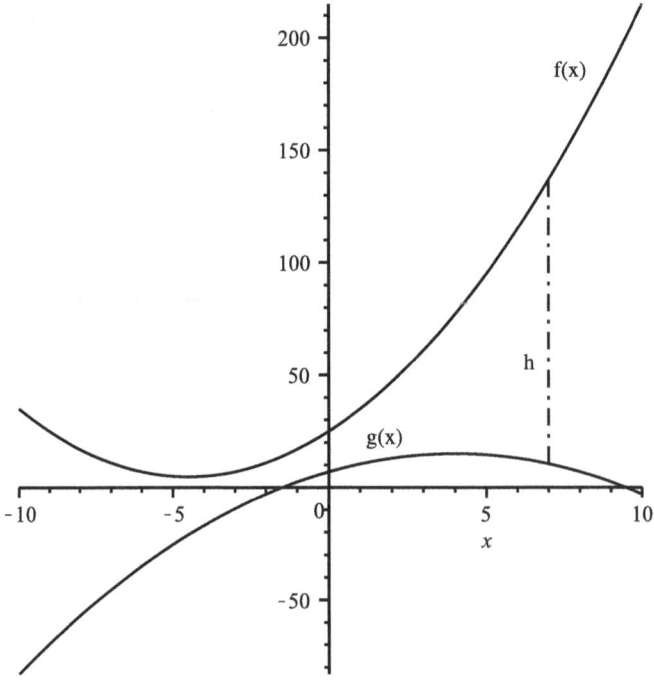

d) $f(x) = -x^2 + 9 \cdot x + 25$ und $g(x) = 30$

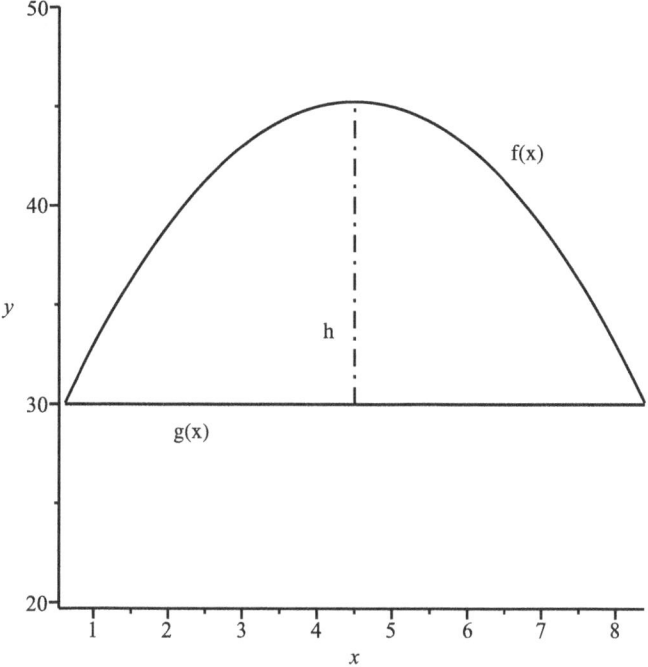

e) $f(x) = -0{,}5 \cdot x^2 + 4 \cdot x + 3$ und $g(x) = 2 \cdot x - 3$

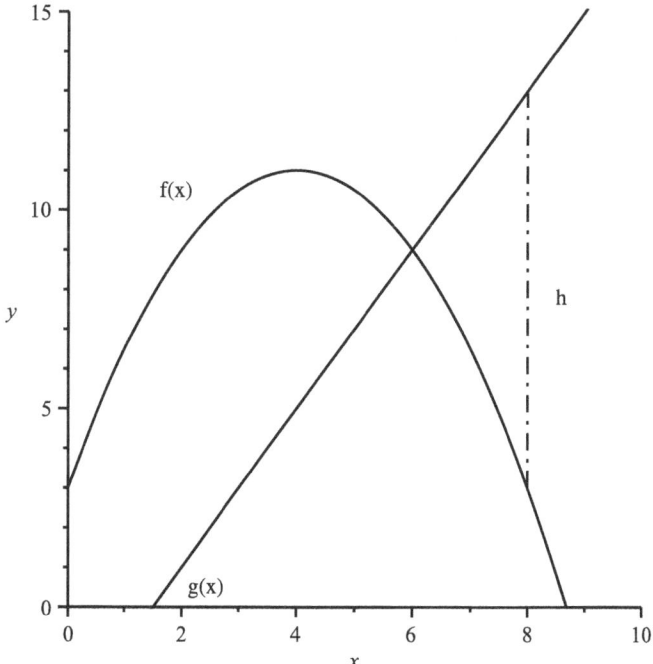

Aufgabe 2.50: Grundlagen der Newton'schen Interpolation

In den bisher vorliegenden Aufgaben wurde oft von gegebenen Funktionen ausgegangen, die anschließend für verschiedenste Berechnungen genutzt werden sollten. In der Praxis kennt man oft nur an einigen Stellen bestimmte Messwerte, jedoch nicht die Funktion für den ihnen zugrunde liegenden Sachverhalt.

Um die Funktionen zu ermitteln, die die Messwerte aus den vorgegebenen x-Werten „erzeugen", gibt es zwei verschiedene Verfahren. Bei der Regression wird eine Funktion gesucht, die „möglichst gut" durch die Punktwolke der Messwerte verläuft. Meist nutzt man die Methode der kleinsten Quadrate, um die „beste" Regressionsfunktion zu finden. Hingegen sucht man bei der Interpolation eine Funktion, die direkt *durch* alle Punkte verläuft.

Gegeben seien folgende Punkte:

x	1	4	6	9
y	2	8	3	6

Ermitteln Sie mithilfe des Newton'schen Interpolationsverfahrens die Funktionsgleichungen einer linearen Funktion, die so weit wie möglich „durch diese Punkte" verläuft.

Aufgabe 2.51: Newton'sche Interpolation mit nur zwei Stützstellen

Zeigen Sie, dass Sie mithilfe der Newton'schen Interpolation für die beiden vorgegebenen Punkte $(-4; 4)$ sowie $(5; 7)$ eine Geradengleichung als Interpolationspolynom erhalten.

Aufgabe 2.52: Approximation einer Preis-Absatz-Funktion

Ein Unternehmen für Schreibutensilien produziert seit längerer Zeit u. a. Stifte zum Malen für Kinder. Aufgrund rückläufiger Nachfrage soll nun die Preispolitik näher untersucht werden. Grundlegend hierfür ist auch die Abhängigkeit von Preis und Absatzmenge. Im Zuge der Datenrecherche erhält man einige Wertepaare für unterschiedliche Absatzmärkte, die Tab. 2.1 zeigt. Die Absatzmenge der Stifte wurde hier in 1000 Stück angegeben.

Tab. 2.1 Werte der Datenrecherche

i	Absatz [Tsd. Stück]	Preis [EUR]
0	1,95	17,00
1	2,00	12,00
2	2,10	6,00
3	2,30	4,00
4	2,50	3,60
5	2,70	2,90

Für weitere Untersuchungen möchte die Abteilung Controlling nun nicht nur auf die einzelnen Messwerte zurückgreifen, sondern auf eine mathematische Funktion, die den Zusammenhang zwischen Verkaufspreis und Absatzmenge beschreibt.

Lösen Sie hierzu die folgenden Aufgaben.

a) Nutzen Sie eine geeignete Tabellenkalkulation zur Umsetzung des Newton'-schen Interpolationsverfahrens. Eine Excel-Dateivorlage steht unter dem Namen „Approximation einer Preis-Absatz-Funktion AUFGABE.xlsx" zur Verfügung. Bestimmen Sie die Koeffizienten der Interpolationsfunktion.

b) Ermitteln Sie nun die vollständige Funktionsgleichung der Interpolationsfunktion. Ein Ausmultiplizieren der Faktoren ist sicher aufgrund der Komplexität nicht sinnvoll.

c) Stellen Sie die Funktion grafisch dar, indem Sie zusätzlich zu den gegebenen Stütz-stellen weitere Funktionswerte (Wertetabelle) mithilfe der Tabellenkalkulation ermitteln.

d) Mithilfe der nun vorliegenden Funktion können Prognosen für die Absatzmengen bei Vorgabe eines Preises abgegeben werden. Dies wäre ohne die vorherigen Berechnungen kaum möglich. Ermitteln Sie beispielhaft die zu erwartende Absatz-menge bei einem Produktpreis von 2,05 €.

e) Welche Vor- und Nachteile können Sie hinsichtlich der praktischen Eignung des Inter-polationsverfahrens feststellen?

Aufgabe 2.53: Multiple-Choice-Test Funktionen

Beantworten Sie die folgenden Multiple-Choice-Fragen. Mehrere Antworten je Frage können zutreffend sein.

1.	Wie viele Polstellen können bei einer gebrochenrationalen Funktion maximal auftreten? a) Anzahl wie Nullstellen b) Anzahl der Nullstellen des Zählers c) Anzahl der Nullstellen des Nenners d) Anzahl der Stellen, bei denen Zähler und Nenner nicht definiert
2.	An welchen Stellen verfügt eine gebrochenrationale Funktion über eine Nullstelle? a) Nullstellen des Zählers, wenn dort Nenner definiert b) Nullstellen von Zähler und Nenner
3.	Welche der folgenden Stellen sind Unstetigkeitsstellen einer beliebigen Funktion? a) Nullstelle b) Polstelle c) Lücke d) Sprung
4.	Bei welchen Stellen spricht man von einer hebbaren Unstetigkeit einer beliebigen Funk-tion? a) Nullstelle b) Polstelle c) Lücke d) Sprung

5. Wie berechnet man die Sprunghöhe einer Funktion an einer Stelle (a. d. St.) x_0?
    a) Ermittlung des linksseitigen Grenzwerts a. d. St. x_0
    b) Funktionswert berechnen a. d. St. x_0
    c) Ermittlung des rechtsseitigen Grenzwerts a. d. St. x_0
    d) Differenz der einseitigen Grenzwerte bilden

    Entscheiden Sie bei den folgenden Aussagen, ob diese richtig oder falsch sind!

6. Die Quadranten des zweidimensionalen Koordinatensystems werden im Uhrzeigersinn nummeriert.
    a) richtig
    b) falsch

7. Der erste Quadrant des zweidimensionalen Koordinatensystems liegt „rechts oben".
    a) richtig
    b) falsch

8. Die 1. Komponente eines Punktes in einem zweidimensionalen Koordinatensystems wird als Abszisse bezeichnet. Die 2. Komponente heißt Ordinate.
    a) richtig
    b) falsch

9. Eine Parallele zur y-Achse kann nicht der Graph einer Funktion sein.
    a) richtig
    b) falsch

10. Eine Funktion muss immer eineindeutig sein.
    a) richtig
    b) falsch

11. Jede konstante Funktion ist auch Polynom vom Grade null.
    a) richtig
    b) falsch

12. Eine gebrochenrationale Funktion lässt sich als Quotient zweier Polynome beschreiben.
    a) richtig
    b) falsch

13. Eine Polstelle einer gebrochenrationalen Funktion liegt immer an der Stelle $x = 0$ vor, stimmt also mit der Ordinatenachse überein.
    a) richtig
    b) falsch

14. Der Fundamentalsatz der Algebra ermöglicht es, Polynome mit vorgegebenen Nullstellen zu konstruieren.
    a) richtig
    b) falsch

15. Jede unecht gebrochenrationale Funktion lässt sich als Summe eines Polynoms und einer echt gebrochenen rationalen Funktion darstellen.
    a) richtig
    b) falsch

2.8 Wirtschaftswissenschaftliche Anwendungen von Funktionen

2.8.1 Theorie

In wirtschaftswissenschaftlichen Zusammenhängen findet der Funktionsbegriff häufig Anwendung. Im hier betrachteten einfachsten Fall von reellen Funktionen einer Veränderlichen ist ein klassisches Beispiel die Kostenfunktion $K(x)$. Hier steht x für die Anzahl der produzierten Stücke eines Gutes, z. B. eines bestimmten Autotyps, und $K(x)$ sind die Kosten, die entstehen, wenn x Autos des besagten Typs produziert werden. $K(x)$ ist eine „Funktion von x", d. h., die Kosten $K(x)$ hängen von x ab.

Andere Beispiele für ökonomische Anwendungen von Nachfrage- und Angebotsfunktionen, Konsumfunktionen und Ähnlichem werden in den folgenden Übungen diskutiert.

2.8.2 Übungen

Aufgabe 2.54: Handyvertrag
Ein Handyvertrag sichert dem Studenten Matze einen Festpreis von 15,00 € pro Monat für Gespräche ins deutsche Festnetz zu. Diese Flatrate muss er stets – also unabhängig von der Nutzung – zahlen. Matzes neue Freundin besitzt nun aber leider keinen Festnetzanschluss, sodass er sie lediglich über das Handy erreichen kann. Jede Minute in das Handynetz der Freundin kostet ihn 0,29 €. Lösen Sie die folgenden Aufgaben.

a) Wir nehmen an, Matze telefoniert vorerst nicht mit seiner Freundin (sparen, sparen …) und tätigt ausschließlich Anrufe im deutschen Festnetz. Stellen Sie die fixen Kosten in Abhängigkeit der telefonierten Minuten je Monat in einem Diagramm grafisch dar. Geben Sie die Funktionsgleichung der Kostenfunktion für diesen Fall an.

b) Matze wird von Sehnsucht geplagt und telefoniert im nächsten Monat nun doch mit seiner Freundin per Handy. Zeichnen Sie die Kostenfunktion wiederum in Abhängigkeit der telefonierten Minuten je Monat. Geben Sie die Funktionsgleichung der Kostenfunktion für diesen Fall an.

c) Wie viele Minuten kann Matze bei einer Gesamttelefonrechnung i. H. v. 102,00 € mit seiner Freundin telefonieren? Geben Sie den Rechenweg übersichtlich und ausführlich an.

Aufgabe 2.55: Handytarife im Vergleich
Beim Kauf eines Handys werden Ihnen zwei Tarife angeboten. Diese zeichnen sich durch die Unabhängigkeit der Telefonminuten von der Wahl des Netzes aus. Allerdings

sind die Minutenpreise nicht unerheblich. Analysieren Sie die Tarife durch Lösung der folgenden Aufgabenstellungen:

	Grundgebühr	Preis pro Minute
Tarif A	15,00 €	0,12 €
Tarif B	13,00 €	0,159 €

a) Ermitteln Sie die Kostenfunktion in Abhängigkeit der telefonierten Zeit.
b) Erstellen Sie für beide Funktionen je eine Wertetabelle im Bereich von 0 bis 300 Telefonminuten. Nutzen Sie die entsprechende Funktion („TABLE") Ihres Taschenrechners oder ein Tabellenkalkulationsprogramm hierzu. Wählen Sie eine geeignete Schrittweite.
c) Skizzieren Sie die Graphen beider Funktionen in einem Diagramm.
d) Ermitteln Sie die Koordinaten des Schnittpunktes beider Kostenfunktionen. Interpretieren Sie beide Komponenten des Schnittpunktes!
e) Sie finden einen weiteren Tarif C mit folgenden Eckdaten: Grundgebühr 25,00 €; jede Minute kostet 0,17 €, allerdings sind 100 Freiminuten je Monat enthalten.

1. Ermitteln Sie die Kostenfunktion dieses Tarifs.
2. Erstellen Sie auch für diese Funktion eine Wertetabelle. Prüfen Sie genau die ersten berechneten Werte! Was ist zu beachten?
3. Skizzieren Sie den Graphen der Kostenfunktion für den Tarif C in Abhängigkeit der telefonierten Zeit.

Aufgabe 2.56: Unterhaltskosten eines Pkw
Für einen neuen Pkw soll Folgendes gelten:

Kraftstoffverbrauch	7 l pro 100 km
Preis pro Liter Kraftstoff	1,52 € pro Liter
Durchschnittlich pro Monat zurückgelegte Strecke	950 km pro Monat
Höhe der Kraftfahrzeugsteuer pro Jahr	120 € pro Jahr
Haftpflichtversicherungsprämie pro Jahr inkl. Teilkasko bei 300 € Selbstbeteiligung	550 € pro Jahr
Kosten durch Verschleiß pro gefahrenem Kilometer	0,20 € pro km

Lösen Sie folgende Aufgaben:

a) Ermitteln Sie die jährlichen Gesamtkosten für den Betrieb des Pkw.
b) Wie hoch sind die durchschnittlichen Kosten je 100 km?

c) Durch Verwendung eines neuen Bio-Kraftstoffs, der 1,48 € pro Liter kostet, erhöht sich der Benzinverbrauch um ca. 4 %. Um welchen Betrag verändern sich die jährlich anfallenden Kosten insgesamt?

d) Wie weit kann man mit dem neuen Kraftstoff für 1000 € fahren, wenn neben Benzinkosten auch alle anderen Kosten berücksichtigt werden?

Aufgabe 2.57: Mietkosten eines Pkw
Ein Unternehmen muss für die Dienstreise eines Mitarbeiters einen Mietwagen anmieten. Die Kosten der Mietwagenfirma 1 sind seit längerer Zeit bekannt. Sie lassen sich funktional in Abhängigkeit der gefahrenen Wegstrecke x wie folgt beschreiben:

$$K_1(x) = \begin{cases} 155 & \text{für } 0 \leq x \leq 400 \\ 155 + (x - 400) \cdot 0,90 & \text{für } x > 400 \end{cases}$$

Die Assistentin prüft zudem die Angebote verschiedener Mietwagenfirmen im Internet. Sie findet noch folgendes Angebot: Grundpreis 125 € pro Miettag inkl. 100 Freikilometer. Jeder weitere Kilometer kostet 0,35 €.

a) Analysieren und erläutern Sie zunächst die Bestandteile der Funktion $K_1(x)$, um anschließend weitere Kostenfunktionen aufstellen zu können.

b) Ermitteln Sie die Kostenfunktion $K_2(x)$ für das von der Assistentin zusätzlich gefundene Angebot.

c) Fertigen Sie eine Skizze (!) der beiden Kostenfunktionen an. Nutzen Sie die folgende Diagrammvorlage und beschriften Sie die Graphen.

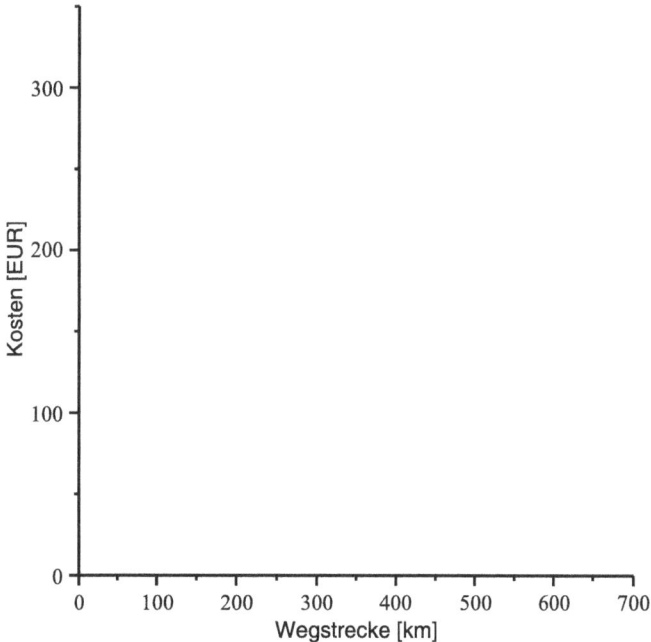

d) Welche Kosten entstehen bei Mietwagen 1 bzw. 2, wenn 320 km gefahren werden sollen?

e) Ermitteln Sie alle Schnittpunkte beider Funktionen. Nutzen Sie ggf. für Ihre Berechnungen die entsprechende Funktion in Excel.

f) Welches der beiden Angebote ist bei einer Fahrstrecke von über 600 km zu nutzen (Begründung!)?

Aufgabe 2.58: Auswirkungen der Umsatzbesteuerung

Im Umsatzsteuergesetz § 19 ist zur „Besteuerung der Kleinunternehmer" Folgendes nachzulesen „(1) Die für Umsätze im Sinne des § 1 Abs. 1 Nr. 1 geschuldete Umsatzsteuer wird von Unternehmern, die im Inland oder in den in § 1 Abs. 3 bezeichneten Gebieten ansässig sind, nicht erhoben, wenn der in Satz 2 bezeichnete Umsatz zuzüglich der darauf entfallenden Steuer im vorangegangenen Kalenderjahr 17.500 € nicht überstiegen hat und im laufenden Kalenderjahr 50.000 € voraussichtlich nicht übersteigen wird."

Ein Kleinunternehmer tätige im Jahr 2009 einen Umsatz von 21.000 € und unterliege damit in 2010 der Umsatzsteuerplicht von 19 %.

a) Skizzieren Sie die Steuerfunktion „Steuern in Abhängigkeit des umsatzsteuerpflichtigen Umsatzes".

b) Geben Sie die Funktionsgleichung der oben genannten Funktion an.

c) Skizzieren Sie nun die Funktion „Einkommen nach Umsatzsteuer" in Abhängigkeit des zuvor erzielten Einkommens.

d) Welchen Umsatz muss ein Unternehmer mindestens erzielen, um auch nach Zahlung der Umsatzsteuer über ein höheres Einkommen zu verfügen als ohne?

Aufgabe 2.59: Darstellung und Interpretation stückweise definierter Funktionen

Stellen Sie die folgenden Funktionen grafisch dar.

a) $f_1(x) = \begin{cases} 0 & \text{für} & x \leq 0 \\ \frac{1}{2}x + 10 & \text{für} & 0 < x < 6 \\ 13 & \text{für} & 6 \leq x \leq 8 \end{cases}$

b) $f_2(x) = \begin{cases} 0 & \text{für} & x \leq 0 \\ \frac{1}{2}x & \text{für} & 0 < x < 4 \\ \frac{1}{2}x + 4 & \text{für} & 4 \leq x \leq 8 \end{cases}$

c) Interpretieren Sie die Funktionen $f_1(x)$ und $f_2(x)$ als Stückkostenfunktion für die Produktion eines medizinischen Gerätes mit x als Produktionszahl in Stück und $f_i(x)$ als Kosten je Gerät in TEUR. Welche Bedeutung hat der Funktionsverlauf jeweils?

d) Geben Sie für die Funktion $f_3(x) = |x - 2| - 3$ eine alternative Definition an, die die Funktion stückweise zusammensetzt. Zeichnen Sie den Graphen der Funktion.

Aufgabe 2.60: Bevölkerungsentwicklung EU 27

Für die EU 27 weist die Statistik des Europäischen Statistischen Amtes (EuroStat) per 01.01.2000 eine Bevölkerungszahl von 482.767.512 und per 01.01.2005 einen Wert von 491.134.938 aus. Diese Daten dienen Ihrer Orientierung zur Auffindung der korrekten Zeitreihe. Der Revisionsstand der Angaben ist der 09.03.2011. Demnach umfasst die EU 27 fast eine halbe Milliarde Einwohner! Lösen Sie auf Basis dieser ersten wenigen Daten die folgenden Aufgaben. Benutzen Sie hierfür ggf. ein geeignetes Computerprogramm.

a) Zeichnen Sie die in der Aufgabenstellung genannten Datenpunkte in ein geeignetes Diagramm ein. Überlegen Sie, ob eine vorherige Umrechnung der Daten beispielsweise auf eine andere Einheit sinnvoll sein könnte und welche Werte Sie den jeweiligen Achsen Ihres Diagramms zuordnen.

b) Interpretieren Sie die von Ihnen vorgenommene Zuordnung der Größen zu den Achsen mathematisch. Welches ist die erklärende und welches die abhängige Variable? Was bedeutet dies sachlogisch für die prognostizierten Werte?

c) Ermitteln Sie die Funktionsgleichung derjenigen linearen Funktion, die beide Datenpunkte in Form einer Geraden verbindet. Zeichnen Sie den Graphen der Funktion in Ihr Diagramm ein.

d) Interpretieren Sie die beiden Parameter der linearen Funktion sachlogisch.

e) Recherchieren Sie auf der Webseite von EuroStat die Werte für die Einwohnerzahlen der EU 27 für die Jahre 2000 bis zur Gegenwart. Geben Sie Ihr Rechercheergebnis in Form einer Tabelle übersichtlich wieder.

f) Berechnen Sie mithilfe Ihrer obigen vorläufigen Näherungsfunktion die Werte für die Jahre 2001 und 2003. Man spricht in diesem Zusammenhang von einer Interpolation! Berechnen Sie zudem die absoluten (!) Abweichungen (Interpolationsfehler).

g) Oft werden solche (hier noch einfachen) linearen Modelle eingesetzt, um unbekannte Werte zu berechnen. Liegen diese zwischen den gegebenen Daten, so spricht man von Interpolation, wie gerade gesehen. Sinnvollerweise nutzt man die Berechnungsergebnisse auch zur Prognose der künftigen Entwicklung, also von Werten, die außerhalb des vorhandenen Datenbereichs liegen. Man spricht hier von einer sogenannten Extrapolation. Extrapolieren Sie mithilfe Ihrer Funktion den Wert für die Einwohnerzahl im Jahr 2009. Ermitteln Sie anschließend den absoluten Extrapolationsfehler in diesem Fall.

h) Ermitteln Sie mithilfe einer Tabellenkalkulation die aufgrund des linearen Modells prognostizierten Werte von 2000 bis 2011. Berechnen Sie zudem die absoluten Abweichungen des prognostizierten vom realen Wert.

Aufgabe 2.61: Ermittlung von Gleichgewichtsmenge und -preis

Ein Unternehmen kann aufgrund von Marktbeobachtungen die Abhängigkeiten zwischen Preis sowie Angebot und Nachfrage ermitteln, wie sie Tab. 2.2 zeigt.

Tab. 2.2 Zusammenhang Preis, Angebot und Absatz

Preis [EUR]	Angebot [1000 Stück]	Nachfrage [1000 Stück]
0,10	230	500
0,45	400	40

a) Ermitteln Sie mit einer Genauigkeit von vier Nachkommastellen die Angebots- und Nachfragefunktion, bei der jeweils der Preis auf der y-Achse und die Menge auf der x-Achse dargestellt werden!
b) Skizzieren Sie die Angebots- und Nachfragefunktion in einem Diagramm.
c) Ermitteln und interpretieren Sie die Koordinaten des Marktgleichgewichtes, d. h. Gleichgewichtspreis und Gleichgewichtsmenge.

Hinweis: Für eine Vertiefung des Themas sei u. a. auf Thomas und Maurice (2011, S. 36 ff.) verwiesen.

Aufgabe 2.62: Maximalpreis für Brot
Angenommen wird folgendes Szenario: In zunehmendem Maße wird auf den Finanzmärkten mit Rohstoffen und Energie spekuliert. Dadurch steigen tendenziell auch die Preise für Nahrungsmittel. Hier wird davon ausgegangen, dass sich die Spekulationen auch auf den Preis von Mehl und aufgrund der zusätzlichen Verteuerung von Energie auch auf den Brotpreis negativ ausgewirkt haben.

In einer abgelegenen Kleinstadt (abgeschotteter Markt) soll der in Tab. 2.3 dargestellte Zusammenhang zwischen Preis sowie Angebot und Nachfrage gelten.

Hinweis: Derzeit werden in Deutschland etwa 80 kg Brot und Brötchen pro Kopf und Jahr verzehrt, wobei Mischbrote etwa einen Marktanteil von 50 % besitzen. Bei einer Stadt mit 20.000 Einwohnern ergibt dies $20.000 \cdot 80 \cdot 0, 5/365 = 2200\,\text{kg/Tag}$.

a) Die lineare Angebotsfunktion und die lineare Nachfragefunktion sei bereits aus den obigen Werten ermittelt worden.

$$P_A(Q) = \frac{7}{9000} \cdot Q - \frac{2}{9}$$
$$P_N(Q) = -\frac{7}{12.000} \cdot Q + \frac{71}{20}.$$

Tab. 2.3 Preis, Angebot und Absatz von Brot

Brotpreis [EUR/kg]	Angebot pro Tag [kg]	Nachfrage pro Tag [kg]
1,80	2600	3000
2,50	3500	1800

Gegebenenfalls prüfen Sie die Richtigkeit dieser Angaben, wie in „Aufgabe 2.61: Ermittlung von Gleichgewichtsmenge und -preis" gezeigt. Berechnen Sie nun den Gleichgewichtspreis und die zugehörige Absatz-/Nachfragemenge.

b) Die Regierung will ärmere Verbraucher vor den negativen Folgen der Preisexplosion schützen und definiert einen Maximalpreis für Brot i. H. v. 1,85 €/kg.

1. Begründen Sie, weshalb der Maximalpreis unter dem derzeitigen Marktgleichgewichtspreis liegen muss.

2. Zeichnen Sie die Angebots- und Nachfragefunktion in das folgende Diagramm ein.

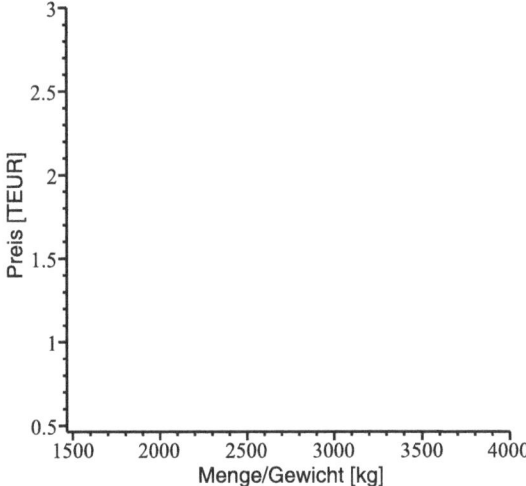

3. Veranschaulichen Sie nun die Wirkung des Maximalpreises auf die nachgefragte und angebotene Menge anhand des obigen Diagramms.

c) Ermitteln Sie die nach Einführung des Maximalpreises nachgefragte und angebotene Menge rechnerisch.

d) Welche praktische Auswirkung hat die Einführung eines Maximalpreises in der Regel immer? Interpretieren Sie Ihre Berechnungsergebnisse!

Hinweis: Für eine Vertiefung des Themas sei u. a. auf Thomas und Maurice (2011, S. 74 ff.) verwiesen.

Aufgabe 2.63: Mindestpreis für Kleinwagen

Im Zuge der Globalisierung wächst das Angebot von Produkten auf dem Weltmarkt. Ein typisches Beispiel sind Autos, die mittlerweile in Schwellenländern produziert und auf den europäischen Markt gebracht werden. Die niedrigen Preise setzen die „heimische" Industrie unter Druck. Ein beliebtes Mittel von Regierungen – gerade in Wahlkampfzeiten – ist es, Minimalpreise (oder Strafzölle) für importierte Waren einzuführen, um die eigenen Unternehmen vor dem Wettbewerb zu schützen (Protektionismus). Anhand

Tab. 2.4 Preis, Angebot und Absatz im Kleinwagensegment

Preis [TEUR]	Angebot pro Jahr [1000 Stück]	Nachfrage pro Jahr [1000 Stück]
10	20	50
15	65	10

eines einfachen linearen Modells von Angebot und Nachfrage soll die Wirkung solcher Maßnahmen untersucht werden.

Für das Kleinwagensegment soll aufgrund von historischen Daten der Zusammenhang zwischen Preis sowie Angebot und Nachfrage gelten, wie ihn Tab. 2.4 zeigt.

a) Interpretieren Sie die Werte von Tab. 2.4 mit eigenen Worten.

Es sollen an dieser Stelle die lineare Angebots- und die Nachfragefunktion mit $P_A(Q) = \frac{1}{9} \cdot Q + \frac{70}{9}$ und $P_N(Q) = -\frac{1}{8} \cdot Q + \frac{65}{4}$ gegeben sein.

Gegebenenfalls prüfen Sie die Richtigkeit dieser Angaben, wie in „Aufgabe 2.61: Ermittlung von Gleichgewichtsmenge und -preis" gezeigt.

Berechnen Sie den Gleichgewichtspreis und die zugehörige Absatz- und Nachfragemenge.

b) Die Regierung führt einen Mindestpreis für Autos dieses Marktsegmentes für Kleinwagen ein, der bei 12.800 € liegt.

1. Begründen Sie, weshalb der Mindestpreis über dem derzeitigen Marktgleichgewichtspreis liegen muss.

2. Zeichnen Sie die Angebots- und Nachfragefunktion in das folgende Diagramm ein.

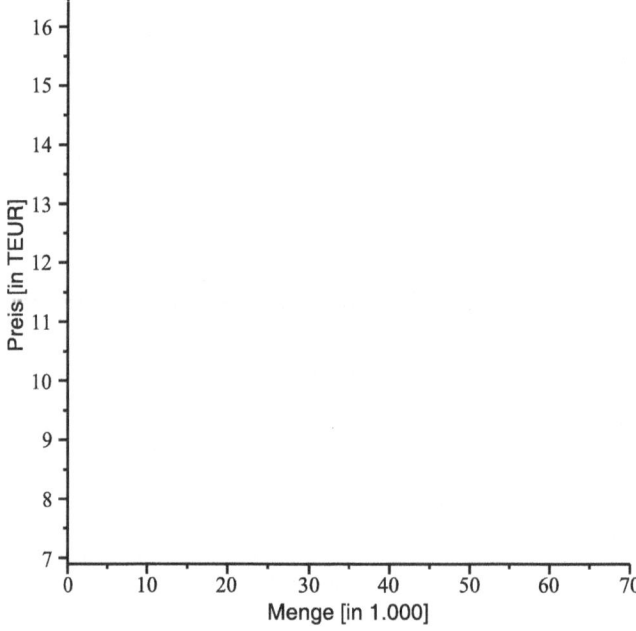

3. Veranschaulichen Sie nun die Wirkung des Mindestpreises auf die nachgefragte und angebotene Menge anhand des Diagramms.
   c) Ermitteln Sie die nachgefragte und angebotene Menge an der Stelle des festgesetzten Mindestpreises rechnerisch.
   d) Interpretieren Sie die Berechnungsergebnisse und fassen Sie Ihre Erkenntnisse zusammen.

Hinweis: Für eine Vertiefung des Themas sei u. a. auf Thomas und Maurice (2011, S. 74 ff.) verwiesen.

Aufgabe 2.64: Ermittlung einfacher Kosten- und Erlösfunktion
Ein Artikel wird mit fixen Kosten von 150 € und variablen Kosten von 30 € pro Stück hergestellt. Der Verkaufspreis beträgt 54 €. Die Obergrenze der Produktionskapazität beträgt 20 Stück.

a) Notieren Sie die Kostenfunktion K in Abhängigkeit der produzierten Menge x.
b) Geben Sie auch die Erlösfunktion $E(x)$ an.
c) Überlegen Sie sich den Definitionsbereich beider oben genannter Funktionen und begründen Sie Ihre Aussage.
d) Berechnen Sie die Kosten und den Erlös, die bei der Produktion und dem anschließenden Verkauf von insgesamt zwei und neun Stück entstehen. Vergleichen Sie beide Werte. Welche Vermutung lässt sich für die Gewinnschwelle aufstellen?
e) Skizzieren Sie die Kosten- sowie die Erlösfunktion.
f) Berechnen Sie den Schnittpunkt beider Funktionen. Welche Bedeutung besitzen die Koordinaten des Schnittpunktes?

Aufgabe 2.65: Ermittlung und Analyse von Kosten- und Erlösfunktionen
Lösen Sie die folgenden Teilaufgaben:

a) Die Produktion eines Artikels koste 25 €. Die fixen Kosten belaufen sich auf 550 €. Es wird eine lineare Erlösfunktion der Form $E(x) = p(x) \cdot x$ mit $p(x) =$ konstant vorausgesetzt.
   1. Welcher Erlös/Preis muss je Stück erzielt werden, damit die Gewinnschwelle bei 10 Stück liegt?
   2. Wie hoch sind die Kosten beim Erreichen der Gewinnschwelle?
b) Gegeben sei die Kostenfunktion $K(x) = -2x^2 + 205x + 300$ für die Produktion eines bestimmten Bauteils, dessen Verkaufspreis 85 € beträgt.
   1. Stellen Sie die Erlös- und der Kostenfunktion grafisch dar. Diskutieren Sie den Verlauf von $K(x)$ aus wirtschaftswissenschaftlicher Sicht.
   2. Ermitteln Sie die an der Gewinnschwelle mindestens entstehenden Kosten.

Aufgabe 2.66: Gewinnmaximierung

Ein Unternehmen erziele beim Verkauf eines Produktes einen Preis von 100 € pro Stück. Dieser sei relativ unabhängig von der angebotenen Menge. Die Kostenfunktion ist mit $K(x) = 20x + 0{,}25x^2$ gegeben.

a) Bestimmen Sie die gewinnmaximale Produktionsmenge.

b) Es werden zusätzlich Steuern in Höhe von 10 € je Stück erhoben. Bestimmen Sie unter diesen Bedingungen die gewinnmaximierende Produktionsmenge.

c) Bei welcher Produktionsmenge wird der Gewinn maximiert, wenn die folgenden allgemeinen Vereinbarungen gelten:
   - Verkaufspreis pro Stück p
   - Gesamtkosten für Produktion und Verkauf $\alpha x + \beta x^2$
   - Steuern pro Stück t

Hinweis: Diese Aufgabe wurde in Anlehnung an Sydsæter und Hammond (2010, S. 161 f.) erstellt.

Aufgabe 2.67: Gewinnmaximierung mit und ohne Steuern

Verkauft ein Unternehmen x Tonnen eines Stoffes, so erzielt es einen von der Menge x abhängigen Verkaufspreis $P(x) = 1000 - \frac{1}{3}x$. Der Preis je Tonne für den Einkauf dieses Stoffes (Einkaufspreis) betrage $EP(x) = 800 - \frac{1}{5}x$. Zudem fallen Transportkosten i. H. v. 100 € je Tonne an.

a) Ermitteln Sie die Gewinnfunktion.

b) Bestimmen Sie die gewinnmaximierende Verkaufsmenge x.

c) Wir nehmen an, die Regierung erhebe Steuern i. H. v. 10 € pro Tonne. Bestimmen Sie die unter diesen Bedingungen gewinnmaximierende Produktionsmenge.

Hinweis: Diese Aufgabe wurde in Anlehnung an Sydsæter und Hammond (2010, S. 160 f.) erstellt.

Aufgabe 2.68: Gemischte wirtschaftswissenschaftliche Anwendungen

Die Kosten für die Herstellung von x Stück eines Produktes betragen $K(x) = x^2 + 150x + 1200$.

a) Berechnen Sie $K(0)$, $K(100)$ und $K(101)$ sowie $K(101) - K(100)$.

b) Ermitteln Sie $K(x + 1) - K(x)$ und erläutern Sie die wirtschaftliche Bedeutung dieser Differenz für das Unternehmen.

Hinweis: Diese Aufgabe wurde in Anlehnung an Sydsæter und Hammond (2010, S. 117 f.) erstellt.

Differenzialrechnung

3

Die Grundaufgabe der Differenzialrechnung ist ein Tangentenproblem: Gesucht ist eine Gerade, die den Graphen einer gegebenen, reellwertigen Funktion $y = f(x)$ in einem vorgegebenen Punkt P lediglich einmalig berührt (vgl. Abb. 3.1).

Das Tangentenproblem kann mit elementaren Methoden nur für wenige Kurven gelöst werden. Für den allgemeinen Fall muss der Grenzwertbegriff herangezogen werden. Die grundlegenden Ideen hierfür gehen auf Leibniz und Newton zurück. Hier werden sie kurz anschaulich erläutert.

Die gesuchte Tangente wird näherungsweise durch eine Sekante ersetzt, die durch den Punkt P und einen benachbarten Kurvenpunkt Q verläuft (vgl. Abb. 3.2).

Die zugehörige Sekantensteigung kann als Näherungswert für die (noch unbekannte) Tangentensteigung angesehen werden. Nähert sich der Punkt Q auf dem Graphen von $y = f(x)$ immer mehr dem Punkt P, so kann „im Normalfall" erwartet werden, dass die Sekantensteigungen einem wohldefinierten (endlichen) Grenzwert zustreben. Dieser Grenzwert wird – falls er existiert – als Steigung der Tangente im Punkt P an die zu $y = f(x)$ gehörende Funktionskurve definiert (!).

Die Sekantensteigung kann durch den sogenannten Differenzenquotienten

$$\frac{\Delta y}{\Delta x} = \frac{f(x_0 + \Delta x) - f(x_0)}{\Delta x}$$

beschrieben werden. Lässt man Δx gegen null streben und strebt die Folge der zugehörigen Differenzenquotienten gegen einen festen Wert (das klappt häufig, aber nicht immer!), so spricht man davon, dass die Funktion f an der Stelle x_0 differenzierbar ist, und bezeichnet diesen Wert als erste Ableitung $f'(x_0)$ der Funktion f an dieser Stelle x_0. Erweitert man dieses Vorgehen auf alle Punkte des Definitionsbereiches der gegebenen Funktion, so erhält man – sofern die Funktion bestimmte Voraussetzungen erfüllt – für jeden Wert x des Definitionsbereiches die Steigung der Tangente an den

© Springer-Verlag GmbH Deutschland, ein Teil von Springer Nature 2019
T. Wendler und U. Tippe, *Übungsbuch Mathematik für Wirtschaftswissenschaftler*,
https://doi.org/10.1007/978-3-662-58715-7_3

Abb. 3.1 Tangente an einer
Kurve

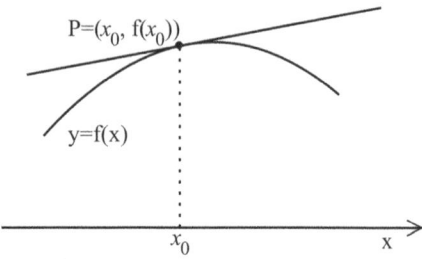

Abb. 3.2 Tangente
und Sekante an einem
Funktionsgraphen

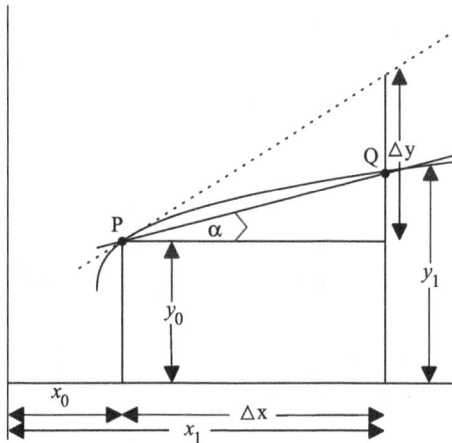

Graphen in diesem Punkt. Auf diese Weise erhält man eine neue Funktion $f'(x)$. Diese
wird als (erste) Ableitung von $f(x)$ bezeichnet.

In einer Vielzahl von Fällen kann dieses Vorgehen fortgesetzt werden, sodass man die
höheren Ableitungen von $f(x)$ erhält, die mit $f''(x)$, $f'''(x)$ usw. bezeichnet werden.

Glücklicherweise muss nicht jede Ableitung stets neu mit dem Differenzenquotienten
berechnet werden. Vielmehr kann das Verfahren in „Ableitungsregeln" zusammengefasst
werden. Diese sind in der Formelsammlung in Anhang A1 enthalten.

Abschließend soll die folgende *guideline* den Weg durch die berühmte „Kurvendiskussion" ebnen:

Bei der Kurvendiskussion wird eine (differenzierbare) Funktion $y = f(x)$ auf cha-
rakteristische Merkmale hin untersucht, um einen Überblick über den Funktionsverlauf
zu gewinnen und eine Skizze des zugehörigen Graphen anfertigen zu können. Folgende
Gesichtspunkte sollten berücksichtigt werden:

- Feststellung des Definitionsbereichs $D(f)$,
- Untersuchung auf Symmetrieeigenschaften (gerade oder ungerade Funktion),
- Untersuchung auf Periodizität (eine periodische Funktion muss dann nur für den
  Bereich eines Periodenintervalls diskutiert werden),
- Nullstellen (Lösung der Gleichung $f(x) = 0$),

- Polstellen (u. a. ein Charakteristikum gebrochenrationaler Funktionen),
- asymptotisches Verhalten für $x \to \pm\infty$,
- lokale Extremwerte (Lösung der Gleichung $f'(x) = 0$ und Entscheidung über die Natur der identifizierten extremwertverdächtigen Stellen bzw. Kurvenpunkte (Minimum bzw. Maximum),
- Wendepunkte (Lösung der Gleichung $f''(x) = 0$ und ggf. Prüfung des Ergebnisses mithilfe der dritten Ableitung).

Ergänzend kann es hilfreich sein, einige leicht berechenbare Funktionswerte sowie das Verhalten der Funktion an den (eventuell gegebenen) Randpunkten des Definitionsbereichs zu bestimmen. Die folgenden Übungen sollen helfen, das komplexe Gebiet der Differenziation zu meistern.

3.1 Übungen zu den Grundlagen

Aufgabe 3.1: Einfache Extremwertbestimmung
Gegeben sei die Funktion $K(x) = 74 - (5 + x)^2 - (3 - rx)^2$, wobei r eine Konstante ist. Bestimmen Sie denjenigen Wert von x, für den $K(x)$ seinen größten Wert annimmt.

Aufgabe 3.2: Zaunbau
Ein Landwirt hat 2000 m Zaun zur Verfügung und möchte ein Feld rechteckig einzäunen. Die Grundseite besitze die Länge $500 + x$. Dann beträgt die Breite $500 - x$. Welche Wahl von x ergibt die maximale Fläche?

Aufgabe 3.3: Differenziation von Funktionen
Ermitteln Sie die Ableitungen der folgenden Funktionen. Fassen Sie Ihr Ergebnis so weit wie möglich zusammen!

a) $f(k) = \frac{2k^2\alpha}{\beta+k}$ mit $\alpha, \beta \in R$

b) $L(r) = 3\sqrt{2r + r^5 + 3}$

c) $P(q) = q^4 \cdot e^{5q}$

d) $f(k) = \frac{-k+\gamma}{\beta+k^2}$ mit $\gamma, \beta \in R$

e) $Q(t) = \sqrt{4 + t^5}$

f) $K(s) = s^2 \cdot e^{7s}$

Aufgabe 3.4: Ableitung von Funktionen mit Logarithmen
Bei den folgenden Aufgaben ist zu beachten, auf welche Basis sich der Exponent jeweils bezieht. Beispielsweise ist $\ln(x^2) = \ln(x \cdot x)$ bzw. nach Logarithmengesetz $\ln x^2 = 2 \cdot \ln x$. Jedoch gilt dies nicht für $(\ln x)^2$. Hier kann lediglich $(\ln x)^2 = \ln x \cdot \ln x$ geschrieben werden.

Beispiele zur Differenziation derartiger Funktionen:

$$f(x) = \ln(3 - 7x)^2 = 2 \cdot \ln(3 - 7x)$$

$$f'(x) = 2 \cdot \frac{1}{3 - 7x} \cdot (-7)$$

Es gilt aber *nicht:* $f'(x) = 2 \cdot \ln(3 - 7x)^1 \cdot (-7)$

Zudem ist die Kettenregel teilweise mehrfach anzuwenden, wie die folgende Aufgabe zeigt:

$$f(x) = [\ln(7 - 4x)]^3$$

$$f'(x) = 3[\ln(7 - 4x)]^2 \cdot \frac{1}{7 - 4x} \cdot (-4)$$

$$= -\frac{12[\ln(7 - 4x)]^2}{7 - 4x}$$

Lösen Sie mit dem Wissen nun folgende Aufgaben:

a) $L(k) = \ln(3k^4)$

b) $s(m) = \ln(5m^2)$

c) $f(x) = (\ln x)^2$

d) $M(l) = [\ln(3l + 1)]^2$

e) $A(y) = \ln\left[4y^3\left(\frac{1}{2}y^5 + 3\right)\right]$

f) $Z(\alpha) = \ln\sqrt{\frac{4\alpha^2 + 1}{\alpha^2 + 5}}$

g) $O(a) = \log_x(4a^3 + 2)$

h) $Y(s) = \log_3(7 - s)$

i) $R(v) = e^{-3v} \cdot \ln(5x + 2)$

j) $R(v) = e^{-3v} \cdot \ln(5v + 2)$

k) $T(u) = \log_u\sqrt{x^2 - 7}$

Aufgabe 3.5: Funktionsapproximation mithilfe von Differenzialen

Es sei $f(x) = x^2$ und $x_0 = 3$. Lösen Sie die folgenden Teilaufgaben:

a) Berechnen Sie einen Näherungswert für $f(x_0 + 0{,}1)$ mithilfe der Definition der Ableitung von f über Differenziale und unter der Annahme, dass es sich bei $\Delta x = 0{,}1$ um einen sehr kleinen – angenommen unendlich kleinen – Wert handelt. Setzen Sie unter dieser Annahme $\Delta x = dx$.

b) Veranschaulichen Sie die Berechnungen anhand einer Skizze.

c) Ermitteln Sie die Größe der Abweichungen, d. h. den Approximationsfehler. Worin liegt dieser begründet, und wovon hängt die Größe des Fehlers ab?

Abb. 3.3 Prinzipskizze des
Newton-Verfahrens

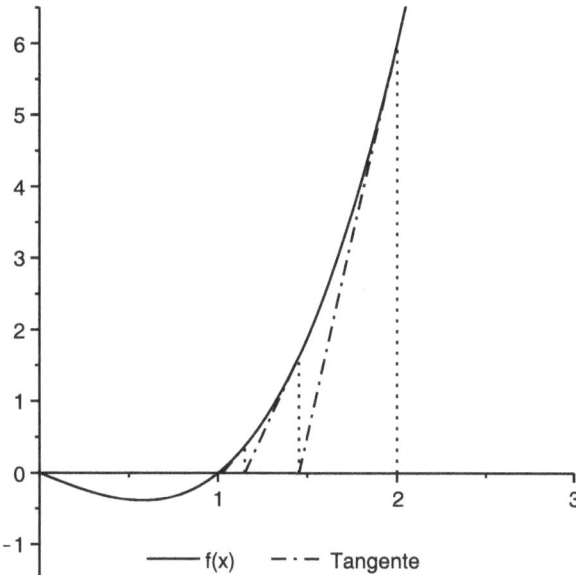

Aufgabe 3.6: Herleitung der Formel des Newton'schen Iterationsverfahrens

Beim Newton'schen Verfahren zur Nullstellenbestimmung einer Funktion einer Veränderlichen wird an den Graphen einer Funktion $f(x)$ an der Stelle $(x_i; f(x_i))$ eine Tangente $t(x)$ gelegt. Dies zeigt Abb. 3.3. Die Nullstelle der Tangente an der Stelle $(x_{i+1}; 0)$ wird als Näherung der Nullstelle von $f(x)$ benutzt. Bei zu geringer Genauigkeit des Näherungswertes, d. h., $f(x_{i+1})$ ist größer als ein vorgegebener Wert, wird der Algorithmus erneut durchlaufen. Im Folgenden sollen Sie die Formel des Newton-Verfahrens anhand grundlegender Überlegungen aus der Funktionenlehre selbst herleiten.

a) Stellen Sie die Tangentengleichung von $t(x)$ auf. Beachten Sie, dass der Anstieg der Tangenten gleich der ersten Ableitung von $f(x)$ an der Stelle x_i entspricht.

b) Ermitteln Sie die Nullstelle x_{i+1} der Tangente. Sie erhalten die Formel für das Newton-Verfahren.

Aufgabe 3.7: Newton'sches Iterationsverfahren im Einsatz

Gegeben ist die Funktionsgleichung $K(s) = e^{1+3s} - 10$. Diese besitzt im Intervall $0 \leq x \leq 1$ eine Nullstelle, die nicht berührende Nullstelle ist.

a) Bestimmen Sie die Nullstelle der Funktion rechnerisch.

b) Sie sollen nun nachweisen, dass Sie das Newton'sche Iterationsverfahren beherrschen. Dazu ist die Nullstelle der oben genannten Funktion nun mit diesem Verfahren zu bestimmen. Geben Sie die für die Funktion geltende Iterationsvorschrift an.

c) Führen Sie drei Iterationsschritte durch. Beginnen Sie mit dem Startwert 0,7. Dokumentieren Sie Ihre Ergebnisse nachvollziehbar in tabellarischer Form mit einer Genauigkeit von vier Dezimalstellen nach dem Komma.

Aufgabe 3.8: Anwendung des Newton'schen-Iterationsverfahrens
Anhand der Funktion $f(x) = \ln(x) - 2$ soll zunächst das Newton'sche Iterationsverfahren veranschaulicht werden.

a) Erstellen Sie eine geeignete Wertetabelle.
b) Wählen Sie einen geeigneten Startwert für ein Iterationsverfahren.
c) Nutzen Sie das Newton'sche Iterationsverfahren zur numerischen Bestimmung der Nullstelle der Funktion. Führen Sie die Berechnungen zunächst mit dem Taschenrechner durch.
d) Setzen Sie das Verfahren nun in einer Excel-Tabelle um und kontrollieren Sie Ihre Berechnungen.
e) Können Sie die Nullstelle auch mithilfe mathematischer Umformungen exakt berechnen?

Gegeben ist nun die Funktion $f(x) = x^5 - 7x^4 - 500x - 200$.
Nutzen Sie zur Beantwortung der folgenden Fragen ggf. eine geeignete Tabellenkalkulation, wie z. B. Excel.

a) Erstellen Sie eine Wertetabelle für den Bereich $[-10; 10]$.
b) Wie viele Nullstellen kann die Funktion maximal besitzen?
c) Identifizieren Sie anhand Ihrer Berechnungen Intervalle, in denen die Funktion eine Nullstelle besitzen muss. Begründen Sie Ihre Entscheidung.
d) Ermitteln Sie mithilfe des Newton'schen-Iterationsverfahrens die reellen Nullstellen der Funktion.

Hinweis: Eine weitere Anwendung des Newton'schen Iterationsverfahrens wird in „Aufgabe 1.63: Zahlungsmethode BVG-Fahrpreise" gezeigt.

Aufgabe 3.9: Herleitung der Formel des Sekantenverfahrens
Wie in Abb. 3.4 dargestellt, nutzt das Sekantenverfahren eine Gerade, die die Funktion $f(x)$ in den Punkten $(x_{i-1}; f(x_{i-1}))$ und $(x_i; f(x_i))$ schneidet. Die Nullstelle dieser sogenannten Sekante wird als Näherung für die Nullstelle der Funktion $f(x)$ betrachtet. Man beachte, dass bei diesem Verfahren die Steigung der Funktion $f(x)$ nicht benutzt wird, womit deren Differenziation entfällt. Im Folgenden soll die Formel des Sekantenverfahrens hergeleitet werden.

a) Stellen Sie die Funktionsgleichung der Sekante gemäß Abb. 3.4 auf.
b) Ermitteln Sie die Nullstelle x_{i+1} der Sekante. Sie erhalten die Formel für das Sekantenverfahren.

Abb. 3.4 Prinzipskizze des
Sekantenverfahrens

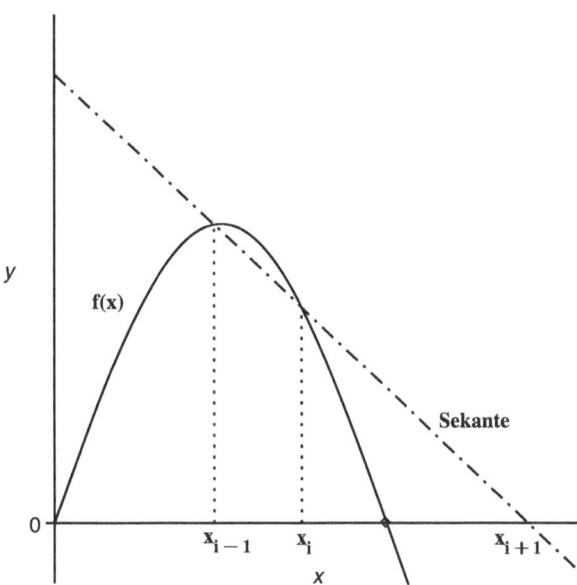

c) Wie viele Funktionswerte müssen bei diesem Verfahren in jedem Schritt ermittelt werden?

d) Vergleichen Sie das Newton- und das Sekantenverfahren und erläutern Sie deren Vor- und Nachteile.

3.2 Wirtschaftswissenschaftliche Anwendungen

Aufgabe 3.10: Anwendung von Grenzfunktionen

Ein Hersteller schätzt die Preis-Absatz- und die Kostenfunktion für einen bestimmten Artikel mit:

$$P(x) = \frac{1000}{\sqrt{x}}$$

$$K(x) = 10x + 100\sqrt{x} + 10.000$$

a) Verschaffen Sie sich einen Überblick über den Verlauf der Kostenfunktion. Nutzen Sie hierzu ggf. ein Computerprogramm. Interpretieren Sie die additive Konstante von $K(x)$ im ökonomischen Zusammenhang.

b) Bestimmen Sie Grenzkosten für 100 Stück des Artikels. Interpretieren Sie Ihr Berechnungsergebnis!

c) Berechnen Sie die tatsächlichen Produktionskosten für 100 sowie 101 Stück und begründen Sie die Abweichung zu den von Ihnen berechneten Grenzkosten.

d) Ist die Abweichung zwischen Grenzkosten und tatsächlichen Kosten bei der Produktion von drei Stück ähnlich hoch (Begründung)?

e) Bestimmen Sie nun den Grenzerlös und den Grenzgewinn für 100 Stück des Artikels.

f) Wie hoch müssen die Stückzahl und der Preis sein, um den Gewinn zu maximieren? Wie hoch ist dieser dann?

Hinweis: Diese Aufgabe wurde in Anlehnung an Ryan (2010, S. 227 ff.) erstellt.

Aufgabe 3.11: Cournot'scher Punkt, lineare Preis-Absatz-Funktion
Ein Monopolist wird im Gegensatz zu einem Unternehmen im vollkommenen Wettbewerb, das für sein Produkt einen Marktpreis akzeptieren muss, den Verkaufspreis so festsetzen, dass der Gewinn maximiert wird. Diese Annahme liegt dem Cournot-Modell zugrunde. Der Monopolist wird feststellen, zu welchem Preis er welche Menge eines Produktes absetzen kann (Nachfragefunktion). Er nähert sich mit seiner Preispolitik so dem Gewinnoptimum (Cobweb-Theorem).

a) Betrachtet wird im Folgenden als Produkt eine Flüssigkeit, die verkauft werden soll. Damit sind auch nicht ganzzahlige Verkaufs- und Produktionsmengen zulässig und sinnvoll.
   Die Preis-Absatz-Funktion soll hier einem linearen Modell folgen, in dem $\overline{P}$ der Grundpreis der betrachteten Produktart und r der Preisreduktionsfaktor je Mengeneinheit ist. Es gilt:
   $P(x) = \overline{P} - r \cdot x = 100 - 4 \cdot x$
   Für die Kostenfunktion gelte:
   $K(x) = 20 \cdot x$

   1. Ermitteln Sie aus der Preis-Absatz-Funktion die Erlösfunktion.
   2. Die Gewinnfunktion erhält man aus der Differenz der Erlös- und der Kostenfunktion. Ermitteln Sie diese.
   3. Bestimmen Sie für dieses recht einfache Modell mithilfe der Differenzialrechnung die gewinnmaximierende Absatzmenge.
   4. Der sogenannte Cournot'sche Punkt besteht aus der gewinnmaximalen Absatzmenge und dem dafür zu erzielenden Preis. Ermitteln Sie die noch fehlende letzte Komponente des Punktes.
   5. Vergleichen Sie die Lage der gewinnmaximierenden mit der erlösmaximalen Absatzmenge und dem zugehörigen Preis.
   6. Auch wenn es sich um ein monopolistisch agierendes Unternehmen handelt, so reagieren die Käufer auf den Preis mit entsprechender Nachfrage. Bestimmen Sie den sogenannten Prohibitivpreis, bei dem die nachgefragte Menge null ist, weil die Kunden nicht mehr bereit oder in der Lage sind, Produkte zu kaufen.
   7. Ermitteln Sie zudem die Sättigungsmenge, die der absetzbaren Menge eines *kostenlosen* Gutes entspricht.

8. Nutzen Sie alle bisherigen Berechnungsergebnisse und stellen Sie die folgenden Funktionen grafisch dar:
   – Erlösfunktion,
   – Preis-Absatz-Funktion,
   – Grenzkostenfunktion sowie
   – Grenzerlösfunktion.
9. Markieren und beschriften Sie zur besseren Übersicht die folgenden Punkte in Ihrem Diagramm: Prohibitivpreis, Sättigungsmenge, Cournot'scher Punkt, gewinnmaximierende Absatzmenge, erlösmaximale Absatzmenge, gewinnmaximierender Preis und erlösmaximierender Preis.
10. Beweisen Sie, dass auch in diesem Beispiel die gewinnmaximierende Absatzmenge an der Stelle liegt, an der Grenzerlös und Grenzkosten übereinstimmen.

b) Beantworten Sie alle obigen Fragen für die Preis-Absatz-Funktion.
$$P(x) = 4000 - 80 \cdot x$$
sowie die Kostenfunktion
$$K(x) = 2000 \cdot x + 500$$

Aufgabe 3.12: Cournot'scher Punkt, nichtlineare Funktionen

Betrachtet wird ein Unternehmen, welches Flüssigkeiten verkauft und monopolistisch am Markt agiert. Unter der Annahme der Absatzmessung der Flüssigkeiten in Hektoliter (100 L) soll für die Preis-Absatz-Funktion
$$P(x) = 150 - 10 \cdot x$$
und die Kostenfunktion
$$K(x) = x^3 - 8x^2 + 60x + 90$$
gelten. Berechnen Sie die folgenden gesuchten Größen mit einer Genauigkeit von drei Dezimalstellen.

a) Ermitteln Sie die Erlös- sowie die Gewinnfunktion.
b) Ermitteln Sie mithilfe eines Computerprogramms den Bereich des Produktpreises, in dem das Unternehmen Gewinn verzeichnet. Stellen Sie hierzu die Funktion grafisch dar.
c) Berechnen Sie mithilfe der Differenzialrechnung die gewinnmaximierende Absatzmenge und den dabei zu erzielenden Preis.
d) Vergleichen Sie die Lage der gewinnmaximierenden Absatzmenge mit der erlös-/umsatzmaximalen Absatzmenge.

Aufgabe 3.13: Marginalanalyse von Kosten und Gewinn

Abb. 3.5 zeigt die Umsatz- und Kostenstruktur eines Unternehmens in Form eines Screenshots einer Excel-Tabelle. Die Produktionsmenge ist in 1000 Stück und die Geldeinheiten sind in 1000 € angegeben.

Unter Grenzkosten (auch marginale Kosten) versteht man die Kosten, welche durch die Produktion einer zusätzlichen Einheit eines Produktes entstehen. Die in der Tabelle

	A	B	C	D	E	F	G
1							
2		Produktions-menge	Umsatz/Erlös	Kosten	Gewinn	Grenzumsatz Grenzerlös	Grenz-kosten
3		x	U/E	K	G	MU oder ME	MK
4		0	0		-19	-	-
5		1			4	32	
6		2	64	35			7
7		3			34		12
8		4				11	13
9		5	100		23	8	17

Abb. 3.5 Umsatz- und Kostenstruktur eines Unternehmens

aufgeführten Werte sind also die Grenzkosten und Grenzerlöse, die mit der Produktion und dem Verkauf der in der gleichen Zeile vermerkten
Produktionsmenge bereits entstanden sind bzw. realisiert werden konnten.

a) Ergänzen Sie die in der Excel-Tabelle fehlenden Werte. Begründen Sie Ihre Ergebnisse. Nutzen Sie dazu absolute bzw. relative Zellbezüge, sodass Ihre Formeln durch die Ausfüllen-Funktionalität oder durch Kopieren ggf. in die anderen Zellen der gleichen Spalte übernommen werden können.

b) Im vorliegenden Sachverhalt gibt es keine Budget- oder Produktionsrestriktionen. Bestimmen Sie die optimale Produktionsmenge und begründen Sie Ihre Entscheidung.

Aufgabe 3.14: Angebot und Nachfrage
Abb. 3.6 zeigt den Zusammenhang zwischen Angebot und Preis sowie Nachfrage und Preis eines Gutes. Der Zusammenhang zwischen Preis und Nachfrage soll mit $P_N(x) = -0{,}20 \cdot x + 300$ gegeben sein. Auch die Beziehung zwischen Preis und

	A	B	C	D	E
1					
2		Preis	Angebot	Nachfrage	Angebotsüberhang
3		[EUR]	[Stück]	[Stück]	[Stück]
4		300	7.000	0	
5		120	2.500	900	
6		100	2.000	1.000	
7		80	1.500	1.100	
8		60	1.000	1.200	
9		40	500	1.300	
10		20	0	1.400	

Abb. 3.6 Zusammenhang zwischen Angebot und Nachfrage eines Gutes

Nachfrage soll als linear vorausgesetzt werden. Lösen Sie die folgenden Teilaufgaben unter Zuhilfenahme der tabellarischen Darstellung.

a) Geben Sie die Excel-Formel zur Berechnung der Werte in der Zelle E4 an. Nutzen Sie absolute bzw. relative Zellbezüge, sodass Ihre Formel durch die Ausfüllfunktionalität oder durch Kopieren in andere Zellen der gleichen Spalte übernommen werden kann.
b) Ermitteln Sie den Prohibitivpreis.
c) Ermitteln Sie die Sättigungsmenge.
d) Ermitteln Sie die Funktionsgleichung für den linearen Zusammenhang zwischen Preis und Angebot in der Form $P_A(x)$. Beachten Sie dabei unbedingt, dass der Preis die abhängige Größe und die angebotene Menge die unabhängige Größe ist!
e) Erläutern Sie die Bedeutung der additiven Konstante c in der gerade ermittelten Funktionsgleichung zwischen Preis und Angebot.
f) Ermitteln Sie den Gleichgewichtspreis zwischen Angebot und Nachfrage.

Aufgabe 3.15: Gewinnmaximierung durch Preisdifferenzierung
Ein Unternehmen setzt ein und dasselbe Produkt mit den Mengen x_1 und x_2 auf zwei verschiedenen Märkten 1 und 2 ab. Es gelten die Preis-Absatz-Funktionen $P_1(x_1) = 210 - 10 \cdot x_1$ und $P_2(x_2) = 125 - 2{,}5 \cdot x_2$. Die Kosten des Unternehmens lassen sich durch $K(x) = 2000 + 10x$ beschreiben.

a) Ermitteln Sie die gewinnmaximierende Absatzmenge sowie den dann gültigen Preis für jeden der Märkte. Ermitteln Sie dann die vom Unternehmen insgesamt zu produzierende Menge des Produktes.
b) Ermitteln Sie die Gesamtkosten, den Gesamterlös sowie den Gewinn, die dem Unternehmen durch die Produktion dieser Menge entstehen. Überlegen Sie, ob es zulässig ist, Gewinn bzw. Kosten für jeden Markt einzeln zu errechnen. (Lösungshinweis: Der Gesamtgewinn beträgt 322,50 €.)
c) Es wird nun angenommen, dass das Unternehmen das Produkt auf beiden Märkten zum gleichen Preis anbieten möchte. Lösen Sie die folgenden Aufgaben:
1. Ermitteln Sie aus den Preis-Absatz-Funktionen die Nachfrage-Funktionen $x_1(P_1)$ und $x_2(P_2)$.
2. Geben Sie nun die Nachfrage-Funktion $x(P)$ an, die Sie erhalten, wenn das Produkt auf beiden Märkten den gleichen Preis besitzt, also keine Diskriminierung stattfindet.
3. Ermitteln Sie aus der Nachfrage-Funktion $x(P)$ die Preis-Absatz-Funktion bei fehlender Diskriminierung.
4. Berechnen Sie die gewinnmaximierende Absatzmenge und den dann gültigen Preis.
5. Ermitteln Sie die Gesamtkosten, den Gesamterlös sowie den Gewinn, die dem Unternehmen durch die Produktion dieser Menge entstehen.

d) Welche Aussage können Sie hinsichtlich des Unternehmensgewinns mit und ohne Diskriminierung der Märkte bzw. der dort einkaufenden Kunden treffen? Fassen Sie Ihre Erkenntnisse zu einem prägnanten Merksatz zusammen.

e) Das hier betrachtete Modell beruht auf einigen Annahmen. Analysieren Sie Ihre Berechnungen sowie deren Voraussetzungen kritisch und nennen Sie problematische Voraussetzungen, die Sie bei der Berechnung genutzt haben.

Hinweis: Die Aufgabe wurde in Anlehnung an Dowling (2001, S. 77 ff.) erstellt.

Aufgabe 3.16: Effektivzins bei Verrentung einer Einmalzahlung
Studentin Jana besucht eine Vorlesung in Finanzmathematik. Sie erhält von einem Versicherungsmakler ein Angebot zur Verrentung einer Einmalzahlung. Vergleiche auch „Aufgabe 1.57: Vergleich der Verrentungsarten". Bei diesem Vertrag sollen 43.000 € ein- und in Raten zu 7000 € vorschüssig über 7 Jahre ausgezahlt werden. Der Makler verrät allerdings nicht den durchschnittlichen Zinssatz. Helfen Sie ihr bei der Berechnung!

Gegeben ist die für diesen Fall nutzbare Formel des Barwerts vorschüssiger Renten mit $R_0 = \frac{r}{q^{n-1}} \cdot \frac{q^n - 1}{q - 1}$. Abb. 3.7 zeigt die Entwicklung des Barwertes in Abhängigkeit des Zinssatzes bei einer Rente von 7000 € p. a. und einer Laufzeit von 7 Jahren.

a) Gesucht ist die Formel für die Berechnung der Rendite. Die Ausgangsformel ist jedoch nicht nach i oder q explizit auflösbar, sodass ein Näherungsverfahren zur Bestimmung der Lösung der Gleichung benutzt werden muss. Stellen Sie hierzu die obige Formel so um, dass Sie ein Polynom n-ten Grades der Form
$$f(q) = 0 = \overset{...}{...} \cdot q^n + \overset{...}{...} \cdot q^{n-1} - \cdots$$
erhalten.

Abb. 3.7 Barwert vorschüssiger Renten

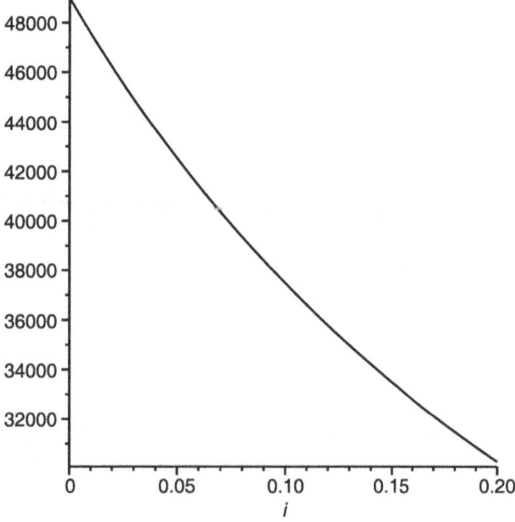

b) Wie viele Nullstellen besitzt diese Funktion maximal?

c) Gesucht sind alle reellen Nullstellen der Funktion. Ermitteln Sie diese mithilfe eines Rechners durch Anwendung des Newton'schen Iterationsverfahrens.

d) Stellen Sie die Ausgangsformel nach der Anzahl der Jahre um und prüfen Sie Ihr Ergebnis für den Zinssatz durch Einsetzen des Wertes in die umgestellte Formel! Wie in der Aufgabenstellung beschrieben, sollten Sie eine Laufzeit von ca. 7 Jahren erhalten.

Aufgabe 3.17: Verzinsung von Kapitallebensversicherungen

Für die Geldanlage stehen dem privaten Anleger verschiedene Produkte zur Verfügung. Dabei gilt es vor allem immer, die passende Form für die individuellen Bedürfnisse zu finden. Die Angebote unterscheiden sich in Sicherheit, Laufzeit, Verfügbarkeit und in der Rendite. Im Bereich der privaten Altersvorsorge wird Kunden in Deutschland oft eine Kapitallebensversicherung empfohlen. Die Rendite dieser „Sparform" ist immer wieder thematisiert worden. Folgend werden Sie beispielhaft an dieses Thema herangeführt.

Betrachtet werde zunächst der allgemeine Fall eines Vertrages über eine Laufzeit von n Jahren mit einer jeweils zu Beginn eines Versicherungsjahres fälligen Zahlung r.

a) Verschaffen Sie sich zunächst ein inhaltliches Verständnis vom Unterschied zwischen einer Risiko- und einer Kapitallebensversicherung sowie dem Begriff der „Garantie-verzinsung".

b) In konjunkturell schwachen Phasen der Weltwirtschaft kaufen Anleger verstärkt Staatsanleihen Deutschlands sowie der USA. Die Flucht in den „sicheren Hafen" der Staatsanleihen lässt die Kurse der Anleihen steigen und zugleich die Renditen sinken. Begründen Sie, weshalb Versicherungen in einem derartigen Umfeld Probleme haben, die in Lebensversicherungsverträgen zugesagte Garantieverzinsung zu erwirtschaften.

c) Frau Grothe zahlt über 25 Jahre eine jährliche Rate von 1200 €. Die Zahlung erfolgt jeweils zu Beginn eines Jahres. Der Versicherungsvertreter sichert ihr eine garantierte Verzinsung von 2,5 % zu. Berechnen Sie die Höhe des Garantiekapitals am Ende der Vertragslaufzeit.

d) Bewerten Sie die Höhe der Garantieverzinsung unter Beachtung der Laufzeit. Nennen Sie Einflussfaktoren, die bei einer Kapitallebensversicherung die Rendite schmälern und insbesondere bei anderen Sparformen wie einem Fondssparplan nicht vorhanden wären bzw. geringer ausfallen. Nennen Sie gängige Orientierungsgrößen zur Bewertung der Garantieverzinsung.

e) Frau Grothe unterhält sich mit Herrn Rabe über die Versicherung. Dieser erzählt ihr, dass er bei einer jährlichen Einzahlung jeweils zum 1. Januar von nur 980 € ein End-kapital von ca. 44.200 € anspart. Allerdings, so muss er zugeben, beträgt die Vertrags-laufzeit 32 Jahre. Frau Grothe kommt nun ins Grübeln und möchte gern berechnen, welcher Vertrag die bessere Rendite liefert. Helfen Sie ihr!

1. Ermitteln Sie die hier anzuwendende Formel für die Berechnung des Zinssatzes. Stellen Sie diese um, sodass sie der Form

$$f(q) = 0 = q^{n+1} - \tfrac{\cdots}{\cdots} \cdot q + \tfrac{\cdots}{\cdots}$$

genügt.

2. Wie viele Nullstellen besitzt diese Funktion maximal?
3. Gesucht sind alle reellen Nullstellen der Funktion. Ermitteln Sie diese mithilfe eines Rechners durch Anwendung des Newton'schen Iterationsverfahrens.
4. Bei welchem der beiden Verträge erhält ein Versicherungsnehmer die höhere Rendite?

Aufgabe 3.18: Marginale technische Substitutionsrate

Mithilfe einer Funktion zweier Variablen lässt sich das Verhältnis zweier Ausgangsstoffe beschreiben, die zur Produktion eines bestimmten Produktes benötigt werden. Im vorliegenden Fall bilden A und B die Ausgangsstoffe und die Funktion $f(A, B) = 25\sqrt{A} \cdot B^{\frac{2}{3}} + 500$ beschreibt deren Verhältnis zueinander. Lösen Sie folgende Aufgaben!

a) Das folgende Diagramm zeigt den Graphen der Funktion $f(A, B)$.

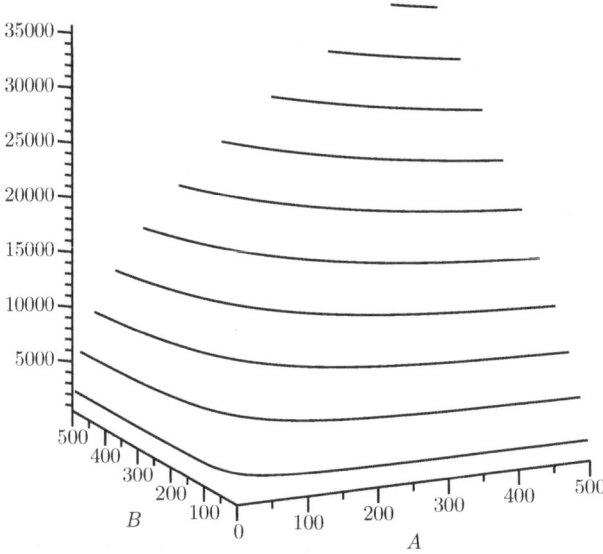

1. Erläutern Sie, was man unter einer Isoquante versteht.
2. Gewählt werden soll nun eine Produktionsmenge von 10.000 Einheiten. Skizzieren Sie die Beziehung zwischen A und B für diesen Fall (Isoquante).
3. Ermitteln Sie die Menge von B, die erforderlich ist, um bei Zugabe von 400 Einheiten des Stoffes A die oben genannte Produktionsmenge von 10.000 Einheiten zu erhalten.

4. Nun interessiert man sich für die Änderungsrate der einzelnen Zugabemengen, d. h. beispielsweise für die Änderung der Menge des zuzugebenden Stoffes von B, bei Veränderung der Menge A. Analysieren Sie die folgende Berechnung zur marginalen Substitutionsrate. Erläutern Sie mit eigenen Worten ausführlich Gl. 1 und Gl. 2.

$$f(A, B) = 25 \cdot \sqrt{A} \cdot B^{\frac{2}{3}} + 500$$

Für die zu produzierende Menge von 10.000 Einheiten lässt sich die Isoquante mit folgender Gleichung beschreiben:

$$25\sqrt{A} \cdot B^{\frac{2}{3}} + 500 = 10.000 \tag{1}$$

Die Differenziation nach B muss mit der Produktregel erfolgen, da auch A von B abhängt, A also Funktion von B ist und umgekehrt.

Für die erste Ableitung folgt damit:

$$25 \cdot \frac{1}{2} A^{-\frac{1}{2}} \cdot \frac{dA}{dB} \cdot B^{\frac{2}{3}} + 25 \cdot A^{\frac{1}{2}} \cdot \frac{2}{3} \cdot B^{-\frac{1}{3}} = 0$$

$$\frac{25}{2} A^{-\frac{1}{2}} \cdot \frac{dA}{dB} \cdot B^{\frac{2}{3}} + \frac{50}{3} A^{\frac{1}{2}} \cdot B^{-\frac{1}{3}} = 0 \tag{2}$$

Das Umstellen nach $\frac{dA}{dB}$ liefert nun das Verhältnis der gegenseitigen Abhängigkeit der beiden Variablen *auf der Isoquante* bei 10.000 produzierten Einheiten:

$$\frac{25}{2} A^{-\frac{1}{2}} \cdot \frac{dA}{dB} \cdot B^{\frac{2}{3}} = -\frac{50}{3} A^{\frac{1}{2}} \cdot B^{-\frac{1}{3}}$$

$$\frac{dA}{dB} = \frac{-\frac{50}{3} A^{\frac{1}{2}} B^{-\frac{1}{3}}}{\frac{25}{2} A^{-\frac{1}{2}} B^{\frac{2}{3}}}$$

$$\frac{dA}{dB} = \frac{-4A}{3B}$$

Für die in der vorherigen Teilaufgabe diskutierten Mengen von $A = 400$ und $B = 19\sqrt{19} = 82{,}82$ folgt somit:

$$\frac{dA}{dB} = \frac{-1.600{,}00}{246{,}82} = -6{,}48$$

Interpretiert man die marginale Substitutionsrate, so bedeutet dies, dass bei Erhöhung von B um eine Einheit, A um 6,48 Einheiten reduziert werden muss. Vorausgesetzt, die Produktionsmenge bleibt konstant! Siehe hierzu auch Abb. 3.8.

5. Die Produktionsmenge wird bei 10.000 Einheiten belassen. Jedoch wird statt $B = 19\sqrt{19} = 82{,}82$ nun eine Einheit mehr zur Produktion benutzt. Berechnen Sie die tatsächlich bereitzustellende Menge des Stoffes A und erläutern Sie die Abweichungen zu den Ergebnissen der vorherigen Teilaufgabe!

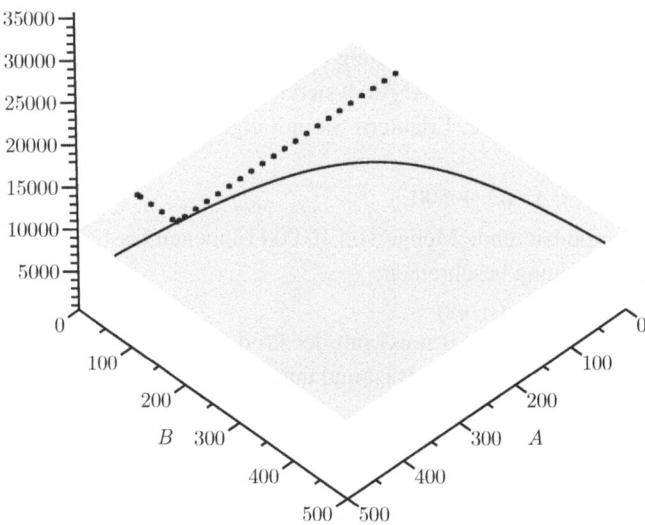

Abb. 3.8   Beispiel einer Isoquante

b) Gegeben   sei   nun   der   Zusammenhang   zweier   Stoffe X   und Y   mit
$f(X, Y) = 36 \cdot X^{\frac{5}{7}} \sqrt[6]{Y} + 1200$.

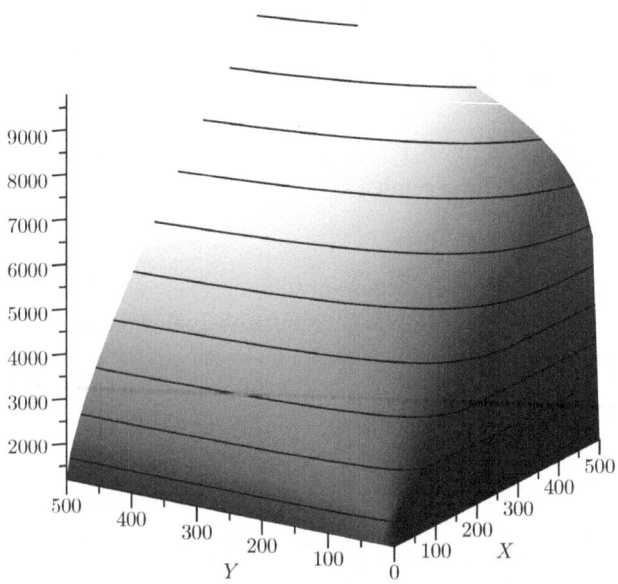

1. Untersuchen Sie die marginale technische Substitutionsrate an der Stelle $X = 240$ bei einer gewünschten Produktionsmenge von 5400 Einheiten.
2. Beantworten Sie die Frage, ob sich die marginale Substitutionsrate für andere Produktionsmengen als 5400 ändert.

Hinweis: Diese Aufgabe wurde erstellt in Anlehnung an Dowling (2001, S. 79 f.).

3.3 Differenziation von Funktionen mehrerer Variablen

Aufgabe 3.19: Schreibweise und Berechnung partieller Ableitungen
a) Erläutern Sie, wie partielle Ableitungen erster und zweiter Ordnung der Funktion $f(x, y)$ mathematisch korrekt notiert werden.
b) Erklären Sie, unter welcher Voraussetzung sogenannte gemischte partielle Ableitungen ab der Ordnung 2 jeweils gleich sind (Satz von Schwarz).

Aufgabe 3.20: Ermittlung partieller Ableitungen

a) Ermitteln Sie alle ersten partiellen Ableitungen folgender Funktionen jeweils nach x sowie nach y und fassen Sie diese so weit wie möglich zusammen.

Beispiel

$f(x, y) = 2x^3y^2 + 5x - 2y$

Bei der partiellen Differenziation nach x werden alle anderen Variablen als konstant angenommen. Damit folgt:

$f'_x(x, y) = \frac{\partial f(x,y)}{\partial x} = 6x^2y^2 + 5$

Auch der Term „$-2y$" entfällt, da y eine Konstante ist und damit der gesamte Term ein konstanter Wert.

Für die erste partielle Ableitung nach y gilt:

$f'_y(x, y) = \frac{\partial f(x,y)}{\partial y} = 4x^3y - 2$

Lösen Sie nun die folgenden Aufgaben:

1. $f(x, y) = 3xe^{x^4 - y}$
2. $f(x, y) = x^2 - 3x + 2y^2 - x^2y^2$
3. $f(x, y) = \frac{x^2}{y} + x^3e^{2y}$
4. $f(x, y) = \frac{x}{2 - e^{2y}}$
5. $f(x, y) = x \cdot \ln(y) + x^2y - 10$
6. $f(x, z) = x \cdot (z^2 + x - 3) + z \cdot (x^2 - 1)$
7. $f(k, l) = k^3 \cdot e^l + k \cdot l$

b) Ermitteln Sie von den Funktionen aus Teilaufgabe 1 bis 5 alle partiellen Ableitungen zweiter Ordnung.

Beispiel

Wenn $f_x'(x, y) = 6x^2y^2 + 5$, dann werden bei der partiellen Ableitung nach x auch hier wieder alle anderen Variablen konstant gehalten:

$f_{xx}''(x, y) = \frac{\partial^2 f}{\partial x^2} = 12xy^2$

Und entsprechend für die anderen Ableitungen:

$f_{xy}'''(x, y) = \frac{\partial^2 f}{\partial x \partial y} = 12x^2y$

sowie für die partiellen Ableitungen nach y:

$f_y'(x, y) = 4x^3y - 2$

$f_{yx}''(x, y) = \frac{\partial^2 f}{\partial y \partial x} = 12x^2y$

und

$f_{yy}''(x, y) = \frac{\partial^2 f}{\partial y^2} = 4x^3$

Lösen Sie nun die weiteren Aufgaben aus dem Teil (a) bis 5.

Aufgabe 3.21: Ermittlung weiterer partieller Ableitungen

Berechnen Sie die ersten partiellen Ableitungen der Funktionen jeweils nach x sowie nach y.

a) $f(x, y) = 2x^3 \cdot y^2$

b) $f(x, y) = 2xe^{(x^2+y)}$

c) $f(x, y) = x^3 \cdot \ln(y) - y^2 \cdot \ln(x) - x^2 \cdot y + 12$

d) $f(x, y) = x^3 \cdot e^y + \frac{1}{y^2}$

e) $f(x, y) = x \cdot e^{x+y} + y \cdot \ln(x^3)$

f) $f(x, y) = (x + 7) \cdot (y - 1)^2$

g) $f(x, y) = \frac{x}{e^y - 1}$

h) Ermitteln Sie von den Funktionen aus Teilaufgabe a) und b) alle partiellen Ableitungen zweiter Ordnung.

Aufgabe 3.22: Extrema von Funktionen mehrerer Variablen

Ermittelt Sie die Stellen, an denen die folgenden Funktionen einen Sattelpunkt oder ein Extremum besitzen. Bestimmen Sie zudem die Art des Extremums. Nutzen Sie zur Lösung des auftretenden Gleichungssystems ein Ihnen bekanntes einfaches Verfahren Ihrer Wahl bzw. die Funktionalitäten Ihres Taschenrechners.

a) $f(x, y) = x^3 + y^2 - 6xy - 39x + 18y + 20$
b) $f(x, y) = \sqrt{1 + x^2 + y^2}$

Aufgabe 3.23: Multiple-Choice-Test für Funktionen mehrerer Variablen

Auch wenn die folgenden Fragen sich nicht ausschließlich der Differenziation von Funktionen mehrerer Variablen widmen, so können sie doch zur Systematisierung des Wissens beitragen.

Beantworten Sie die Multiple-Choice-Fragen. Mehrere Antworten je Frage können zutreffend sein.

	Ermitteln Sie den Definitionsbereich der folgenden Funktionen:
1.	$f(x, y) = x - 2y^{1/2} - 10$ a) $x \in R$ und $y \in R$ b) $x \in R^+$ und $y \in R^+$ c) $x \in R$ und $y \in R^+$ d) $x \in R^+$ und $y \in R$
2.	$f(x, y) = \ln(x - 2y) - 10$ a) $x \in R$ und $y \in R$ b) $x \in R^+$ und $y \in R^+$ c) $x - 2y > 0$
3.	An der Stelle $(2; 5)$ soll der Wert aller ersten partiellen Ableitungen der $f(x, y)$ null sein. Kreuzen Sie diejenigen Aussagen an, bei denen die Funktion an dieser Stelle ein Extremum besitzen könnte. a) Die Hesse'sche Determinante ist an der Stelle $(2; 5)$ kleiner null. b) Die Hesse'sche Determinante ist an der Stelle $(2; 5)$ gleich null. c) Die Hesse'sche Determinante ist an der Stelle $(2; 5)$ größer null
	Entscheiden Sie bei den folgenden Aussagen, ob diese richtig oder falsch sind!
4.	Funktionen zweier Variablen sind immer Polynome. a) richtig b) falsch
5.	Am Sattelpunkt einer Funktion zweier Variablen sind alle partiellen Ableitungen erster Ordnung null. a) richtig b) falsch
6.	Bei der Regel zur Auswertung der Hesse'schen Determinante für das Vorliegen eines Extremums einer Funktion handelt es sich um eine notwendige Bedingung. a) richtig b) falsch
7.	Die ersten partiellen Ableitungen der $f(x, y)$ sollen an der Stelle $(-3; 2)$ null sein. Kann die Funktion ein Maximum an dieser Stelle besitzen, auch wenn die Hesse'sche Determinante gleich null ist? a) ja b) nein

3.4   Funktionen mehrerer Variablen in der Wirtschaft

Aufgabe 3.24: Ermittlung von Grenzproduktivitäten

Zunächst zur Begriffsbildung: Eine *Produktionsfunktion* beschreibt das Verhältnis zwischen den Input- oder Produktionsfaktoren und den sich damit realisierbaren Ausbringungs- oder Outputmengen bei gegebener Technologie. Sie gibt die höchste

Produktionsmenge an, die ein Unternehmen mithilfe der jeweils gerade betrachteten Kombination der Produktionsfaktoren produzieren kann.

Die Grenzproduktivität gibt an, um wie viel sich die Ausbringungsmenge eines Unternehmens ändert, wenn ein Produktionsfaktor r_i um einen (infinitesimal) kleinen Betrag geändert wird. Dabei werden alle anderen Faktoren konstant gehalten. Beispielsweise misst man die Grenzproduktivität des Faktors Arbeit durch den Betrag, um den der Output wächst, wenn zusätzlich eine Arbeitsstunde geleistet wird. Die Grenzproduktivität bezüglich eines Faktors ist ein Maßstab für die produktive Wirksamkeit der jeweils zuletzt eingesetzten Faktoreinheit.

Gegeben seien die folgenden Produktionsfunktionen, die von mehreren Inputfaktoren r_i abhängen. Bestimmen Sie die partiellen Grenzproduktivitäten.

a) $f(r_1, r_2) = 2r_1^2 + 3r_2^2 - 10r_1r_2$

b) $f(r_1, r_2) = 3r_1^2r_2 + r_1r_2 - 10r_1^2r_3^3$

Aufgabe 3.25: Gewinnoptimale Produktionsmengen

a) Ein Unternehmen produziert zwei Produkte x_1 und x_2. Die Gewinnfunktion sei in Abhängigkeit der Verkaufszahlen wie folgt gegeben:
$G(x_1, x_2) = -3x_1^2 + 6x_1x_2 - 4x_2^2 + 512x_2 - 1500$
Ermitteln Sie die gewinnoptimale Kombination der beiden Produkte und prüfen Sie, ob Sie tatsächlich ein Maximum der Gewinnfunktion finden konnten. Wie hoch ist der Gewinn?

b) In einem weiteren Unternehmen werden zwei unterschiedliche Flüssigkeiten hergestellt. Die Preis-Absatz-Funktionen sind:
$P_1(x_1) = 60 - 3x_1$

$P_2(x_2) = 45 - 5x_2$

Die Mengen x_1 und x_2 werden in Hektoliter angegeben.
Zudem ist die Kostenfunktion gegeben durch:
$K(x_1, x_2) = 3x_1^2 + 4x_1x_2 + 2x_2^2$

Ermitteln Sie die gewinnoptimale Kombination der beiden Produkte und prüfen Sie, ob Sie tatsächlich ein Maximum der Gewinnfunktion finden konnten.

Integralrechnung

4

4.1 Unbestimmtes Integral und partielle Integration

4.1.1 Theorie

Jeder auf dem abgeschlossenen Intervall $I = [a, b]$ definierten stetigen Funktion $y = f(x)$ einer unabhängigen Veränderlichen können in diesem Intervall unendlich viele Funktionen $\hat{y}(x) = F(x) + C$ zugeordnet werden, die dadurch gekennzeichnet sind, dass gilt: $\hat{y}(x) = F'(x) = f(x)$. Die Gesamtheit dieser Funktionen bezeichnet man als das „unbestimmte" Integral von $y = f(x)$ und schreibt:

$\hat{y}(x) = \int f(x)dx = F(x) + C, C \in \mathbb{R}$

Die Funktion $y = f(x)$ und $\hat{y} = F(x)$ seien beide auf dem Intervall $I = [a, b]$ definiert. $\hat{y} = F(x)$ sei auf I differenzierbar (an den Randpunkten ggf. einseitig). Dann heißt die Funktion $F(x)$ Stammfunktion von $f(x)$ – bezogen auf das vorgegebene Intervall –, wenn für alle $x \in I$ gilt: $F'(x) = f(x)$. Das bedeutet: Die Ableitung von $F(x)$ führt zur Funktion $f(x)$!

Die Technik des Integrierens oder mit anderen Worten die Suche nach Stammfunktionen besteht darin, unbestimmte Integrale mithilfe allgemeiner Integrationsregeln auf Grundintegrale (oder zumindest auf schon bekannte Integrale) umzuformen und damit zu lösen. Die Regeln zur Ermittlung von Stammfunktionen sind in der Formelsammlung im Anhang A1 aufgeführt.

Für stetige Funktionen $f(x), g(x)$ gelten dabei folgende Rechenregeln:

$\int f(x) + g(x)dx = \int f(x)dx + \int g(x)dx$
$\int a \cdot f(x)dx = a \cdot \int f(x)dx, a \in \mathbb{R}$

© Springer-Verlag GmbH Deutschland, ein Teil von Springer Nature 2019
T. Wendler und U. Tippe, *Übungsbuch Mathematik für Wirtschaftswissenschaftler,*
https://doi.org/10.1007/978-3-662-58715-7_4

4.1.2 Übungen

Aufgabe 4.1: Unbestimmte Integration
Ermitteln Sie die Stammfunktionen der folgenden Funktionen.

a) $\int t^2 - 3t + 1 dt$

b) $\int \sqrt{x} dx$

c) $\int \frac{2t}{\sqrt{t^2+1}} dt$

d) $\int e^{1-x} dx$

e) $\int 2x e^{x^2-2} dx$

f) $\int \frac{1}{x \cdot \ln x} dx$

g) $\int \frac{3+t}{3-t} dt$

h) $\int \frac{x}{x^2-3} dx$

i) $\int x - \frac{2x}{x^2+a} dx$

Aufgabe 4.2: Unbestimmte Integration von Winkelfunktionen
Berechnen Sie die folgenden unbestimmten Integrale (partielle Integration).

a) $\int x \cdot \sin x dx$

b) $\int x \cdot \cos x dx$

c) $\int x^2 \cdot \sin x dx$

d) $\int x^2 \cdot \cos x dx$

e) $\int x^n \sin x dx$

f) $\int x^n \cos x dx$

Aufgabe 4.3: Partielle Integration
Bei der partiellen Integration benutzt man die „integrierte Produktregel", um Stamm-funktionen zu ermitteln. Dies soll an einem Beispiel gezeigt werden.

Aus der Produktregel mit $u = f(x)$ und $v = g(x)$
$$(u \cdot v)' = u' \cdot v + u \cdot v'$$
folgt durch Integration auf beiden Seiten
$$\int (u \cdot v)' dx = \int u' \cdot v + u \cdot v' dx$$
$$u \cdot v = \int u' \cdot v dx + \int u \cdot v' dx$$
und damit
$$\int u' \cdot v dx = u \cdot v - \int u \cdot v' dx$$
oder
$$\int u \cdot v' dx = u \cdot v - \int u' \cdot v dx$$

als zwei Regeln für die partielle Integration.

An einem Standardbeispiel sei die Anwendung der Regeln gezeigt. Gesucht ist die Menge aller Stammfunktionen der Funktion $v' = \frac{1}{x}$. Mithilfe der Regel

$\int u' \cdot v dx = u \cdot v - \int u \cdot v' dx$

ermittelt man aus

$\int \ln x dx = \int 1 \cdot \ln x dx$

$u' = 1$ und $v = \ln x$. Damit folgt $u = x$ und $v' = \frac{1}{x}$ sowie

$\int \ln x dx = \int 1 \cdot \ln x dx = x \cdot \ln x - \int x \cdot \frac{1}{x} dx = x \cdot \ln x - x + c$

Es ist zu beachten, dass keineswegs sicher ist, welche der beiden Regeln der partiellen Integration zu verwenden ist! Dies ergibt sich meist erst durch einfaches Testen! Hätte man sich im Beispiel für die Regel

$\int u \cdot v' dx = u \cdot v - \int u' \cdot v dx$

entschieden, so wäre aber $v' = \ln x$ und damit die Frage $v = \int \ln x dx$ zu beantworten. Dies ist jedoch nicht sinnvoll, da es genau der Ausgangsaufgabe entspricht. Man erkennt an dieser Stelle, dass die Verwendung dieser Regel nicht zum Ziel führt und man versucht, entsprechend die andere Regel zu nutzen.

Ermitteln Sie nun mithilfe der partiellen Integration die Stammfunktionen.

a) $\int (2 - x) e^{-x} dx$

b) $\int (x + a) e^{-x} dx$

c) $\int x \cdot e^x dx$

d) $\int x \cdot \ln x dx$

e) $\int (x^2 + 3x) e^x dx$

f) $\int 2x \cdot \sqrt{x - 1} dx$

g) $\int arc \tan x dx$

Aufgabe 4.4: Komplexere Anwendung der partiellen Integration

a) In manchen Fällen führt die Anwendung der partiellen Integration zur **Reproduktion** des Ausgangsintegrals. Auch das kann für die Lösung hilfreich sein:

$$\int \sin^2 x dx = \int \sin x \cdot \sin x dx$$

$$= -\sin x \cdot \cos x - \int \cos x \cdot (-\cos x) dx$$

$$= -\sin x \cdot \cos x + \int \cos^2 x dx \quad \Big| \text{mit } \sin^2 x + \cos^2 x = 1$$

$$= -\sin x \cdot \cos x + \int \left[1 - \sin^2 x\right] dx$$

$$= -\sin x \cdot \cos x + \int 1 \cdot dx - \int \sin^2 x dx$$

Das Integral $\int \sin^2 x\,dx$ hat sich „reproduziert" und man erhält:

$\int \sin^2 x\,dx = -\sin x \cdot \cos x + x - \int \sin^2 x\,dx$

$2 \cdot \int \sin^2 x\,dx = x - \sin x \cdot \cos x$

Also:

$\int \sin^2 x\,dx = \frac{x}{2} - \frac{1}{2} \cdot \sin x \cdot \cos x + c$

Berechnen Sie auf gleiche Weise:

$\int \cos^2 x\,dx = \left(\frac{x}{2} + \frac{1}{2} \cdot \sin x \cdot \cos x + c \right)$

b) Für technische Anwendungen ist das folgende Integral von Bedeutung:

$I = \int e^{ax} \sin bx\,dx$ mit $a, b \in R$, konstant

Mit $f(x) = e^{ax}$, $g'(x) = \sin bx$, $f'(x) = a \cdot e^{ax}$, $g(x) = -\frac{1}{b}\cos bx$ ergibt sich:

$\int e^{ax} \sin bx\,dx = -\frac{1}{b}e^{ax}\cos bx + \frac{a}{b} \int e^{ax} \cos bx\,dx$

Nochmalige partielle Integration von $\int e^{ax} \cos bx\,dx$ ergibt mit $f(x) = e^{ax}$, $g'(x) = \cos bx$, $f'(x) = a \cdot e^{ax}$, $g(x) = \frac{1}{b}\sin bx$:

$\int e^{ax} \cos bx\,dx = \frac{1}{b}e^{ax}\sin bx - \frac{a}{b} \cdot \int e^{ax} \sin bx\,dx$

Insgesamt also:

$$I = -\frac{1}{b}e^{ax}\cos bx + \frac{a}{b} \cdot \left[\frac{1}{b}e^{ax}\sin bx - \frac{a}{b}\int e^{ax}\sin bx\,dx \right]$$

$$\Leftrightarrow I = -\frac{1}{b}e^{ax}\cos bx + \frac{a}{b^2}e^{ax}\sin bx - \frac{a^2}{b^2} \cdot I$$

$$\Leftrightarrow \frac{a^2 + b^2}{b^2} \cdot I = \frac{a}{b^2}e^{ax}\sin bx - \frac{1}{b}e^{ax}\cos bx$$

$$\Leftrightarrow I = \int e^{ax}\sin bx\,dx = \frac{1}{a^2 + b^2}e^{ax}(a \cdot \sin bx - b \cdot \cos bx) + c$$

Nach zweimaliger Anwendung der partiellen Integration hat sich das ursprüngliche Integral reproduziert und konnte anschließend mit Methoden der elementaren Gleichungslehre gelöst werden.

Berechnen Sie auf analoge Weise:

$\int e^{ax} \cdot \cos bx\,dx$

4.2   Bestimmte Integrale und praktische Anwendungen

4.2.1   Theorie

Eine wesentliche Grundaufgabe der Integralrechnung ist die Berechnung der Größe von Flächeninhalten: Gesucht ist die Maßzahl A der Fläche zwischen dem Graphen der Funktion $y = f(x)$ und der x-Achse im (abgeschlossenen) Intervall $I = [a, b]$. Abb. 4.1 zeigt ein Beispiel.

Die Funktion $y = f(x)$ sei im abgeschlossenen Intervall $I = [a, b]$ stetig und wechsle dort das Vorzeichen nicht. Zudem soll $f(x) > 0$ für alle $x \in I$ erfüllt sein. Zerlegt man

Abb. 4.1 Beispiel
Flächenberechnung

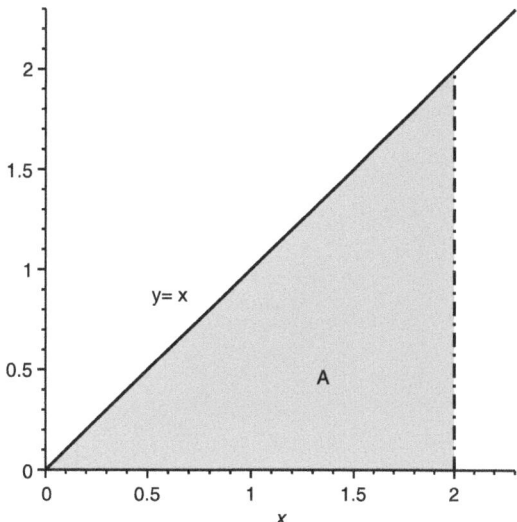

das Intervall $[a, b]$ und berechnet für jedes der Teilintervalle den Flächeninhalt unter der Kurve mithilfe geeigneter Rechtecke, so erhält man einen guten Näherungswert für den Flächeninhalt. Lässt man nun die Anzahl der Teilintervalle gegen unendlich streben, so konvergiert der Näherungswert gegen einen Grenzwert A. Dieser Grenzwert wird als Maßzahl der Fläche zwischen der über $[a, b]$ gelegenen Funktionskurve und der x-Achse definiert (!) und als „bestimmtes Integral von $f(x)$ zwischen den Grenzen $x = a$ und $x = b$" bezeichnet. In Zeichen:

$$A = \int\limits_a^b f(x)dx$$

Es gilt folgender Zusammenhang zwischen dem bestimmten Integral und den bereits betrachteten Stammfunktionen (**„Hauptsatz der Differenzial- und Integralrechnung"**):

$$A = \int\limits_a^b f(x)dx = [F(x)]_a^b = F(b) - F(a)$$

Das heißt, die Maßzahl der Fläche unter der Kurve der Funktion $y = f(x)$ ist gleich der Differenz der Funktionswerte $F(b) - F(a)$.

Beispiel 1

Es soll die Fläche zwischen der x-Achse und dem Graphen von $f(x) = x$ für das Intervall $0 \leq x \leq 2$ berechnet werden. Vergleiche Abb. 4.2.

Es ist $\int x dx = x^2 + c$. Als Maßzahl A für die Fläche unter der Kurve ergibt sich:

$$A = \int\limits_0^2 x dx = \left[\tfrac{1}{2}x^2\right]_0^2 = \tfrac{1}{2} \cdot 2^2 - \tfrac{1}{2} \cdot 0^2 = 2\,\text{FE (Flächeneinheiten)}$$

Abb. 4.2 Einfache
Flächenberechnung mittels
bestimmter Integration

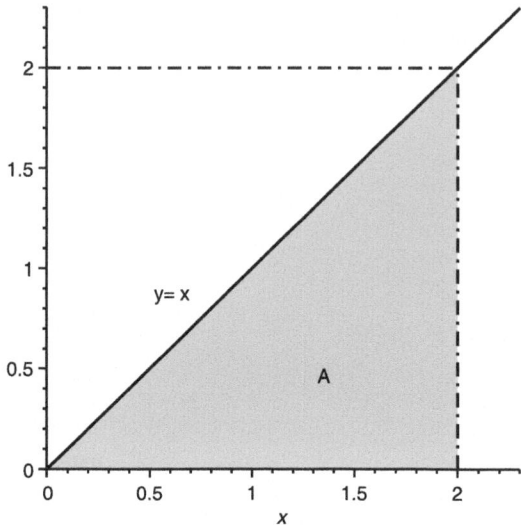

Diese Lösung hätte man auch mit der Formel für das rechtwinklige Dreieck
ermitteln können. Denn das gesamte Rechteck hätte den Flächeninhalt 2 Längeneinheiten breit und 2 Einheiten hoch. Dies führt zu einem Flächeninhalt von 4 Flächeneinheiten. Die Hälfte hiervon wurde hier betrachtet, woraus sich das Ergebnis 2
ergibt: $A = \frac{1}{2} \cdot a \cdot b = \frac{1}{2} \cdot 2 \cdot 2 = 2\,\text{FE}$

Beispiel 2

Die Betrachtungen werden nun erweitert auf eine durch die Geraden $f_1(x) = x + 2$
und der Normalparabel $f_2(x) = x^2$ begrenzte Fläche, wie sie Abb. 4.3 zeigt.

Die Stammfunktionen zu $f_1(x) = x + 2$ bzw. $f_2(x) = x^2$ sind $F_1(x) = \frac{1}{2}x^2 + 2x$
und $F_2(x) = \frac{1}{3}x^3$. Als Integrationsgrenzen müssen die x-Werte (Abszissen) der
Schnittpunkte der beiden Kurven gewählt werden. Man erhält: $x_1 = -1$ und $x_2 = 2$.
Dann gilt für die Fläche zwischen Gerade und Parabel die einfache Merkregel
„Bestimmtes Integral von oberer Grenze minus unterer Grenze":

$$A = \int_{-1}^{2} (x + 2)\,dx - \int_{-1}^{2} x^2\,dx$$

oder auch

$$A = \int_{-1}^{2} (x + 2) - x^2\,dx$$

$$A = \left[\frac{1}{2}x^2 + 2x - \frac{1}{3}x^3 \right]_{-1}^{2}$$

$$A = 2 + 4 - \frac{8}{3} - \left(\frac{1}{2} - 2 + \frac{1}{3} \right) = 4{,}5\,\text{FE}$$

Abb. 4.3 Darstellung
der Fläche zwischen zwei
Funktionen

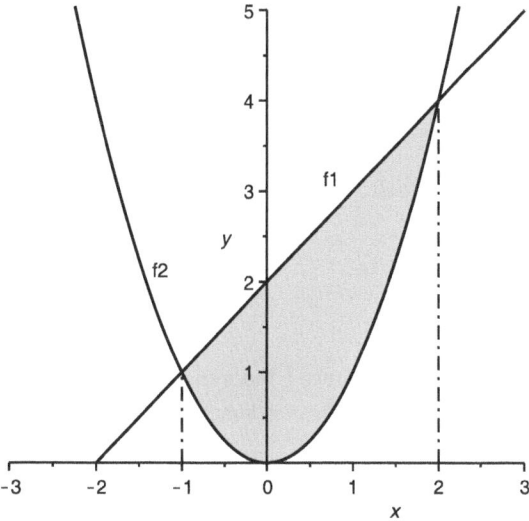

Man bemerke, dass dabei nicht entscheidend ist, ob die Funktionen über oder unter der x-Achse verlaufen oder eine Nullstelle im betrachteten Intervall besitzen! Zum Verständnis der Differenzenbildung beider Funktionen vgl. auch „Aufgabe 2.49: Bedeutung der Differenz von Funktionswerten".

4.2.2 Übungen

Aufgabe 4.5: Berechnung bestimmter Integrale
Lösen Sie die folgenden bestimmten Integrale.

a) $\int_{0}^{1} x^2 dx$

b) $\int_{1}^{2} (2x + 1)^2 dx$

c) $\int_{0}^{\pi} x + 2e^x dx$

d) $\int_{0}^{1} e^{1-x} dx$

e) $\int_{1}^{2} \frac{1}{e^{3x-1}} dx$

f) $\int_{1}^{\ln 2} e^x dx$

g) $\int_{1}^{e} \ln(x) dx$

h) $\int\limits_{1}^{2} \frac{1}{x}(x^2 - 2)dx$

i) $\int\limits_{1}^{2} \frac{t^2-1}{t^2}dt$

j) $\int\limits_{0}^{1} \frac{\ln(x+2)}{x+2}dx$

k) $\int\limits_{-1}^{1} 2\cos x\,dx$

Aufgabe 4.6: Weitere Übungen zur bestimmten Integration

Berechnen Sie für die gegebenen Funktionen den Wert des bestimmten Integrals $\int\limits_{a}^{b} f(x)dx$:

a) $f(x) = \frac{1}{1-x}$ $a = -2, b = 0$

b) $f(x) = x \cdot e^x$ $a = 1, b = e$

c) $f(x) = x \cdot \ln(x)$ $a = 1, b = e$

d) $f(x) = e^{-2x}$ $a = 1, b = 2e$

e) $f(x) = (1 - 2x)^2$ $a = -1, b = 2$

f) $f(x) = \frac{3x^2}{(x^3+2)^3}$ $a = 0, b = 2$

g) $f(x) = e^{-x}\sin(x)$ $a = 0, b = \pi$

h) $f(x) = x \cdot \sin(x)$ $a = 0, b = \frac{\pi}{2}$

i) $f(x) = \sin^2(x)$ $a = 0, b = \pi$

Aufgabe 4.7: Verkaufserlösrate

Ein Unternehmen verkauft Joggingschuhe. Die Verkaufserlösrate ist die lokale Änderung des Erlöses in Abhängigkeit von der Anzahl der verkauften Schuhe. Das heißt, sie wird durch die erste Ableitung des Erlöses beschrieben.

Die Verkaufserlösrate r der verkauften Schuhe pro Jahr sei gegeben durch $f(r) = 35 - 0{,}02r + 0{,}0003r^2$.

a) Ermitteln Sie die Formel für den Erlös $E(r)$ unter der Bedingung, dass $E(0) = 0$ gilt.
b) Um wie viele Geldeinheiten steigt der Erlös, wenn 200 statt 100 Paar Schuhe verkauft werden?

Aufgabe 4.8: Flächeninhalt zwischen Funktionen und der x-Achse

Berechnen Sie den Inhalt der vom Graphen der Funktion $f(x)$ im Intervall $a \leq x \leq b$ mit der x-Achse angeschlossenen Fläche. In allen Fällen besitzt die Funktion im gegebenen Intervall keine Nullstelle!

a) $f(x) = -x + 2$ $a = 0, b = 3$

b) $f(x) = -\frac{x^2}{4} + 2$ $a = -1, b = 1$

c) $f(x) = \sqrt{x}$ $a = 1, b = 5$

d) $f(x) = 2e^x$ $a = 1, b = 2$

Aufgabe 4.9: Flächeninhalt zwischen zwei Funktionen

Berechnen Sie den Inhalt der von den genannten beiden Funktionen gemeinsam ein-geschlossenen Fläche im Intervall $a \le x \le b$. Beachten Sie, dass sich beide Funktionen in diesem Intervall schneiden können!

a) $f(x) = \frac{-x+2}{3}$ und $g(x) = -x^2 + 4$; $a = -2, b = 3$

b) $f(x) = \ln(x)$ und $g(x) = -x + 2$; $a = 1, b = e$

c) $f(x) = 3\sqrt{x}$ und $g(x) = 2e^x$; $a = 0, b = 2$

Aufgabe 4.10: Komplexere Übung zum Flächeninhalt zwischen zwei Funktionen

a) Wie groß ist die Fläche, die die Funktion $f(x) = x^2 \cdot e^x$ mit der Funktion $g(x) = e^x$ einschließt?

b) Gegeben sind die Funktionen $f(x) = x^3 - 5x$ sowie $g(x) = 2x^2 - 6$. Abb. 4.4 zeigt deren Graphen. Beide besitzen jeweils einen Schnittpunkt bei $x_0 = 1$. Gesucht ist das Maß des gesamten Flächeninhalts derjenigen Teilflächen, die beide Funktionen einschließen.

1. Beschriften Sie die Graphen der Funktionen mit der korrekten Bezeichnung $f(x)$ bzw. $g(x)$.

2. Ermitteln Sie die Summe der Maßzahlen der Inhalte der Fläche, die vollständig von beiden Funktionen eingeschlossen werden. Notieren Sie Ihren Lösungsweg mathema-tisch korrekt und nachvollziehbar.

Abb. 4.4 Graphen der
Funktionen $f(x)$ und $g(x)$

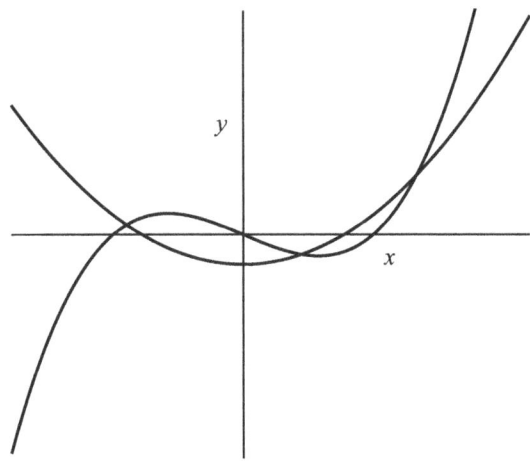

c) Der Graph der Funktion $f(x) = \frac{1}{2}x^2$ wird von einer Geraden, die durch den Ursprung geht und eine negative Steigung besitzt, geschnitten.

1. Wie groß ist die Steigung der Geraden, wenn die von ihr und der Funktion $f(x) = \frac{1}{2}x^2$ eingeschlossene Fläche zwei Flächeneinheiten (2 FE) beträgt?

2. Wie groß ist die Maßzahl der von der Kurve $y = f(x) = 3x - x^2$ und der x-Achse eingeschlossenen Fläche?

Aufgabe 4.11: Interpretation des Mittelwertsatzes der Integralrechnung

Der sogenannte Mittelwertsatz der Integralrechnung sagt aus, dass es einen Wert $\xi \in [a, b]$ gibt, für den gilt: $\int\limits_a^b f(x)dx = f(\xi)(b - a)$. Deuten Sie diesen Satz geometrisch für den Fall, dass der Graph von $f(x)$ oberhalb der x-Achse verläuft.

Aufgabe 4.12: Uneigentliche Integrale
Die Funktion $f(x) = e^{-x}$ begrenzt mit den beiden Koordinatenachsen eine ins Unendliche reichende Fläche. Kann man den Flächeninhalt dieser Fläche berechnen?

Die Lösung dieses uneigentlichen Integrals erhält man wie folgt:

$$A(a) = \int\limits_0^a e^{-x}dx = \left[-e^{-x}\right]_0^a = -e^{-a} + 1$$

Die Grenzwertermittlung ergibt:

$$\lim_{a \to \infty} \left(-e^{-a} + 1\right) = -\frac{1}{e^a} + 1 = 0 + 1 = 1$$

Lösen Sie folgende Integrale über die angegebenen Intervalle:

a) $f(x) = \frac{1}{x}$ $\qquad [1; \infty]$

b) $f(x) = -6x^{-3}$ $\qquad [-\infty; -1]$

c) $f(x) = 4e^{-2x}$ $\qquad [0; \infty]$

d) $f(x) = -8x^{-3}$ $\qquad [-\infty; -1]$

e) $f(x) = 2e^{2x+1}$ $\qquad [-\infty; 0]$

f) $f(x) = \frac{1}{2}e^{-6x+3}$ $\qquad [-\infty; 0]$

g) $f(x) = -2x^{-3}$ $\qquad [-\infty; -1]$

h) $f(x) = -9e^{-3x}$ $\qquad [-\infty; 0]$

i) $f(x) = e^{-2x+1}$ $\qquad [0; \infty]$

Aufgabe 4.13: Länge von Kurvenabschnitten

Oft ist man an der Länge von Abschnitten beispielsweise von Bauteilen oder Wegstrecken interessiert. Gelingt es, diese Abschnitte durch eine Funktion zu beschreiben, so kann man mit der Formel

$$L(f(x); [a; b]) = \int_a^b \sqrt{1 + \left(f'(x)\right)^2} \, dx$$

die Länge eines Kurvenabschnittes in einem Intervall bestimmen. Diese Übung soll zeigen, wie die Berechnung funktioniert.

Hinweis: Für die Approximation von Kurven sei auch auf „Aufgabe 2.50: Grundlagen der Newton'schen Interpolation" verwiesen.

a) Zeichnen Sie den Graphen der Funktion $f(x) = \frac{3}{4}x + 2$ in ein Diagramm ein.
b) Bestimmen Sie mit einfachen geometrischen Berechnungen die Länge des Kurvenabschnittes im Intervall $[0; 5]$.
c) Nutzen Sie nun die oben genannte Formel zur Berechnung der Länge von Kurvenabschnitten und bestimmen Sie die Länge der hier diskutierten Strecke nochmals mit diesem neuen Verfahren. Vergleichen Sie Ihre Lösung mit dem Wert von Teil b!
d) Betrachtet werden soll nun die Funktion $f(x) = \frac{1}{3}x^{\frac{3}{2}} + 2$. Berechnen Sie die Länge des Kurvenabschnitts im Intervall $[1; 3{,}5]$.

Aufgabe 4.14: Volumen von Rotationskörpern

Die Oberfläche von Rotationskörpern kann auch mithilfe von Funktionen beschrieben werden, die um die x-Achse rotieren. Diese Übung soll zeigen, dass das Volumen solcher Körper dann mithilfe der Integralrechnung berechnet werden kann.

a) Zeichnen Sie den Graphen der Funktion $f(x) = 3$ im Intervall $0 \leq x \leq 5$.
b) Beschreiben Sie exakt die Form des entstehenden Rotationskörpers, wenn der Abschnitt dieses Graphen nun um die x-Achse rotiert.
c) Berechnen Sie mit einfachen Formeln der Schulmathematik das Volumen des Rotationskörpers.
d) Das Volumen eines Rotationskörpers, dessen Mantelfläche durch Rotation einer stetigen Funktion $f(x)$ um die x-Achse im Intervall $[a; b]$ erzeugt wird, lässt sich berechnen mit

$$V = \pi \int_a^b (f(x))^2 dx.$$

Nutzen Sie diese Formel zur Berechnung des Volumens des hier vorliegenden Rotationskörpers und vergleichen Sie Ihr Ergebnis mit dem Wert aus Teilaufgabe c.

e) Durch die Rotation des Graphen der Funktion $f(x) = 3x + 4$ entsteht im Intervall $[2; 7]$ ein Rotationskörper. Beschreiben Sie dessen Aussehen und berechnen Sie mit oben genannter Formel sein Volumen.

Matrizenrechnung und Determinanten 5

Die Inhalte des Kapitels für Theorie und Übungen zur Matrizenrechnung und dem Rechnen mit Determinanten beruhen weitgehend auf Haack et. al. (2017, S. 241 ff.) und sind teilweise wörtliche Zitate. Der Autor dieses Buches ist ebenfalls Mitautor dieser Quelle und für das entsprechende Kapitel allein verantwortlicher Urheber.

5.1 Grundlagen der Matrizenrechnung

5.1.1 Theorie

In diesem Kapitel werden die Grundlagen der Matrizenrechnung, wie das Transponieren sowie die Rechenarten Addition, Subtraktion und Multiplikation mit Matrizen geübt.

Eine Matrix mit m Zeilen und n Spalten wird in der Regel in der Form

$$\begin{pmatrix} a_{11} & \cdots & a_{1n} \\ \vdots & \ddots & \vdots \\ a_{m1} & \cdots & a_{mn} \end{pmatrix}$$

geschrieben. Dabei bestehen die Indizes der Matrixelemente a_{11} bis a_{mn} aus der Angabe der Zeile und danach der Spalte. Das letzte Element hat die Form a_{mn}, da m Zeilen und n Spalten vorhanden sind. Vektoren sind Spezialfälle von Matrizen, da sie lediglich aus einer Zeile oder einer Spalte bestehen. Alle Rechenregeln gelten hier analog.

Es gibt einige Sonderfälle von Matrizen, die im Folgenden kurz benannt werden sollen.

© Springer-Verlag GmbH Deutschland, ein Teil von Springer Nature 2019
T. Wendler und U. Tippe, *Übungsbuch Mathematik für Wirtschaftswissenschaftler,*
https://doi.org/10.1007/978-3-662-58715-7_5

Quadratische Matrizen
Hier ist die Anzahl der Zeilen m gleich der Anzahl der Spalten n. Es gilt $m = n$.

Allgemeine Form   **Beispiel**

$$\begin{pmatrix} a_{11} & \cdots & a_{1n} \\ \vdots & \ddots & \vdots \\ a_{n1} & \cdots & a_{nn} \end{pmatrix} \qquad \begin{pmatrix} 1 & 3 & -4 \\ 3 & 12 & -2 \\ -4 & -2 & 5 \end{pmatrix}$$

Einheitsmatrix
Eine Einheitsmatrix ist eine spezielle Form der Diagonalmatrix, bei der die Elemente der Hauptdiagonalen alle den Wert eins besitzen.

Allgemeine Form   **Beispiel**

$$E = \begin{pmatrix} 1 & 0 & \cdots & \cdots & 0 \\ 0 & 1 & & & \vdots \\ \vdots & & 1 & & \vdots \\ \vdots & & & \ddots & \vdots \\ 0 & \cdots & \cdots & 0 & 1 \end{pmatrix} \qquad \begin{pmatrix} 1 & 0 & 0 & 0 \\ 0 & 1 & 0 & 0 \\ 0 & 0 & 1 & 0 \\ 0 & 0 & 0 & 1 \end{pmatrix}$$

Genau wie bei der Multiplikation reeller Zahlen die Zahl „1" mit

$$x \cdot 1 = 1 \cdot x = x,$$

gilt auch hier, dass die Multiplikation einer Matrix mit einer „Einheitsmatrix" zu keiner Veränderung der Ausgangsmatrix führt. Einheitsmatrizen stellen das „Einselement" der Matrizenmultiplikation dar.

Obere und untere Dreiecksmatrix
Eine quadratische Matrix wird Dreiecksmatrix genannt, wenn alle Elemente unterhalb (obere Dreiecksmatrix) bzw. oberhalb (untere Dreiecksmatrix) der Hauptdiagonale gleich null sind.

Obere Dreiecksmatrix   **Beispiel**

$$\begin{pmatrix} a_{11} & a_{21} & a_{31} & \cdots & a_{1n} \\ 0 & a_{22} & & \cdots & a_{2n} \\ 0 & 0 & a_{33} & & \vdots \\ \vdots & & & \ddots & \vdots \\ 0 & \cdots & \cdots & 0 & a_{nn} \end{pmatrix} \qquad \begin{pmatrix} -1 & 2 & 10 \\ 0 & 4 & -1 \\ 0 & 0 & 12 \end{pmatrix}$$

Untere Dreiecksmatrix   Beispiel

$$\begin{pmatrix} a_{11} & 0 & 0 & \cdots & 0 \\ a_{21} & a_{22} & 0 & \cdots & 0 \\ \vdots & & a_{33} & & 0 \\ \vdots & & & \ddots & \vdots \\ a_{n1} & \cdots & \cdots & \cdots & a_{nn} \end{pmatrix}$$ $$\begin{pmatrix} 12 & 0 & 0 \\ 10 & 4 & 0 \\ -1 & 2 & 10 \end{pmatrix}$$

Für die Rechenoperationen mit Matrizen gelten einige spezielle Regeln. Die wichtigsten von ihnen sollen hier aufgeführt werden.

Vertauscht man die Zeilen und Spalten einer Matrix, so spricht man vom sogenannten **Transponieren.** Eine 3×2-Matrix wird dann zu einer 2×3-Matrix.

$$\begin{pmatrix} 20 & 300 \\ 55 & 1 \\ 0 & 70 \end{pmatrix}^T = \begin{pmatrix} 20 & 55 & 0 \\ 300 & 1 & 70 \end{pmatrix}$$

Die **Addition und Subtraktion** von Matrizen wird elementweise durchgeführt. Dabei ist es wichtig zunächst zu prüfen, dass beide Ausgangsmatrizen die gleiche Dimension besitzen. Die Ergebnismatrix besitzt die Dimension der Ausgangsmatrizen.

Bei der Matrizenmultiplikation sind im Wesentlichen zwei Arten zu unterscheiden. Eine Matrix wird mit einem reellen Wert bzw. einem sogenannten Skalar von links oder von rechts multipliziert, indem jedes Matrixelement mit dem Wert multipliziert wird. Es gilt:

$$w \cdot \begin{pmatrix} a_{11} & \cdots & a_{1n} \\ \vdots & \ddots & \vdots \\ a_{m1} & \cdots & a_{mn} \end{pmatrix}$$

$$= \begin{pmatrix} a_{11} & \cdots & a_{1n} \\ \vdots & \ddots & \vdots \\ a_{m1} & \cdots & a_{mn} \end{pmatrix} \cdot w$$

$$= \begin{pmatrix} w \cdot a_{11} & \cdots & w \cdot a_{1n} \\ \vdots & \ddots & \vdots \\ w \cdot a_{m1} & \cdots & w \cdot a_{mn} \end{pmatrix}$$

An einem Beispiel bedeutet dies:

$$0{,}5 \cdot \begin{pmatrix} 20 & 55 & 0 \\ 300 & 1 & 70 \end{pmatrix} = \begin{pmatrix} 20 & 55 & 0 \\ 300 & 1 & 70 \end{pmatrix} \cdot 0{,}5 = \begin{pmatrix} 10 & 27{,}5 & 0 \\ 150 & 0{,}5 & 35 \end{pmatrix}$$

Für die Multiplikation der beiden Matrizen

$$\begin{pmatrix} 10 & 40 & 4 \\ 25 & 10 & 17 \end{pmatrix}$$

und

$$\begin{pmatrix} 3 \\ 1 \\ 0{,}5 \end{pmatrix}$$

ist folgendermaßen vorzugehen.

1. *Es werden die Dimensionen der Ausgangsmatrizen ermittelt:*
   Diese sind 2×3 und 3×1.
2. *Es ist zu prüfen, ob die Anzahl der Spalten der ersten Matrix der Anzahl der Zeilen der zweiten Matrix entspricht:*
   $2 \times \underbrace{3 \quad \cdot \quad 3}_{gleich} \times 1$
   Damit ist die Multiplikation ausführbar.
3. *Die Dimension des Ergebnisses wird festlegt:*
   Das Ergebnis hat die Dimension 2×1.

Die Ausführung der Multiplikation beider Matrizen führt nun zu:

$$\begin{pmatrix} 10 & 40 & 4 \\ 25 & 10 & 17 \end{pmatrix} \cdot \begin{pmatrix} 3 \\ 1 \\ 0{,}5 \end{pmatrix} = \begin{pmatrix} 10 \cdot 3 + 40 \cdot 1 + 4 \cdot 0{,}5 \\ 25 \cdot 3 + 10 \cdot 1 + 17 \cdot 0{,}5 \end{pmatrix} = \begin{pmatrix} 72 \\ 93{,}5 \end{pmatrix}$$

Achtung: Das Kommutativgesetz gilt für die Matrizenmultiplikation nicht! Denn meist ist $A \cdot B \neq B \cdot A$. So kann beispielsweise eine 3×4-Matrix A mit einer 4×2-Matrix B in der Reihenfolge $A \cdot B$ multipliziert werden. Umgekehrt kann aber B nicht in der Reihenfolge $B \cdot A$ mit A multipliziert werden, da B nur zwei Spalten, A aber drei Zeilen besitzt!

5.1.2 Übungen

Aufgabe 5.1: Transponieren von Matrizen
Transponieren Sie die folgenden beiden Matrizen.

a) $A = \begin{pmatrix} 5 & 40 \\ 25 & 5 \\ 10 & 4 \end{pmatrix}$

b) $B = \begin{pmatrix} 10 & 2 & -1 \\ 1 & 4 & 12 \end{pmatrix}$

c) Eine Matrix hat die Dimension 4×2 und wird transponiert. Welche Dimension hat die Ergebnismatrix?

Aufgabe 5.2: Einfache Berechnungen mit Matrizen

Gegeben sind folgende Matrizen:

$$A = \begin{pmatrix} 1 & 1 & 7 \\ 10 & 2 & -2 \\ 5 & 10 & 1 \end{pmatrix}$$

$$B = \begin{pmatrix} -10 & 4 & 2 \\ 1 & 0 & 6 \end{pmatrix}$$

$$C = \begin{pmatrix} 10 & -1 \\ 0 & -4 \\ 1 & 1 \end{pmatrix}$$

Berechnen Sie.

a) $B^T + C$

b) $A \cdot B^T$

c) $B \cdot A^T$

d) $A \cdot C \cdot B$

e) $B^T - C$

f) $B \cdot A$

g) $A \cdot E$

h) Zeigen Sie an einem selbstgewählten Beispiel, dass das Kommunikativgesetz für die Matrizenmultiplikation nicht allgemeingültig ist.

i) Im Folgenden sollen A und B Matrizen und x und y Vektoren sein. E ist eine Einheitsmatrix passender Dimension. Vereinfachen Sie die folgenden Gleichungen so weit wie möglich.

1. $x = A \cdot E \cdot y$

2. $x = E \cdot A \cdot y \cdot B$

3. $x = y - B \cdot y$

Hinweis zu 3: Erweitern Sie mit der Einheitsmatrix und klammern Sie aus.

5.2   Rechnen mit Determinanten

5.2.1 Theorie

Die Matrizenrechnung hat gezeigt, dass man auch in der Mathematik bestrebt ist, Schreibaufwand zu sparen, Berechnungen übersichtlich zu gestalten und Verfahren zu erfinden, mit denen sich komplexe Berechnungen relativ einfach durchführen lassen.

Eine Determinante ist eine Funktion, die einer quadratischen Matrix eine Zahl zuordnet. Mithilfe dieser Zahl kann man beispielsweise erkennen, ob ein lineares Gleichungssystem eindeutig lösbar ist. Darüber hinaus kann die Lösung des Systems mit der Determinantenrechnung ermittelt werden. Zwischen einer Matrix A und deren Determinante $|A|$ besteht also eine eindeutige Beziehung.

Matrizen können unterschiedliche Dimensionen besitzen, was auch für Determinanten gilt. Ist die Matrix von der Dimension nxn, so hat die zugehörige Determinante die Ordnung n.

Nehmen wir an, eine 2×2-Matrix

$$A = \begin{pmatrix} a_{11} & a_{12} \\ a_{21} & a_{22} \end{pmatrix}$$

ist gegeben. Dann können wir deren Determinante $|A|$ berechnen mit:

$$|A| = \det (A) = \begin{vmatrix} a_{11} & a_{12} \\ a_{21} & a_{22} \end{vmatrix} = a_{11} \cdot a_{22} - a_{21} \cdot a_{12}$$

Die Determinante berechnet man also als Differenz des Produktes der Hauptdiagonalen und dem Produkt der Nebendiagonalen. Oder am Beispiel: Zu berechnen ist die Determinante $|A|$ der Matrix

$$A = \begin{pmatrix} 2 & 1 \\ -4 & 3 \end{pmatrix}.$$

Mit der oben genannten Formel folgt:

$$|A| = \begin{vmatrix} a_{11} & a_{12} \\ a_{21} & a_{22} \end{vmatrix} = a_{11} \cdot a_{22} - a_{21} \cdot a_{12} = 2 \cdot 3 - (-4) \cdot 1 = 10$$

Die Regel von Sarrus kann verwendet werden, um Determinanten einer 3x3-Matrix zu berechnen. Für andere Matrixdimensionen ist die Regel jedoch nicht anwendbar!

Schritt 1: Anhängen von zwei Spalten
Schreiben Sie die Determinante der Matrix auf, und ergänzen Sie diese durch eine Kopie der ersten beiden Spalten, die Sie auf der rechten Seite anfügen.

$$\begin{vmatrix} a_{11} & a_{12} & a_{13} \\ a_{21} & a_{22} & a_{23} \\ a_{31} & a_{32} & a_{33} \end{vmatrix} \begin{matrix} a_{11} & a_{12} \\ a_{21} & a_{22} \\ a_{31} & a_{32} \end{matrix}$$

Schritt 2: Produkte parallel zur Hauptdiagonalen bilden und addieren
Berechnen Sie die Produkte derjenigen Elemente, die auf den Geraden parallel zur Hauptdiagonalen der Ausgangsmatrix liegen. Addieren Sie die Werte dieser drei Produkte. Es gilt:

$$a_{11} \cdot a_{22} \cdot a_{33} + a_{12} \cdot a_{23} \cdot a_{31} + a_{13} \cdot a_{21} \cdot a_{32}$$

Schritt 3: Produkte parallel zur Nebendiagonalen bilden und addieren
Berechnen Sie die Produkte derjenigen Elemente, die auf den Geraden parallel zur Nebendiagonalen der Ausgangsmatrix liegen. Addieren Sie die Werte dieser drei Produkte. Es gilt:

$$a_{31} \cdot a_{22} \cdot a_{13} + a_{32} \cdot a_{23} \cdot a_{11} + a_{33} \cdot a_{21} \cdot a_{12}$$

Schritt 4: Teilergebnisse subtrahieren
Subtrahieren Sie die Werte der gerade berechneten Summen.

$$a_{11} \cdot a_{22} \cdot a_{33} + a_{12} \cdot a_{23} \cdot a_{31} + a_{13} \cdot a_{21} \cdot a_{32}$$
$$- (a_{31} \cdot a_{22} \cdot a_{13} + a_{32} \cdot a_{23} \cdot a_{11} + a_{33} \cdot a_{21} \cdot a_{12})$$

Das folgende Beispiel zeigt die Regel von Sarrus:

$$A = \begin{pmatrix} 2 & 2 & 4 \\ 4 & 6 & 5 \\ 2 & 3 & 3 \end{pmatrix}$$

Schritt 1: Anhängen von zwei Spalten
Wir ergänzen die Ausgangsdeterminante durch eine Kopie der ersten beiden Spalten auf der rechten Seite.

$$\begin{vmatrix} 2 & 2 & 4 \\ 4 & 6 & 5 \\ 2 & 3 & 3 \end{vmatrix} \begin{matrix} 2 & 2 \\ 4 & 6 \\ 2 & 3 \end{matrix}$$

Schritt 2: Produkte parallel zur Hauptdiagonalen bilden und addieren
Es ist:

$$2 \cdot 6 \cdot 3 + 2 \cdot 5 \cdot 2 + 4 \cdot 4 \cdot 3 = 104$$

Schritt 3: Produkte parallel zur Nebendiagonalen bilden und addieren
Es ist:

$$2 \cdot 6 \cdot 4 + 3 \cdot 5 \cdot 2 + 3 \cdot 4 \cdot 2 = 102$$

Schritt 4: Teilergebnisse subtrahieren

$$|A| = 104 - 102 = 2$$

Für übliche Anwendungen reichen die Fälle der 2×2- und der 3×3-Matrix und der Berechnung von deren Determinanten aus. Für komplexere Berechnungen werden dann Computer-Algebra-Systeme (CAS) wie beispielsweise MATLAB oder MAPLE eingesetzt.

5.2.2 Übungen

Aufgabe 5.3: Berechnung von Determinanten für 2×2-Matrizen
Berechnen Sie die Determinanten folgender Matrizen:

a) $A = \begin{pmatrix} 7 & -8 \\ 0 & 1 \end{pmatrix}$

b) $B = \begin{pmatrix} 7 & -8 \\ 0 & 1 \\ 4 & 3 \end{pmatrix}$

c) $C = \begin{pmatrix} -2 & 8 \\ 2 & -8 \end{pmatrix}$

d) $D = \begin{pmatrix} x_{11} & v \\ t & y_{22} \end{pmatrix}$

e) $E = \begin{pmatrix} 2 & t-1 \\ -5 & t \end{pmatrix}$

Aufgabe 5.4: Berechnung von Determinanten für 3×3-Matrizen
Berechnen Sie die Determinanten der folgenden Matrizen mit der Regel von Sarrus.

a) $A = \begin{pmatrix} 1 & 0 & -2 \\ 1 & 2 & -3 \\ 3 & 1 & 3 \end{pmatrix}$

b) $A = \begin{pmatrix} 3 & -4 & 2 \\ 1 & 8 & -7 \\ 0 & 14 & 2 \end{pmatrix}$

5.3 Lösen linearer Gleichungssysteme

5.3.1 Theorie

Die Matrizen- und Determinantenrechnung kann genutzt werden, um auf elegante Weise lineare Gleichungssysteme zu lösen.

Ein lineares Gleichungssystem der Form $A \cdot x = b$ kann keine, genau eine oder unendlich viele Lösungen besitzen. Zur Lösung kann die Regel von Cramer wie folgt eingesetzt werden.

Schritt 1: Berechnung von $|A|$
Zu berechnen ist die Determinante $|A|$.

Schritt 2: Berechnen der Elemente x_j des Lösungsvektors mittels Ersetzen der Spalte j von $|A|$ durch b. Die Werte der unbekannten Variablen x_j ergeben sich aus der Ersetzung der j-ten Spalte der Ausgangsdeterminante durch den Vektor b der Absolutglieder.

$$x_j = \frac{\begin{vmatrix} a_{11} & \cdots & a_{1\,i-1} & b_1 & a_{1\,j+1} & \cdots & a_{1n} \\ \vdots & & \vdots & \vdots & \vdots & & \vdots \\ a_{n1} & \cdots & a_{n\,i-1} & b_n & a_{n\,j+1} & \cdots & a_{nn} \end{vmatrix}}{|A|}$$

Man nennt A die Koeffizientenmatrix und $(A|b)$ die erweiterte Koeffizientenmatrix. Diese entsteht, indem man den Vektor der Absolutglieder von rechts an die Matrix anhängt.

Betrachten wir das Gleichungssystem

$$\begin{pmatrix} 2 & 2 & 4 \\ 4 & 6 & 5 \\ 2 & 3 & 3 \end{pmatrix} \cdot \begin{pmatrix} x_1 \\ x_2 \\ x_3 \end{pmatrix} = \begin{pmatrix} 2 \\ 2 \\ 4 \end{pmatrix}.$$

Wir ermitteln

$$|A| = \begin{vmatrix} 2 & 2 & 4 \\ 4 & 6 & 5 \\ 2 & 3 & 3 \end{vmatrix} = 2,$$

wie im vorangegangenen Abschnitt gezeigt.

Im nächsten Schritt müssen wir für den Lösungsvektor die drei Komponenten ermitteln, indem wir die 1., die 2. und die 3. Spalte von $|A|$ durch b ersetzen. Um x_1 auszurechnen, ersetzen wir die erste Spalte von $|A|$ durch b und dividieren abschließend durch $|A|$ selbst.

Die Berechnung der Determinanten der Ordnung 3 im Zähler kann mit der Regel von Sarrus erfolgen. Es ist:

$$x_1 = \frac{\begin{vmatrix} 2 & 2 & 4 \\ 2 & 6 & 5 \\ 4 & 3 & 3 \end{vmatrix}}{|A|} = \frac{-38}{2} = -19$$

$$x_2 = \dfrac{\begin{vmatrix} 2 & 2 & 4 \\ 4 & 2 & 5 \\ 2 & 4 & 3 \end{vmatrix}}{|A|} = \dfrac{16}{2} = 8$$

$$x_3 = \dfrac{\begin{vmatrix} 2 & 2 & 2 \\ 4 & 6 & 2 \\ 2 & 3 & 4 \end{vmatrix}}{|A|} = \dfrac{12}{2} = 6$$

Das Gleichungssystem

$$\begin{pmatrix} 2 & 2 & 4 \\ 4 & 6 & 5 \\ 2 & 3 & 3 \end{pmatrix} \cdot \begin{pmatrix} x_1 \\ x_2 \\ x_3 \end{pmatrix} = \begin{pmatrix} 2 \\ 2 \\ 4 \end{pmatrix}$$

besitzt damit die eindeutige Lösung $x^T = (-19;\ 8;\ 6)$.

5.3.2   Übungen

Aufgabe 5.5: Anwendung der Regel von Cramer
Berechnen Sie die Lösung der folgenden linearen Gleichungssysteme:

a) $\begin{pmatrix} -0{,}75 & -1{,}5 & 2{,}25 \\ 1 & 2 & -3 \\ 2 & 4 & -6 \end{pmatrix} \cdot \begin{pmatrix} x_1 \\ x_2 \\ x_3 \end{pmatrix} = \begin{pmatrix} -5{,}25 \\ -7 \\ -14 \end{pmatrix}$

b) $\begin{pmatrix} 1 & 0 & -2 \\ 1 & 2 & -3 \\ 3 & 1 & 3 \end{pmatrix} \cdot \begin{pmatrix} x_1 \\ x_2 \\ x_3 \end{pmatrix} = \begin{pmatrix} 6 \\ -7 \\ 40 \end{pmatrix}$

c) $\begin{pmatrix} 870 & 950 \\ 975 & 470 \end{pmatrix} \cdot \begin{pmatrix} x_1 \\ x_2 \end{pmatrix} = \begin{pmatrix} 324.500 \\ 215.000 \end{pmatrix}$

d) $\begin{pmatrix} 486 & 130 \\ 46 & 220 \end{pmatrix} \cdot \begin{pmatrix} s \\ t \end{pmatrix} = \begin{pmatrix} 24{,}98 \\ 18{,}98 \end{pmatrix}$

Lösungen

6

6.1   Kapitel 1 Algebra

Aufgabe 1.1: Identifikation von Koeffizienten und Variablen

	Koeffizient	Von Variable
a)	2	x
b)	$\frac{1}{3}$	K^2
	-4	E
c)	2	$\frac{1}{x^2}$
	$-\frac{1}{4}$	$\frac{1}{x}$
d)	$\frac{3}{2}$	x^5
	-4	y
e)	Kein Koeffizient vorhanden	
f)	$\propto$	x
	γ	y
	$-\delta$	$\frac{1}{u}$

Aufgabe 1.2: Vermeiden negativer Exponenten in Potenzen

a) $\frac{1}{M^2}$

b) $\frac{1}{Z}$

c) $\frac{4 \cdot 2}{k^5} = \frac{8}{k^5}$

d) $\frac{4}{k^5} + 2 = \frac{4 + 2k^5}{k^5} = \frac{2(2 + k^5)}{k^5}$

© Springer-Verlag GmbH Deutschland, ein Teil von Springer Nature 2019
T. Wendler und U. Tippe, *Übungsbuch Mathematik für Wirtschaftswissenschaftler*,
https://doi.org/10.1007/978-3-662-58715-7_6

e) $\frac{5}{u} - \frac{1}{2} = \frac{10-u}{2u}$

f) $\frac{1}{m+i}$

g) $\frac{1}{64}(a+c)^2 = \frac{(a+c)^2}{64}$

h) $\frac{1}{f^2} + \frac{1}{c}$

i) 1

j) 1

k) $\frac{m^2}{n^{10}}$

l) $\frac{1}{m^2 n^{10}}$

m) $\frac{-1}{m^3 n^{15}}$

n) $\frac{16 l^2 x^2}{4 n^2} = \frac{4 l^2 x^2}{n^2}$

o) $3a^2 b^2 z$

Aufgabe 1.3: Anwendung der Potenzgesetze

a) 5

b) $(x - z)^9$

c) $\left(a \cdot b^3 \cdot c\right)^n$ oder $a^n \cdot b^{3n} \cdot c^n$

d) $\frac{243 a^{10} b^5}{a^5 b^5} = 243 a^5$

e) $27 s^3 (x + z)^6$

f) $(4a)^k = 4^k a^k$

g) $\left(x^2 \sqrt{v} \cdot \sqrt{xv}\right)^{2n} = \left(x^2 \sqrt{v} \cdot \sqrt{x} \cdot \sqrt{v}\right)^{2n} = \left(x^{\frac{5}{2}} \cdot v\right)^{2n} = x^{5n} \cdot v^{2n}$

h) $a^n y^{(-n-1)}$

i) $6 a^3 \cdot b^5$

j) $\left(\frac{(a-b)^2}{(a+b)(a-b)}\right)^t = \left(\frac{(a-b)}{(a+b)}\right)^t = \left(\frac{a-b}{a+b}\right)^t$

Aufgabe 1.4: Wurzeln in Potenzen umformen

a) $6^{\frac{1}{2}}$

b) $9^{\frac{1}{4}}$

c) $7^{\frac{2}{5}} = 49^{\frac{1}{5}}$

d) $m^{\frac{1}{2}}$

e) $z^{\frac{4}{2}} = z^2$

f) $t^{\frac{5}{k}}$

g) $k^{\frac{1}{2}} + l^{\frac{1}{2}} \left(\neq \sqrt{k+l} \right)$

h) $(k+l)^{\frac{1}{2}}$

Aufgabe 1.5: Komplexere Anwendungen der Wurzelgesetze

a)
$$\sqrt{\frac{u}{v} \cdot \sqrt[3]{\frac{v^2}{u^2} \cdot \sqrt{\frac{1}{u}}}} = \sqrt{\frac{u}{v} \cdot \sqrt[3]{\sqrt{\frac{v^4}{u^4} \cdot \frac{1}{u}}}}$$

$$= \sqrt{\frac{u}{v} \cdot \sqrt[3]{\sqrt{\frac{v^4}{u^5}}}} = \sqrt{\frac{u}{v} \cdot \sqrt[6]{\frac{v^4}{u^5}}} = \sqrt{\sqrt[6]{\frac{u^6}{v^6} \cdot \frac{v^4}{u^5}}} = \sqrt[12]{\frac{u}{v^2}}$$

b) $5 \cdot \frac{\sqrt[3]{27}}{\sqrt[3]{125}} = 5 \cdot \frac{3}{5} = 3$

c) $\sqrt{\frac{18+7}{9}} = \sqrt{\frac{25}{9}} = \frac{\sqrt{25}}{\sqrt{9}} = \frac{5}{3}$

d) $\left(a^5 b^3\right)^3 = a^{15} b^9$

e) $\sqrt{625 - 400} = \sqrt{225} = 15$

f) $\frac{\left(2 + 3\sqrt{2}\right) \cdot \left(3 + 2\sqrt{2}\right)}{\left(3 - 2\sqrt{2}\right) \cdot \left(3 + 2\sqrt{2}\right)} = \frac{6 + 4\sqrt{2} + 9\sqrt{2} + 3\sqrt{2} \cdot 2\sqrt{2}}{9 - 8} = \frac{6 + 4\sqrt{2} + 9\sqrt{2} + 12}{9 - 8} = 18 + 13\sqrt{2}$

g) $x^{\frac{1}{4}} \cdot y^{\frac{2}{5}} \cdot x^{-\frac{2}{3}} \cdot y^{-\frac{3}{2}}$

$= x^{\frac{3}{12}} \cdot y^{\frac{4}{10}} \cdot x^{-\frac{8}{12}} \cdot y^{-\frac{15}{10}}$

$= x^{\frac{3}{12} - \frac{8}{12}} \cdot y^{\frac{4}{10} - \frac{15}{10}}$

$= x^{-\frac{5}{12}} \cdot y^{-\frac{11}{10}} = \dfrac{1}{\sqrt[12]{x^5} \cdot \sqrt[10]{y^{11}}}$

h) $\sqrt{289 - 64} = 15$

i) 2

j) $-\log_3 \left(\log_3 \sqrt[9]{3} \right) = -\log_3 \left(\log_3 3^{\frac{1}{9}} \right)$

$= -\log_3 \left(\dfrac{1}{9} \log_3 3 \right)$

$= -\log_3 \left(\dfrac{1}{9} \right)$

$= \log_3 \left(\dfrac{1}{9} \right)^{-1}$

$= \log_3 9 = \log_3 3^2 = 2 \cdot \log_3 3 = 2$

k) $\frac{2}{3} \cdot \left(3^{\frac{1}{3}} \cdot a^{\frac{6}{3}} \cdot b^{\frac{4}{3}} \cdot c^{\frac{3}{3}} \right) = \frac{2}{3} \cdot \left(3^{\frac{1}{3}} \cdot a^2 \cdot b^{\frac{4}{3}} \cdot c \right)$

l) $(3a^5)^{-\frac{1}{3}}$

m) $\sqrt[60x^2]{ax^3}$

n) $10 \cdot \left(x^{\frac{4}{2}} \cdot y^{\frac{2}{2}} \cdot 3^{\frac{1}{2}} \cdot z^{\frac{6}{2}} \right) = 10 \cdot 3^{\frac{1}{2}} \cdot x^2 \cdot y \cdot z^3$

o) $8 \cdot \left(m^{\frac{2}{4}} \cdot 4^{\frac{1}{4}} \cdot l^{\frac{9}{4}} \cdot k^{\frac{12}{4}} \right) = 8 \cdot m^{\frac{1}{2}} \cdot 4^{\frac{1}{4}} \cdot l^{\frac{9}{4}} \cdot k^3$

p) $6 \cdot \left(j^{\frac{2}{3}} \cdot 6^{\frac{1}{3}} \cdot x^2 \cdot z \right) = j^{\frac{2}{3}} \cdot 6^{\frac{4}{3}} \cdot x^2 \cdot z$

q) $5 \cdot \left(m^{\frac{3}{4}} \cdot 5^{\frac{1}{4}} \cdot j^{\frac{7}{4}} \cdot k^{\frac{6}{4}} \right) = m^{\frac{3}{4}} 5^{\frac{5}{4}} j^{\frac{7}{4}} k^{\frac{3}{2}}$

r) $6^{\frac{1}{3}} \cdot x^{\frac{2}{3}} \cdot y^{\frac{6}{3}} \cdot 9^{\frac{1}{3}} \cdot z^{\frac{3}{3}} = 54^{\frac{1}{3}} \cdot x^{\frac{2}{3}} \cdot y^2 \cdot z$

s) $\frac{1}{2} x^{-\frac{5}{3}}$

t) $\dfrac{1}{8 \cdot \sqrt{4} \cdot \sqrt{x^6}} = \dfrac{1}{8 \cdot \sqrt{4}} \cdot x^{-\frac{6}{2}} = \frac{1}{16} x^{-3}$

Aufgabe 1.6: Ausklammern

a) $(3a + 2y)(a - 6x)$

b) $3a^2 - 18ax - 2ay + 12xy$
   $$= 3a(a - 6x) - 2y(a - 6x)$$
   $$= (3a - 2y)(a - 6x)$$

c) $(-3a + 2y)(a - 6x)$

d) $(-3a - 2y)(a - 6x)$

e) $\left(3a^2 + 2ay\right)(a - 6x)$

f) $(3az - 2yz)(a + 6x)$

g) $ay^2z \cdot (-3a + 2y)(a - 6x)$

h) $ax + ay + az + bx + by + bz$
   $$= a(x + y + z) + b(x + y + z)$$
   $$= (a + b)(x + y + z)$$

i) $ab + ac + bx + bz + cx + cz$
   $$= b(a + x + z) + c(a + x + z)$$
   $$= (b + c)(a + x + z)$$

j) $(a - b)(x - y - z)$

k) $(b - y)(a - x + z)$

l) $(b - a)(x - y - z)$

m) $ax + ay - az + bx + by - bz - cx - cy + cz$
   $$= a(x + y - z) + b(x + y - z) - c(x + y - z)$$
   $$= (a + b - c)(x + y - z)$$

n) $(a - b - c)(x - y + z)$

o) $(a + c)(b - x + y - z)$

p) $a^3 + a^3 b + a^2 c + ab^2 + ab + bc$

$\quad = a^2(c + ab + a) + b(c + ab + a)$

$\quad = (a^2 + b) \cdot (c + ab + a)$

$\quad = \left(a^2 + b\right)(a + ab + c)$

q) $\left(a^2 - c\right)(a - ab + b)$

r) $a^3 + a^2 b + a^2 bc + a^2 c^2 + ab^2 c + abc^2 + ac + bc^2 + c^3$

$\quad = a^2\left(a + bc + c^2\right) + ab\left(a + bc + c^2\right) + c(a + bc + c^2)$

$\quad = \left(a^2 + ab + c\right)\left(a + bc + c^2\right)$

s) $\left(bc - a + a^2\right)(a + ab - c)$

t) $6a^2 + 5ab + 8ac + b^2 + 4bc$

$\quad = 4a^2 + 4ab + b^2 + ab + 4bc + 2a^2 + 8ac$

$\quad = (2a + b)^2 + ab + 2a^2 + 8ac + 4bc$

$\quad = (2a + b)(2a + b) + a(2a + b) + 4c(2a + b)$

$\quad = (2a + b + a + 4c)(2a + b)$

$\quad = (3a + b + 4c)(2a + b)$

u) $(a + b)(a - b + c)$

Aufgabe 1.7: Binomische Formeln anwenden

a) $x^2 - y^2 + 2yz - z^2$

$\quad = x^2 - \left(y^2 - 2yz + z^2\right)$

$\quad = x^2 - (y - z)^2$

$\quad = (x + (y - z)) \cdot (x - (y - z))$

$\quad = (x + y - z)(x - y + z)$

b) $x^2 - 2xz - y^2 + z^2$

$\quad = x^2 - 2xz + z^2 - y^2$

$\quad = (x - z)^2 - y^2$

$\quad = (x - z + y)(x - z - y)$

c) $(y + x + z)(-y + z + x)$

d) $(x + y)(x - y + 1)$

e) $(x + y + z)(y - z)$

f) $(y - z)(y + z - x)$

g) $(z + x - y)(x + y)$

h) $(x + y - z)(x - y)$

i) $(x + y + z)(x - z)$

j) $(y - z)(x - y + z)$

k) $(y + z)(x - y - z)$

l) $(x + y - z)(x - z)$

m) $(x - 1)(x + 1 + y)$

n) $(y - 1)(x - y + 1)$

o) $x^2 - xy - y - 1$
$$= x^2 - 1 - xy - y$$
$$= (x + 1)(x - 1) - xy - y$$
$$= (x + 1)(x - 1) - y(x + 1)$$
$$= (x + 1)((x - 1) - y)$$
$$= (x + 1)(x - y - 1)$$

p) $(x + 1)(x - 1 + y)$

q) $(y + 1)(x + y - 1)$

r) $(y + 1)(x - y + 1)$

s) $(x + y)(x - y + 4)$

t) $xy - 2x - y^2 + 4y - 4$

$= xy - 2x - \left(y^2 - 4y + 4\right)$

$= xy - 2x - (y - 2)^2$

$= x(y - 2) - (y - 2)^2$

$= (y - 2)(x - (y - 2))$

$= (y - 2)(x - y + 2)$

u) $(x - 2)(x - 2 + y)$

v) $(z - 3)(z - 3 - y)$

w) $(2x - 1 + y)(2x + 1 - y)$

x) $(x + 1)\left(x^2 + 1\right)$

y) $(x + 1)\left(x^2 - 1\right)$

z) $(x + 2)\left(x^2 - 1\right)$

aa) $(x + 2)\left(x^2 + 1\right)$

bb) $x^3 + 2x^2 + 2x + 1$

$= x^3 + x^2 + x^2 + 2x + 1$

$= x^3 + x^2 + (x + 1)^2$

$= x^2(x + 1) + (x + 1)^2$

$= (x + 1)\left(x^2 + (x + 1)\right)$

$= (x + 1)\left(x^2 + x + 1\right)$

cc) $x^6 - 25x^4 + x^2 - 25$

$= x^4\left(x^2 - 25\right) + \left(x^2 - 25\right)$

$= \left(x^2 - 25\right)\left(x^4 + 1\right)$

dd) $x^3 + 5x^2 - 9x - 45$

$= x^2(x + 5) - 9(x + 5)$

$= (x + 5)\left(x^2 - 9\right)$

ee) $x^6 - 9x^4 - 16x^2 + 144$

$$= x^4\left(x^2 - 9\right) - 16\left(x^2 - 9\right)$$

$$= \left(x^2 - 9\right)\left(x^4 - 16\right)$$

Aufgabe 1.8: Termumformungen

a) $\frac{a(a+b)-b(a-b)}{a^2-b^2} = \frac{a^2+ab-ab+b^2}{a^2-b^2} = \frac{a^2+b^2}{a^2-b^2}$

b) $\frac{(a+b)^2+(a-b)^2}{a^2-b^2} = \frac{a^2+2ab+b^2+a^2-2ab+b^2}{a^2-b^2} = \frac{2a^2+2b^2}{a^2-b^2} = \frac{2(a^2+b^2)}{a^2-b^2}$

c) $\frac{a+b-(a-b)}{a-b} = \frac{a+b-a+b}{a-b} = \frac{2b}{a-b}$

d) $\frac{2a}{a+b}$

e) $\dfrac{a(a - b) + 2ab - b(a + b)}{a^2 - b^2}$

$$= \frac{a^2 - ab + 2ab - ab - b^2}{a^2 - b^2}$$

$$= \frac{a^2 - 2ab + 2ab - b^2}{a^2 - b^2} = 1$$

f) 1

g) $a - 1$

h) $\dfrac{1}{a} + \dfrac{a + 1}{a^2 - a} - \dfrac{a - 1}{a^2 + a} - \dfrac{4}{a^2 - 1}$

$$= \frac{1}{a} + \frac{a + 1}{a(a - 1)} - \frac{a - 1}{a(a + 1)} - \frac{4}{(a + 1)(a - 1)}$$

$$= \frac{(a - 1)(a + 1) + (a + 1)(a + 1) - (a - 1)(a - 1) - 4a}{a(a - 1)(a + 1)}$$

$$= \frac{(a - 1)(a + 1) + (a + 1)^2 - (a - 1)^2 - 4a}{a(a - 1)(a + 1)}$$

$$= \frac{a^2 - 1 + a^2 + 2a + 1 - \left(a^2 - 2a + 1\right) - 4a}{a(a - 1)(a + 1)}$$

$$= \frac{a^2 - 1 + a^2 + 2a + 1 - a^2 + 2a - 1 - 4a}{a(a - 1)(a + 1)}$$

$$= \frac{a^2 - 1}{a(a - 1)(a + 1)} = \frac{(a + 1)(a - 1)}{a(a - 1)(a + 1)} = \frac{1}{a}$$

i) $\frac{a^2+ab-b^3}{b(a+b)}$

j) $\frac{20}{(a-1)(a+1)}$

k) $\frac{1}{a+b}$

l) 2

m) $\frac{a+b}{a-b}$

n) 4

o) a

p) $\frac{a^2-b^2}{ab}$

q) $\frac{1}{a+b}$

r) $\left(\dfrac{a^2+ab-ab-b^2}{ab}\right):\left(\dfrac{ab+b^2+a^2-ab}{(a^2-ab)(ab+b^2)}\right)=\left(\dfrac{a^2-b^2}{ab}\right):\left(\dfrac{ab+b^2-ab+a^2}{(a^2-ab)(ab+b^2)}\right)$

$=\left(\dfrac{a^2-b^2}{ab}\right):\left(\dfrac{a^3b+a^2b^2-a^2b^2-ab^3}{ab}\right)=\left(\dfrac{ab\left(a^2-b^2\right)}{ab}\right)=a^2-b^2$

s) $-\frac{15(ab-1)}{a(-5b+a)}$

t) a

u) $\dfrac{3}{a(b-a)}-\dfrac{6}{b(b-a)}-\dfrac{5}{a(a-b)}+\dfrac{2}{b(a-b)}$

$=\dfrac{3}{a(b-a)}-\dfrac{6}{b(b-a)}-\dfrac{5}{-a(b-a)}+\dfrac{2}{-b(b-a)}$

$=\dfrac{3(-a)b(-b)-6a(-a)(-b)-5ab(-b)+2a(-a)b}{a(-a)b(-b)(b-a)}$

$=\dfrac{3ab^2-6a^2b+5ab^2-2a^2b}{-a^2\cdot\left(-b^2\right)(b-a)}$

$=\dfrac{8ab^2-8a^2b}{a^2b^2(b-a)}=\dfrac{8ab^2-8a^2b}{a^2b^3-a^3b^2}=\dfrac{8\left(ab^2\cdot a^2b\right)}{ab\left(ab^2-a^2b\right)}=\dfrac{8}{ab}$

Aufgabe 1.9: Anwendung von Logarithmengesetzen

a) $\lg(x)+\lg\left(10^3\right)=\lg(x)+3\cdot\lg(10)=\lg(x)+3$

b) $\ln(a) - \ln(b) + 3 \cdot \ln(c)$

$$= \ln\left(\frac{a}{b}\right) + 3 \cdot \ln(c)$$

$$= \ln\left(\frac{a}{b}\right) + \ln\left(c^3\right)$$

$$= \ln\left(\frac{a}{b} \cdot c^3\right)$$

c) $2 \cdot \lg(x) - \lg(y)$

$$= \lg\left(x^2\right) - \lg(y)$$

$$= \lg\left(\frac{x^2}{y}\right)$$

d) $4\lg(x) - \frac{1}{4}\lg\left(\frac{1}{y}\right) + \lg(x-1)$

$$= \lg\left(x^4\right) - \lg\left(\left(\frac{1}{y}\right)^{\frac{1}{4}}\right) + \lg(x-1)$$

$$= \lg\left(\frac{x^4(x-1)}{\left(\frac{1}{y}\right)^{\frac{1}{4}}}\right)$$

$$= \lg\left(\frac{x^4(x-1)}{\frac{1}{y^{\frac{1}{4}}}}\right) = \lg\left(y^{\frac{1}{4}}x^4(x-1)\right)$$

e) $\log_a x + \dfrac{\lg(x)}{\lg\left(\frac{1}{a}\right)}$

$$= \log_a x - \frac{\lg(x)}{-\lg\left(\frac{1}{a}\right)}$$

$$= \log_a x - \frac{\lg(x)}{\lg\left(\frac{1}{a}\right)^{-1}}$$

$$= \log_a x - \frac{\lg(x)}{\lg(a)}$$

$$= \log_a x - \log_a x = 0$$

Aufgabe 1.10: Potenzen und Logarithmen in Termen

a) $22,5$

b) $12,5$

c) $10 - x$

d) $e^{n \cdot \ln(x^2+1)} = e^{\ln\left((x^2+1)^n\right)} = \left(x^2 + 1\right)^n$

e) $10^{-\lg(x^2+1)} = 10^{\lg\left((x^2+1)^{-1}\right)} = \frac{1}{x^2+1}$

f) $\left(10^{-1}\right)^{\lg(x)} = 10^{-1 \cdot \lg(x)} = 10^{\lg\left(x^{-1}\right)} = \frac{1}{x}$

Aufgabe 1.11: Fehlersuche bei Termumformungen

a) Punkt vor Strich: $10 + 6x$

b) Minus vor der Klammer: $6x - z - 2x = 4x - z$

c) $3a - 14c + 28cb - 6 + 12b$

d) Punkt vor Strich: $6 + 8 \cdot x = 8x + 6$

e) Minus vor der Klammer beachten: $3x - 4y - 3x = -4y$

f) Klammern fehlen: $24 : 6 \cdot 2 = 8$ oder $24 : (6 \cdot 2) = 2$

g) Distributivgesetz beachten: $-(4x) = -4 \cdot x$

h) Assoziativgesetz beachten: $\left(2^2\right)^3 = 4^3 = 64$

i) Aus Differenzen und Summen wird nicht gekürzt

j) Klammern vergessen: $(3 \cdot 4)^2 = 12^2$ aber $3 \cdot 4^2 = 3 \cdot 16$

k) Logarithmen-Gesetze: $\ln \frac{x}{z} = \ln x - \ln z$

l) Logarithmen-Gesetze: $a^x = b \rightarrow x = \frac{\log b}{\log a}$

Aufgabe 1.12: Vollständige Fallunterscheidung bei Beträgen

a) $T(x) = (2 + x) \cdot (2 + |x|) - (2 - x) \cdot (2 - |x|)$

$$T(x) = \begin{cases} 8x \text{ für alle } x > 0 \\ 0 \text{ für } x = 0 \\ 0 \quad \text{für alle } x < 0 \end{cases}$$

b) $T(x) = |x| \cdot (3 + x) - x \cdot (|x| - 3)$

$$T(x) = \begin{cases} 6x \text{ für alle } x > 0 \\ 0 \text{ für } x = 0 \\ 0 \quad \text{für alle } x < 0 \end{cases}$$

c) $T(x) = (5 + 4x - 2|x|) \cdot (2x + 3|x| - 1) - (8 - x - 3|x|) \cdot (x - 3 + 2|x|)$

$$T(x) = \begin{cases} 22x^2 - 13x + 19 & \text{für alle } x > 0 \\ 19 & \text{für } x = 0 \\ -4x^2 + 3x + 19 & \text{für alle } x < 0 \end{cases}$$

d) $T(x) = 2(|x| + x)^3 - (|x| - x)^3 + 6(x - |x|)^2 + 2(x + |x|)^2$

$$T(x) = \begin{cases} 16x^3 + 8x^2 & \text{für alle } x > 0 \\ 0 & \text{für } x = 0 \\ 24x^2 + 8x^3 & \text{für alle } x < 0 \end{cases}$$

e) $T(x) = (|x| + x + 1)^2 - 3(|x| + x)^2 + (2x + |x| + 1)^2 + (x + |x|)^4 + (x - |x|)^3$

$$T(x) = \begin{cases} 16x^4 + 8x^3 + x^2 + 10x + 2 & \text{für alle } x > 0 \\ 2 & \text{für } x = 0 \\ x^2 + 2x + 2 & \text{für alle } x < 0 \end{cases}$$

f) $T(x) = (3 - |x|) \cdot (2 - x) - \dfrac{|x|}{x} \cdot (1 - x) + (4 + |x|)$

$$T(x) = \begin{cases} x^2 - 3x + 9 & \text{für alle } x > 0 \\ -x^2 - 3x + 11 & \text{für alle } x < 0 \end{cases}$$

Keine Lösung für $x = 0$.

g) $T(x) = \dfrac{4 - x^2}{2 + |x|} - \dfrac{5x + |x|}{4x - |x|} \cdot \dfrac{6x + |x|}{3x + 2|x|} \cdot \dfrac{7x - 2|x|}{3x + 4|x|}$

$$T(x) = \begin{cases} -x & \text{für alle } x > 0 \\ 38 + x & \text{für alle } x < 0 \end{cases}$$

Keine Lösung für $x = 0$.

Aufgabe 1.13: Einfache Gleichungen mit Brüchen
a) keine Lösung
b) $x = 3$
c) $L = R \backslash \{4\}$
d) keine Lösung
e) x=4
f) keine Lösung im Bereich der reellen Zahlen
g) keine Lösung
h) keine Lösung im Bereich der reellen Zahlen
i) x = 8
j) $x = 0$
k) keine Lösung im Bereich der reellen Zahlen
l) $L = R \backslash \{7\}$
m) $x = 0$
n) $x_1 = -2$ und $x_2 = 3$
o) keine Lösung
p) $x = \frac{3}{2}$

q) $x = 4$

r) $x = -\frac{5}{3}$

s) $x_1 = 2$ und $x_2 = 3$ und $x_3 = -3$

Aufgabe 1.14: Wurzelgleichungen

a) $x_1 = 1;\ x_2 = 3$

b) $x_1 = -\frac{15}{64};\ x_2 = -\frac{7}{16}$ (Scheinlösung)

c)
$$\sqrt{4 - x^2} - 2 = \sqrt{9 - x^2} - 4 \qquad | + 4$$
$$\sqrt{4 - x^2} + 2 = \sqrt{9 - x^2} \qquad | ()^2$$
$$\left(\sqrt{4 - x^2} + 2\right)^2 = \left(\sqrt{9 - x^2}\right)^2 \qquad |Binom.Formel$$
$$4 - x^2 + 4\sqrt{4 - x^2} + 4 = 9 - x^2 \quad | + x^2$$
$$8 + 4\sqrt{4 - x^2} = 9 \qquad | - 8 \qquad | : 4$$
$$\sqrt{4 - x^2} = \frac{1}{4} \qquad | ()^2$$
$$4 - x^2 = \frac{1}{16} \qquad | - 4 \qquad | \cdot (-1)$$
$$x_{1,2} = \pm\sqrt{3\,\frac{15}{16}} \approx \pm 1{,}9843$$

Aufgabe 1.15: Gleichungen mit Potenzen und Logarithmen

a)

1. $x = \frac{7}{3}$

2. $x = -\frac{5}{2}$

3. $x_1 = -3;\ x_2 = -2$

4. $x = 1{,}0086$

5. $x = 1{,}6987$

b)

1. $x = \log_{\left(\frac{a}{b}\right)}\left(\frac{c}{d}\right) \qquad \left| \begin{array}{l} \left(\frac{c}{a}\right) > 0 \\ \left(\frac{a}{b}\right) > 0; \neq 1 \end{array}\right.$

$$2x - 1 = \log_u v$$

2. $x = \dfrac{\log_u v + 1}{2} \qquad \left| \begin{array}{l} \ln(u) \neq 0 \\ u;\ v > 0 \end{array}\right.$

3. $x = \dfrac{\ln\left(1 - \frac{a}{A}\right)}{-b} = -\dfrac{\ln\left(\frac{-a+A}{A}\right)}{b} \qquad \left| \begin{array}{l} \left(\frac{-a+A}{A}\right) \neq 0; > 0 \\ A;\ b \neq 0 \end{array}\right.$

4. $x = \sqrt[n+1]{\dfrac{1}{w}} \qquad | w \neq 0; > 0$

c)

   1. $x = -0,11426$

   2. $x = 0,3540$

   3. $x = 0,05276$

   4. $x = 0,00059$

   5. $x = 14.172,488$

   6. $x = 0,7943$

   7. $x = -3,6781$

   8. $x = -0,45403$

   9. $x = 3,50117$

  10. $x = 3,31445$

  11. $x = 0,594604$

  12. $x = 1.274,01984$

Aufgabe 1.16: Betragsgleichungen

a) $x_1 = -3$ und $x_2 = 3$

b) $x_1 = 1$ und $x_2 = 3$

c) $x_1 = -4$ und $x_2 = 8$

d) $x = 2$

e) keine Lösung

f) $x_1 = 1$ und $x_2 = 2$

g) $x_1 = -1$ und $x_2 = 6$

h) $x_1 = -1$ und $x_2 = 5$

Aufgabe 1.17: Einfache Ungleichungen

a) Eine Fallunterscheidung ist hier nicht erforderlich, da nicht durch einen Term mit x dividiert oder mit ihm multipliziert wird. Aus $-\frac{1}{3}x < 100$ folgt direkt $x \in R$ und x aus $]-300; \infty[$.

b) $x < 1,5$ und somit $x \in R$ und x aus $]-\infty; 1,5[$

c) $-4 < x$ und somit $x \in R$ und x aus $]-4; \infty[$

d) $3 < x$ und somit $x \in R$ und x aus $]3; \infty[$

e) $x > \frac{11}{3}$ und somit $x \in R$ und x aus $\left]\frac{11}{3}; \infty\right[$

f) $-1 < x$ und somit $x \in R$ und x aus $]-1; \infty[$

g) $\frac{21+x}{2x} + 1 < 5$

   $\frac{21+x}{2x} < 4$

   1. Fall $x > 0$ führt zu $x > 3$.

   2. Fall $x = 0$ ist hier nicht zulässig.

3. Fall $x < 0$

$$\frac{21 + x}{2x} + 1 < 5$$
$$x < 0$$
$$\frac{21 + x}{2x} < 4$$

$21 + x > 8x$ mit Änderung des Relationszeichens, da $2x < 0$

$3 > x$

Zusammenfassend folgt $x \in R$ und x aus $]-\infty; 0[$ oder $]3; \infty[$

h) $\frac{16x}{x^2 + \frac{15}{4}} > 4$

Fallunterscheidung durch Quadrieren nicht erforderlich!

$16x > 4x^2 + 15$

$$0 > x^2 - 4x + \frac{15}{4}$$

$x_{1,2} = 2 \pm \sqrt{4 - \frac{15}{4}}$ und somit $x \in R$ und x aus $]1{,}5; 2{,}5[$

i) $\quad -\frac{2}{3}x + \frac{2}{3}y \leq \frac{2}{3} \quad \left| \cdot \frac{3}{2} \right.$

$$\frac{3}{2} \cdot \left(-\frac{2}{3}x \right) + \frac{3}{2} \cdot \left(\frac{2}{3}y \right) \leq \frac{3}{2} \cdot \frac{2}{3}$$

$-x + y \leq 1$

$y \leq x + 1$

Aufgabe 1.18: Betragsungleichungen

a) $x \in R$ und x aus $]2; 5[$

b) $x \in R$ und x aus $]-\infty; \infty[$

c) keine Lösung

d) $x \in R$ und x aus $\left] \frac{1}{2}; \frac{9}{2} \right[$

e) $x \in R$

f) $x \in R$ und x aus $[-3, 5; -0, 5]$

g) $x \in R$

h) $x \in R$ und x aus $]5; \infty[$ oder $]-\infty; 5[$ bzw. zusammenfassend: $x \in R\backslash\{5\}$

Aufgabe 1.19: Gemischte Übungsaufgaben

a) keine Lösung

b) $x \in R$

c) $x \in R$ und x aus $]-1; \infty[$

d) $L = \left\{ -5; \frac{2}{3} \right\}$

e) $L = \{-15; -10; -3; 2\}$

f) $L = \{11; 21; 31; 41\}$

g) $L = \{-11; -9; -7; -3; 3; 7; 9; 11\}$

h) $L = \{5; 7; 9; 11\}$

i) $L = \{10; -10; 11; -11; 5; -5; 2; -2\}$

j) $L = \{1; 2; 3\}$

k) $L = \{0; -3; 3; -4; 4; -5; 5\}$

l) $x \in R$

m) $L = \{1\}$

n) $L = \{5\}$

o) keine Lösung
p) $L = \{5; 1\}$

q) $L = \{-0{,}2\}$

r) $L = \left\{2; \frac{1}{16}\right\}$

s) $L = \{0{,}332\}$

t) $L = \{11\}$

u) $L = \{0{,}027\}$

Aufgabe 1.20: Capital Asset Pricing Model

$$\mu_{\text{Aktie}} = r_b + (\mu_{\text{Markt}} - r_b) \cdot \beta_{\text{Aktie}}$$

$$\mu_{\text{Aktie}} = r_b + \mu_{\text{Markt}} \cdot \beta_{\text{Aktie}} - r_b \cdot \beta_{\text{Aktie}}$$

$$\mu_{\text{Aktie}} - \mu_{\text{Markt}} \cdot \beta_{\text{Aktie}} = r_b - r_b \cdot \beta_{\text{Aktie}}$$

Vertauschen beider Seiten der Gleichung:

$$r_b - r_b \cdot \beta_{\text{Aktie}} = \mu_{\text{Aktie}} - \mu_{\text{Markt}} \cdot \beta_{\text{Aktie}}$$

$$r_b(1 - \beta_{\text{Aktie}}) = \mu_{\text{Aktie}} - \mu_{\text{Markt}} \cdot \beta_{\text{Aktie}}$$

$$r_b = \frac{\mu_{\text{Aktie}} - \mu_{\text{Markt}} \cdot \beta_{\text{Aktie}}}{1 - \beta_{\text{Aktie}}}$$

Aufgabe 1.21: Grundlagen zum Summenzeichen

a)$\sum_{i=1}^{n} (x_i + a) = \sum_{i=1}^{n} x_i + \sum_{i=1}^{n} a = na + \sum_{i=1}^{n} x_i$

b)

1. $(x_1 - 4) + (x_2 - 4) + \cdots + (x_n - 4) = \sum_{i=1}^{n} (x_i - 4) = -4n + \sum_{i=1}^{n} x_i$

2. $(x_1 \cdot 2) + (x_2 \cdot 2) + \cdots + (x_n \cdot 2) = \sum_{i=1}^{n} (x_i \cdot 2) = 2 \cdot \sum_{i=1}^{n} x_i$

Aufgabe 1.22: Umgang mit dem Summenzeichen

a)

1. $\sum_{i=1}^{n} i^2 = 1^2 + 2^2 + 3^2 + \cdots + n^2$

2. $\sum_{i=0}^{n-1} i^2 = 0^2 + 1^2 + 2 + \cdots + (n-1)^2$

3. $\sum_{i=1}^{n} (-1)^i = (-1) + 1 + (-1) + \cdots + (-1)^n$

4. $\sum_{j=1}^{m} a_{ij}x_j = a_{i1}x_1 + a_{i2}x_2 + \cdots + a_{im}x_m$

5. $\sum_{j=1}^{m} 7x_j = 7 \cdot (x_1 + x_2 + \cdots + x_m)$

6. $\sum_{i=0}^{2n} x_i y_i^2 = x_0 y_0^2 + x_1 y_1^2 + \cdots + x_{2n} y_{2n}^2$

7. $\sum_{m=0}^{k} m \cdot z_k = 0z_k + 1z_k + 2z_k + \cdots + kz_k$

8. $\sum_{n=0}^{3} (n^2 + n + 4) = 4 + 6 + 10 + 16$

9. $\sum_{i=1}^{n} x_i^3 \cdot (y_i^2 - z_i) = x_1^3 \cdot (y_1^2 - z_1) + x_2^3 \cdot (y_2^2 - z_2) + \ldots + x_n^3 \cdot (y_n^2 - z_n)$

b) Ungerade Zahlen erhält man mit dem Term $2i + 1$ oder $2i - 1$. Damit folgt:

1. $1 + \frac{1}{3} + \frac{1}{5} + \ldots + \frac{1}{199} = \sum_{i=1}^{100} \frac{1}{2i-1}$

2. $-1 + \frac{1}{3} - \frac{1}{5} + \ldots + \frac{1}{199} = \sum_{i=1}^{100} \frac{(-1)^i}{2i-1}$

3. $-\frac{1}{2} + \frac{1}{4} - \frac{1}{6} + \ldots + \frac{1}{200} = \sum_{i=1}^{100} \frac{(-1)^i}{2i}$

4. $a^{n-1} + a^{n-2}b + \ldots + ab^{n-2} + b^{n-1} = \sum_{i=1}^{n} a^{n-i}b^{i-1}$

Aufgabe 1.23: Vervollständigen von Summenzeichen

a. Es handelt sich hier um eine Indexverschiebung
$\sum_{k=1}^{n} a_k = \sum_{j=4}^{n+3} a_{j-3}$

b. $\sum_{i=1}^{n} 10{,}5 \cdot a_i = 2 \sum_{j=1}^{n} 5{,}25 a_j$

c. $\displaystyle\sum_{i=1}^{n} a_i + \sum_{k=2}^{n+1} 2b_{k-1}$

$= \displaystyle\sum_{i=1}^{n} a_i + \sum_{i=1}^{n} 2b_i$

$= \displaystyle\sum_{i=1}^{n} (a_i + 2b_i)$

d. $\sum_{i=1}^{n} \frac{\alpha_i}{\delta} = \frac{1}{\delta} \sum_{k=6}^{n+5} \alpha_{k-5}$ mit $\delta = konst.$

Aufgabe 1.24: Test auf Korrektheit der Schreibweise von Summenzeichen

a) Korrekt, da gilt:

$\displaystyle\sum_{i=1}^{3} (a_i + b_i) = (a_1 + b_1) + (a_2 + b_2) + (a_3 + b_3)$

$= a_1 + a_2 + a_3 + b_1 + b_2 + b_3$

$= \displaystyle\sum_{i=1}^{3} a_1 + \sum_{i=1}^{3} b_i \quad (1)$

b) Aussage gilt nicht allgemein. Die linke Seite lässt sich schreiben als:
(1) $\sum_{i=1}^{3} a_i b_i = a_1 b_1 + a_2 b_2 + a_3 b_3$

Aber die rechte Seite gilt:

$\left(\displaystyle\sum_{i=1}^{3} a_i\right) \cdot \left(\displaystyle\sum_{i=1}^{3} b_i\right) = (a_1 + a_2 + a_3) \cdot (b_1 + b_2 + b_3)$

$= a_1 b_1 + a_1 b_2 + a_1 b_3$

$+ a_2 b_1 + a_2 b_2 + a_2 b_3$

$+ a_3 b_1 + a_3 b_2 + a_3 b_3 \quad (2)$

Die Terme (1) und (2) stimmen i. d. R. nicht überein. Beispielsweise für $a_1 \cdot b_2 + a_1 \cdot b_3 \neq 0$ usw.

c) Korrekt, denn:

$\displaystyle\sum_{i=1}^{n} c \cdot a_i = ca_1 + ca_2 + \ldots + ca_n$

$= c \cdot (a_1 + a_2 + \ldots + a_n) = c \cdot \displaystyle\sum_{i=1}^{n} a_i$

Aufgabe 1.25: Preisindizes

a) Laspeyres: 109,46   Paasche: 110,27

b) Laspeyres: 9,46 %   Paasche: 10,27 %

c) Ursachen:

Preisindizes sind nur vergleichbar, wenn die konsumierten Mengen identisch sind. Es ist also nicht sinnvoll, im Zähler die aktuellen und im Nenner die Mengen des Basisjahrs zu nutzen.

Laspeyres und Paasche kommen dem nach, wählen aber entweder Menge des aktuellen Jahrs (Paasche) oder Menge des Basisjahrs (Laspeyres).

Beim Laspeyres-Index finden Effekte des veränderten Verbraucherverhaltens keine Berücksichtigung, da mit den Mengen der Basisperiode gewichtet wird. Gleichwohl wird er in der Praxis genau deshalb eingesetzt, weil die Zusammensetzung des Warenkorbes gleich bleibt! Andernfalls müssten neben dem Preis auch stets neue Verbrauchsmengen bestimmt werden. Zudem würden sich die bereits veröffentlichten Indexwerte für die Vergangenheit ändern.

d) Die Excel-Tabelle steht als Datei im Download-Bereich zum Buch unter dem Namen „Aufgabe 1.25 und 1.26 Preis- und Mengenindizes" als Musterlösung zur Vergügung.

Aufgabe 1.26: Mengenindizes

a) Laspeyres: 120,55   *text Verbrauchssteigerung von* 20,55 %

Paasche: 121,44   Verbrauchssteigerung von 21,44 %

b) Beim Mengenindex werden die Preise als Gewichtung genutzt. In diesem Fall erhält man durch den hohen Preis für Kaffee eine Überzeichnung des Mengeneffektes. Setzt man die Menge für Kaffee in 2010 ebenfalls auf 2, so erhält man, wie zu erwarten, fallende Indexwerte von 92,77 und 92,88!

c) Beispiele für Mengenindizes sind der Außenhandelsvolumenindex sowie der Produktionsindex. Vergleiche Dörsam (1995, S. 27 ff.).

d) Die Excel-Tabelle steht als Datei im Download-Bereich zum Buch unter dem Namen „Aufgabe 1.25 und 1.26 Preis- und Mengenindizes" als Musterlösung zur Vergügung.

Aufgabe 1.27: Doppelsummen

a) $\sum_{i=1}^{3} \sum_{j=10}^{12} (4i + j)$

$= \sum_{i=1}^{3} [(4 \cdot i + 10) + (4 \cdot i + 11) + (4 \cdot i + 12)]$

$= \sum_{i=1}^{3} [12i + 33]$

$= (12 \cdot 1 + 33) + (12 \cdot 2 + 33) + (12 \cdot 3 + 33) = 45 + 57 + 69$

$= 171$

b) $\sum_{m=0}^{3} \sum_{k=4}^{6} (m + k)$

$= \sum_{m=0}^{3} [(m + 4) + (m + 5) + (m + 6)]$

$= \sum_{m=0}^{3} [(3m + 15)]$

$= (3 \cdot 0 + 15) + (3 \cdot 1 + 15) + (3 \cdot 2 + 15) + (3 \cdot 3 + 15)$

$= 15 + 18 + 21 + 24 = 78$

c) $\sum_{i=0}^{3} \sum_{j=0}^{4} (i + j)$

$= \sum_{i=0}^{3} [(i + 0) + (i + 1) + (i + 2) + (i + 3) + (i + 4)]$

$= \sum_{i=0}^{3} [5i + 10]$

$= (5 \cdot 0 + 10) + (5 \cdot 1 + 10) + (5 \cdot 2 + 10) + (5 \cdot 3 + 10)$

$= 10 + 15 + 20 + 25$

$= 70$

d) Durch den Term werden die Elemente inklusive und oberhalb der Hauptdiagonalen summiert:

$\sum_{m=1}^{3} \sum_{n=m}^{3} a_{m,n} = 7 + (-2) + 1$

$+ 15 + (-3)$

$+ 6$

$= 24$

Aufgabe 1.28: Summenformel für arithmetische Reihen

$$s_n = \sum_{i=i}^{n} (a_1 + (i - 1) \cdot d)$$

$$s_n = \sum_{i=1}^{n} a_1 + \sum_{i=1}^{n} (i - 1) \cdot d$$

$$s_n = n \cdot a_1 + d \cdot \sum_{i=1}^{n} (i - 1)$$

$$s_n = n \cdot a_1 + d \cdot \sum_{i=0}^{n=1} i$$

Da $\sum_{i=1}^{n} i = \frac{n}{2}(n + 1)$ gilt, folgt für $\sum_{i=0}^{n-1} i = \frac{n-1}{2} \cdot n$.

$$s_n = n \cdot a_1 + d \cdot \frac{n - 1}{2} \cdot n$$

$$s_n = n \cdot a_1 + \frac{n}{2} \cdot (n - 1) \cdot d$$

$$s_n = \frac{n}{2}[2 \cdot a_1 + (n - 1) \cdot d]$$

Aufgabe 1.29: Umgang mit dem Produktzeichen

a) $1 \cdot 2 \cdot 3 \cdot 4 \cdot 5 = 5! = 120$
b) $3 \cdot 4 \cdot 5 \cdot 6 = \frac{6!}{2!} = 360$
c) $a_1 b_3 \cdot a_2 b_2 \cdot a_3 b_1$
d) $(-1) \cdot 1 \cdot (-1) \cdot 1 = 1$
e) $(a+b)^1 \cdot (a+b)^2 = (a+b)^3$

Aufgabe 1.30: Test auf Korrektheit der Schreibweise von Produktzeichen

a) **Korrekt, da gilt:**

$$\prod_{i=1}^{3} (a_i \cdot b_i) = a_1 b_1 \cdot a_2 b_2 \cdot a_3 b_3$$
$$= a_1 \cdot a_2 \cdot a_3 \cdot b_1 \cdot b_2 \cdot b_3$$
$$= \left(\prod_{i=1}^{3} a_i \right) \cdot \left(\prod_{i=1}^{3} b_i \right)$$

b) Aussage gilt nicht allgemein, da
   linke Seite

$$\prod_{i=1}^{2} (a_i + b_i) = (a_1 + b_1) \cdot (a_2 + b_2)$$
$$= a_1 a_2 + a_1 b_2 + b_1 a_2 + b_1 b_2, \qquad (1)$$

   rechte Seite.

$$\left(\prod_{i=1}^{2} a_i \right) + \left(\prod_{i=1}^{2} b_i \right) = a_1 a_2 + b_1 b_2. \qquad (2)$$

   Die Terme (1) und (2) stimmen i. d. R. nicht überein. Beispielsweise für $a_1 b_2 \neq 0$.
c) Falsch für alle $c \neq 1$, denn es gilt

$$\prod_{i=1}^{n} (c \cdot a_i) = (c \cdot a_1) \cdot (c \cdot a_2) \cdot \ldots \cdot (c a_n)$$
$$= (c \cdot c \cdot \ldots \cdot c) \cdot (a_1 \cdot a_2 \cdot \ldots \cdot a_n)$$
$$= c^n \cdot \prod_{i=1}^{n} a_i$$

   und $c^n \neq c$ für alle $c \neq 1$.

Aufgabe 1.31: Anwendung des Produktzeichens in der Zinsrechnung

$$i_{\text{eff}} = [(1 + 0,0175) \cdot (1 + 0,0225) \cdot (1 + 0,0310)]^{\frac{1}{3}} - 1 = 0,0236515$$

Man bezeichnet dies auch als geometrisches Mittel der Renditen.

Aufgabe 1.32: Übung zur Nutzung des Taschenrechners

a) 1.412,039246

b)

  1. $13\frac{1}{4} = 13{,}25$

  2. $\frac{23}{54}$

c)

  1. $625^{\frac{1}{4}} = 5$

  2. 65

  3. $3{,}6 \cdot 10^{-4} = 0{,}00036$

     Benutzen Sie die Umkehrtaste von „ENG", um die Dezimalzahl im Display zu erhalten. Meist ist die Taste mit „←" beschriftet.

d)

  1. $27{,}6g$

  2. $689{,}7l$

  3. 32,54 €

  4. $0{,}002 \cdot 120 = 0{,}24kg$

  5. $0{,}006 \cdot 15 = 0{,}09$

  6. $0{,}0002 \cdot 7{,}14 = 0{,}001428$

     Nutzen Sie die Umkehrtaste der Taste „ENG".

e)

  1. 16,67 %

  2. 34,29 %

  3. 1.000,00 %

  4. 24,00 %

f)

e^x	$\lg(x)$	$\ln(x)$
7,491	0,304	0,700
1,605	−0,325	−0,748

Aufgabe 1.33: Lineare, quadratische und kubische Gleichungen

Teil b:

1. $x_1 = 3$ und $x_2 = -1$
2. $x_1 = 5{,}72876$ und $x_2 = 0{,}30071$
3. $x = -1{,}05245$
4. $x_1 = 0{,}97307$ und $x_2 = -1{,}65905$ und $x_3 = -2{,}35336$

Aufgabe 1.34: Formeln der einfachen Zinsrechnung

a) Formeln der einfachen Verzinsung:
   Umstellung nach K_0

$$K_n = K_0 \cdot (1 + n \cdot i)$$

$$K_0 = \frac{K_n}{1 + n \cdot i}$$

Umstellung nach n:

$$K_n = K_0 \cdot (1 + n \cdot i)$$

$$1 + n \cdot i = \frac{K_n}{K_0}$$

$$n \cdot i = \frac{K_n}{K_0} - 1$$

$$n = \frac{1}{i} \cdot \left(\frac{K_n}{K_0} - 1 \right)$$

Umstellung nach i:

$$K_n = K_0 \cdot (1 + n \cdot i)$$

$$1 + n \cdot i = \frac{K_n}{K_0}$$

$$n \cdot i = \frac{K_n}{K_0} - 1$$

$$i = \frac{1}{n} \cdot \left(\frac{K_n}{K_0} - 1 \right)$$

Aufgabe 1.35: Geldanlage bei einfacher Verzinsung

a) $K_{10} = 6000 \cdot (1 + 10 \cdot 0{,}045) = 8700$

b) $$K_{\text{Jahresende}} = 2000€ \cdot \left(1 + \frac{285}{360} \cdot 0{,}04 \right) + 3500€ \cdot \left(1 + \frac{86}{360} \cdot 0{,}04 \right)$$
$$= 5596{,}78€$$

Zeitraum 1:
April bis Dezember = 9 Monate
zzgl. 15 Zinstage im März
ergeben $9 \cdot 30 + 15 = 285$ Tage.

Zeitraum 2:
November bis Dezember = 2 Monate
zzgl. 26 Zinstage im Oktober
ergeben $2 \cdot 30 + 26 = 86$ Tage.

c) $K_{1.1.1998} = \frac{12.000}{1 + 12 \cdot 0{,}065} = 6741{,}57$

d) $i = \frac{1}{6} \cdot \left(\frac{3950}{3200} - 1\right) = 0{,}0391 = 3{,}91\%$

e)

   1. Jährliche Zinsen $10.000€ \cdot 0{,}06 = 600€$

   2. Ergebnisse je Teilaufgabe
      i. Kurswert zu Beginn der Laufzeit: $8500€ \cdot 0{,}975 = 8287{,}50€$
      ii. Höhe der Provision: $8287{,}50€ \cdot 0{,}009 = 74{,}59 €$
      iii. Zur Berechung des Ef fektivzinses wird die Summe der Auszahlungen benötigt:
      $K_{10} = 8500€ \cdot (1 + 10 \cdot 0{,}0543) = 13.115{,}50€$
      iv. Effektivzins unter Berücksichtigung der Gebühren:
      $$i = \frac{1}{10} \cdot \left(\frac{13.115{,}50}{8287{,}50+74{,}59} - 1\right) = 0{,}0568 = 5{,}68\%$$

f) Es können $15.000€/102{,}35€ = 146{,}56$, also 146 Zertifikate gekauft werden.
   Der zu zahlende Betrag bei Kauf ist:
   $K_0 = 146 \cdot 102{,}35€ + 54{,}10€ = 14.997{,}20€$
   Die Summe der Auszahlungen beträgt:
   $K_2 = 146 \cdot 100 € \cdot (1 + 2 \cdot 0{,}0475) = 15.987{,}00 €$
   Für die Rendite erhält man:
   $i = \frac{1}{2} \cdot \left(\frac{15.987{,}00€}{14.997{,}20€} - 1\right) = 0{,}033$

und damit 3,30%

g) $K_n = K_0(1 + n \cdot i) \qquad |K_n = 2 \cdot K_0$

   $2K_0 = K_0(1 + n \cdot i)$

   $2 = 1 + n \cdot i$

   $n = \frac{1}{i}$

   $i = 0{,}035$

   Mit $i = 0{,}035$ erhält man
   $n = \frac{1}{0{,}035} = 28{,}57$
   Der Zeitraum zur Verdoppelung des Kapitals bei Zinseszins-Betrachtung ist kleiner!

Aufgabe 1.36: Bonuszahlung eines Unternehmens bei einfacher Verzinsung
a) Gesucht ist der Barwert:
$$\frac{80.000}{(1 + 2 \cdot 0{,}03)} = 75.471{,}70$$

b) Zu benutzen ist die Formel für den Rentenbarwert für nachschüssige Zahlung. Da das Kapital des Geschäftsführers benutzt wird, um die Rente zu zahlen, handelt es sich nicht um den Rentenendwert! Vergleiche die Formelsammlung im Anhang A1.

$$R_o = r \cdot \frac{1}{q^n} \cdot \frac{q^n - 1}{q - 1} \quad \Big| \cdot \frac{q - 1}{q^n - 1}$$

$$R_o \cdot \frac{q - 1}{q^n - 1} = r \cdot \frac{1}{q^n} \quad | \cdot q^n$$

$$R_o \cdot q^n \cdot \frac{q - 1}{q^n - 1} = r$$

$$r = R_o \cdot q^n \cdot \frac{q - 1}{q^n - 1}$$

$$r = 8.906{,}12 €$$

Aufgabe 1.37: Bewertung eines Finanzproduktes

a) Zwei wesentliche Vorteile dieser Anleihe sind die Partizipation an der Kursentwicklung des Aktienmarktes bei etwas breiterer Streuung über mehrere Aktien sowie eine sichere Verzinsung zu Beginn der Laufzeit, unabhängig von der tatsächlichen Kursentwicklung. Vorteilhaft ist auch der Lock-In-Mechanismus zur Sicherung eines erreichten Renditeniveaus.

b) Nachteilhaft ist die unterschiedliche Behandlung der Gewinne. So werden positive bei 8 % gekappt, negative jedoch nicht. Des Weiteren wird zur Berechnung der Rendite der Mittelwert genutzt. Aufgrund der starken Ausreißerempfindlichkeit bedeutet dies allerdings, dass selbst ein einmalig betragsmäßig großer negativer Wert den Renditedurchschnitt stark schmälert.

c) Es handelt sich um ein Zertifikat, welches wie Anleihen auch als Schuldverschreibung zu behandeln ist. Ein kompletter Kapitalverlust ist bei Ausfall des Emittenten deshalb möglich (Emittentenrisiko). Siehe hierzu auch den Fall der Lehman Brothers zu Beginn der Finanzkrise 15.09.2008! Seither achten informierte Anleger auf den Unterschied zwischen Zertifikaten und börsengehandelten Investmentfonds. Letztere sind im Insolvenzfall des Emittenten Sondervermögen.

Aufgabe 1.38: Rendite-Risiko-Profil eines Portfolios

a) Rendite $= 0{,}75 \cdot (-0{,}10\,\%) + 0{,}25 \cdot 1{,}10\,\% = 0{,}20\,\%$

b) Erwartungswert $= \frac{1}{3} \cdot (0{,}20 + 0{,}08 + 0{,}05) = 0{,}11\,\%$

c) Jahresrendite, bei $0{,}11\,\%$ monatlich:
Jahresrendite $= \big((1 + 0{,}0011)^{12}\big) - 1 = 0{,}01328 = 1{,}3280\,\%$

d) Aufgrund der teilweise gegenläufigen Kursentwicklungen der Aktien kann der Anleger bei gleichbleibender oder höherer Rendite die Volatilität (Risiko) der Kursentwicklung reduzieren. Man vergleiche hierzu auch die Position des Portfolios im Risiko-Rendite-Chart der Abb. 1.1.

Aufgabe 1.39: DAX Kupon Korridor-Anleihe (Excel-Übung)

a) Für eine Auszahlung des Kupons darf der Kurswert an dem jeweiligen Stichtag nur weniger als 35 % gefallen oder weniger als 30 % gestiegen sein im Vergleich zum

Kurs des Vorjahres. Die jeweiligen Grenzen gehören dabei nicht mehr in den Korridor hinein!

b) Ergänzt werden muss als untere Grenze – 35 % und als obere Grenze 30 %.

c) Beispielhaft finden Sie folgende Abbildungen der Lösungen jeweils für 2007. Für eine vollständige Lösung nutzen Sie die Excel-Datei „DAX Kupon Korridor-Anleihe"!

1.

Jahr	Monat	DAX Stand am Monatsanfang	Performance auf 12 Monate (%)
2007	1	6619	19,50
	2	6872	20,73
	3	6496	12,88
	4	6936	15,72
	5	7522	22,43
	6	8004	39,03
	7	7961	40,11
	8	7432	31,40
	9	7671	29,84
	10	7850	30,62
	11	7806	24,10
	12	7880	25,84

2. Mithilfe der Wenn-Funktion ist es möglich, eine Bedingung zu überprüfen. Sollte die zu überprüfende Bedingung wahr sein, wird ein vorher definierter Wert ausgegeben, anderenfalls wird ein zweiter Wert ausgegeben, sollte sich die Bedingung als falsch erweisen. Die zu prüfende Bedingung wird im ersten Argument der Funktionsdefinition aufgeführt, der Wert bei wahrer Bedingung im zweiten und der Wert für die Falschheit im letzten Argument.

3. Beispielhaft für Monat1 im Jahr 2007 gilt:
   Spalte F: Bedingung 1: WENN(E20>E3;1;0)
   Spalte G: Bedingung 2: WENN(E20<E4;1;0)

Monat	DAX Stand am Monatsanfang	Performance auf 12 Monate (%)	Bedingung 1	Bedingung 2
1	6619	19,50	1	1
2	6872	20,73	1	1
3	6496	12,88	1	1
4	6936	15,72	1	1
5	7522	22,43	1	1
6	8004	39,03	1	0

7	7961	40,11	1	0
8	7432	31,40	1	0
9	7671	29,84	1	1
10	7850	30,62	1	0
11	7806	24,10	1	1
12	7880	25,84	1	1

4 Es gilt beispielhaft für Monat 1 in 2007: WENN(F20+G20=2;1;0)

Bedingung 1	Bedingung 2	Test beider Bedingungen
1	1	1
1	1	1
1	1	1
1	1	1
1	1	1
1	0	0
1	0	0
1	0	0
1	1	1
1	0	0
1	1	1
1	1	1

d) Folgende Häufigkeitsverteilung wurde berechnet:

	Absolut	Relativ
1	48	0,80
0	12	0,20
Summe	60	1,00

Im vorliegenden Fall kommt es an 80 % aller Stichtage zu einer Kuponauszahlung, da die Bedingungen des Korridors erfüllt wurden. Es wäre Herrn Grönert unter diesen Annahmen somit anzuraten, sein Geld in dieses Produkt zu investieren.

e) Um die Anzahl der Zahlungen über 5 Jahre zu ermitteln, sind die bereits berechneten Werte in Spalte H zu nutzen. Diese geben an, wann beide Bedingungen des Korridors zutreffen und wann eine Zahlung überhaupt erfolgt. Addiert man die Werte für den Januar jedes Jahres, so erhält man die Anzahl der Zahlungen über 5 Jahre, die man bei einer Investition beginnend im Januar erhalten hätte. Die gleiche Berechnung nutzt man für alle anderen Monate und erhält die Werte in Tab. 6.1.

Um nun einen Überblick über die Anzahl der Zahlungen in 5 Jahren zu erhalten, sind die Werte der Tab. 6.1 in Form einer Häufigkeitstabelle auszuwerten. Diese zeigt Tab. 6.2. In 67 % der Fälle kann der Anleger bei dieser Konstellation mit vier Zahlungen rechnen.

Aufgabe 1.40: Formeln der Zinseszinsrechnung
Formeln der Zinseszinsrechnung
   Umstellung nach K_0:

$$K_n = K_0 \cdot (1+i)^n$$
$$\frac{K_n}{K_0} = (1+i)^n$$
$$K_0 = \frac{K_n}{(1+i)^n}$$

Tab. 6.1 Anzahl der Zahlungen in Abhängigkeit des Starttermins der Investition

Anzahl der Kuponzahlungen	
4	Monat 1
3	Monat 2
3	Monat 3
4	Monat 4
5	Monat 5
4	Monat 6
4	Monat 7
4	Monat 8
5	Monat 9
4	Monat 10
4	Monat 11
4	Monat 12

Tab. 6.2 Häufigkeitstabelle der Zahlungen über 5 Jahre

Anzahl der Zahlungen	absolut	relativ
0	0	0,00
1	0	0,00
2	0	0,00
3	2	0,17
4	8	0,67
5	2	0,17
Summe	12	1,00

Umstellung nach n:

$$K_n = K_0 \cdot (1 + i)^n$$

$$\frac{K_n}{K_0} = (1 + i)^n$$

$$n = log_{(1+i)}\left(\frac{K_n}{K_0}\right)$$

Umstellung nach i:

$$K_n = K_0 \cdot (1 + i)^n$$

$$\frac{K_n}{K_0} = (1 + i)^n$$

$$\sqrt[n]{\frac{K_n}{K_0}} = 1 + i$$

$$i = \sqrt[n]{\frac{K_n}{K_0}} - 1$$

Aufgabe 1.41: Geldanlage mit Zinseszins

a)

Laufzeit	Kapital am Ende der Laufzeit	
0	K_0	$= K_0 \cdot (1 + i)^0$
1	$K_1 = K_0 + K_0 \cdot i$	$= K_0 \cdot (1 + i)^1$
2	$K_2 = K_1 + K_1 \cdot i$	$= K_0 \cdot (1 + i)^2$
	$\quad = K_1(1 + i)$	
	$\quad = K_0(1 + i)(1 + i)$	
	$\quad = K_0(1 + i)^2$	

Damit folgt:

$$K_n = K_0 \cdot (1 + i)^n$$

b) $K_8 = 4350 \, € \cdot (1 + 0{,}0275)^8 = 5404{,}36 \, €$

Mehrertrag im Vergleich zur einfachen Verzinsung:

$\tilde{K}_8 = 4350 \, € \cdot (1 + 8 \cdot 0{,}0275) = 5307{,}00 \, €$

Differenz: $5404{,}36 \, € - 5307{,}00 = 97{,}36 \, €$

c) $K_n = K_0 \cdot (1+i)^n$

$$\frac{K_n}{K_0} = (1+i)^n$$

$$\sqrt[n]{\frac{K_n}{K_0}} = 1+i$$

$$i = \sqrt[n]{\frac{K_n}{K_0}} - 1 = \sqrt[9]{\frac{19.264{,}01\,€}{12.000\,€}} - 1 = 0{,}054$$

$\curvearrowright i = 5{,}4\%$

d) $K_n = K_0 \cdot (1+i)^n$

$50.000\,€ = 25.000\,€ \cdot (1+0{,}035)^n$

$2 = (1+0{,}035)^n$

$n = \log_{(1+0{,}035)} 2$

$n = 20{,}15\,\text{Jahre}$

Allgemein gilt für die Berechnung des Verdoppelungszeitraums:

$K_n = K_0 \cdot (1+i)^n$ mit $K_n = 2 \cdot K_0$

$2K_0 = K_0 \cdot (1+i)^n$

$2 = (1+i)^n$

$n = \log_{(1+i)} 2$

e) Abb. 6.1 zeigt die Abhängigkeit der notwendigen Anlagedauer für eine Verdoppelung des Kapitals vom Zinssatz

Abb. 6.1 Anlagedauer in Abhängigkeit vom Zinssatz

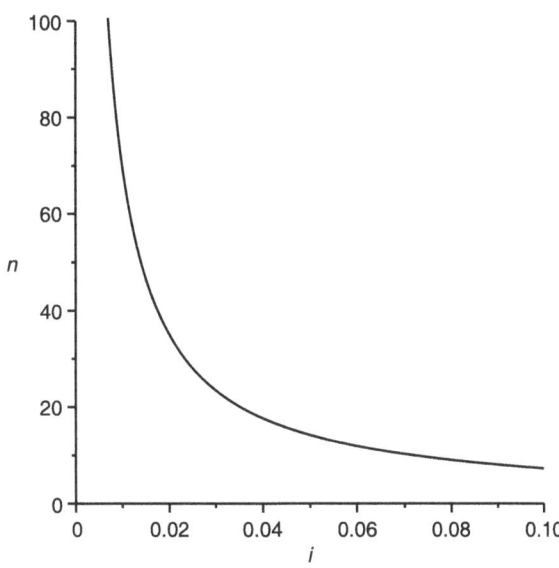

Man sieht, die Funktion fällt zunächst stark ab und konvergiert gegen null bei i gegen unendlich. Daraus folgt: Je höher die Rendite, desto kürzer die erforderliche Anlagedauer. Zudem strebt diese gegen null bei unendlich großer Rendite.

f)

1. März bis Dezember entspricht 10 Monaten.

$$K_{\text{Jahresende}} = K_0 \cdot \left(1 + \frac{10}{12} \cdot i\right)$$

$$K_{\text{Ende Februar}} = K_{\text{Jahresende}} \cdot \left(1 + \frac{2}{10} \cdot i\right)$$

$$K_{\text{gesamt}} = K_0 \cdot \left(1 + \frac{10}{12} \cdot i\right) \cdot \left(1 + \frac{2}{10} \cdot i\right)$$

Mit $K_0 = 8500$ € und $i = 0{,}02$ folgt:

$$K_{\text{gesamt}} = 8670{,}47 \text{ €}$$

2. $K_{\text{gesamt}} = K_0 \cdot \left(1 + \frac{3}{12} \cdot i\right) \cdot \left(1 + \frac{9}{12} \cdot i\right) = 8670{,}64 \text{€}.$

3. Der günstigste Einzahlungszeitpunkt liegt in der Jahresmitte. Die beiden letzten Faktoren in der Gleichung für K_{gesamt} werden dann gleich groß.

$$K_{\text{gesamt}} = K_0 \cdot \left(1 + \frac{6}{12} \cdot i\right) \cdot \left(1 + \frac{6}{12} \cdot i\right)$$

$$= K_0 \cdot \left(1 + \frac{1}{2}i\right)^2 = 8500 \text{ €} \cdot \left(1 + \frac{1}{2} \cdot 0{,}02\right)^2 = 8670{,}85 \text{ €}$$

Aufgabe 1.42: Logarithmierte Renditen

a) In der Formel

$$R_t = \frac{P_t - P_{t-1}}{P_{t-1}}$$

erkennt man sehr gut, dass die Rendite berechnet wird als Quotient der Preisänderung zum Ausgangspreis bzw. „alten Preis" des Finanzmarktproduktes. Die Preisänderung im Zähler wird berechnet aus aktuellem Preis abzüglich des ehemaligen Preises („Preisänderung = Delta des Preises = neuer Preis minus alter Preis").

b) Es ergibt sich folgende Tabelle:

Renditen R_t		Log-Renditen $r_t = \ln(1 + R_t)$		Differenz
1 %	0,0100	0,0100	1,00 %	0,00 %
5 %	0,0500	0,0488	4,88 %	0,12 %
10 %	0,1000	0,0953	9,53 %	0,47 %
25 %	0,2500	0,2231	22,31 %	2,69 %

c) Zunächst wurden im Beispiel für die Renditen R_t relativ kleine Werte verwandt. Die Werte der logarithmierten Renditen $r_t = \ln(1 + R_t)$ unterscheiden sich dann kaum von den üblicherweise verwandten Werten R_t. Dies zeigen auch die Differenzen in der letzten Spalte der Tabelle.

Um eine genauere Beziehung zwischen der Rendite und der logarithmierten Rendite abschätzen zu können, kann folgendes Verhältnis aufgestellt werden:

$r \approx R_t - \frac{1}{2} R_t^2$

Dieses ergibt sich aus der Taylor-Reihenentwicklung der Ausgangsgleichung $r_t = \ln(1 + R_t)$, soll hier jedoch nicht gezeigt werden. Man erkennt jedoch: Solange R_t einen kleinen Wert annimmt, ist der rechte Term $-\frac{1}{2} R_t^2$ unbedeutend, wodurch die Rendite und die logarithmierte Rendite einen sehr ähnlichen Wert besitzen.

Aufgabe 1.43: Beziehung zwischen Preisen und logarithmierten Renditen

a) Mit den gegebenen Werten für die Preise erhält man $R_{2008;2009} = 2{,}00\,\%$ und $R_{2009;2010} = 2{,}94\,\%$.

b) Für die Rendite bei einer Laufzeit von 2 Jahren folgt $R_{2008;2010} = 5{,}00\,\%$.

c) Es ist:

$$R_{2008;2010} = \left(1 + R_{2008;2009}\right) \cdot \left(1 + R_{2009;2010}\right) - 1$$
$$= (1 + 0{,}0200) \cdot (1 + 0{,}0294)$$
$$= 0{,}04999$$

Mit der Tabellenkalkulation erhält man bei Berechnung mit voller Genauigkeit exakt $0{,}0500 = 5{,}00\,\%$

d) Sind die Jahresrenditen R_t gegeben, so kann über

$$R_{\text{gesamt}} = \prod_{i=1}^{n} (1 + R_t) - 1$$

die Gesamtrendite berechnet werden. Für die Interpretation des Produktzeichens siehe auch Abschn. 1.6.

e) Für die logarithmierten Renditen aus Teilaufgabe a) erhält man:

$$r_{2008;2009} = ln(1 + 0{,}0200) = 0{,}0198 = 1{,}98\,\%$$
$$r_{2009;2010} = ln(1 + 0{,}0294) = 0{,}0290 = 2{,}90\,\%$$

f) Für die logarithmierte Rendite über 2 Jahre aus Teilaufgabe b) erhält man:

$$r_{2008;2010} = ln(1 + 0{,}05) = 0{,}0488 = 4{,}88\,\%$$

g) Zu prüfen ist die Gültigkeit der Formel $r_{2008;2010} = r_{2008;2009} + r_{2009;2010}$ am Beispiel:

$$r_{2008;2010} = r_{2008;2009} + r_{2009;2010} = 0{,}0198 + 0{,}0290 = 0{,}0488 = 4{,}88\,\%$$

Interpretation: Dies bedeutet, dass die logarithmierten Renditen pro Jahr miteinander addiert werden müssen, um die Rendite für die gesamte Laufzeit zu erhalten.

Verallgemeinert man das Ergebnis, so folgt: Logarithmierte Renditen werden addiert (!), um die Rendite über die Gesamtlaufzeit zu erhalten!

Aufgabe 1.44: Nachweis der Beziehung zwischen Preisen und logarithmierten Renditen

a) $R_{t-2;t-1}$ ist die Rendite, die der Anleger/Investor erhält, wenn er das Produkt vom Zeitpunkt $t - 2$ bis zum Zeitpunkt $t - 1$ hält.

Entsprechend ist $R_{t-2;t}$ diejenige Rendite für das Finanzmarktprodukt, wenn dieses in $t - 2$ gekauft und zum Zeitpunkt t verkauft wird.

b) $1 + R_{t-1;t} = 1 + \frac{P_t - P_{t-1}}{P_{t-1}} = 1 + \frac{P_t}{P_{t-1}} - 1 = \frac{P_t}{P_{t-1}}$

c) Zu zeigen ist:

$R_{t-2;t} = \left(1 + R_{t-2;t-1}\right) \cdot \left(1 + R_{t-1;t}\right) - 1$

Ausgehend von der rechten Seite der Gleichung gilt lt. Aufgabenteil b):

$\left(1 + R_{t-2;t-1}\right) \cdot \left(1 + R_{t-1;t}\right) - 1$

$= \frac{P_{t-1}}{P_{t-2}} \cdot \frac{P_t}{P_{t-1}} - 1$

$= \frac{P_t}{P_{t-2}} - 1$

$= \frac{P_t - P_{t-2}}{P_{t-2}} = R_{t-2;t}$

d) Stellt man die Gleichung aus der Aufgabenstellung um oder bezieht sich auf die in Teil c) gezeigte Beziehung, so gilt:

$1 + R_{t-2;t} = \left(1 + R_{t-2;t-1}\right) \cdot \left(1 + R_{t-1;t}\right)$

Beide Seiten werden logarithmiert:

$\ln\left(1 + R_{t-2;t}\right) = \ln\left(\left(1 + R_{t-2;t-1}\right) \cdot \left(1 + R_{t-1;t}\right)\right)$

Lt. Logarithmengesetz in der Formelsammlung Anhang A1 gilt:

$\ln\left(1 + R_{t-2;t}\right) = \ln\left(1 + R_{t-2;t-1}\right) + \ln\left(1 + R_{t-1;t}\right)$

und damit

$r_{t-2;t} = r_{t-2;t-1} + r_{t-1;t}$

e) Bei der Zinseszinsrechnung berechnet man die Gesamtrendite aus den Jahresrenditen über zwei Zinsperioden mit

$R_{t-2;t} = \left(1 + R_{t-2;t-1}\right) \cdot \left(1 + R_{t-1;t}\right) - 1$

Dies ist nicht sonderlich intuitiv! Demgegenüber ist die Rechnung mit logarithmierten Renditen einfacher zu verstehen. Denn hier gilt, wie gerade gezeigt, $r_{t-2;t} = r_{t-2;t-1} + r_{t-1;t}$. Das heißt, die Renditen in den einzelnen Zinsperioden werden addiert, um die Gesamtrendite zu erhalten. Verallgemeinert für n Zinsperioden folgt demnach:

$r_{t-n;t} = r_{t-n;t-n+1} + r_{t-n+1;t-n+2} + \ldots + r_{t-1;t}$

Man erkennt die Gültigkeit, indem man für $n = 2$ einsetzt und die oben bereits gezeigte Gleichung erhält.

Aufgabe 1.45: Logarithmische Achseneinteilung

In Abb. 1.3 ist schwer erkennbar, ob die Rendite für jede der Zeitperioden konstant ist. Durch die logarithmierte Darstellung auf der y-Achse von Abb. 1.4 erkennt man die konstante Verzinsung am linearen Verlauf der Kurve. Während im ersten Fall die Preise mit $(1+i)^t$ wachsen, führt das Logarithmieren zu $\ln (1+i)^t = t \cdot \ln (1+i)$ und damit zu einer linearen Funktion mit dem Anstieg $\ln (1+i)$.

Aufgabe 1.46: Unterjährige Kapitalverzinsung

a) Man beachte, dass die Angabe des Zinses p bzw. i und die Einheit der Laufzeit t stets zusammenpassen müssen! Hier ist der vierteljährliche Zins gegeben. Demnach muss die Laufzeit auch in „Anzahl der Vierteljahre"=Quartale in die Formel der Zinseszinsrechnung eingesetzt werden.

$$K_n = K_0 \cdot (1+i)^n$$

$$K_{4.5} = 7.500 \cdot (1,006)^{4 \cdot 5} = 8.453,19$$

b) $i = \left(\frac{K_n}{K_0} \right)^{\frac{1}{n}} - 1$

   Hier ist der jährliche Zins gesucht. Für n ist damit auch die Anzahl der Jahre einzusetzen!

$$i = \left(\frac{8.453,19}{7.500} \right)^{\frac{1}{5}} - 1 = 0,02422 \curvearrowright i = 2,422\,\%$$

   Der Zins, den der Sparer jährlich erhalten müsste, um am Ende der Laufzeit den gleichen Betrag inkl. Zinsen angespart zu haben, muss größer 2,4 % sein, da bei jährlicher Verzinsung im Gegensatz zur vierteljährlichen Verzinsung weniger Zinsperioden vorliegen und somit auch der Zinseszinseffekt insgesamt kleiner ist bzw. der unterjährige Zinseszinseffekt ganz entfällt. Dies muss durch einen höheren Jahreszins kompensiert werden.

c) Will man den Zins pro Monat berechnen, so ist auch die Anzahl der Monate $n = 5 \cdot 12$ in die Formel einzusetzen.

$$i = \left(\frac{8.453,19}{7.500} \right)^{\frac{1}{60}} - 1 = 0,001996 \curvearrowright i \approx 0,2\,\%$$

Aufgabe 1.47: Kurzfristige Kapitalanlage

a) Es muss beachtet werden, dass die Anzahl der Zinsperioden und der zugehörige Zins hier auf Monatsbasis angegeben wird. Beide Größen müssen stets hinsichtlich der Laufzeit miteinander korrespondieren!

$$K_n = K_0 \cdot (1+i)^n$$

$$K_7 = 65.000 \cdot (1 + 0,005)^7 = 67.309,41$$

b)
$$i = \left(\frac{K_n}{K_0}\right)^{\frac{1}{n}} - 1$$

$$i = \left(\frac{K_7}{K_0}\right)^{\frac{1}{12}} - 1 = \left(\frac{67.309,41}{65.000}\right)^{\frac{12}{7}} - 1 = 0,06168$$

$$i = 6,17\%$$

Alternativ kann das Endkapital nach 12 Monaten berechnet werden. Dabei ist darauf zu achten, dass für n die Anzahl der Monate genutzt wird! Damit folgt:

$$K_{12} = 65.000 \cdot (1 + 0,005)^{12} = 69.009,06$$

Und damit: $i = \left(\frac{69.009,06}{65.000}\right)^{\frac{1}{1}} - 1 = 6,17\%$

Aufgabe 1.48: Weitere kurzfristige Kapitalanlage

a) In einer Skizze erkennt man, dass die erste Zinszahlung am Ende des ersten Monats und damit anteilig für $30 - 12 = 18$ Tage erfolgt. Danach folgen 6 Monate mit monatlicher Zinszahlung. Abschließend folgt die Verzinsung für die noch fehlenden 12 Tage, da der Anlagezeitraum exakt 7 Monate betragen soll (Einzahlung am 13., Auszahlung am 12.). Die Probe ergibt:

$$18 + 6 \cdot 30 + 12 = 210 \text{ Zinstage}$$

b)
$$K_E = K_0 \cdot \left(1 + \frac{18}{30}i\right) \cdot (1 + i)^6 \left(1 + \frac{12}{30}i\right)$$

$$K_E = K_0 \cdot \left(1 + \frac{18}{30} \cdot 0,005\right) \cdot (1 + 0,005)^6 \cdot \left(1 + \frac{12}{30} \cdot 0,005\right)$$

$$K_E = 67.309,81$$

Aufgabe 1.49: Optimaler Einzahlungszeitpunkt für Zinseszinsmaximierung

a) $K_E = K_0 \cdot \left(1 + \frac{a}{12}i\right) \cdot \left(1 + \frac{b}{12}i\right)$

b) K_E hängt von den Parametern a, b, K_0 und i ab.

c) Es gilt $a + b = 12$ und damit $b = 12 - a$. Für K_E folgt:

$$K_E = K_0 \cdot \left(1 + \frac{a}{12}i\right) \cdot \left(1 + \frac{12 - a}{12}i\right)$$

$$K_E = K_0 \cdot \frac{1}{12}(12 + ai) \cdot \frac{1}{12}(12 + (12 - a)i)$$

$$K_E = \frac{K_0}{144} \cdot (12 + ai) \cdot (12 + (12 - a) \cdot i)$$

Es gilt:

K_E ist Funktion von a, da K_0 und i gegeben sind.

$$K_E = \frac{K_0}{144} \cdot (12 + ai) \cdot (12 + (12 - a) \cdot i)$$

$$K_E = \frac{K_0}{144} \cdot (12 + ai) \cdot (12 + 12i - ai)$$

$$K_E(a) = \frac{K_0}{144} \cdot \left(144 + 144i - 12ai + 12ai + 12ai^2 - a^2i^2\right)$$

$$K_E(a) = \frac{K_0}{144} \cdot \left(144 + 144i + 12ai^2 - a^2i^2\right)$$

Für die erste Ableitung nach a erhält man:

$$K_E{}'(a) = \frac{K_0}{144} \cdot \left(12i^2 - 2ai^2\right)$$

$$0 = \frac{K_0}{144} \cdot \left(12i^2 - 2ai^2\right)$$

$$0 = 12i^2 - 2ai^2$$

$$2ai^2 = 12i^2$$

$$a = 6$$

Überprüfung, ob Maximum:

$$K_E{}^{'(a)} = \frac{K_0}{144} \cdot 12i^2 - \frac{K_0}{144} \cdot 2ai^2$$

$$K_E{}'(a) = \frac{K_0}{12} \cdot i^2 - \frac{K_0}{72} \cdot ai^2$$

$$K_E{}''(a) = 0 - \frac{1}{72} \cdot K_0i^2$$

$$K_E{}''(a = 6) = -\frac{1}{72} \cdot K_0i^2 < 0 \rightarrow \textit{Maximum}$$

d) Der Einzahlungszeitpunkt ist so zu wählen, dass das Kapital K_0 im ersten Jahr genau 6 Monate lang verzinst wird. Man erhält den größten Endbetrag, wenn zur Jahresmitte eingezahlt wird.

Aufgabe 1.50: Zertifikatekauf

a)

1.

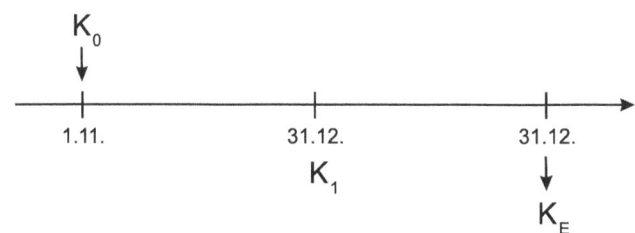

2.
$$K_1 = K_0\left(1 + \frac{2}{12}i_{\text{eff}}\right)$$

$$K_E = K_1(1 + i_{\text{eff}})$$

$$K_E = K_0\left(1 + \frac{2}{12}i_{\text{eff}}\right)(1 + i_{\text{eff}})$$

3.
$$\frac{K_E}{K_0} = 1 + i_{\text{eff}} + \frac{2}{12}i_{\text{eff}} + \frac{2}{12}i_{\text{eff}}^2$$

$$0 = \frac{2}{12}i_{\text{eff}}^2 + \frac{14}{12}i_{\text{eff}} + \left(1 - \frac{K_E}{K_0}\right)$$

4. $K_0 = 67{,}66$

$K_E = 75{,}50$

$i_{\text{eff}1} = 0{,}0979495$

$i_{\text{eff}2} = -7{,}0979\ \textit{entfällt}$

5. 10 Zertifikate
$K_0 = 676{,}60$

$K_E = 755{,}00$

$$K_1 = 676{,}6\left(1 + \frac{2}{12}i_{\text{eff}}\right) = 687{,}65$$

$$K_E = 687{,}65(1 + i_{\text{eff}}) = 754{,}99$$

b)
$K_0 = 676{,}60 + 40 = 716{,}60$

$K_E = 755{,}00 - 40 = 715{,}00$

Je einmal Gebühren
$K_E < K_0$!
$i_{\text{eff}} = -0{,}0019143$
Hinweis: Die Formeln zur Umrechnung der Zinsen funktionieren hier nicht! Es wird angenommen, dass die Zinsen am Ende des Jahres – also erstmals nach 2 Monaten gezahlt werden. Dann werden diese wieder mitverzinst. Eine Umrechnung über 14 Monate kontinuierlich ist hier also nicht möglich! Benutzt man die hergeleitete Formel und löst diese numerisch, so erhält man das aufgeführte Ergebnis.

c) $K_0 = 67{,}66 \cdot 100 + 40 = 6806{,}00$

$K_E = 75{,}50 \cdot 100 - 40 = 7510{,}00$

$i_{\text{eff}} = 0{,}0875659$

d) Die Gebühren beeinflussen die effektive Verzinsung stark.
Es lohnt nur zu spekulieren, wenn ein hoher Betrag angelegt werden kann oder die Gebühren niedrig sind. Dies ist auch bei der Diskussion einer möglichen „Spekulationssteuer" zu beachten.

e) Mithilfe der Tabellenkalkulation bestimmt man bei einem vorgegebenen Zinssatz von 3 % und Gebühren von jeweils 40,00 € für Kauf und Verkauf eine Mindestanzahl von 14,9, also 15 Zertifikaten.

Aufgabe 1.51: Zinsrechnung für ein Tagesgeldkonto

Buchungsdatum	Buchungstext	Haben/Soll [EUR]	Kontostand [EUR] mit $i = 0,015$
01.01.2004		0	0
20.06.2004	Einzahlung	6000	6000
31.12.2004	Zinsen	6047,5 − 6000 = 47,5	K_{einfach} $= 6000 \cdot (1 + \frac{190}{360} \cdot i)$ $= 6047,50$
31.12.2005	Zinsen	6138,21 − 6047,50 = 90,71	$K_{\text{Zinseszins}}$ $= 6047,5 \cdot (1 + i)^1$ $= 6138,21$
31.12.2006	Zinsen	6230,28 − 6138,21 = 92,07	$K_{\text{Zinsezins}}$ $= 6138,21 \cdot (1 + i)^1$ $= 6230,28$
01.09.2007	Einzahlung	2000	6230,28 + 2000 $= 8230,28$
31.12.2007	Rechnungsabschluss	8333,65 − 8230,28 = 103,37	K_{End} $= 2000 \cdot \left(1 + \frac{119}{360} \cdot i\right)$ $+ 6230,28 \cdot (1 + i)^1$ $= 8333,65$

Aufgabe 1.52: Altersvorsorge

a) Inflation/Preissteigerungen

b) Annahme: EZB erreicht ihr Ziel und hält Inflation bei leicht unter 2 %
   $\curvearrowright i = 0,02$.
   1. $K_n = K_0 \cdot (1 + i)^n$

$$K_0 = \frac{K_n}{(1 + i)^n} = \frac{K_{30}}{(1 + 0,02)^{30}} = \frac{50.000}{1,02^{30}} = 27.603,54$$

   2. $n = \log_{1+i} \frac{K_n}{K_0} = \frac{\ln\left(\frac{K_n}{K_0}\right)}{\ln(1+i)} = \frac{\ln\left(\frac{50.000}{25.000}\right)}{\ln(1,02)} = 35$

Den Verlauf der Funktion der Dauer der Halbierung des Wertes des Geldes in Abhängigkeit vom Zinsfuß zeigt Abb. 6.2.

Abb. 6.2 Dauer der
Halbierung des Geldwertes in
Abhängigkeit des Wertverfalls

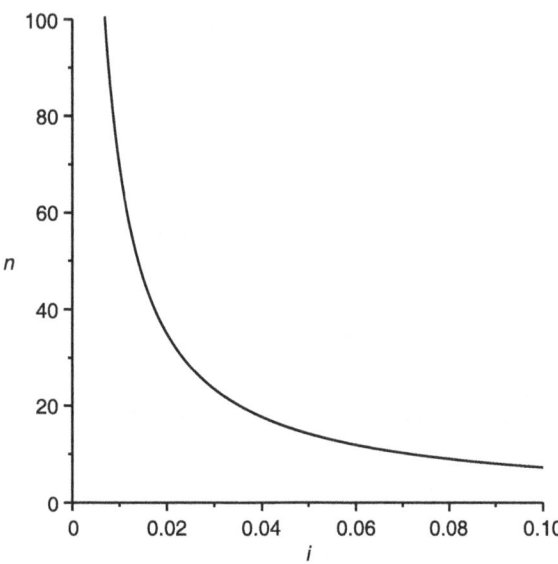

Aufgabe 1.53: Einfache Barwertberechnung

a) $K_0 = \frac{K_n}{(1+i)^n}$

b) $K_0 = \frac{K_{10}}{(1+0,04)^{10}} = \frac{8800}{1,04^{10}} = 5944,96$

Aufgabe 1.54: Investorenaufgabe

a) Die erste Idee ist, die Summe aller über die 3 Jahre zu leistenden Zahlungen zu addieren. Der zu zahlende Betrag entspräche $4 \cdot 80€ = 320€$. Da man am Ende der Laufzeit eine Auszahlung von 330€ erhält, würde man einen Gewinn von 10€ erzielen.

Bei dieser Annahme handelt es sich jedoch um eine Fehleinschätzung! Der Marktzins muss berücksichtigt werden. Die Zahlungen sind mit dem Marktzins zu diskontieren! Dafür muss der Nettobarwert errechnet werden.

Berechnung des Nettobarwertes (Net Present Value = NPV) aller Zahlungen:

$$\text{NPV} = -80 - \left(\frac{80}{1,062^1}\right) - \left(\frac{80}{1,062^2}\right) + \left(\frac{-80+330}{1,062^3}\right) = -17,54$$

In diesem Fall ist die Investition nicht sinnvoll!

Cashflow des Investors

Jahr	0	1	2	3	Summe
Zahlung eines Emittenten	−80 €	−80 €	−80 €	250 €	10 €
Barwerte	−80 €	−75,33 €	−70,93 €	208,72 €	**−17,54 €** (NPV)

b) Nach der Vervollständigung der Kalkulation in Excel kann die Zielwertsuche benutzt werden. Als Zielwert wird für die Summe der Barwerte null vorgegeben und der Marktzins entsprechend automatisch angepasst. Man erhält als maximalen alternativen Marktzins 2,0551 %.

c) Merke: Bei positivem Nettobarwert aller Zahlungen sollte eine Investition erfolgen. Damit vergrößert der Investor sein Vermögen.

Aufgabe 1.55: Anleihekauf

a) Berechnung des Nettobarwertes (Net Present Value = NPV) aller Zahlungen Marktzins = 5,50%

Cashflow einer Anleihe

	2005	2006	2007	2008	2009	2010	2011
Zahlung eines	???	12 €	12 €	12 €	12 €	12 €	112 €
Emittenten							
Barwerte	**132,47 €**	11,37 €	10,78 €	10,22 €	9,69 €	9,18 €	81,23 €

In diesem Fall ist der Kauf der Anleihe sinnvoll, wenn der Kurs der Anleihe maximal 132,47 € beträgt.

b) Merke:

Anleihen, deren Kurs unter dem Barwert liegt, sollten gekauft werden. Liegt der Kurs über dem Barwert, so sollte man die Anleihe verkaufen.

Aufgabe 1.56: Barwertrechnung für Kreditentscheidungen

In allen drei Fällen wird im Jahr null 1 Mio. € ausgezahlt. Zudem ist im gleichen Jahr eine Versicherungsgebühr an die Bankengruppe zu zahlen! Die Rückzahlungshöhe nach der Kreditlaufzeit von einem Jahr variiert je nach Zinssatz.

Bei einer Kreditvergabe an Firma A würde man zunächst 1.000.000 € sowie die Versicherungsprämie zahlen und dann im Jahr der Rückzahlung einen positiven Cashflow i. H. v. $1.000.000 € \cdot 1,056 = 1.056.000 €$ erzielen. Bei Vergabe an Firma B $1.063.000 €$ und bei Vergabe an Firma C $1.089.000 €$.

Eine Entscheidung kann jedoch nur wieder unter Berücksichtigung der Marktzinsen, also durch Errechnung des Nettobarwertes (Net Present Values) getroffen werten. Dazu ist der Rückzahlungsbetrag samt Kreditzinsen mit dem Marktzins abzuzinsen.

Firma A $NPV = -1 \cdot 1.000.000 \cdot (1 + 0,0003) + \frac{1.056.000}{1+0,045} = 10.226,32$

Firma B $NPV = -1 \cdot 1.000.000 \cdot (1 + 0,0007) + \frac{1.063.000}{1+0,045} = 16.524,88$

Firma C $NPV = -1 \cdot 1.000.000 \cdot (1 + 0,048) + \frac{1.089.000}{1+0,045} = -5894,74$

Cashflow

	Akt. Zeitpunkt t_0	$t_0 + 1$ Jahr	NPV
A	$-1.000.300,00$	$1.056.000,00$	$10.226,32$
B	$-1.000.700,00$	$1.063.000,00$	$16.524,88$
C	$-1.048.000,00$	$1.089.000,00$	$-5.894,74$

Kredit an Firma C weist einen negativen Nettobarwert aus, sodass dieser unter den genannten Bedingungen aus Sicht der Bank nicht zu vergeben wäre.

Offenbar muss der zu vereinbarende Zins stark steigen, wenn die Ausfallwahrscheinlichkeit hoch ist.

Aufgabe 1.57: Vergleich der Verrentungsarten

a) $Rentenendwert_{vorschüssig} = r \cdot q \cdot \frac{q^n - 1}{q - 1} = 7000 \cdot 1,045 \cdot \frac{1,045^9 - 1}{0,045} = 79.017,46$

$Rentenendwert_{nachschüssig} = r \cdot \frac{q^n - 1}{q - 1} = 7000 \cdot \frac{1,045^9 - 1}{0,045} = 75.614,80$

b) $Rentenbarwert_{vorschüssig} = r \cdot \frac{1}{q^{n-1}} \cdot \frac{q^n - 1}{q - 1} = 7000 \cdot \frac{1}{1,045^8} \cdot \frac{1,045^9 - 1}{0,045} = 53.171,20$

$Rentenbarwert_{nachschüssig} = \frac{R_n}{q^n} = \frac{75.614,8}{1,045^9} = 50.881,53$

c)

Bezeichnung der Berechnungsgröße	vorschüssige Zahlung	nachschüssige Zahlung	Differenz
Rentenendwert	$79.017,46$	$75.614,80$	$3.402,66$
Rentenbarwert	$53.171,20$	$50.881,53$	$2.289,67$

Die Differenz zwischen nachschüssiger und vorschüssiger Zahlung entspricht q, also einer Zinsperiode. Der Rentenendwert entspricht dem jeweiligen über die Laufzeit (q^n) aufgezinsten Rentenbarwert, während der Rentenbarwert dem jeweiligen über die Laufzeit abgezinsten Rentenendwert entspricht.

d) $Rentenbarwert_{vorschüssig} = RBW_{vor} = r \cdot \frac{1}{q^{n-1}} \cdot \frac{q^n - 1}{q - 1}$

$n = \frac{\ln\left(\frac{-r}{RBW_{vor} \cdot (q - 1) - qr}\right)}{\ln q} + 1$

oder

$n = \frac{\ln\left(\frac{r}{-RBW_{vor} \cdot q + RBW_{vor} + rq}\right) + \ln q}{\ln q}$

$n = \frac{\ln\left(\frac{7000}{-44.900 \cdot 1,03 + 44.900 + 7000 \cdot 1,03}\right) + \ln 1,03}{\ln 1,03}$

$n = 7$

Aufgabe 1.58: Verrentung eines Lottogewinns

a) Mit zunehmendem Alter sollte immer konvervativer angelegt werden, da Kursverluste
   nicht mehr so lange ausgesessen werden können.

b) $K_n = K_0 \cdot (1+i)^n$

$K_6 = 100.000 \cdot 1,05^6$

$K_6 = 134.009,56$

c)

1. $R_0 = r \cdot \dfrac{1}{q^n} \cdot \dfrac{q^n - 1}{q - 1}$

$$n = \log_{1,05}\left(\frac{1}{1 - \frac{134.009 \cdot (0,05)}{12.000}}\right) = \frac{\ln\left(\frac{1}{1 - \frac{134.009 \cdot (0,05)}{12.000}}\right)}{\ln 1,05}$$

$n = 16,75$

2. Auszahlungsplan

Jahr	Wert zu Beginn des Jahres	verzinst am Ende des Jahres	abzgl. Rente	Endkapital am Ende des Jahres
1	134.009,56	140.710,04	−12.000,00	128.710,04
2	128.710,04	135.145,54	−12.000,00	123.145,54
3	123.145,54	129.302,82	−12.000,00	117.302,82
4	117.302,82	123.167,96	−12.000,00	111.167,96
5	111.167,96	116.726,36	−12.000,00	104.726,36
6	104.726,36	109.962,68	−12.000,00	97.962,68
7	97.962,68	102.860,81	−12.000,00	90.860,81
8	90.860,81	95.403,85	−12.000,00	83.403,85
9	83.403,85	87.574,05	−12.000,00	75.574,05
10	75.574,05	79.352,75	−12.000,00	67.352,75
11	67.352,75	70.720,39	−12.000,00	58.720,39
12	58.720,39	61.656,41	−12.000,00	49.656,41
13	49.656,41	52.139,23	−12.000,00	40.139,23
14	40.139,23	42.146,19	−12.000,00	30.146,19
15	30.146,19	31.653,50	−12.000,00	19.653,50
16	19.653,50	20.636,17	−12.000,00	8.636,17
17	8.636,17	9.067,98	−12.000,00	−2.932,02
18	−2.932,02	−3.078,62	−12.000,00	−15.078,62
19	−15.078,62	−15.832,55	−12.000,00	−27.832,55
20	−27.832,55	−29.224,18	−12.000,00	−41.224,18

d) Auszahlungsplan

Jahr	Wert zu Beginn des Jahres	verzinst am Ende des Jahres	abzgl. Rente	Endkapital am Ende des Jahres
1	134.009,56	140.710,04	−11.886,53	128.823,51
2	128.823,51	135.264,68	−11.886,53	123.378,15
3	123.378,15	129.547,06	−11.886,53	117.660,53
4	117.660,53	123.543,55	−11.886,53	111.657,02
5	111.657,02	117.239,87	−11.886,53	105.353,34
6	105.353,34	110.621,00	−11.886,53	98.734,47
7	98.734,47	103.671,19	−11.886,53	91.784,66
8	91.784,66	96.373,89	−11.886,53	84.487,36
9	84.487,36	88.711,73	−11.886,53	76.825,19
10	76.825,19	80.666,45	−11.886,53	68.779,92
11	68.779,92	72.218,92	−11.886,53	60.332,38
12	60.332,38	63.349,00	−11.886,53	51.462,47
13	51.462,47	54.035,59	−11.886,53	42.149,06
14	42.149,06	44.256,51	−11.886,53	32.369,98
15	32.369,98	33.988,48	−11.886,53	22.101,94
16	22.101,94	23.207,04	−11.886,53	11.320,51
17	11.320,51	11.886,53	−11.886,53	0,00

$$A = S_0 \cdot q^n \cdot \frac{q-1}{q^n-1}$$

$$A = 134.009{,}56 \cdot 1{,}05^{17} \cdot \frac{0{,}05}{1{,}05^{17}-1}$$

$$A = 11.886{,}53$$

Aufgabe 1.59: Ratensparverträge

a)

Einzahlungstermin	Betrag [EUR]
1.1.1999	$1000 = K_1$
1.1.2000	$2000 = K_2$
1.1.2001	$4000 = K_3$
1.1.2002	$1000 = K_4$
1.1.2003	$2000 = K_5$

$$K_n = K_1 \cdot q^5 + K_2 \cdot q^4 + K_3 \cdot q^3 + K_4 \cdot q^2 + K_5 \cdot q^1$$
$$K_n = K_1 \cdot (1+i)^5 + K_2 \cdot (1+i)^4 + K_3 \cdot (1+i)^3 + K_4 \cdot (1+i)^2 + K_5 \cdot (1+i)^1$$
$$= 1000 \cdot 1{,}03^5 + 2000 \cdot 1{,}03^4 + 4000 \cdot 1{,}03^3 + 1000 \cdot 1{,}03^2 + 2000 \cdot 1{,}03^1$$
$$= 10.902{,}10$$

b) Rentenendwert einer vorschüssigen Rente

$$K_n = r \cdot q \cdot \frac{q^n - 1}{q - 1}$$
$$K_5 = 1500 \cdot 1{,}03 \cdot \frac{1{,}03^5 - 1}{1{,}03 - 1} = 8.202{,}61$$

c) $$K_n = r \cdot q \cdot \frac{q^n - 1}{q - 1}$$
$$K_7 = 2000 \cdot 1{,}025 \cdot \frac{1{,}025^7 - 1}{1{,}025} = 15.472{,}23$$

d) $r = \frac{K_n \cdot (q-1)}{q \cdot (q^n - 1)}$

$$n = \frac{\ln\left(\frac{K_n \cdot q - K_n + rq}{rq}\right)}{\ln q}$$

oder $n = \log_q\left(\frac{K_n}{r \cdot q} \cdot (q-1) + 1\right)$

e) $r = \frac{K_6 \cdot (q-1)}{q \cdot (q^n - 1)} = \frac{20.000 \cdot 0{,}02}{1{,}02 \cdot (1{,}02^6 - 1)} = 3.108{,}35$

f)
$$n = \frac{\ln\left(\frac{K_n \cdot q - K_n + rq}{rq}\right)}{\ln q} = \frac{\ln\left(\frac{12.000 \cdot 1{,}02 - 12.000 + 2000 \cdot 1{,}02}{2000 \cdot 1{,}02}\right)}{\ln 1{,}02} = 5{,}62$$

g) $$K_n = r \cdot q \cdot \frac{q^n - 1}{q - 1}$$
$$K_7 = 2500 \cdot 1{,}06 \cdot \frac{1{,}06^7 - 1}{0{,}06} = 22.243{,}67$$

Aufgabe 1.60: Unterjährige Ratenzahlungen

a) $K = 1.$ Rate verzinst für 1. Jahr + 2. Rate verzinst für 11 Monate

$$K = r \cdot (1+i) + r \cdot \left(1 + \frac{11}{12} \cdot i\right)$$
$$= 25 \cdot (1 + 0{,}03) + 25 \cdot \left(1 + \frac{11}{12} \cdot 0{,}03\right) = 51{,}44$$

b)
$$K_1 = r(1 + i) + r\left(1 + \frac{11}{12} \cdot i\right) + r\left(1 + \frac{10}{12} \cdot i\right) + r\left(1 + \frac{9}{12} \cdot i\right) +$$

$$r\left(1 + \frac{8}{12} \cdot i\right) + r\left(1 + \frac{7}{12} \cdot i\right) + r\left(1 + \frac{6}{12} \cdot i\right) + r\left(1 + \frac{5}{12} \cdot i\right) +$$

$$r\left(1 + \frac{4}{12} \cdot i\right) + r\left(1 + \frac{3}{12} \cdot i\right) + r\left(1 + \frac{2}{12} \cdot i\right) + r\left(1 + \frac{1}{12} \cdot i\right)$$

$$= 12r + ri + r\frac{11}{12}i + r\frac{10}{12}i + \ldots + r\frac{1}{12}i$$

$$= 12r + ri\left(\frac{12}{12} + \frac{11}{12} + \frac{10}{12} + \ldots + \frac{1}{12}\right) \qquad \left| \sum_{i=1}^{n} i = \frac{n}{2}(n+1) \right.$$

$$= 12r + \frac{ri}{12}\frac{12}{2} \cdot 13$$

$$= 12r + \frac{ri}{2} \cdot 13$$

mit r = 25

$$K_1 = 12 \cdot 25 + \frac{25 \cdot 0{,}03}{2} \cdot 13$$

$$= 304{,}88$$

c) $K_8 = K_1 \cdot q^8 + K_2 \cdot q^7 + \ldots + K_1 \cdot q^1 + K_1 \cdot q^0$

$$= K_1 \cdot \left(q^8 + q^7 + \ldots + q^1 + q^0\right)$$

$$= K_1 \cdot \frac{q^n - 1}{q - 1}$$

$$K_8 = 304{,}88 \cdot \frac{1{,}03^8 - 1}{1{,}03 - 1} = 2711{,}09$$

Ohne gerundete Zwischenergebnisse erhält man mit $r = 304{,}875$ den Wert $2711{,}05$
Eine direkte Berechnung erfolgt mit Formel 332 aus der Formelsammlung in Anhang
A1.

$$r_E = r \cdot \left[m + \frac{i}{2}(m + 1)\right]$$

Dabei ist m die Anzahl der Ratenzahlungen. Hier folgt:

$$r_E = 25 \cdot \left[12 + \frac{0{,}03}{2}(12 + 1)\right]$$

$r_E = 304{,}88$ sowie

$R_8 = r_E \cdot \frac{q^n - 1}{q - 1}$

$R_8 = 304{,}88 \cdot \frac{1{,}03^8 - 1}{1{,}03 - 1}$

$R_8 = 2.711{,}10$ bzw. ohne Rundung wieder

$2.711{,}05$

Aufgabe 1.61: Wert von Ratenzahlungen bei unterjähriger Verzinsung

Eine nachschüssige Rate entspricht einer vorschüssigen Rente. Dementsprechend Anwendung der Formel des vorschüssigen Rentenendwertes.

$$K_n = r \cdot q \cdot \frac{q^n - 1}{q - 1}$$

Zunächst muss der jährliche Zinssatz auf die monatlichen Raten heruntergerechnet, also der monatliche Zinssatz ermittelt werden. Dazu hilft die Überlegung, welchen Wert 1 € jeweils bei monatlicher und bei jährlicher Verzinsung hätte:

$$1 \cdot (1 + i_{\text{mon}})^{12} = 1 \cdot \left(1 + i_{\text{jahr}}\right)^1$$

$$(1 + i_{\text{mon}}) = \sqrt[12]{\left(1 + i_{\text{jahr}}\right)}$$

$$(1 + i_{\text{mon}}) = 1{,}001651581$$

$$q_{\text{mon}} = 1{,}001651581$$

Daraus folgt:

$$K_n = r \cdot q \cdot \frac{q^n - 1}{q - 1} = 100 \cdot 1{,}001652 \cdot \frac{1{,}001652^{24} - 1}{0{,}001652} = 2.450{,}18$$

Aufgabe 1.62: Barwert von Teilzahlungen

a) Der Barwert einer Zahlung errechnet sich aus der allgemeinen Formel:

$K_0 = K_n \cdot \frac{1}{(1+i)^n}$

1000 € nach 1. Jahr bei 11 %

$K_0 = K_1 \cdot \dfrac{1}{(1 + i)^1}$

$\quad = 1000 \cdot \dfrac{1}{(1 + 0{,}11)^1} = 900{,}90$

1500 € nach 2 Jahren bei 11 %

$K_0 = K_2 \cdot \dfrac{1}{(1 + i)^2}$

$\quad = 1500 \cdot \dfrac{1}{(1 + 0{,}11)^2} = 1.217{,}43$

2000 € nach 3 Jahren bei 11 %

$K_0 = K_{13} \cdot \dfrac{1}{(1 + i)^3}$

$\quad = 2000 \cdot \dfrac{1}{(1 + 0{,}11)^3} = 1.462{,}38$

Gesamtbarwert der drei Zahlungen:

$$K_0 = K_1 \cdot \frac{1}{(1+i)^1} + K_2 \cdot \frac{1}{(1+i)^2} + K_3 \cdot \frac{1}{(1+i)^3}$$

$$= 1000 \cdot \frac{1}{1{,}11^1} + 1500 \cdot \frac{1}{1{,}11^2} + 2000 \cdot \frac{1}{1{,}11^3} = 3.580{,}72$$

b) Barwert von Zahlungen $a_1, a_2, \ldots a_n$ zum Zinssatz p:

$$K_0 = a_1 \cdot \frac{1}{(1+p)^1} + a_2 \cdot \frac{1}{(1+p)^2} + a_3 \cdot \frac{1}{(1+p)^3} + \ldots + a_n \cdot \frac{1}{(1+p)^n}$$

$$K_0 = \sum\nolimits_{i=1}^{n} a_i \cdot \frac{1}{(1+p)^i}$$

c) Wir halten fest:

Die Zinsen werden am Ende der Laufzeit fällig und sind als konstante Renten a_i zu behandeln. Damit kann die Formel für den Barwert einer nachschüssigen Rente genutzt werden.

$$R_0 = r \cdot \frac{1}{q^n} \cdot \frac{q^n - 1}{q - 1}$$

Mit $n = 8$; $r = a_1 = 1000$ und $q = 1{,}06$ folgt $R_0 = 6.209{,}79$.

In der Literatur wird diese Formel oft noch vereinfacht. Vergleiche Sydsæter und Hammond (2010, S. 417 ff.).

$$P_n = \frac{r}{i} \left[1 - \frac{1}{(1+i)^n} \right]$$

$$P_8 = 6.209{,}79$$

Man spricht hier von dem Barwert einer Annuität über n Perioden mit Zahlbetrag r pro Periode.

Für den Gesamtendwert kann die Formel für den Rentenendwert einer nachschüssigen Rente nutzt werden. Man erhält:

$$R_n = r \cdot \frac{q^n - 1}{q - 1}$$

$$= R_0 \cdot q^n$$

$$= 6.209{,}79 \cdot 1{,}06^8$$

$$= 9.897{,}47$$

In der Literatur findet man hierzu folgende Formel (vgl. Sydsæter und Hammond (2010, S. 417 ff.)):

$$F_n = \frac{n}{i} \left[(1+i)^n - 1 \right]$$

Es folgt $F_8 = 9.897{,}47$

Aufgabe 1.63: Zahlungsmethode BVG-Fahrpreise

a) Bei Jahreszahlung verfügt das Unternehmen sofort über den gesamten Betrag. Der vom Kunden bezahlte Betrag kann bei einer Bank angelegt werden. Daraus folgen möglicherweise Zinszahlungen.

Zudem besteht bei monatlicher Zahlweise für das Unternehmen ein höheres Risiko. Gegebenenfalls ist das Konto des Kunden nicht gedeckt und die Abbuchung kann nicht vorgenommen werden; oder der Kunde gestattet dem Unternehmen trotz vertraglicher Vereinbarung keine Abbuchungen mehr. Mit den dann erforderlichen Nacharbeiten sind für das Unternehmen (Personal-)Kosten verbunden. Aus diesen Gründen ist es sinnvoll, für die monatliche Bezahlung einen höheren Preis anzusetzen bzw. bei Jahreszahlung einen Rabatt zu gewähren.

b) Es handelt sich um vorschüssige Zahlungen, da die Beträge zu Beginn jedes Monats und damit vor der Nutzung des ÖPNV anfallen.

c)

1. Anzuwenden ist die Formel zur Berechnung des Barwerts vorschüssiger Raten bzw. Renten: $R_0 = r \cdot \dfrac{1}{q^{n-1}} \cdot \dfrac{q^n - 1}{q-1}$.

   Außerdem folgende Formel zur Umrechnung monatlicher in jährliche Rendite bei m Zinsperioden:

   $$1 + i_{neu} = \sqrt[m]{1 + i_{Jahr}}$$

   Hier folgt mit $m = 12$:

   $$1 + i_{Monat} = \sqrt[12]{1 + i_{Jahr}}$$

   Damit ist:

   $$i_{Jahr} = (1 + i_{Monat})^{12} - 1$$

2. Gezeigt wird hier die Lösung mit dem Newton'schen Iterationsverfahren: Zunächst ist die Umstellung der oben genannten Formel für den Barwert einer vorschüssigen Rente erforderlich, sodass die Form eines Polynoms deutlich erkennbar ist.

   $$R_0 = r \cdot \frac{1}{q^{n-1}} \cdot \frac{q^n - 1}{q - 1} \qquad\qquad | \cdot q^{n-1}$$

   $$R_0 \cdot q^{n-1} = r \cdot \frac{q^n - 1}{q - 1} \qquad\qquad | \cdot (q - 1)$$

   $$R_0 \cdot q^{n-1} \cdot (q - 1) = r \cdot (q^n - 1)$$

   $$R_0 \cdot q^n - R_0 \cdot q^{n-1} = r \cdot q^n - r$$

   $$R_0 \cdot q^n - r \cdot q^n - R_0 \cdot q^{n-1} + r = 0$$

   $$(R_0 - r) \cdot q^n - R_0 \cdot q^{n-1} + r = 0$$

   Die gegebenen Werte

   $R_0 = 675$;

   $r = \frac{695}{12}$ und

   $n = 12$

können eingesetzt werden:

$$(R_0 - r) \cdot q^n - R_0 \cdot q^{n-1} + r = 0$$

$$\left(675 - \frac{695}{12}\right) \cdot q^{12} - 675 \cdot q^{11} + \frac{695}{12} = 0$$

Für das Newton'sche Iterationsverfahren ist die erste Ableitung der Funktion $f(q) = (R_0 - r) \cdot q^n - R_0 \cdot q^{n-1} + r$ auf der linken Seite erforderlich. Man erhält:

$$12 \cdot \left(675 - \frac{695}{12}\right) \cdot q^{11} - 11 \cdot 675 \cdot q^{10} = 0$$

Beide Funktionsgleichungen können in die Grundgleichung des Newton- Verfahrens eingesetzt werden:

$$x_{i+1} = x_i - \frac{f(x_i)}{f'(x_i)}$$

Bei einem geschätzten Zinssatz von ca. 5 % kann als Startwert $q = 1,05$ genutzt werden. Dies führt zur Lösung $q = 1,053541$, also zu einem Zinssatz von 5,3541 %.

3. Zur Probe berechnet man die Monatsraten mit

$$695,00 : 12 = 57,92$$

und verzinst diese Raten mit oben genanntem Zinssatz. Dabei wird die erste Monatsrate (Januarrate) mit $q^0 = 1,0053541^0 = 1$ multipliziert, da hier Zahlbetrag und Barwert übereinstimmen. Der Barwert der zwölften Rate (Dezemberrate) wird durch Abzinsung mit $q^{11} = 1,0053541^{11}$ berechnet, denn dem Anleger steht das Geld nur 11 Monate zur Verfügung! Man erhält die Werte in Tab. 6.3.

Diskontiert wird sie im 1. Monat mit:

$$K_0 = \frac{K_n}{(1 + i_{\text{Monat}})^{n-1}}$$

$$K_0 = \frac{\frac{695}{12}}{(1 + 0,0053541)^0} = 57,92$$

Der Exponent muss hier mit null anstatt eins gewählt werden, da die monatliche Zahlung zu Monatsbeginn erfolgt.

Analog wird die monatliche Rate im 2. Monat mit $(1 + i_{Monat})^1$ diskontiert:

$$\frac{\frac{695}{12}}{(1 + 0,0053541)^1} = 57,61$$

Die Rate im 12. Monat errechnet sich dann wie folgt:

$$\frac{\frac{695}{12}}{(1 + 0,0053541)^{11}} = 54,61$$

d) Der Monatszins beträgt: 0,53541%. Der daraus folgende Jahreszins ergibt sich aus:

$$i_{\text{Jahr}} = (1 + i_{\text{Monat}})^{12} - 1$$

$$i_{\text{Jahr}} = 1,0053451^{12} - 1$$

Er beträgt 6,61754%.

Tab. 6.3 Proberechnung mit Monatsraten

Monat	Monatsrate	Monatsrate abgezinst (Barwert)
1	57,92	57,92
2	57,92	57,61
3	57,92	57,30
4	57,92	57,00
5	57,92	56,69
6	57,92	56,39
7	57,92	56,09
8	57,92	55,79
9	57,92	55,49
10	57,92	55,20
11	57,92	54,91
12	57,92	54,61
Summe	695,00	675,00

e) Der Zinssatz ist in Abhängigkeit des Zinsumfeldes, in dem sich der Kunde bewegt, zu interpretieren. Im Allgemeinen wird es schwierig sein, einen Jahreszins von über 6,61 % zu erhalten, weshalb der Kunde gut beraten ist, die Form der Einmalzahlung zu wählen.

Aufgabe 1.64: Annuitätentilgung

a) $A = S_0 \cdot q^n \cdot \frac{q-1}{q^n-1} = 3000 \cdot (1+0{,}1)^4 \cdot \frac{0{,}1}{1{,}10^4-1} = 946{,}41$

b)

Jahr	Restschuld	Zinsen	Tilgung	Annuität
1	3000 €	3000 € · 0,1= 300 €	946,41 € −300 € = 646,41 €	946,41 €
2	3000 € −646,41 € = 2.353,59 €	2.353,59 € · 0,1= 235,36 €	946,41 € −235,36 € = 711,05 €	946,41 €
3	1.642,54 €	164,25 €	782,16 €	946,41 €
4	860,38 €	86,04 €	860,37 €	946,41 €
$\sum$	7.856,51 €	785,65 €	2.999,99 €	3.785,65 €

c) Restschuld nach drei Raten:

$$S_r = S_0 \cdot \frac{q^n - q^{r-1}}{q^n - 1}$$

$$S_r = 3000 \cdot \frac{1{,}10^4 - 1{,}10^{3-1}}{1{,}10^4 - 1} = 1.642{,}53$$

Höhe der 3. Zinszahlung:

$$Z_r = S_0 \cdot i \cdot \frac{q^n - q^{r-1}}{q^n - 1}$$

$$Z_r = 3000 \cdot 0{,}1 \cdot \frac{1{,}10^4 - 1{,}10^{3-1}}{1{,}10^4 - 1} = 164{,}25$$

Höhe der 3. Tilgungsleistung:

$$T_r = S_0 \cdot i \cdot \frac{q^{r-1}}{q^n - 1}$$

$$T_r = 3000 \cdot 0{,}1 \cdot \frac{1{,}10^{3-1}}{1{,}10^4 - 1} = 782{,}16$$

d) $i_{\text{eff}} = \frac{785{,}65}{7.856{,}51} = 0{,}099999873 \approx 10\%$

Effektiv- und Nominalverzinsung stimmen hier überein, da keine Gebühren (oder Disagio) zu zahlen sind.

Aufgabe 1.65: Tilgung von Schulden

a) Der Begriff „Hypothekendarlehen" beschreibt ein Darlehen, welches von einem Kreditinstitut gewährt wird und durch ein Grundpfandrecht abgesichert ist. Die „Darlehenshypothek" ist die Absicherung – also das Grundpfandrecht – selbst, sprich die Hypothek auf eine oder mehrere Immobilien.

Eine solche Hypothek ist vorteilhaft für ein Kreditinstitut, da dieses berechtigt ist, im Notfall seine Ansprüche aus dem Erlös der Zwangsversteigerung des durch die Hypothek belasteten Grundstücks zu befriedigen. Das Kreditinstitut kann also durch eine Hypothek erreichen, dass es im Fall einer ausbleibenden Tilgung durch den Schuldner unter bestimmten Voraussetzungen zur Zwangsversteigerung der belasteten Immobilie kommt. Aus dem daraus gewonnenen Erlös kann im günstigsten Fall die Restforderung des Kreditinstitutes beglichen werden. Durch diese Absicherung zahlt der Darlehensnehmer im Normalfall weniger Zinsen als bei einem „einfachen" Kredit, bei dem es eine solche Absicherung nicht gibt.

b) Tilgungsplan 1:
   1. Man erhält den folgenden Tilgungsplan.

Jahr	Restschuld zu Beginn des Jahres	Zinsen	Tilgung	an die Bank zu überweisende Rate
1	50.000	3.500	5.000	8.500
2	45.000	3.150	7.000	10.150
3	38.000	2.660	10.000	12.660
4	28.000	1.960	12.000	13.960
5	16.000	1.120	16.000	17.120
Summe	177.000	12.390	50.000	62.390

2) $Zinsen = i \cdot Restschuld$

$$\sum Zinsen = \sum i \cdot Restschuld$$
$$\sum Zinsen = i \cdot \sum Restschuld$$
$$i_{\text{eff}} = \frac{\sum Zinsesn}{\sum Restschuld} = 7,00\%$$

   Die Effektivverzinsung entspricht der Nominalverzinsung.

c) Tilgungsplan 2: Berechnet werden nun die Werte eines zweiten Tilgungsplanes für die Familie, bei dem konstante Tilgungsraten (ohne Zinsen) i. H. v. 10.000 € gezahlt werden.

Jahr	Restschuld zu Beginn des Jahres	Zinsen	Tilgung	an die Bank zu überweisende Rate
1	50.000	3500	10.000	13.500
2	50.000−10.000 =40.000	2800	10.000	12.800
3	40.000−10.000 =30.000	2100	10.000	12.100
4	30.000−10.000 =20.000	1400	10.000	11.400
5	20.000−10.000 =10.000	700	10.000	10.700
Summe	150.000	10.500	50.000	60.500

Wie deutlich in der Tabelle zu erkennen, sind die Raten an die Bank nicht gleich! Das heißt, aufgrund der unterschiedlich hohen Zinsen variiert trotz gleichbleibender Tilgungsrate der zu zahlende Betrag an die Bank.

d) Tilgungsplan 3:

1. $A = S_0 \cdot q^n \cdot \frac{q-1}{q^n-1} = 12.194,53$

Jahr	Restschuld	Zinsen	Tilgung	Annuität
1	50.000	3500	8.694,53	12.194,53
2	50.000−8.694,53 =41.305,46	2.891,38	9.303,15	12.194,53
3	32.002,31	2.240,16	9.954,37	12.194,53
4	22.047,94	1543,36	10.651,18	12.194,53
5	11.396,76	797,77	11.396,76	12.194,53
Summe	156.752,47	10.972,67	50.000	60.972,67

2. $T_{Ges} = T_1 \cdot \frac{q^5-1}{q-1} = 50.000.$

3. Die Anteile der Zinsen nehmen bei zunehmender Dauer ab. Der Anteil der Tilgung nimmt zu. Diesen Effekt sollte ein Kunde/Schuldner nutzen! Gerade zu Beginn der Laufzeit des Kredites sind hohe Tilgungen und damit hohe Raten wichtig. Viele Kunden vereinbaren deshalb mit der Bank Sondertilgungsrechte. Zwar wird die Bank in der Regel hierfür einen Zinsaufschlag verlangen, jedoch kann der Kunde durch zusätzliche Zahlungen seine Zinslast schneller reduzieren!

6.2   Kapitel 2 Funktionen einer Veränderlichen

Aufgabe 2.1: Portokosten privater Briefsendungen

a)

Gewicht bis … [g]	20	50	500	1000
Preis [EUR]	0,55	0,90	1,45	2,20

b) Die Funktion lässt sich algebraisch beschreiben als stückweise definierte Funktion:

$$K := g \to \begin{cases} 0,55 & 0 < g \le 20 \\ 0,90 & 20 < g \le 50 \\ 1,45 & 50 < g \le 500 \\ 2,20 & 500 < g \le 1000 \end{cases}$$

Den Graphen der Funktion zeigt Abb. 6.3.

Aufgabe 2.2: Nullstellenbestimmung

a) $x_1 = 0 \quad x_2 = 3 \quad x_3 = -3 \quad x_4 = 2 \quad x_5 = -2$

$P(x) = (x - 0)(x + 3)(x - 3)(x + 2)(x - 2)$

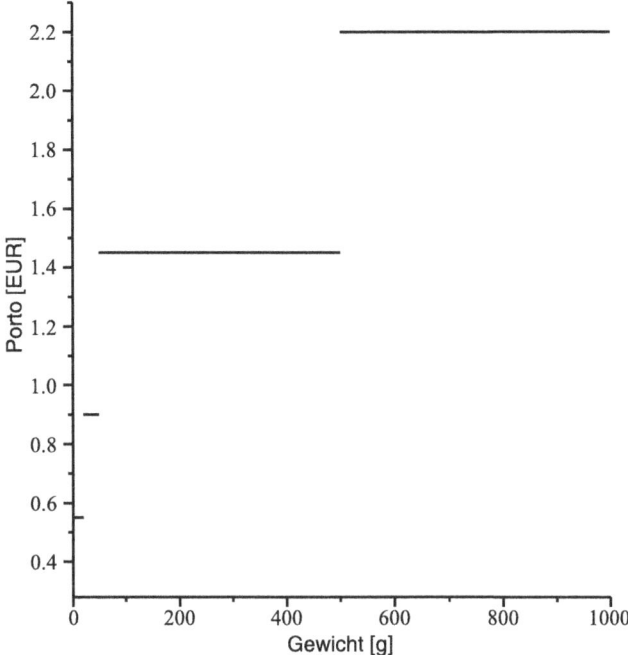

Abb. 6.3 Portokosten in Abhängigkeit des Gewichts der Sendung

b) $x_1 = 0 \quad x_2 = 2 \quad x_3 = -0{,}75$

$\quad P(x) = (x - 0)(x - 2)(x - 0{,}75)$

c) $x_1 = 1 \quad x_2 = 0{,}5 \quad x_3 = -2$

$\quad P(x) = (x - 1)(x - 0{,}5)(x + 2)$

d) $x_1 = 0 \quad x_2 = -\dfrac{1}{2} \quad x_3 = \dfrac{1}{3}$

$\quad P(x) = \left(x^3 - 0\right)\left(x + \dfrac{1}{2}\right)\left(x - \dfrac{1}{3}\right)$

e) $x_1 = 2 \quad x_2 = 7 \quad x_3 = 4{,}5$

$\quad P(x) = (x - 2)(x - 7)(x - 4{,}5)$

f) $x_1 = 2 \quad x_2 = -7 \quad x_3 = 4{,}5$

$\quad P(x) = (x - 2)(x + 7)(x - 4{,}5)$

g) $\quad x_1 = 1 \quad x_2 = -5$

$\quad P(x) = (x - 1)(x + 5)$

h) $x_1 = -2$

$$P(x) = \left(x^2 + 2\right)(x + 2)^2$$

$x_1 = 3 \quad x_2 = 2{,}5$

$$P(x) = (x - 3)(x - 2{,}5)$$

i) $x_1 = x_2 = x_3 = 1$

$$P(x) = (x - 1)(x - 1)(x - 1)\left(x^2 + 4\right)$$

Aufgabe 2.3: Bestimmung des Definitionsbereiches von Funktionen

a) $D = \{x \in R | x \geq 1{,}5\}$

b) $D = \{x \in R | x \neq 4\}$

c) $D = \{x \in R | x \geq 2\}$

d) $D = \{x \in R | x > 2\}$

e) $D = \{x \in R | x \geq 3\}$

f) $D = \left\{x \in R | x \leq -\sqrt{2} \text{ und } x \geq \sqrt{2}\right\}$

g) $D = \{x \in R | x \leq -5 \text{ und } x \geq 5\}$

h) $D = \{x \in R\}$

Keine Punktsymmetrie, da

$f(-x) = 4x^2 - 16$

$-f(x) = -4x^2 + 16$

$\curvearrowright f(-x) \neq -f(x).$

Achsensymmetrie bezügl. der y-Achse, da

$f(-x) = 4x^2 - 16$

$-f(x) = 4x^2 - 16$

$\curvearrowright f(-x) = f(x).$

i) $D = \{x \in R\}$

Punktsymmetrie, da

$f(-x) = -\frac{x^3}{x^2+1}$

$-f(x) = -\frac{x^3}{x^2+1}$

$\curvearrowright f(-x) = -f(x)$

Keine Achsensymmetrie bezügl. der y-Achse, da

$f(-x) = -\frac{x^3}{x^2+1}$

$f(x) = \frac{x^3}{x^2+1}$

$\curvearrowright f(-x) \neq f(x).$

j) $D = \{x \in R | x \neq 2 \text{ und } x \neq -2\}$

Keine Punktsymmetrie, da

$$f(-x) = \frac{4x^2}{4x^2 - 16}$$
$$-f(x) = -\frac{4x^2}{4x^2 - 16}$$
$$\curvearrowright f(-x) \neq -f(x)$$

Achsensymmetrie bezügl. der y-Achse, da

$$f(-x) = \frac{4x^2}{4x^2 - 16}$$
$$f(x) = \frac{4x^2}{4x^2 - 16}$$
$$\curvearrowright f(-x) = f(x)$$

k) $D = \{x \in R | x < -5 \text{ und } x > 5\}$

Keine Punktsymmetrie, da

$$f(-x) = \sqrt{x^2 - 25}$$
$$-f(x) = -\sqrt{x^2 - 25}$$
$$\curvearrowright f(-x) \neq -f(x)$$

Achsensymmetrie bezügl. der y-Achse, da

$$f(-x) = \sqrt{x^2 - 25}$$
$$f(x) = \sqrt{x^2 - 25}$$
$$\curvearrowright f(-x) = f(x)$$

Aufgabe 2.4: Bestimmung des Wertebereiches

a) $W = \{y \in R | 0 < y \leq 1\}$

b) $W = \{y \in R | -\infty < y \leq 3\}$

Aufgabe 2.5: Zuordnungen vs. Funktionen

a) Es handelt sich hierbei nicht um eine Funktion. Dazu müsste jedem x-Wert nur genau ein y-Wert zugeordnet werden können.

b) Hierbei handelt sich es um eine Funktion, die jedoch an den Stellen $x_1 = 5$ und $x_2 = -5$ nicht definiert ist. Jedem x-Wert wird genau ein y-Wert zugeordnet.

Aufgabe 2.6: Graphen von Funktionen

a) Den Graphen der Funktion zeigt Abb. 6.4.

b) Den Graphen der Funktion zeigt Abb. 6.5.

c) Den Graphen der Funktion zeigt Abb. 6.6.

Aufgabe 2.7: Identifikation von Funktionen anhand der Graphen

a) $f_3(x) = |x - 3|$

b) $f_1(x) = -2x^2 + 0{,}5$

c) $f_2(x) = \sqrt{x + 3}$

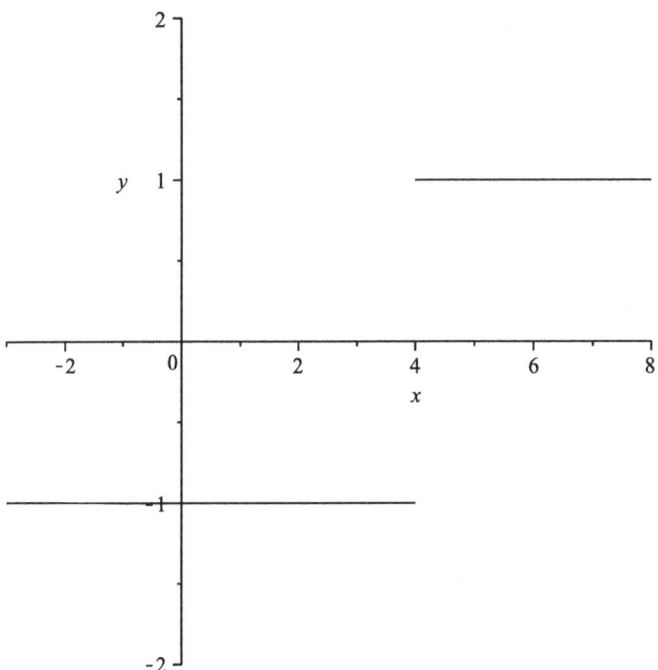

Abb. 6.4 Grafische Darstellung von f(x)=(x-4) / |x-4|

Abb. 6.5 Grafische
Darstellung von f(x)=|1/2
x−1|

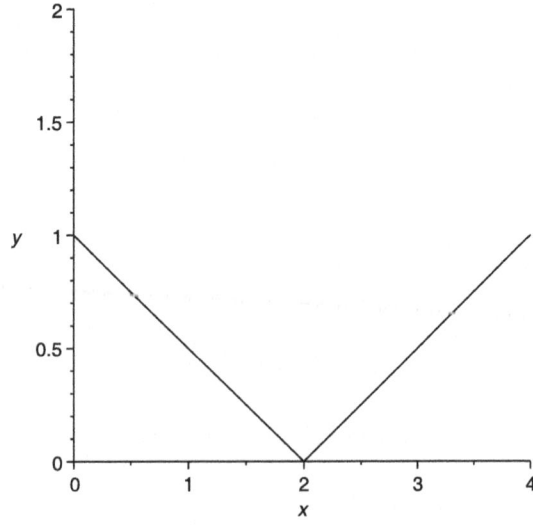

Abb. 6.6 *Grafische Darstellung von f(x)=|2x−3|*

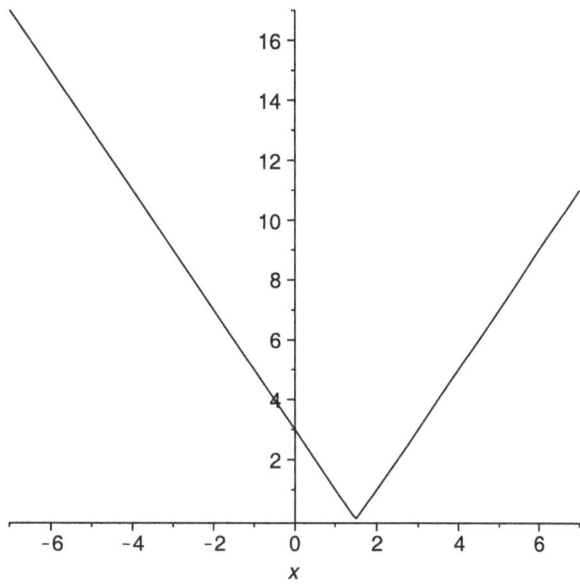

Aufgabe 2.8: Untersuchung von Funktionen auf Symmetrie

a) Bei $f_1(x) = x^2 - x^4$ handelt es sich um eine gerade Funktion (Symmetrie bzgl. der y-Achse), denn es gilt:

$$f_1(-x) = f_1(x)$$
$$x^2 - x^4 = x^2 - x^4$$

Sie liegt nicht zentralsymmetrisch zum Koordinatenursprung, denn es gilt:

$$f_1(-x) \neq -f_1(x)$$
$$x^2 - x^4 \neq -x^2 + x^4$$

b) Bei $f_2(x) = x^3 + \frac{1}{x^5}$ handelt es sich um eine ungerade Funktion (Punktsymmetrie), denn es gilt:

$$f_2(-x) = -f_2(x)$$
$$-x^3 - \frac{1}{x^5} = -x^3 - \frac{1}{x^5}$$

Sie ist nicht symmetrisch zur y-Achse, denn es gilt:

$$f_2(-x) \neq f_2(x)$$
$$-x^3 - \frac{1}{x^5} \neq x^3 + \frac{1}{x^5}$$

c) Die Funktion $f_3(x) = x^2 - x^3$ besitzt keine dieser Eigenschaften. Sie ist nicht ungerade, denn es gilt nicht:

$$f_3(-x) \neq -f_3(x)$$
$$x^2 + x^3 \neq -x^2 + x^3$$

Sie ist auch nicht gerade, da auch nicht $f_3(-x) = f_3(x)$ gilt, denn:

$$x^2 + x^3 \neq x^2 - x^3$$

d) Es ist zunächst:

$$f_4(x) = \begin{cases} -\sqrt{-x} \text{ für } x < 0 \\ \sqrt{x} \text{ für } x \geq 0 \end{cases}$$

$$f_4(-x) = \begin{cases} -\sqrt{x} \text{ für } -x < 0 \\ \sqrt{-x} \text{ für } -x \geq 0 \end{cases}$$

$$-f_4(x) = -\left(\begin{cases} -\sqrt{-x} \text{ für } x < 0 \\ \sqrt{x} \text{ für } x \geq 0 \end{cases} \right)$$

Diese Funktion ist nicht gerade, da $f_4(-x) \neq f_4(x)$

Sie ist nicht ungerade, da $f_4(-x) \neq -f_4(x)$

e) Es ist zunächst:

$$f_5(x) = |x|$$

$$f_5(-x) = |-x|$$

Es liegt Achsensymmetrie bzgl. der y-Achse vor, da $f_5(x) = f_5(-x)$

f) Es ist:

$$f_6(x) = 3x^5 - 7x^3 + 2x$$

$$-f_6(x) = -3x^5 + 7x^3 - 2x$$

Damit folgt die Punktsymmetrie bzgl. des Koordinatenursprungs, da $f_6(x) = -f_6(x)$ gilt.

g) Zu untersuchen ist die Funktion $f_7(x) = |x - 1|$. Offenbar wurde hier die Betragsfunktion $f(x) = |x|$ entlang der x-Achse um eine Einheit nach rechts verschoben. Es liegt keine   Achsensymmetrie bzgl. der y-Achse und keine Symmetrie bzgl. des Koordinatenursprungs vor.

Die Funktion ist jedoch achsensymmetrisch zur Geraden $x = 1$. Die nachzuweisende Bedingung ist in der Formelsammlung im Anhang A1 zu finden. Es muss $f_7(a - x) = f_7(a + x)$ mit $a = 1$ gelten.

Da gilt

$$f_7(a - x) = f_7(1 - x) = |(1 - x) - 1| = |-x|$$

und auch

$$f_7(a + x) = f_7(1 + x) = |(1 + x) - 1| = |x|$$

ist, konnte die Gültigkeit dieser Aussage gezeigt werden, denn $|-x| = |x|$.

h) Bei $f_8(x) = (x + 1)^3 - 2$ wurde der Graph der Funktion $f(x) = x^3$ entlang der x-Achse um eine Einheit nach links verschoben und um zwei Einheiten entlang der y-Achse nach unten. Es liegt keine Symmetrie zur y-Achse oder Punktsymmetrie zum Koordinatenursprung vor, denn es ist

$$f_8(x) = (x + 1)^3 - 2$$

$$-f_8(x) = -(x + 1)^3 + 2$$

$$f_8(-x) = (-x + 1)^3 - 2$$

und weder gilt $f_8(x) = -f_8(x)$ noch $f_8(-x) = -f_8(x)$.

Aufgrund der vorherigen Überlegungen und der Kenntnisse über Potenzfunktionen ist eine Punktsymmetrie zum Punkt $(-1; -2)$ zu vermuten. Diese kann über die Bedingung $f_8(x_0 - x) + f_8(x_0 + x) = 2y_0$ aus der Formelsammlung im Anhang A1 gezeigt werden.

Hier ist $x_0 = -1$ und $y_0 = -2$. Es gilt:

$f_8(x_0 - x) = f_8(-1 - x) = ((-1 - x) + 1)^3 - 2 = (-x)^3 - 2$

$f_8(x_0 + x) = f_8(-1 + x) = ((-1 + x) + 1)^3 - 2 = x^3 - 2$

Addiert man beide Ergebnisse, erhält man $((-x)^3 - 2) + (x^3 - 2) = -4$. Für die rechte Seite der Bedingung $f_8(x_0 - x) + f_8(x_0 + x) = 2y_0$ erhält man mit $y_0 = -2$ ebenfalls den Wert -4. Damit konnte gezeigt werden, dass die Funktion punktsymmetrisch zum Punkt $(-1; -2)$ ist.

Aufgabe 2.9: Ermittlung einer Umkehrfunktion

a) $f_1(x) = 3x - 2$

Feststellung: Eineindeutigkeit für $x \in R$ gegeben.

Vertauschen der Variablenbezeichnungen:

$x = f(y) = 3y - 2$.

Auflösen nach y:

$x = 3y - 2$

$x + 2 = 3y$

$y = \frac{1}{3}x + \frac{2}{3}$

b) $f_2(x) = x^2$

Feststellung: Es handelt sich grundsätzlich um eine nicht umkehrbare Funktion. Es können jedoch Umkehrfunktionen für Teilbereiche gebildet werden.

Die Funktion ist nur in den Intervallen $[0; +\infty[$ und $]-\infty; 0]$ eineindeutig.

Vertauschen der Bezeichnungsweise:

$x = f(y) = y^2$

Auflösen nach y:

$y = \pm\sqrt{x}$

Zu den Funktionen

$y = x^2$ mit $x \in [0; +\infty[$ gehört $y = \sqrt{x}$

$y = x^2$ mit $x \in]-\infty; 0]$ gehört $y = -\sqrt{x}$.

c) $f_3(x) = |x|$

Feststellung: Die Funktion ist lediglich in $[-\infty; 0]$ und $[0; +\infty]$ eineindeutig.

Vertauschen der Bezeichnungsweise:

$x = |y|$

Auflösen nach y:

$y = x$, wenn $x \in [0; +\infty]$

$y = -x$, wenn $x \in [-\infty; 0]$

Zu den Funktionen

$f_3(x) = |x|$ mit $x \in [0; +\infty[$ gehört die Umkehrfunktion $y = x$

$f_3(x) = |x|$ mit $x \in]-\infty; 0]$ gehört die Umkehrfunktion $y = -x$

d) $f_4(x) = x$

Feststellung: Eineindeutigkeit für $x \in R$ gegeben.

Vertauschen der Bezeichnungsweise:

$x = f(y) = y$

Auflösen nach y:

$y = f^{-1}(x) = x$

e) Es ist

$f(x) = \frac{1}{2x}$

Vertauschen der Bezeichnungsweise:

$x = f(y) = \frac{1}{2y}$

Auflösen nach y:

$2y = \frac{1}{x}$

$y = f^{-1}(x) = \frac{1}{2x}$

f) Es ist

$f(x) = \frac{7x+3}{5x-1}$

Vertauschen der Bezeichnungsweise:

$x = f(y) = \frac{7y+3}{5y-1}$

Auflösen nach y:

$x \cdot (5y - 1) = 7y + 3$

$5xy - x = 7y + 3$

$5xy - 7y = x + 3$

$y \cdot (5x - 7) = x + 3$

$y = f^{-1}(x) = \frac{x+3}{5x-7}$

g)

1. $f(x) = 200 - 3x$

   Vertauschen der Bezeichnungsweise:

   $x = 200 - 3y$

   Auflösen nach y:

   $x - 200 = -3y$

   $y = f^{-1}(x) = \frac{x-200}{-3} = \frac{-(-x+200)}{-3} = \frac{200-x}{3}$

2. $f(x) = 4x^3 - 2$

   Vertauschen der Bezeichnungsweise:

   $x = 4y^3 - 2$

   Auflösen nach y:

   $\frac{x+2}{4} = y^3$

   $y = f^{-1}(x) = \left(\frac{x+2}{4}\right)^{\frac{1}{3}}$

   … oder auch

   $y = f^{-1}(x) = \left(\frac{2x+4}{8}\right)^{\frac{1}{3}}$

   $y = f^{-1}(x) = \frac{1}{2}(2x + 4)^{\frac{1}{3}}$

3. $f(x) = 4e^{x-2}$

Vertauschen der Bezeichnungsweise:

$x = 4e^{y-2}$

Auflösen nach y:

$\frac{x}{4} = e^{y-2}$

$\ln\left(\frac{x}{4}\right) = y - 2$

$y = f^{-1}(x) = 2 + \ln\left(\frac{1}{4}x\right)$

Aufgabe 2.10: Einfache Berechnung von Funktionswerten

a) $f(0) = -16 \cdot 0^2 + 3 = 3$

b) $f(-1) = -13$

c) $f\left(\frac{1}{4}\right) = 2$

d) $f\left(\sqrt{2}\right) = -29$

Aufgabe 2.11: Symmetrie ganzrationaler Funktionen

a) $f(x) = -x^3 + 2x$

Es ist zunächst:

$f(-x) = x^3 - 2x$

$-f(x) = x^3 - 2x$

Damit gilt die Punktsymmetrie zum Koordinatenursprung, da $f(-x) = -f(x)$ gilt. Vergleiche auch Abb. 6.7.

b) $g(x) = -x^4 + 2$

Es ist zunächst:

$g(-x) = -x^4 + 2$

$-g(x) = x^4 - 2$

Damit gilt die Achsensymmetrie zur y-Achse, da $g(x) = g(-x)$ ist. Vergleiche auch Abb. 6.8.

Aufgabe 2.12: Steigung linearer Funktionen

Es gilt die Normalform $f(x) = y = mx + n$, mit m als Steigung.

a) Steigung: $m = -3$

b) $2x + 5y = 10 | -2x | : 5$

$y = -\frac{2}{5}x + 2$

Steigung: $m = -\frac{2}{5}$

c) $\frac{y}{k} + \frac{x}{l} = 2 \left| -\frac{x}{l} \right| \cdot k$

$y = k \cdot \left(2 - \frac{x}{l}\right)$

$y = 2k - \frac{kx}{l} = -\frac{k}{l} \cdot x + 2k$

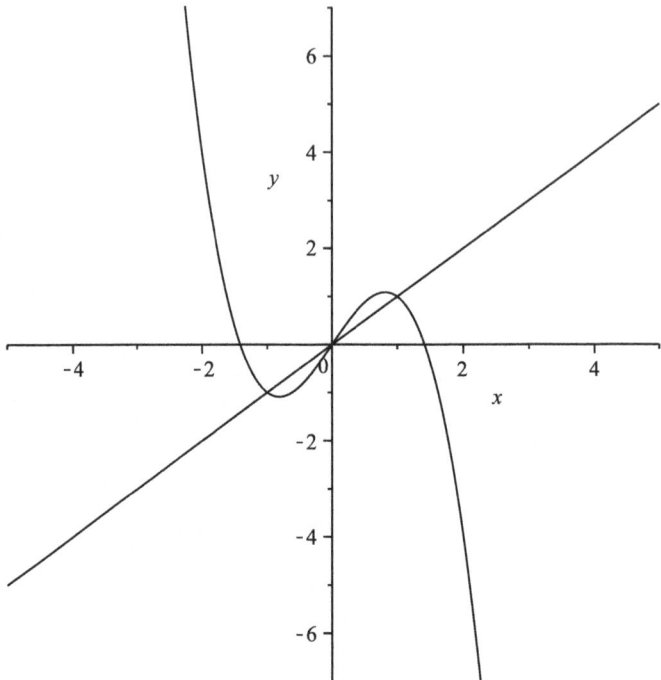

Abb. 6.7 Punktsymmetrie einer ganzrationalen Funktion

Steigung $k = -\frac{k}{l}$

Aufgabe 2.13: Zeichnen linearer Funktionen

a) Den Graphen der Funktion zeigt Abb. 6.9.

Der Anstieg der Funktion ist $-\frac{1}{2}$ und die Funktion schneidet die y-Achse im Punkt $\left(0; \frac{3}{2}\right)$. Das Einzeichnen gelingt recht einfach mithilfe des Anstiegsdreieckes: Beginnend bei $\left(0; \frac{3}{2}\right)$ geht man zwei Einheiten nach rechts, was dem Nenner des Anstiegs $-\frac{1}{2}$ entspricht. Von dort geht man eine Einheit nach unten (Zähler des Anstiegs ist eins). Da hier der Anstieg negativ ist, wird nach unten abgetragen. Bei positivem Anstieg würde man den letzten Schritt „eine Einheit" nach oben abtragen. Von $(0; 3/2)$ gelangt man so zu $\left(2; \frac{1}{2}\right)$

b) Den Graphen der Funktion zeigt Abb. 6.10.

Gemäß der im Aufgabenteil (a) erarbeiteten Regel für das Einzeichnen wählt man den Punkt $(0; -3)$ auf der y-Achse als Ausgangspunkt. Der Anstieg der Geraden ist $0{,}2 = \frac{2}{10} = \frac{1}{5}$ und damit positiv. Man erhält demnach den zweiten Punkt zum Einzeichnen der Geraden durch Abtragen von fünf Einheiten nach rechts, beginnend von $(0; -3)$. Anschließend geht man eine Einheit nach oben. Man gelangt zum Punkt $(5; -2)$. Durch die Punkte $(0; -3)$ und $(5; -2)$ wird nun eine Gerade gezeichnet, die den Graphen der Funktion darstellt.

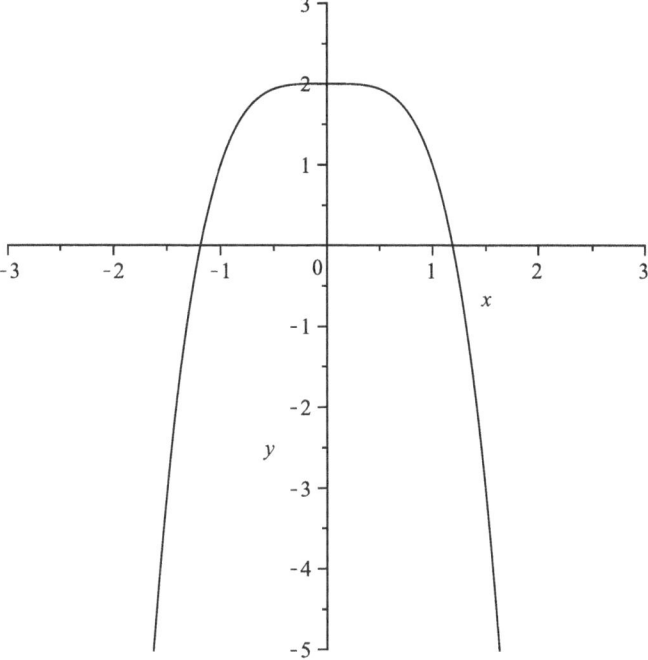

Abb. 6.8 Axialsymmetrie einer ganzrationalen Funktion

Aufgabe 2.14: Lineare Funktion vs. Betragsfunktionen
Die Graphen der Funktionen zeigen Abb. 6.11, 6.12 und 6.13. Man erkennt sehr schön die Wirkung der Betragsfunktion sowie der additiven Konstanten. Ist Letztere negativ, so führt dies zu einer Verschiebung nach rechts und bei positiven Werten nach links. Man vergleiche hierzu auch „Aufgabe 2.44: Weitere Eigenschaften von Wurzelfunktionen".

Aufgabe 2.15: Weg-Zeit-Gesetz als ganzrationale Funktion
Abb. 6.14 zeigt den Graphen des Zusammenhangs zwischen der Zeit und dem in dieser Zeit zurückgelegten Weg bei vorliegender gleichmäßiger Beschleunigung.

Aufgabe 2.16: Ganzrationale Funktionen in der Physik
Mit $P = P(U) = \frac{U^2}{R}$ und $R = \frac{14}{4}$ erhält man:

$$P(U) = \frac{4 \cdot U^2}{14} = \frac{2}{7} \cdot U^2$$

und damit eine im Vergleich zur Normalparabel gestauchte Funktion. Vergleiche Abb. 6.15.

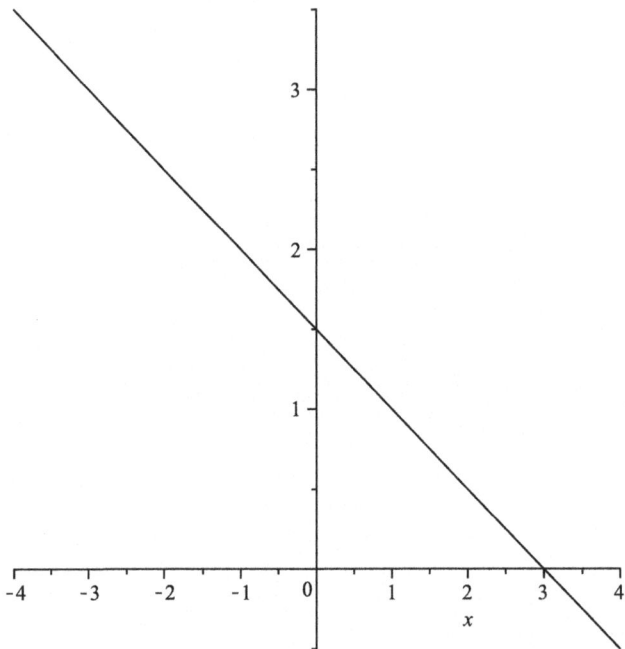

Abb. 6.9 Graph der Funktion g(x)=−1/2x+3/2

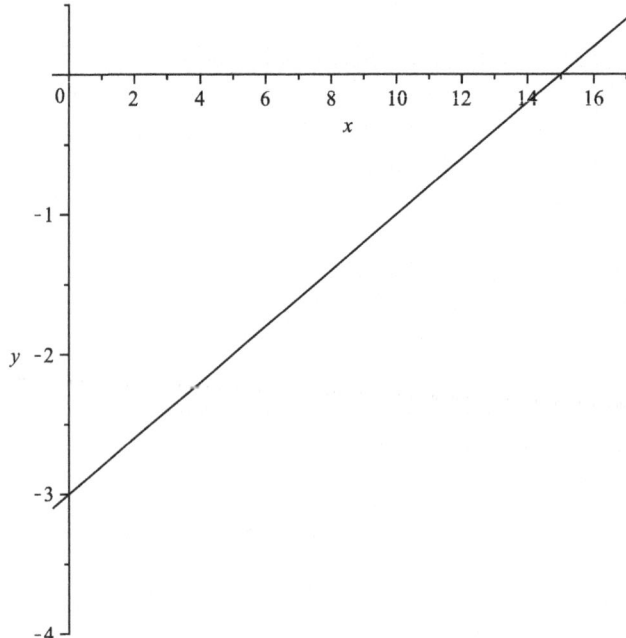

Abb. 6.10 Graph der Funktion h(x)=0,2x−3

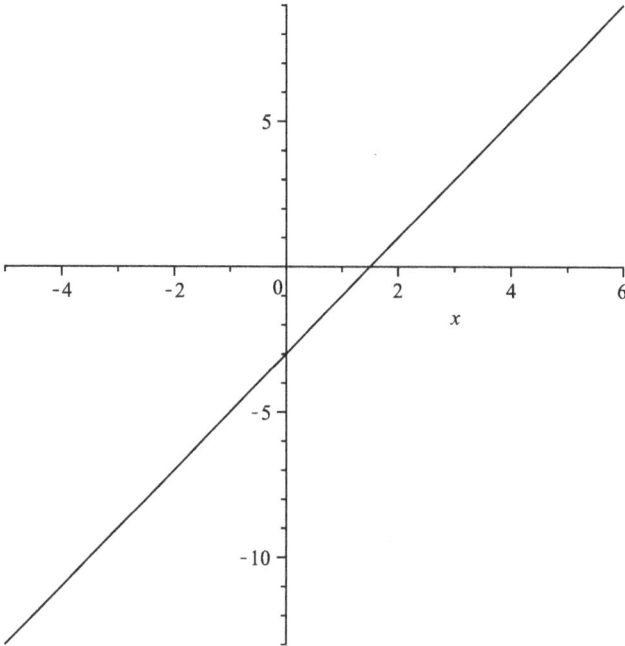

Abb. 6.11 Graph der Funktion $f_1(x) = 2x - 3$

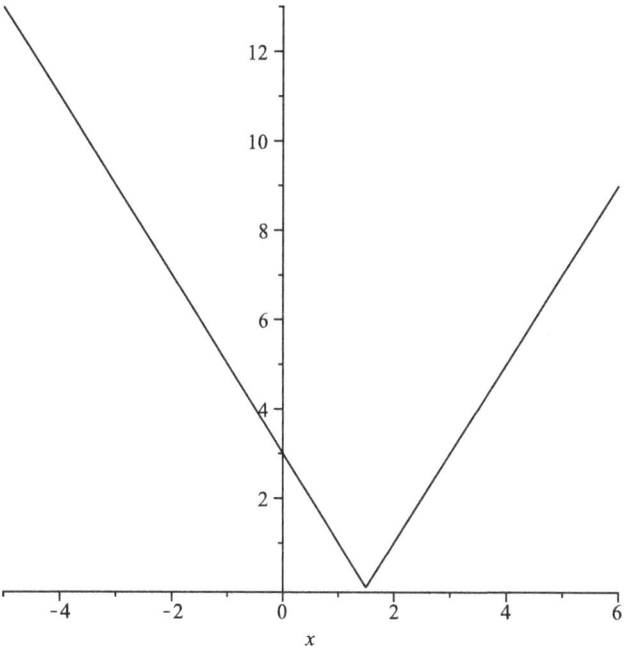

Abb. 6.12 Graph der Funktion $f_2(x) = |2x - 3|$

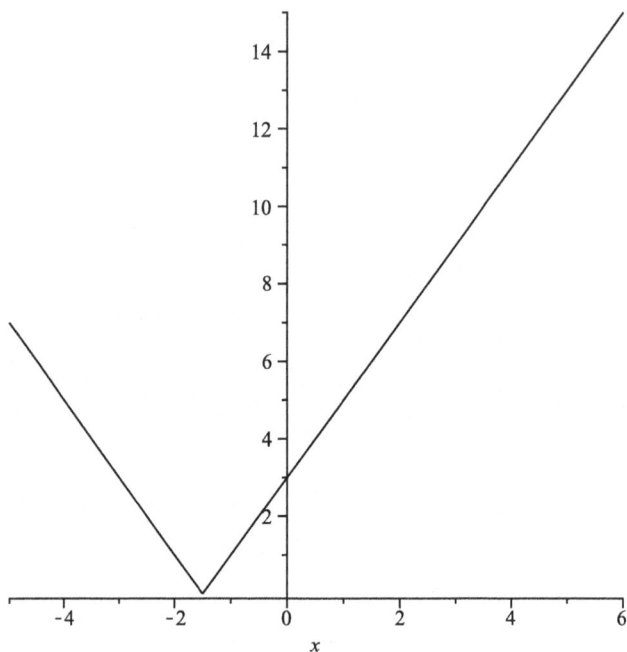

Abb. 6.13 Graph der Funktion $f_3(x) = |2x + 3|$

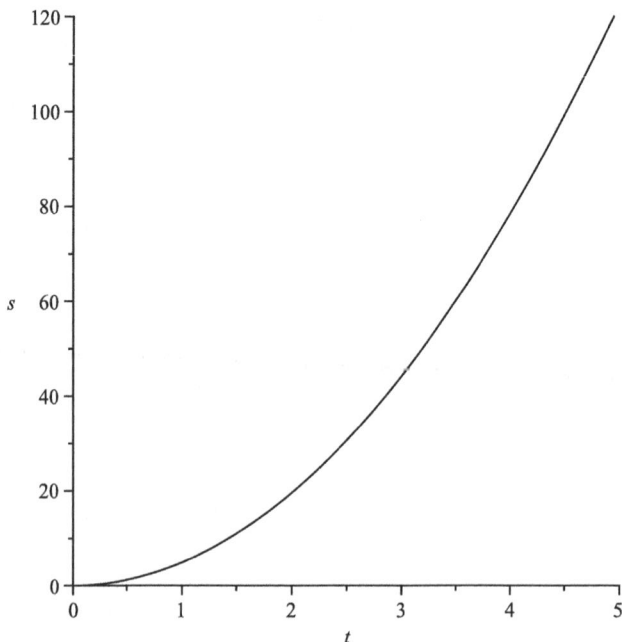

Abb. 6.14 Weg-Zeit-Gesetz grafisch veranschaulicht

Abb. 6.15 Graph der
Funktion P(U) am Beispiel

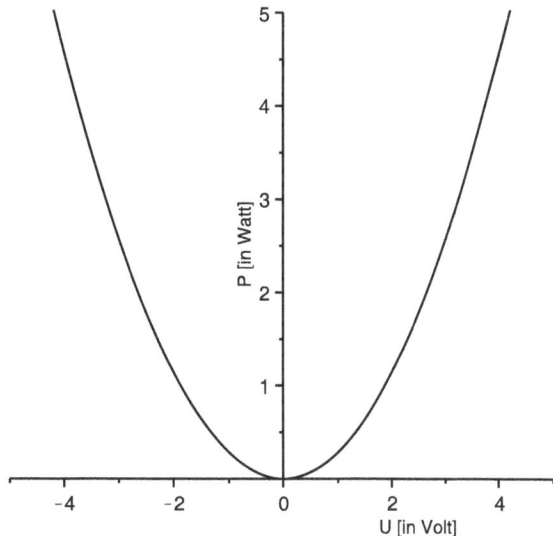

Aufgabe 2.17: Graphen einfacher quadratischer Funktionen

a) $y(x) = 3x^2$ mit $x \in [-2,2]$

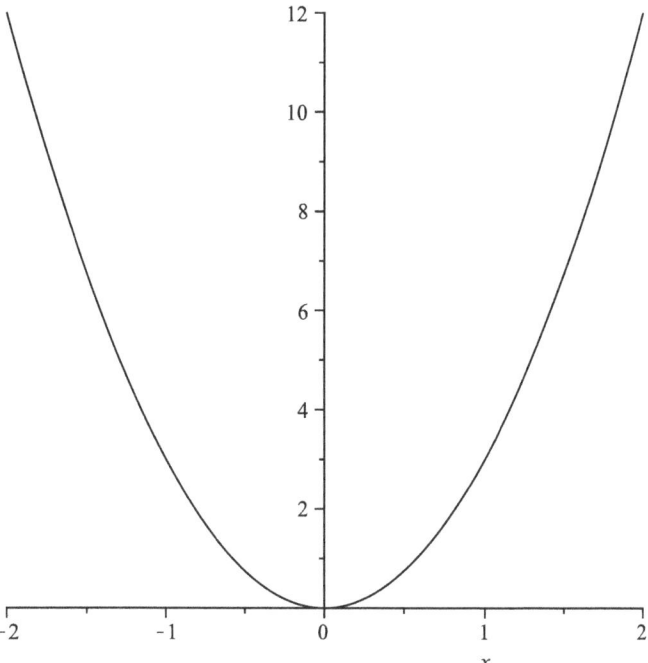

b) $g(t) = (t - 1)^2 + 2$ mit $t \in [-2,4]$

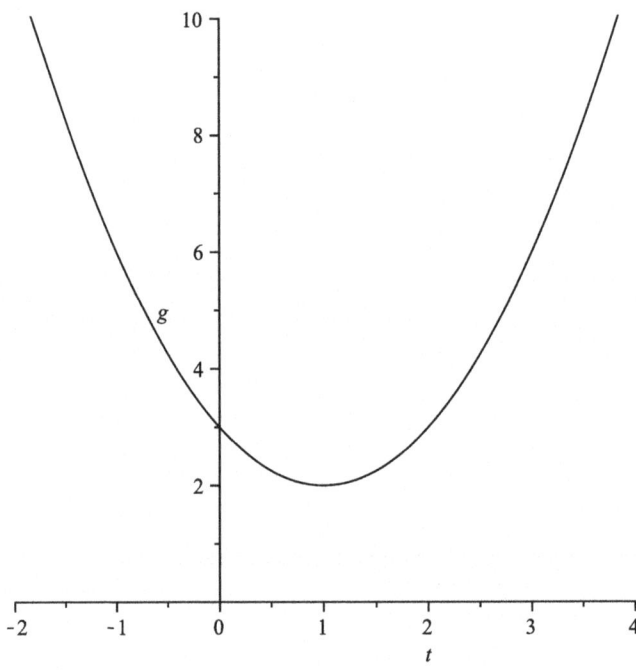

c) $K(p) = -(p - 1)^2$ mit $p \in [-2,4]$

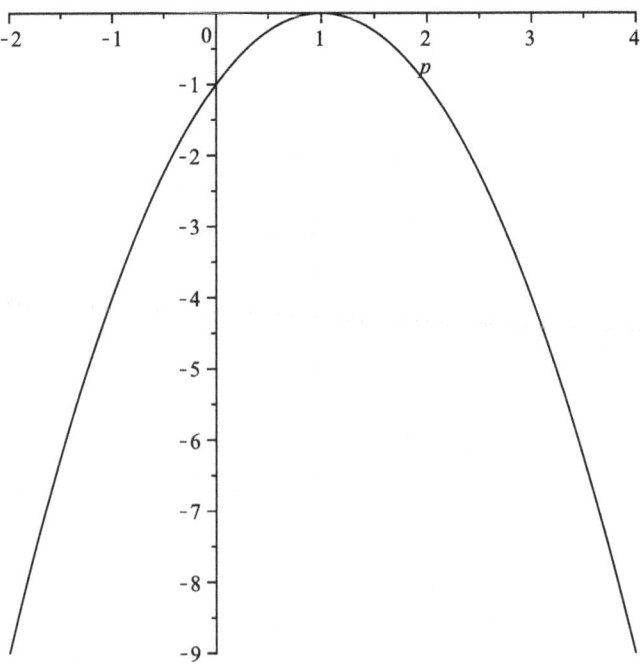

d) $N(t) = (n+1)^2 + 2n^2 - n$ mit $n \in [-3,3]$

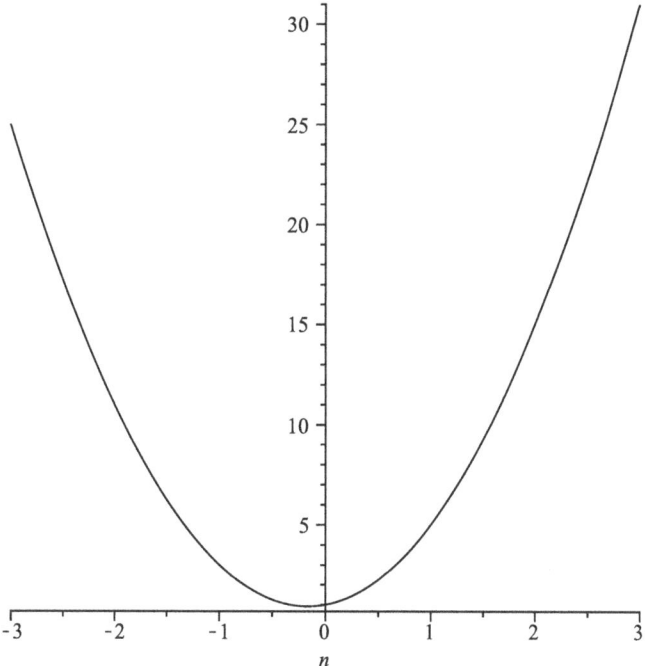

Aufgabe 2.18: Analyse eines Polynoms dritten Grades

a)

x	−4	−1,6	0	1,6	3
f(x)	−14	6,35	2	−2,35	$\dfrac{7}{2}$

b) Abb. 6.16 zeigt den Graphen der Funktion.

c) $f(a) = \dfrac{1}{2}a^3 4a + 2$

$f(a+2) = \dfrac{1}{2}(a+2)^3 4a6$

$f(x+h) = \dfrac{1}{2}(x+h)^3 4x4h + 2$

d)

1. $f(2) = 2$

2. Aus $f(x) = \frac{1}{2}x^3 - 4x + 2 = 2$ folgt

$0 = \frac{1}{2}x^3 - 4x = x \cdot \left(\frac{1}{2}x^2 - 4\right)$

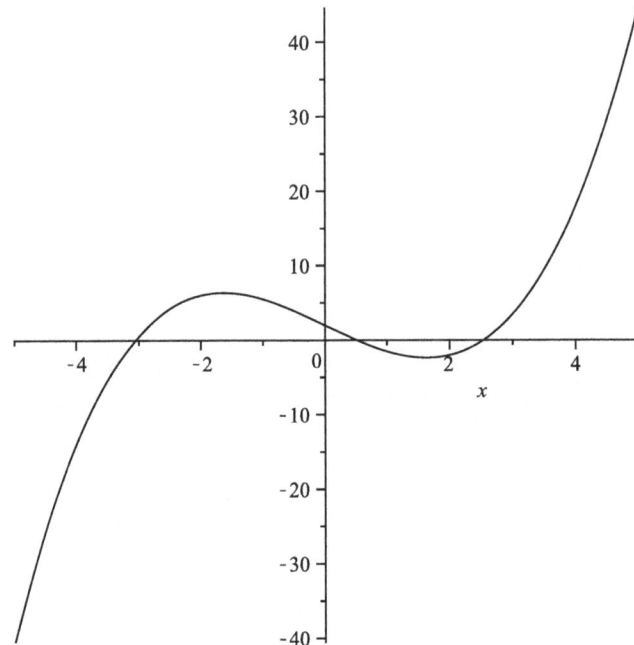

Abb. 6.16 Graph eines Polynoms dritten Grades

Da ein Produkt null wird, wenn mindestens einer der Faktoren null ist, erkennt man die erste Lösung $x_{2,1} = 0$.

Die anderen beiden Lösungen folgen aus der Überlegung, wann der zweite Faktor den Wert null annimt.

$\frac{1}{2}x^2 - 4 = 0$

$x^2 = 8$

Damit gilt:

$x_{2,2} = \sqrt{8} = 2\sqrt{2}$ und $x_{2,3} = -\sqrt{8} = -2\sqrt{2}$

3. $f(m) = \frac{1}{2}m^3 - 4m + 2$

Aufgabe 2.19: Analyse eines Polynoms vierten Grades

a)

x	−2,5	2	0	2	3,1
f(x)	4,81	0	12	−16	5,46

b) Abb. 6.17 zeigt den Graphen der Funktion.

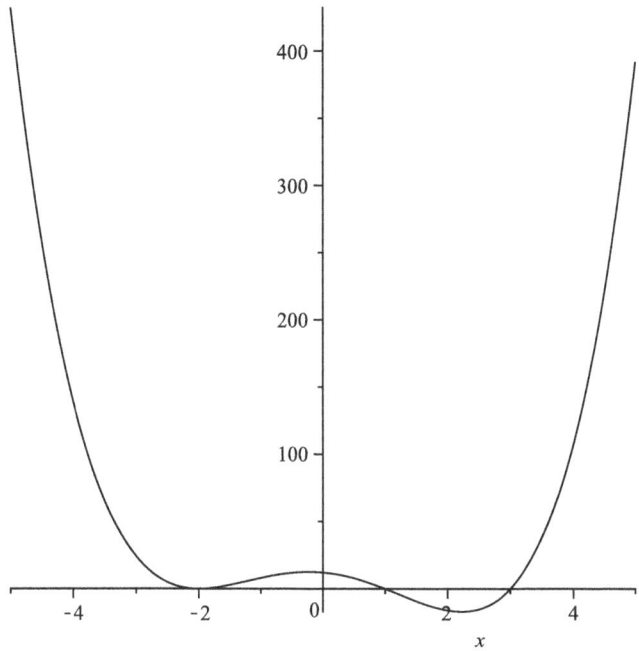

Abb. 6.17 Graph eines Polynoms vierten Grades

c) $f(a) = a^4 - 9a^2 - 4a + 12$

$f(a-1) = (a-1)^4 - 9(a-1)^2 - 4a + 16$

$f(x+h) = (x+h)^4 - 9(x+h)^2 - 4x - 4h + 12$

d) $f(1{,}5) = -9{,}1875$

$f(s) = s^4 - 9s^2 - 4s + 12$

Aufgabe 2.20: Identifikation von Polynomen

	Polynom ja/nein	Grad des Polynoms
a)	Ja	1
b)	Ja	3
c)	Nein	–
d)	Ja	1
e)	Nein	–
f)	Nein	–

Aufgabe 2.21: Polynome und deren Nullstellen Durch Ausmultiplizieren sieht man sehr schnell, dass es sich um Polynome handelt. Man erhält:

a) $f(x) = x^2 + x - 2$
b) $f(x) = x^2 - 1{,}5x$
c) $f(x) = x^3 - 149x^2 + 4644x + 15300$

Bereits in der Aufgabenstellung erkennt man die Nullstellen. Man wendet die folgende Regel an: „Ein Produkt wird null, wenn mindestens einer der Faktoren null wird."

a) $x_1 = -2$, $x_2 = 1$
b) $x_1 = 0$, $x_2 = 1{,}5$
c) $x_1 = 102$, $x_2 = -3$, $x_3 = 50$

Aufgabe 2.22: Test der Lage von Punkten zu einer Geraden

a) Durch Einsetzen der x- und y-Koordinaten der Punkte erhält man genau dann eine wahre Aussage, wenn die Punkte auf der Geraden liegen.
   Untersuchung für Punkt $P_1(5; -19)$ ergibt, dass $19 = 3 \cdot 5 + 4$ gilt. Damit liegt der Punkt auf der Geraden.
   Untersuchung für Punkt $P_2(2; -10)$ ergibt, dass $-10 \neq 3 \cdot 2 + 4$ gilt. Damit liegt der Punkt nicht auf der Geraden.
   Untersuchung für Punkt $P_3(-1; 1)$ ergibt, dass $1 = 3 \cdot (-1) + 4$ gilt. Damit liegt der Punkt auf der Geraden.

b) $P_1(1; -3)$, $P_2(4; -4{,}5)$
   $f(x) = y = mx + n$
   Nutzung der Formel für den Anstieg einer Geraden:
   $m = \frac{\Delta y}{\Delta x} = \frac{-4{,}5-(-3)}{4-1} = -0{,}5$
   oder Aufstellen der Geradengleichung mithilfe eines Gleichungssystems:
   $I - 3 = m \cdot 1 + n$
   $II - 4{,}5 = m \cdot 4 + n$
   I nach n umstellen:
   $n = -1 \cdot m - 3.$
   I in II einsetzen:
   $-4{,}5 = 4 \cdot m + (-1 \cdot m - 3).$
   $m = -0{,}5$
   Nun wird m in I eingesetzt:
   $-3 = -0{,}5 \cdot 1 + n.$
   $n = -2{,}5$
   Es folgt:
   $f(x) = -0{,}5 \cdot x - 2{,}5$

Aufgabe 2.23: Test der Lagebeziehungen zwischen Geraden

$g_1(t) = -2t + 1, g_2(t) = 2t - 1, g_3(t) = -2t - 1$

Es gilt allgemein:

$m_1 = m_2 \cdot f_1 \parallel f_2$, d. h., beide Geraden verlaufen parallel, wenn deren Anstieg identisch ist.

$m_1 = \frac{1}{-m_2} \cdot f_1 \perp f_2$, die Graphen beider Funktionen stehen senkrecht aufeinander, wenn deren Anstiege in vorgenanntem Verhältnis zueinander stehen.

Beziehung von g_1 und g_2:
Test auf Parallelität:

$$m_1 = m_2$$

$-2 \neq 2 \frown g_1$ und g_2 verlaufen nicht parallel zueinander

Test, ob senkrecht aufeinander stehend:

$$m_1 = \frac{1}{-m_2}$$

$-2 \neq \frac{1}{-2} \frown g_1$ und g_2 verlaufen nicht senkrecht zueinander

Berechnung des Schnittpunktes:

Es muss ein Schnittpunkt existieren, da beide Funktionen nicht parallel zueinander verlaufen.

$$g_1(t) = g_2(t)$$

$$-2t + 1 = 2t - 1$$

$$t = \frac{1}{2}$$

$g_1\left(\frac{1}{2}\right) = 0 \frown$ Schnittpunkt $S_1\left(\frac{1}{2}; 0\right)$

Beziehung von g_2 und g_3:
Test auf Parallelität:

$$m_1 = m_2$$

$2 \neq -2 \frown g_2$ und g_3 verlaufen nicht parallel zueinander

Test, ob senkrecht aufeinander stehend:

$$m_1 = \frac{1}{-m_2}$$

$2 \neq \frac{1}{2} \frown g_2$ und g_3 verlaufen nicht senkrecht zueinander

Berechnung des Schnittpunktes:
Es muss ein Schnittpunkt existieren, da beide Funktionen nicht parallel zueinander verlaufen.

$$g_2(t) = g_3(t)$$

$$2t - 1 = -2t - 1$$

$$t = 0$$

$g_2(0) = -1 \frown$ Schnittpunkt $S_2(0; -1)$
Beziehung von g_1 und g_3:
Test auf Parallelität:

$$m_1 = m_2$$

$2 \neq 2 \frown$ g_1 und g_3 verlaufen parallel zueinander*Test, ob senkrecht aufeinander stehend:*
Da beide Funktionen parallel verlaufen, ist dieser Test eigentlich nicht mehr notwendig.

$$m_1 = \frac{1}{-m_2}$$

$-2 \neq \frac{1}{2} \frown$ g_1 und g_3 verlaufen nicht senkrecht zueinander
Schnittpunkt:
Es kann kein Schnittpunkt existieren, da beide Funktionen parallel verlaufen.

$$g_1(t) = g_3(t)$$

$$-2t + 1 = -2t - 1$$

$1 = -1$ f.A. $\frown$ kein Schnittpunkt (Abb. 6.18)

Aufgabe 2.24: Untersuchung der Lage linearer Funktionen zueinander
a) Da beide Geraden verschiedene Steigungen haben, können sie nicht parallel zueinander verlaufen, somit müssen sie sich an mindestens einer Stelle schneiden. Der Schnittpunkt berechnet sich wie folgt (Abb. 6.19):

$$f_1(x) = f_2(x)$$
$$-3x + 1 = 3x - 1$$
$$x = \frac{1}{3}$$
$$f_1\left(\frac{1}{3}\right) = 0 \frown S\left(\frac{1}{3}; 0\right)$$

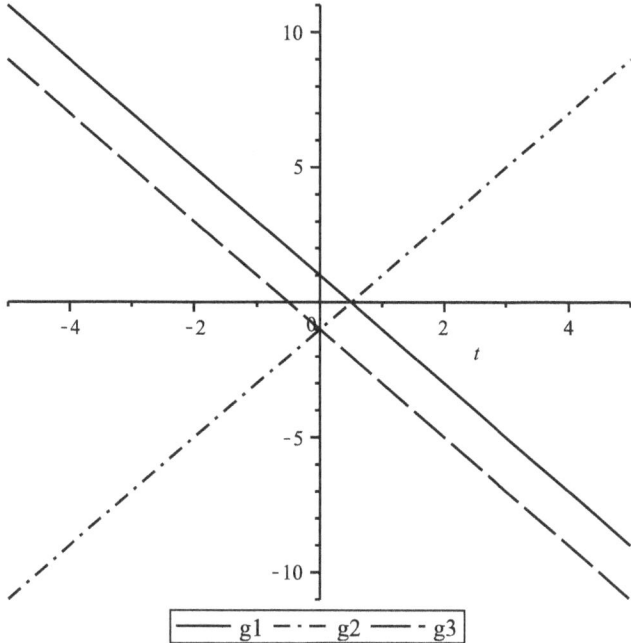

Abb. 6.18   Graphen der drei linearen Funktionen

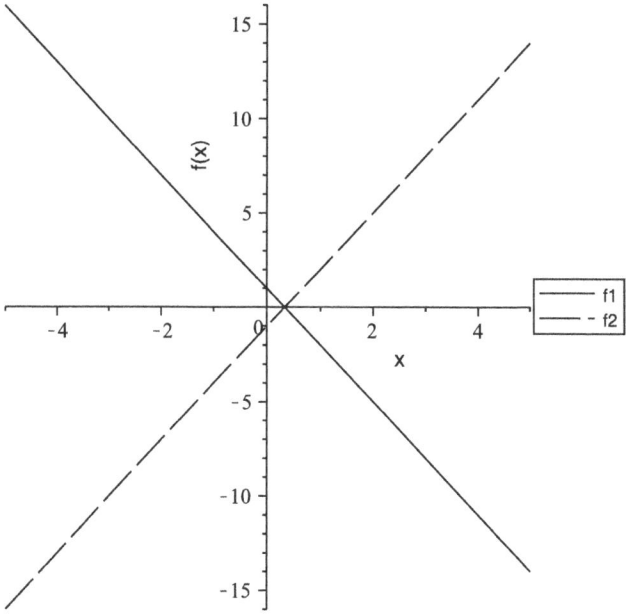

Abb. 6.19   Schnittpunkte zweier linearer Funktionen

b) Aus $f_2(x) = 74$ und $f_2(x) = 3x - 1$ folgt:

$$74 = 3x - 1$$
$$x = 25$$

Aufgabe 2.25: Grafissche Lösung eines linearen Gleichungssystems

$$I \quad 3x + y = -7$$
$$II \ x - 4y = 2$$

Um die Funktionen in ein Koordinatensystem einzeichnen zu können, werden die Gleichungen in die Form $y = mx + n$ überführt:

$$I \ \ y = -3x - 7$$
$$II \ y = 0{,}25x - 0{,}5$$

y-Koordinate des Schnittpunktes mit der y-Achse ablesen (n):

$$I \ \ n = -7$$
$$II \ n = -0{,}5$$

Steigung der Geraden ablesen (m) und einzeichnen:

$$I \ \ m = -3$$
$$II \ m = 0{,}25$$

Abb. 6.20 entnimmt man den Schnittpunkt der beiden Graphen bei $(-2, -1)$. Natürlich lässt eine grafische Lösung nur eine näherungsweise Bestimmung der Lösung des Gleichungssystems zu. In diesem Fall zeigt die Probe aber, dass die Lösung korrekt ist.

Aufgabe 2.26: Berechnungen mit einem einfachen linearen Modell

a) Gesucht ist der Wert für Ende April 1968. Dies sind 40 Monate, gerechnet vom Beginn des Jahres 1965. In die Funktionsgleichung ist der Wert 40/12 einzusetzen.

$$N\left(\frac{40}{12}\right) = -250\left(\frac{40}{12}\right) + 5000 = 4167$$

b) Die Frage nach dem Zeitpunkt des Aussterbens entspricht der Bestimmung der Nullstelle der Modellgleichung und damit dem Lösen der Gleichung $N(t) = 0$. Dies zeigt auch Abb. 6.21 deutlich. Man erhält $t = 20$.

Aufgabe 2.27: Anwendungsbeispiel für ein lineares Modell
Ein Auto fährt mit konstanter Geschwindigkeit (120 km/h) von einem Ort A zu einem Ort B.

a) Die Gleichung für die zurückgelegte Strecke in Abhängigkeit der Zeit erhält man mit
$$s(t) = 120 \cdot t.$$

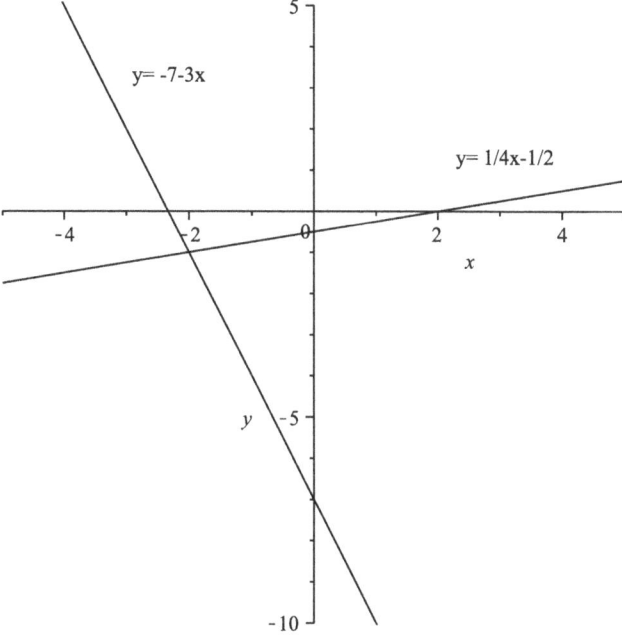

Abb. 6.20 Grafische Lösung des linearen Gleichungssystems

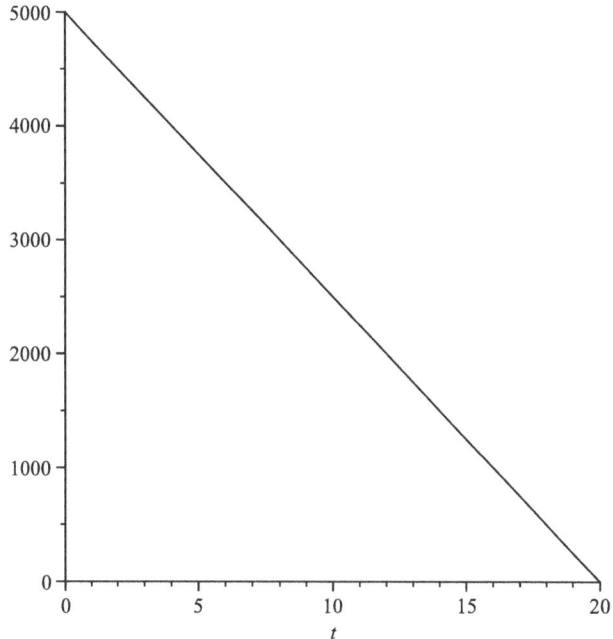

Abb. 6.21 Populationszahl des Steppenhamsters in Abhängigkeit der Zeit

b) Die folgende Grafik zeigt schematisch die Strecken und die zugehörigen
Geschwindigkeiten. Ungenauigkeiten für die Beschleunigung und das Abbremsen, bei
denen das lineare Weg-Zeit-Gesetz natürlich nicht gilt, werden vernachlässigt.

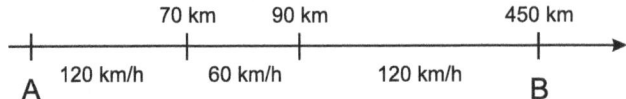

Gesucht ist in diesem Fall jeweils die Zeit für das Zurücklegen der Teilstrecken. Aus
obiger Gleichung folgt allgemein

$t = \frac{s}{120}$

mit s als Teilstrecke, gemessen in Kilometern.
Für die insgesamt benötigte Zeit folgt damit:

$t_{ges} = \frac{70}{120} + \frac{20}{60} + \frac{360}{120} = \frac{47}{12} = 3{,}917\,h$

Die Weg-Zeit-Funktion für die Gesamtstrecke ist eine stückweise definierte Funktion. Die Intervalle auf der Zeitachse ergeben sich aus der obigen Gleichung für die
Berechnung von t_{ges} mit:

Intervall 1: $\left[0; \frac{70}{120}\right] = [0; 0{,}583]$

Intervall 2: $\left[\frac{70}{120}; \frac{70}{120} + \frac{20}{60}\right] = \left[\frac{70}{120}; \frac{110}{120}\right] = [0{,}583; 0{,}917]$

Intervall 3: $\left[\frac{110}{120}; \frac{110}{120} + \frac{360}{120}\right] = \left[\frac{110}{120}; \frac{470}{120}\right] = [0{,}917; 3{,}917]$

Für die zurückgelegte Strecke in Abhängigkeit der Zeit gilt dann:

$$s(t) = \begin{cases} 120 \cdot t; & 0 < t \le 0{,}583 \\ 70 + 60 \cdot (t - 0{,}583); & 0{,}583 < t \le 0{,}917 \\ 90 + 120 \cdot (t - 0{,}917); & 0{,}917 < t \le 3{,}917 \end{cases}$$

Abb. 6.22 zeigt den Graphen der Funktion. Man erkennt hier die stückweise definierten Bestandteile.

Aufgabe 2.28: Bestimmung der Funktionsgleichung von quadratischer Funktion
Die Normalform der quadratischen Funktion lautet $f(x) = ax^2 + bx + c$.
Durch sukzessives Einsetzen der Punkte ergibt sich folgendes lineare Gleichungs-
system:

$$I \quad a0^2 + b0 + c = 1$$
$$II \quad a(-5)^2 + b(-5) + c = -2$$
$$III \quad a5^2 + b5 + c = -5$$

Aus *I* ergibt sich $c = 1$. Die anderen beiden Gleichungen lassen sich durch Einsetzen
dieses Wertes etwas vereinfachen zu:

$$II \quad 25a - 5b + 1 = -2$$
$$III \quad 25a + 5b + 1 = -5$$

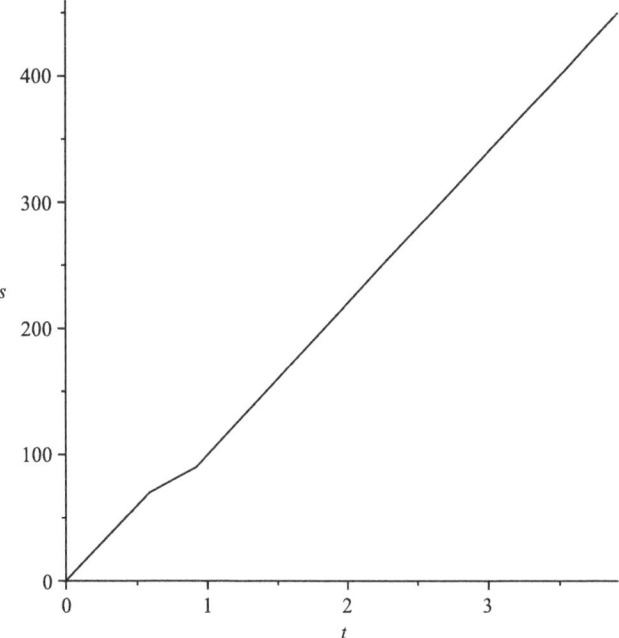

Abb. 6.22 Graph der Weg-Zeit-Funktion

Durch Addition beider Gleichungen *II* + *III* folgt:

$$50a + 2 = -7$$

$$a = \frac{9}{50} = -0,18$$

Das Einsetzen von *a* in *II* eingesetzt ergibt:

$$25 \cdot (-0,18) - 5b+ = -2$$

$$-4,5 - 5b = -3$$

$$b = -0,3$$

Mit den nunmehr bestimmten Parametern $a = -0,18$, $b = -0,3$ sowie $c = 1$ ergibt sich aus der Normalform der quadratischen Funktion $f(x) = ax^2 + bx + c$ die Funktionsgleichung $f(x) = -0,18x^2 - 0,3x + 1$. Abb. 6.23 zeigt die Ausgangspunkte und den Graphen der Funktion.

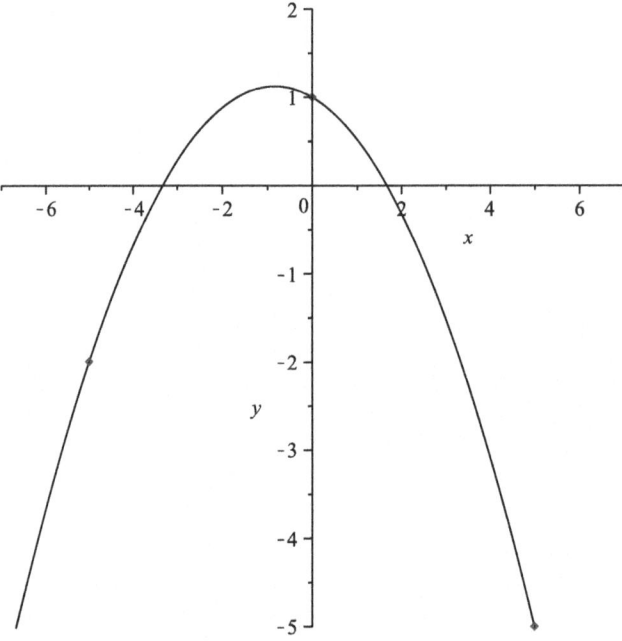

Abb. 6.23 Ausgangspunkte und Graph der ermittelten Funktion

Aufgabe 2.29: Nullstellen quadratischer Funktionen
Nutzen Sie die „Lösungsformel" für quadratische Gleichungen aus der Formelsammlung im Anhang A1 oder die erweiterten Funktionen eines Taschenrechners. Vergleiche auch „Aufgabe 1.33: Lineare, quadratische und kubische Gleichungen".

$$f_1(x) = x^2 - 5x - 6$$
$$0 = x^2 - 5x - 6$$
$$x_1 = 6 \text{ und } x_2 = -1$$

$$f_2(x) = x^2 - 5x + \frac{25}{4}$$
$$0 = x^2 - 5x + \frac{25}{4}$$

$x_1 = \frac{5}{2}$ als doppelte Nullstelle der Funktion

$$f_3(x) = x^2 + 4x + 5$$
$$0 = x^2 + 4x + 5$$

Die Funktion besitzt im Bereich der reellen Zahlen keine Nullstellen.

Aufgabe 2.30: Schnitt von quadratischer und linearer Funktion

a) $f(x) = g(x)$

$$x^2 = \frac{5}{2}x - 1$$

$$0 = -x^2 + \frac{5}{2}x - 1$$

$$\curvearrowright x_1 = 2 \text{ und } x_2 = \frac{1}{2}$$

Die Berechnung der Funktionswerte an diesen beiden Stellen ergibt die vollständigen Schnittpunkte, wie sie auch Abb. 6.24 zeigt die Funktionen und die Schnittpunkte:

$$f(2) = 4 \quad \curvearrowright S_1(2; 4)$$

$$f\left(\tfrac{1}{2}\right) = \tfrac{1}{4} \; \curvearrowright S_2\left(\tfrac{1}{2}; \tfrac{1}{4}\right)$$

b) $f(x) = g(x)$

$$x^2 = \frac{x}{2} - 2$$

$$0 = -x^2 + \frac{x}{2} - 2$$

Diese Gleichung besitzt im Bereich der reellen Zahlen keine Lösung. Dies zeigt auch Abb. 6.25.

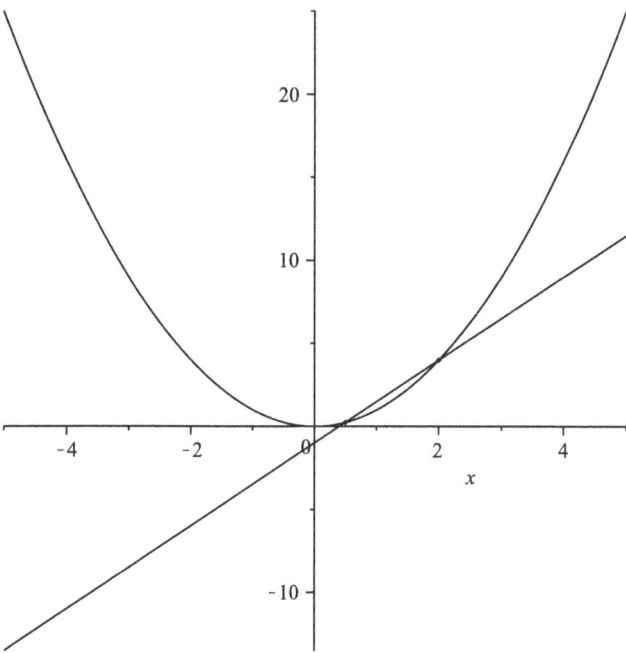

Abb. 6.24 Schnittpunkte von linearer und quadratischer Funktion

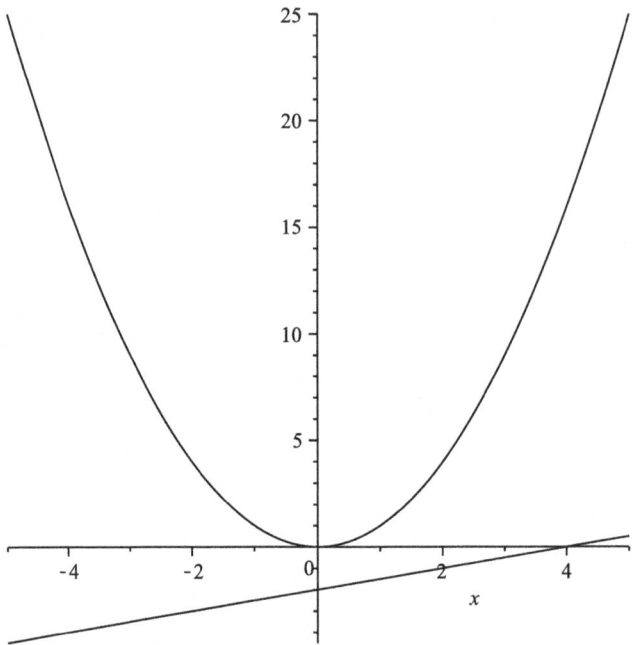

Abb. 6.25 Verlauf von quadratischer und linearer Funktion

Aufgabe 2.31: Schnittpunkte von Parabeln
Es waren gegeben:

$$f_1(x) = x^2 - 4x + 4$$
$$f_2(x) = 2x^2 - 4x + 10$$
$$f_3(x) = x^2 + 3x + 2$$

$$f_1(x) = f_2(x)$$
$$x^2 - 4x + 4 = 2x^2 - 4x + 10$$
$$-x^2 = 6$$
$$x^2 = -6$$

Diese Gleichung besitzt im Bereich der reellen Zahlen keine Lösung.

$$f_2(x) = f_3(x)$$
$$2x^2 - 4x + 10 = x^2 + 3x + 2$$
$$0 = -x^2 + 7x - 8$$
$$x_1 = 1{,}438, \quad x_2 = 5{,}561$$
$$f_2(1{,}438) = 8{,}384$$
$$f_2(5{,}562) = 49{,}626$$

Die vollständigen Schnittpunkte lassen sich damit mit (1,438; 8,384) und (5,562; 49,626) angeben. Siehe auch Abb. 6.26.

$$f_1(x) = f_3(x)$$
$$x^2 - 4x + 4 = x^2 + 3x + 2$$
$$0 = 7x - 2$$
$$x_1 = \frac{2}{7}$$
$$f_3\left(\frac{2}{7}\right) = \frac{144}{49}$$

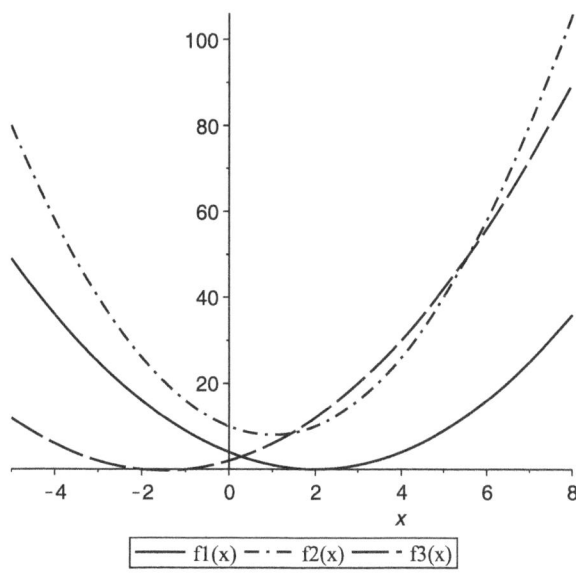

Abb. 6.26 Schnittpunkte dreier quadratischer Funktionen

Die ermittelten Schnittpunkte sind:

$$S_1(1{,}438; 8{,}384)$$

$$S_2(5{,}562; 49{,}624)$$

$$S_3\left(\frac{2}{7}; \frac{144}{49}\right) = (0{,}286; 2{,}939)$$

Siehe auch Abb. 6.26.

Aufgabe 2.32: Quadratische Funktionen als Kostenfunktionen

Gegeben sind die Funktionen $K_1(x) = x^2 - 4x + 400$ und $K_2(x) = x^2 + 3x - 300$. Der gesuchte Schnittpunkt soll mithilfe des Gleichsetzungsverfahrens ermittelt werden.

$$K_1(x) = K_2(x)$$

$$x^2 - 4x + 400 = x^2 + 3x - 300$$

$$-7x = -700$$

$$x = 100$$

Bei einer Produktionsmenge von 100 Stück entstehen die gleichen Kosten.

Aufgabe 2.33: Analyse einer einfachen quadratischen Funktion

$$h(x) = x(x - 3) - 3 + x$$

Bestimmung der Nullstellen:

$$0 = x(x - 3) - 3 + x$$

$$0 = x^2 - 2x - 3$$

$$x_1 = 3,\ x_2 = -1$$

Bestimmung des Scheitelpunktes:

Normalform: $ax^2 + bx + c$

$$h(x) = x^2 - 2x - 3$$

$$a = 1$$

$$b = -2$$

$$c = -3$$

$$S\left(-\frac{b}{2a}; \frac{4ac - b^2}{4a}\right)$$

$$S(1; -4)$$

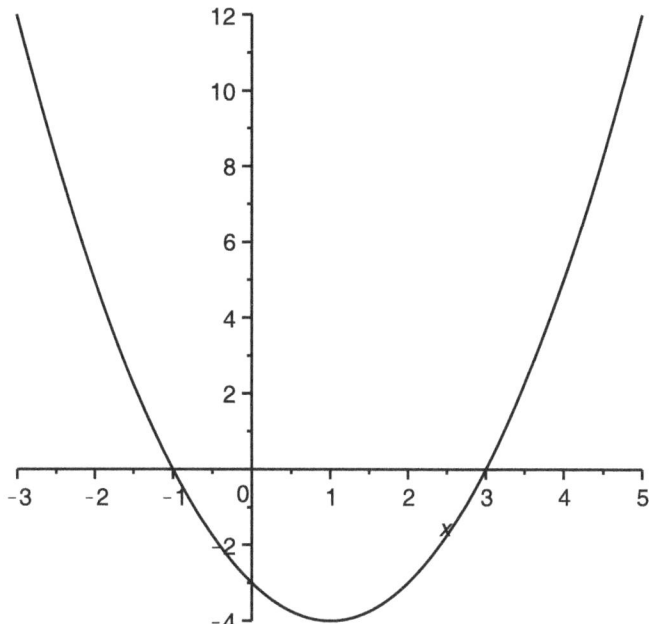

Aufgabe 2.34: Grafische Lösung einer Betragsungleichung

a) Gesucht ist die Lösung der Ungleichung $(x - 1)^2 \leq |x|$. Die Lösung zeigt Abb. 6.27.

b) Der Lösungsbereich ist in Abb. 6.27 schraffiert. Man erhält durch Ablesen der Schnittstellen an den Graphen der Funktionen näherungsweise die Lösung $0{,}5 \leq x \leq 2{,}5$

c) Für die rechnerische Lösung ist eine Fallunterscheidung der Betragsfunktion auf der rechten Seite von $(x - 1)^2 \leq |x|$ durchzuführen. Siehe hierzu auch Abschn. 1.3.

Für den Fall $x \geq 0$ folgt:

$(x - 1)^2 \leq |x|$

$(x - 1)^2 \leq x$

$x^2 - 2x + 1 \leq x$

$x^2 - 3x + 1 \leq 0$

Für diese Ungleichung erhält man mit der Lösungsformel für quadratische Funktionen den Lösungsbereich $L = \{0{,}38;\ 2{,}62\}$. Da die Parabel nach oben geöffnet ist, sind keine weiteren Betrachtungen erforderlich, um den Bereich zu ermitteln, in dem $x^2 + 2x + 1$ kleiner null ist.

Für den Fall $x < 0$ folgt:

$(x - 1)^2 \leq |x|$

$(x - 1)^2 \leq -x$

$x^2 - 2x + 1 \leq -x$

$x^2 - x + 1 \leq 0$

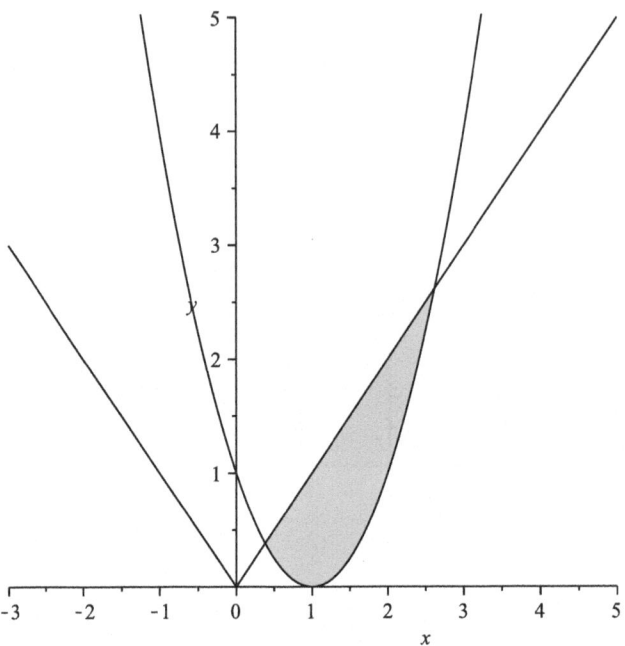

Abb. 6.27 Grafische Lösung einer Betragsungleichung

Diese Ungleichung besitzt keine Lösung, da $f(x) = x^2 - x + 1$ keine reellen Null-stellen besitzt.

Fasst man die Erkenntnisse der Fallunterscheidung zusammen, so ist der exakte Lösungsbereich der Ungleichung $(x - 1)^2 \leq |x|$ die Menge $L = \{0,38;\ 2,62\}$.

Aufgabe 2.35: Polynomdivision

a) 1. $\left(x^4 - 3x^3 - 9x^2 + 23x - 12\right) : (x - 1) = x^3 - 2x^2 - 11x + 12$

$\ -\left(x^4 - 1x^3\right)$

$\ -2x^3 - 9x^2$

$\ -(-2x^3 + 2x^2)$

$\ -11x^2 - 23x$

$\ -\left(-11x^2 + 11x\right)$

$\ 12x - 12$

$\ -(12x - 12)$

$Rest : 0$

2. $\left(x^3 - 2x^2 - 11x + 12\right) : (x - 1) = x^2 - 1x - 12$

$\quad - \left(x^3 - 1x^2\right)$

$\qquad - 1x^2 - 11x$

$\qquad - \left(-1x^2 - 1x\right)$

$\qquad\qquad - 12x + 12$

$\qquad\qquad - (-12x + 12)$

$\qquad\qquad\qquad Rest : 0$

b) Mithilfe der gegebenen Nullstellen lassen sich zwei Linearfaktoren $(x + 2)$ und $(x - 1)$ angeben und ausklammern. Die Funktion muss sich demnach in die folgende Form überführen lassen:

$p_4(x) = x^4 - x^3 - 7x^2 + x + 6 = p_2(x) \cdot (x + 2) \cdot (x - 1)$

Um nun $p_2(x)$ zu bestimmen, kann man in einem ersten Schritt durch den Faktor $(x + 2)$ dividieren:

$\left(x^4 - x^3 - 7x^2 + x + 6\right) : (x + 2) = x^3 - 3x^2 - x + 3$

$\quad - (x^4 + 2x^3)$

$\qquad - 3x^3 - 7x^2$

$\qquad - \left(-3x^3 - 6x^2\right)$

$\qquad\qquad - x^2 + x$

$\qquad\qquad - \left(-x^2 - 2x\right)$

$\qquad\qquad\qquad 3x + 6$

$\qquad\qquad\qquad - (3x + 6)$

$\qquad\qquad\qquad\qquad Rest\ 0$

Das Restpolynom wird im zweiten Schritt durch $(x - 1)$ dividiert.

$\left(x^3 - 3x^2 - x + 3\right) : (x - 1) = x^2 - 2x - 3$

$\quad - \left(x^3 - x^2\right)$

$\qquad - 2x^2 - x$

$\qquad - \left(-2x^2 + 2x\right)$

$\qquad\qquad - 3x + 3$

$\qquad\qquad - (-3x + 3)$

$\qquad\qquad\qquad Rest\quad 0$

Natürlich ist es möglich, auch in einem Schritt durch $(x+2)(x-1) = x^2 + x - 2$ zu dividieren.

In beiden Fällen erhält man das Restpolynom $p_2(x) = x^2 - 2x - 3$ mit den Null-stellen:

$$x = 1 \pm \sqrt{1+3} = 1 \pm 2$$

$$x_1 = 3 \text{ und } x_2 = -1$$

c)

1. $\left(x^3 - 6x^2 + 3x + 11\right) : (x-2) = x^2 - 4x - 5 + \dfrac{1}{x-2}$

$\quad -\left(x^3 - 2x^2\right)$

$\qquad -4x^2 + 3x$

$\qquad -(-4x^2 + 8x)$

$\qquad\qquad -5x + 11$

$\qquad\qquad -(-5x + 10)$

$\qquad\qquad\quad \text{Rest } 1$

2. $\left(x^4 - 4x^3 - 15x^2 + 58x - 39\right) : (x+4) = x^3 - 8x^2 + 17x$

$$\qquad\qquad\qquad\qquad\qquad -10 + \dfrac{1}{x+4}$$

$\quad -\left(x^4 + 4x^3\right)$

$\qquad -8x^3 + 15x^2$

$\qquad -(-8x^3 - 32x^2)$

$\qquad\qquad 17x^2 + 58x$

$\qquad\qquad -\left(17x^2 + 68x\right)$

$\qquad\qquad\qquad -10x - 39$

$\qquad\qquad\qquad -(-10x - 40)$

$\qquad\qquad\qquad \text{Rest}\quad 1$

Aufgabe 2.36: Weitere Polynomdivisionen

Folgend seien lediglich die Lösungen angegeben. Eine ausführliche Darstellung der Lösungswege ähnlicher Übungen findet sich in der vorherigen Aufgabe.

a) $x - 3$

b) $x - 2$

c) $x - 4$

d) $4x + 7$

e) $20x^2 - 39x + 7$

f) $x^2 + 4x + 16$

g) $x^2 - 3x + 9$

h) $x^3 + 2x^2 + 4x + 8$

i) $7x$

j) $6x^2 - 2x - 7$

k) $4x^3 + 7x^2 - 9x7x$

l) $x^2 + xy + y^2$

m) $x^2 - xy + y^2$

n) $x^3 + x^2y + xy^2 + y^3$

o) $x^3 - x^2y + xy^2 - y^3$

p) $x - 2$

q) $x - \frac{1}{3}$

r) $x^2 - \frac{19}{4}x + \frac{21}{4}$

s) $x^3 + 5x - 3$

t) $3x^2 - \frac{1}{2}x + \frac{2}{3}$

u) $x^2 - 2x + 2 - \frac{1}{x-2}$

v) $x^5 - 2x^4 + x^3 - 2x^2 - 20x + 40$

w) $x^5 + 3x^4 + x^3 + 3x^2 - 20x - 60 + \frac{1}{x-2}$

Aufgabe 2.37: Eigenschaften gebrochenrationaler Funktionen

a) Eine gebrochenrationale Funktion lässt sich darstellen als $f(x) = \frac{Z(x)}{N(x)}$ mit $Z(x)$ als Zähler- und $N(x)$ als Nennerpolynom. Damit gilt: Die Funktion $f(x)$ besitzt:
   - eine Nullstelle an der Stelle x_1, wenn $Z(x_1) = 0$ *und* $N(x_1) \neq 0$,
   - eine Polstelle an der Stelle x_2, wenn $Z(x_2) \neq 0$ *und* $N(x_2) = 0$, bzw.
   - eine „Lücke" an der Stelle x_3, wenn $Z(x_3) = 0$ *und* $N(x_3) = 0$.

b) Nullstellen des Zählers $Z(x)$ bei 1 und $-2.N(x_3)$
   Nullstellen des Nenners $N(x)$ bei $-3{,}562$ und $0{,}562$.

c) Die Lösungstabelle sollte folgende Einträge enthalten:

	Werte x	**Begründung**
Nullstellen	1 und -2	Dies sind ausschließlich Nullstellen des Zählerpolynoms
Polstellen	0,56 und $-3{,}56$	Dies sind ausschließlich Nullstellen des Nennerpolynoms
„Lücke"	keine	Es existieren keine gemeinsamen Nullstellen des Zähler- und Nennerpolynoms

d) Der Schnittpunkt der Funktion mit der y-Achse liegt bei (0; 1).

e) $f(-5) = \frac{9}{4} = 2{,}25$

f) Die Funktion besitzt an der Stelle $x = 1$ eine Polstelle und zudem bei $x = -2$ eine Nullstelle. Der Graph der Funktion kann demnach gar nicht gegen „$-\infty$" verlaufen, da ansonsten eine weitere Nullstelle zwischen -2 und 1 existieren müsste.

g) Da Zähler- und Nennerpolynom den gleichen Grad aufweisen, muss das Ergebnis eine Eins und ggf. einen Rest ergeben. Die horizontale Asymptote muss demnach eins sein. Die vollständige Polynomdivision ergibt:

$$\left(x^2 + x - 2\right) : \left(x^2 + 3x - 2\right) = 1 + \frac{-2x}{x^2 + 3x - 2}$$

$$-\left(x^2 + 3x - 2\right)$$

Rest $-2x$

h) En Graphen der Funktion zeigt Abb. 6.28.

Aufgabe 2.38: Besonderheiten gebrochenrationaler Funktionen

a) Nullstellen des Zählers: -2 und 3

Nullstellen des Nenners: 0 und 3

Definitionsbereich der Funktion: $x \in R \backslash \{0; 3\}$

Lücken: „Nullstellen des Zählers = Nullstellen des Nenners."

Damit hier bei $x = 3$.

Polstellen: „Nullstellen des Nenners, aber nicht gleichzeitig Nullstellen des Zählers."

Damit hier bei $x = 0$.

Abb. 6.28 Graph der gebrochenrationalen Funktion

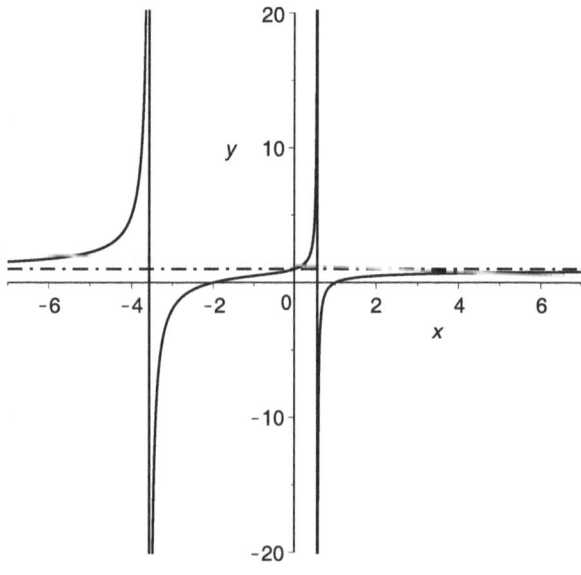

Nullstellen: „Nullstellen des Zählers, aber nicht gleichzeitig Nullstellen des Nenners."
Damit hier bei $x = -2$.
Bei den folgenden Teilaufgaben ist analog vorzugehen.

b) Nullstellen Zähler: 2
   Nullstellen Nenner: 2; -1
   Definitionsbereich: $x \in R\backslash\{-1; 2\}$
   Nullstellen: keine
   Polstellen: $x_P = -1$
   Lücken: $x_L = 2$

c) Nullstellen Zähler: -1; 1
   Nullstellen Nenner: 1
   Definitionsbereich: $x \in R\backslash\{1\}$
   Nullstelle: $x = -1$
   Polstellen: keine
   Lücken: $x_L = 1$

d) Definitionsbereich: $x \in R$
   Zähler und Nenner haben keine gemeinsamen Nullstellen
   Nullstellen: keine
   Polstellen: keine
   Lücken: keine

e) Nullstellen Zähler: $1 + \sqrt{2}$; $1 - \sqrt{2}$
   Nullstellen Nenner: -1
   Definitionsbereich: $x \in R\backslash\{-1\}$
   Nullstellen: $-x^2 + 2x + 1 = 0$
   $x^2 - 2x - 1 = 0$
   $x_{1,2} = 1 \pm \sqrt{2}$
   Polstellen: $x_P = -1$
   Lücken: keine

f) Nullstellen Zähler: 1; -2
   Nullstellen Nenner: 2
   Definitionsbereich: $x \in R\backslash\{2\}$
   Nullstellen: $x_1 = 1$ und $x_2 = -2$
   Polstellen: $x_P = 2$
   Lücken: keine

g) Nullstellen Zähler: -2; 3; 4
   Nullstellen Nenner: -2; -1; 0
   Definitionsbereich: $x \in R\backslash\{-2; -1; 0\}$
   Nullstellen: $x_1 = 3$; $x_2 = 4$
   Polstellen: $x_{P1} = -1$ und $x_{P2} = 0$
   Lücken: -2

h) Nullstellen Zähler: 2

   Nullstellen Nenner: -1

   Definitionsbereich: $x \in R\backslash\{-1\}$

   Nullstellen: $x = 2$

   Polstellen: $x_{P1} = -1$

   Lücken: keine

Aufgabe 2.39: Ermittlung der Funktionsgleichung gebrochenrationaler Funktionen

a) Definitionsbereich: $x \in R\backslash\{2\}$

   $$\text{Nullstellen}: 0 = \frac{1}{x-2} + 3$$

   $$0 = 1 + 3(x-2)$$

   $$0 = 3x - 5$$

   $$x = \frac{5}{3}$$

   Polstelle: $x = 2$

   Offenbar wurde der Graph der Funktion $f(x) = \frac{1}{x}$ um zwei Einheiten nach rechts und drei Einheiten nach oben verschoben. Den Graphen zeigt Abb. 6.29.

b)

   1. Zur Realisation der Nullstellen muss der Zähler $(x-2) \cdot (x+4)^2$ lauten. Aus den Polstellen folgt für den Nenner $(x+1) \cdot (x-1)$. Nun gilt es zu prüfen, ob Zähler und Nenner gemeinsame Nullstellen besitzen. In diesem Fall würde aus einer Nullstelle bzw. einer Polstelle eine Lücke. Dies ist hier nicht der Fall.

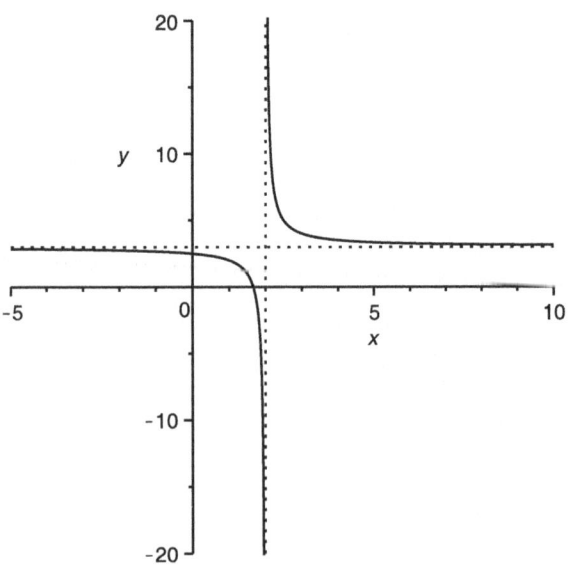

Abb. 6.29 Graph der gebrochenrationalen Funktion

$$f(x) = \frac{(x-2)(x+4)^2}{(x+1)(x-1)}$$

Damit ist

eine Funktion mit den geforderten Eigenschaften. Abb. 6.30 zeigt den Graphen dieser Funktion.

2. Zur Realisation der Nullstellen muss der Zähler $(x+5) \cdot (x-3)^2$ lauten. Aus den Polstellen folgt für den Nenner $(x-2) \cdot (x+2)$. Nun gilt es zu prüfen, ob Zähler und Nenner gemeinsame Nullstellen besitzen. In diesem Fall würde aus einer Nullstelle bzw. einer Polstelle eine Lücke. Dies ist nicht der Fall.

Es gilt:

$$f(x) = \frac{(x+5)(x-3)^2}{(x-2)(x+2)}$$

Aber: Zur Einhaltung von $f(0) = -\frac{15}{4}$ muss die Funktion noch angepasst werden, da aktuell gilt $f(0) = -\frac{45}{4}$. Die Multiplikation der Funktionsvorschrift mit einem Drittel behebt das Problem, und es folgt:

$$f(x) = \frac{(x+5)(x-3)^2}{3 \cdot (x-2)(x+2)}$$

Abb. 6.31 zeigt den Graphen dieser Funktion.

Aufgabe 2.40: Wachstumsraten in Theorie und Praxis

a) Die Anzahl der Individuen sei I.

$$2I_0 = I_0 \cdot (1+p)^n$$
$$2 = (1+p)^n$$
$$n = \log_{1+p} 2$$

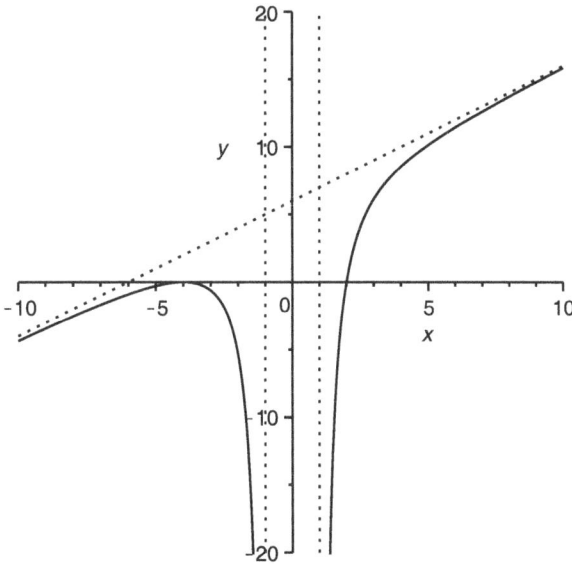

Abb. 6.30 Lösungsfunktion mit gesuchten Eigenschaften

Abb. 6.31 Lösungsfunktion
mit gesuchten Eigenschaften

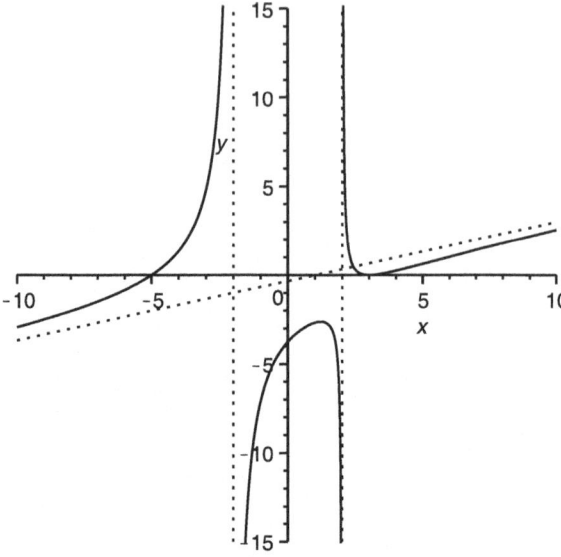

Mit $p = 0{,}65\% = 0{,}0065$ erhält man $n = 106{,}98$ und damit ca. 107 Jahre als Verdoppelungsdauer.

b)

   1. $P_7 = 25 \cdot 1{,}03^7 = 30{,}75$

   2. $P_{10} = 220.000 \cdot 1{,}03^{10} = 295.661{,}60$

   3. $P_{10} = 12{,}99 \cdot 1{,}03^{10} = 17{,}46$

Aufgabe 2.41: Radioaktiver Zerfall

a) Durch Einsetzen in das Zerfallsgesetz erhält man:

$$17{,}84 = 60 \cdot e^{-\lambda \cdot 14} \quad |: 60$$

$$\frac{17{,}84}{60} = -e^{-\lambda \cdot 14} \quad |\ln$$

$$\ln \frac{17{,}84}{60} = -\lambda \cdot 14$$

$$\lambda \approx 0{,}08664$$

b) Aufgrund der Einheit der Zeit in Tagen, sind die 3 Wochen in 21 Tage umzurechnen und erst danach in die Gleichung einzusetzen.

$$N(21) = 60 \cdot e^{-0{,}08664 \cdot 21} \approx 9{,}73\, mg$$

c) Wenn zu Beginn der Betrachtungen N_0 Atomkerne vorhanden waren, so sind dies nach Ablauf der Halbwertszeit lediglich noch $N_0/2$. Zudem ist die Zeit t durch die neue Variable für die Halbswertszeit T zu ersetzen. Damit folgt:

$$\frac{N_0}{2} = N_0 \cdot e^{-0{,}08664 \cdot T} |: N_0$$

$$\frac{1}{2} = e^{-0{,}08664 \cdot T}$$

$$-0{,}08664 \cdot T = \log_e 0{,}5$$

$$T = \frac{\ln(0{,}5)}{-0{,}08664}$$

$$T \approx 8 \, Tage$$

Aufgabe 2.42: Entladung eines Kondensators

Die Ausgangsgleichung wird zunächst nach C umgestellt:

$$U(t) = U_o \cdot e^{-\frac{1}{R \cdot C} \cdot t} \quad |: U_o$$

$$\frac{U(t)}{U_o} = e^{-\frac{1}{R \cdot C} \cdot t} \quad |ln$$

$$\ln \frac{U(t)}{U_o} = -\frac{1}{R \cdot C} \cdot t \quad |\cdot C \left| : \ln \frac{U(t)}{U_o} \right.$$

$$C = -\frac{t}{R \cdot \ln \frac{U(t)}{U_o}}$$

$$C = -\frac{13\,\mathrm{s}}{60\,\Omega \cdot \ln \frac{155}{230}} \approx 0{,}55\,F$$

Für die Einheit gilt:

$$[C] = \frac{\mathrm{s}}{\Omega} = \frac{\mathrm{s}}{\frac{\mathrm{V}}{\mathrm{A}}} = \frac{\mathrm{A} \cdot \mathrm{s}}{\mathrm{V}} = 1\,F$$

Aufgabe 2.43: Eigenschaften von Wurzelfunktionen

a) Beispiele für Wurzelfunktionen mit einem Exponenten kleiner und größer eins zeigen Abb. 6.32 und 6.33. Die Lösung der Aufgaben zeigt die folgende Tabelle.

Aussage	Wurzelfunktion mit Exponent <1	Wurzelfunktion mit Exponent >1
Definitionsbereich ist R^+	X	X
Wertebereich ist R^+	X	X
Funktion ist streng monoton wachsend	X	X
Graph verläuft stets durch die Punkte $(0; 0)$ und $(1; 1)$	X	X
Der Graph der Funktion nähert sich dem Graphen von $f(x) = x$, wenn der Exponent $\frac{m}{n}$ gegen 1 geht	X	X
Ist $x < 1$, so verläuft der Graph von $f(x)$ …		
… oberhalb des Graphen von $f(x) = x$	X	

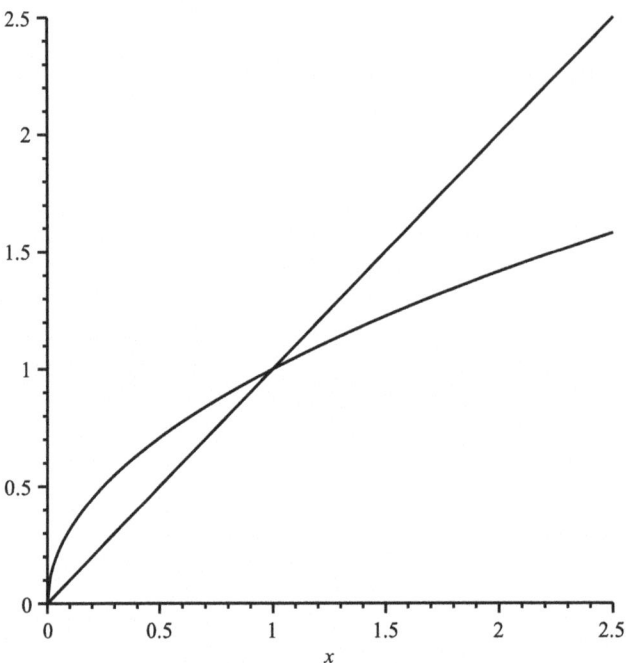

Abb. 6.32 Graph der Wurzelfunktion $f(x) = \sqrt{x} = x^{\frac{1}{2}}$

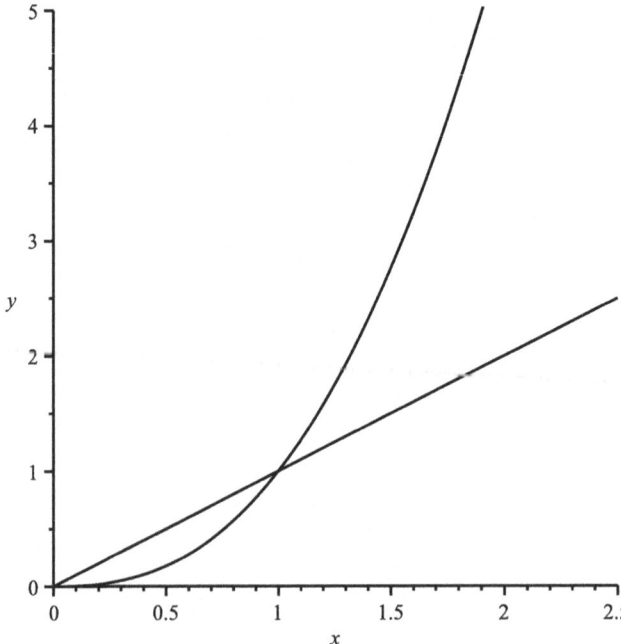

Abb. 6.33 Graph der Wurzelfunktion $f(x) = \sqrt{x^5} = x^{\frac{5}{2}}$

Aussage	Wurzelfunktion mit Exponent <1	Wurzelfunktion mit Exponent >1
… unterhalb des Graphen von $f(x) = x$		X
Ist $x > 1$, so läuft der Graph von $f(x) = x$ …		
… oberhalb des Graphen von $f(x) = x$		X
… unterhalb des Graphen von $f(x) = x$	X	

b) Die Excel-Lösung entnehmen Sie den Beispieldateien zum Buch.

Aufgabe 2.44: Weitere Eigenschaften von Wurzelfunktionen

a) Die Graphen der Funktionen zeigt Abb. 6.34. Wie zu erkennen ist, bewirkt die Addition von drei eine Verschiebung im Diagramm „nach oben". Im letzten Fall wird die Subtraktion der drei Einheiten unter der Wurzel durchgeführt. Dies führt zu einer Verschiebung des Graphen nach rechts! Man vergleiche hierzu auch „Aufgabe 2.14: Lineare Funktion vs. Betragsfunktionen".

b) $125 = 25^{3/n}$

$$\frac{3}{n} = \log_{25} 125$$

$$n = \frac{3}{\log_{25} 125}$$

$$n = 2$$

c) Aus der Funktionsgleichung $f(x) = x^{m/n}$ folgt durch Einsetzen des Punktes $(x_p; y_p)$ sofort:

$$y_p = x_p^{m/n}$$
$$\frac{m}{n} = \log_{x_p} y_p$$

Abb. 6.34 Graphen der gegebenen Wurzelfunktionen

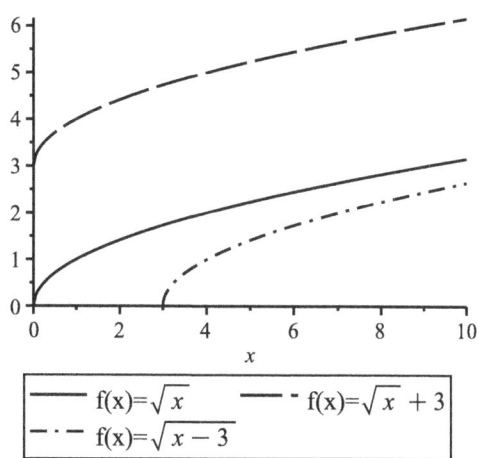

$$m = n \cdot \log_{x_p} y_p$$

Analog findet man die folgende Formel zur Berechnung von n, falls m gegeben ist:

$$n = \frac{m}{\log_{x_p} y_p}$$

Für Teilaufgabe b folgt mit $\left(x_p; y_p\right) = (25; 125)$ und $m = 3$ auch hier wiederum:

$$n = \frac{3}{\log_{25} 125} = 2$$

Aufgabe 2.45: Definitionsbereich von Logarithmusfunktionen

a) $x \, \varepsilon \, \mathbb{R}$

b) $x \, \varepsilon \, \mathbb{R}$, $x > 10$

c) $x \varepsilon \mathbb{R}$, $x \neq 0$

d) $x \varepsilon \mathbb{R}$, $x < 1$

e) $x \varepsilon \mathbb{R}$, $x > 0$

Aufgabe 2.46: Schnittpunkte von Exponential- und Logarithmusfunktion

a) Abb. 6.35 zeigt die beiden Funktionen. Die rechnerische Lösung ergibt sich aus folgenden Überlegungen:

$x = 4 \rightarrow a^4 = 16 \rightarrow a = 2$ sowie $a = -2$. Laut Definition der Klasse der Exponentialfunktionen im Abschn. 2.4.1 entfällt die zweite Lösung!

Weiterhin erhält man für b folgende Rechnung:

$\log_b 4 = 16 \rightarrow b^{16} = 4 \rightarrow b = \sqrt[16]{4}$ sowie $b = -\sqrt[16]{4}$

Auch hier entfällt die zweite Lösung aufgrund der Definition der Logarithmusfunktionen.

b) Abb. 6.35 zeigt, dass die beiden Graphen sich in insgesamt zwei Punkten schneiden. Einer davon ist natürlich $P(4; 16)$.

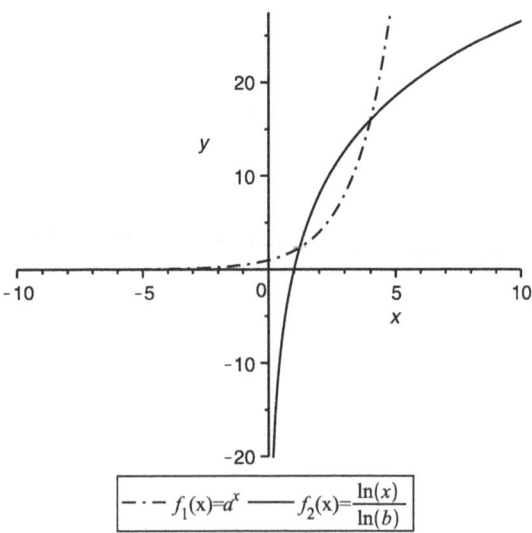

Abb. 6.35 Schnittpunkte von Exponential- und Logarithmusfunktion

c) Die resultierende Gleichung $\log_2 x = \left(\sqrt[16]{4}\right)^x = \left(\sqrt[8]{2}\right)^x$ zur Schnittstellen-suche ist lediglich mithilfe numerischer Methoden lösbar. An dieser Stelle wird das Newton-Verfahren verwendet. Für eine ausführliche Herleitung siehe auch „Aufgabe 3.6: Herleitung der Formel des Newton'schen Iterationsverfahrens".
Will man die Gleichung $\log_2 x = \left(\sqrt[8]{2}\right)^x$ lösen, so fragt man nach der Lösung von $\log_2 x - \left(\sqrt[8]{2}\right)^x = 0$ und damit nach den Nullstellen der Funktion
$$f(x) = \log_2 x - \left(\sqrt[8]{2}\right)^x = \frac{ln(x)}{ln(2)} - 2^{\frac{x}{8}} = \frac{ln(x)}{ln(2)} - \left(2^{1/8}\right)^x.$$
Für die Ableitung der Funktion gilt
$$f'(x) = \frac{1}{ln(2)} \cdot \frac{1}{x} - 2^{x/8} \cdot ln\left(2^{1/8}\right)$$
Mit dem Newton-Verfahren erhält man bei einem Startwert von $x = 1$ die Werte von Tab. 6.4. Beachten Sie für die Lösung auch die zugehörige Excel-Tabelle. Diese enthält die Umsetzung verschiedener Iterationsverfahren.
Für einen Startwert von $x = 15$ folgen die Werte in Tab. 6.5.

Aufgabe 2.47: Verknüpfung von Funktionen

a) $f_1(x) + f_2(x) = -3x^2 + 1$

b) $f_1(x) - f_2(x) = 5x^2 - 3$

c) $\frac{f_1(x)}{f_2(x)} = \frac{x^2 - 1}{2 - 4x^2}$

Tab. 6.4 Newton-Iteration zur ersten Nullstellensuche

Umsetzung Newton-Iterationsverfahren			
x_i bzw. x_{i+1}	$f(x_i)$	$f'(x_i)$	$\frac{f(x_i)}{f'(x_i)}$
1,00000	−1,09051	1,34821	−0,80886
1,80886	−0,31460	0,69623	−0,45186
2,26071	−0,03960	0,53277	−0,07432
2,33504	−0,00079	0,51177	−0,00154
2,33658	0,00000	0,51135	0,00000

Tab. 6.5 Newton-Iteration zur zweiten Nullstellensuche

Umsetzung Newton-Iterationsverfahren			
x_i bzw. x_{i+1}	$f(x_i)$	$f'(x_i)$	$\frac{f(x_i)}{f'(x_i)}$
15,00000	0,23887	−0,22163	−1,07781
16,07781	−0,02006	−0,25919	0,07739
16,00042	−0,00011	−0,25642	0,00042
16,00000	0,00000	−0,25641	0,00000

d) $f_1(x) \cdot f_2(x) = 6x^2 - 4x^4 - 2$

e) Es handelt sich hierbei um eine Nacheinanderausführung von beiden Funktionen. Die Funktion $f_2(x)$ wird zuerst ausgeführt:

$$f_1(f_2(x)) = \left(2 - 4x^2\right)^2 - 1$$
$$= 4 - 16x^2 + 16x^4 - 1$$
$$= 3 - 16x^2 + 16x^4$$

f) Auch dies ist eine Nacheinanderausführung der beiden Funktionen. Hier wird jedoch die Funktion $f_1(x)$ zuerst ausgeführt:

$$f_2(f_1(\text{x})) = 2 - 4 \cdot \left(x^2 - 1\right)^2$$
$$= 2 - 4 \cdot \left(x^4 - 2x^2 + 1\right)$$
$$= 2 - 4x^4 + 8x^2 - 4$$
$$= -2 - 4x^4 + 8x^2$$

Aufgabe 2.48: Umkehrfunktionen verschiedener Funktionstypen

a) Der Definitionsbereich ist $x \, \varepsilon \, R$.

Der Wertebereich ist $y \, \varepsilon \, R$

Für die Ermittlung der Umkehrfunktion werden die beiden Variablen x und y vertauscht. Und die Gleichung wird anschließend nach y umgetauscht. Es folgt:

$x = -8y + 1$

$y = \frac{x-1}{-8}$

$f^{-1}(x) = -\frac{x}{8} + \frac{1}{8}$

b)

1. $x = \sqrt{y - 15}$

   $f^{-1}(x) = x^2 + 15$

2. $x = (y - 3)^5$

   $f^{-1}(x) = \sqrt[5]{x} + 3$

3. $x = y^2 + 2$

   $f_1^{-1}(x) = \sqrt{x - 2}$ und $f_2^{-1}(x) = -\sqrt{x - 2}$

4. $x = e^{-2 \cdot y^2 + 1}$

   $ln(x) = -2y^2 + 1$

   $\frac{ln(x)-1}{-2} = y^2$

   $\frac{1}{-2}(ln(x) - 1) = y^2$

   $f_1^{-1}(x) = \sqrt{-\frac{1}{2} \cdot \ln(x) + \frac{1}{2}}$ und $f_2^{-1}(x) = -\sqrt{-\frac{1}{2} \cdot \ln(x) + \frac{1}{2}}$

oder auch

$$\tfrac{1}{4}(-2 \cdot ln(x) + 2) = y^2$$

$$f_1^{-1}(x) = \tfrac{1}{2} \cdot \sqrt{-2 \cdot \ln(x) + 2} \text{ und } f_2^{-1}(x) = -\tfrac{1}{2} \cdot \sqrt{-2 \cdot \ln(x) + 2}$$

5. $x = 2 \cdot \sqrt{y+3}$

$$\left(\frac{x}{2}\right)^2 = y + 3$$

$$f^{-1}(x) = \frac{1}{4}x^2 - 3$$

6. $x = \sqrt{y+7} + 4$

$$(x-4)^2 = y + 7$$

$$x^2 - 8x + 16 = y + 7$$

$$f^{-1}(x) = x^2 - 8x + 9$$

Aufgabe 2.49: Bedeutung der Differenz von Funktionswerten

a) Betrachtet man die Darstellung der Funktionen wird deutlich, dass die gesuchte Höhe h eine Strecke parallel zur y-Achse ist, die durch die Funktionen $f(x)$ und $g(x)$ begrenzt wird. Aufgrund dieser Parallelität zur y-Achse müssen in beiden Fällen die x-Werte der Schnittpunkte gleich sein. Somit kann die Höhe h über die Differenz der y-Werte ermittelt werden.

Geht man davon aus, dass die Länge einer Strecke ein positiver Wert ist, so wäre hier die Reihenfolge bei der Differenzenbildung dann zu beachten, wenn $f(x)$ nicht immer „über" $g(x)$ verläuft. Um die Lösung übersichtlich darzustellen, wird auf die Benutzung des absoluten Betrags der Differenz von „$f(x) - g(x)$" verzichtet. Gegebenenfalls ist der Betrag des Ergebnisses zu ermitteln, nachdem man die folgenden Gleichungen zur Berechnung der Streckenlänge genutzt hat. Es gilt also:

$h(x) = y_f - y_g = f(x) - g(x)$

Durch Einsetzen der beiden Funktionen

$y_f = f(x) = -0,5x^2 + 4x + 3$

$y_g = g(x) = 2x - 3$

erhält man:

$$h(x) = \left(-0,5x^2 + 4x + 3\right) - (2x - 3)$$

$$= -0,5x^2 + 4x + 3 - 2x + 3$$

$$= -0,5x^2 + 2x + 6.$$

b) $h(x) = \sqrt{x+3} - 2x + 3$

c) $h(x) = x^2 + 9x + 25 - \left(-0{,}5x^2 + 4x + 7 \right)$

   $ = x^2 + 9x + 25 + 0{,}5x^2 - 4x - 7$

   $ = 1{,}5x^2 + 5x + 18$

d) $h(x) = -x^2 + 9x - 5$

e) Aufgrund der eingangs dargestellten Überlegungen zum Vorzeichen der Differenz kann hier $h(x) = g(x) - f(x)$ berechnet werden. Auch die Umkehrung wäre richtig. Dann sind lediglich die Vorzeichen zu ändern.

$$h(x) = (2x - 3) - \left(-0{,}5x^2 + 4x + 3 \right)$$

$$ = 0{,}5x^2 - 2x - 6$$

Aufgabe 2.50: Grundlagen der Newton'schen Interpolation

Durch die Division der Differenzen ergeben sich die Koeffizienten der zu bestimmenden Funktion, wie in Abb. 6.36 zu sehen ist.

Setzt man die so berechneten Werte als Koeffizienten ein, so erhält man folgende Gleichung:

$$f(x) = 2 + 2 \cdot (x - 1) + \left(-\frac{9}{10} \right) \cdot (x - 1) \cdot (x - 4)$$

$$+ \frac{1}{5} \cdot (x - 1) \cdot (x - 4) \cdot (x - 6)$$

Diese wird anschließend ausmultipliziert:

$$f(x) = \frac{1}{5}x^3 - \frac{31}{10}x^2 + \frac{133}{10}x - \frac{42}{5}$$

Aufgabe 2.51: Newton'sche Interpolation mit nur zwei Stützstellen

Mithilfe der analogen Vorgehensweise zu „Aufgabe 2.50 Newton-Interpolation" erhält man Koeffizienten gemäß Abb. 6.37.

Diese setzt man in die Funktionsgleichung ein

	geg. Werte		Differenzen		
i	x_i	y_i	1. Ordnung	2. Ordnung	3. Ordnung
0	1	2			
1	4	8	2,0000		
2	6	3	-2,5000	-0,9000	
3	9	6	1,0000	0,7000	0,2000

Abb. 6.36 Beispiel einer Newton-Interpolation

i	geg. Werte x_i	y_i	Differenzen 1. Ordnung	2. Ordnung	3. Ordnung
0	-4	4			
1	5	7	0,3333		

Abb. 6.37 Beispiel einer Newton-Interpolation

$$f(x) = 4 + \frac{1}{3} \cdot (x - (-4))$$

und vereinfacht anschließend zu

$$f(x) = \frac{1}{3}x + \frac{16}{3}.$$

Ermittelt man die Geradengleichung ohne das Newton'sche Interpolationsverfahren, so erhält man:

$$m = \frac{\Delta y}{\Delta x} = \frac{7 - 4}{5 - (-4)} = \frac{3}{9} = \frac{1}{3}$$

$$y = \frac{1}{3}x + n$$

und mit Einsetzen des Punktes $(-4; 4)$ folgt:

$$4 = \frac{1}{3}(-4) + n \rightarrow n = \frac{16}{3}$$

Also ebenfalls obige Funktionsgleichung!

Aufgabe 2.52: Approximation einer Preis-Absatz-Funktion

a)

i	geg. Werte Absatz [Tsd. Stück]	Preis [EUR]	Differenzen 1. Ordnung	2. Ordnung	3. Ordnung	4. Ordnung	5. Ordnung
0	1,95	17,00					
1	2,00	12,00	−100,0000				
2	2,10	6,00	−60,0000	266,6667			
3	2,30	4,00	−10,0000	166,6667	−285,7143		
4	2,50	3,60	−2,0000	20,0000	−293,3333	−39,5833	
5	2,70	2,90	−3,5000	−3,7500	−39,5833	362,5000	501,8038

b) $f(x) = 17 - 100 \cdot (x - 1{,}95) + 266{,}67 \cdot (x - 1{,}95) \cdot (x - 2)$

$ - 285{,}71 \cdot (x - 1{,}95) \cdot (x - 2) \cdot (x - 2{,}10)$

$ - 13{,}85 \cdot (x - 1{,}95) \cdot (x - 2) \cdot (x - 2{,}10) \cdot (x - 2{,}30)$

$ + 501{,}80 \cdot (x - 1{,}95) \cdot (x - 2) \cdot (x - 2{,}10) \cdot (x - 2{,}30) \cdot (x - 2{,}50)$

c) $f(2{,}05) = 8{,}39$

d) Die Vorteile der Newton-Interpolation liegen im vergleichsweise geringen Aufwand, alle Koeffizienten des Interpolationspolynoms zu bestimmen, sowie in der unproblematischen Möglichkeit, weitere Stützpunkte hinzuzufügen. Weiterhin können, wie in der vorherigen Teilaufgabe zu sehen, Absatzzahlen für bisher noch nicht existierende Verkaufspreise vorhergesagt (interpoliert) werden. Die Originalwerte von Preis und zugehöriger Menge werden vollständig auch durch die Funktionsgleichung wiedergegeben, d. h., sie können reproduziert werden.

Wie am Graphen der Preis-Absatz-Funktion in Abb. 6.38 zu erkennen, neigen Polynome höheren Grades jedoch zum „Überschwingen". Damit wird die Interpolation der gesuchten Werte zwischen den Stützstellen oft ungenau.

Aufgabe 2.53: Multiple-Choice-Test Funktionen

1. c) Anzahl der Nullstellen des Nenners
2. a) Nullstellen des Zählers, wenn dort der Nenner definiert, d. h. ungleich null ist

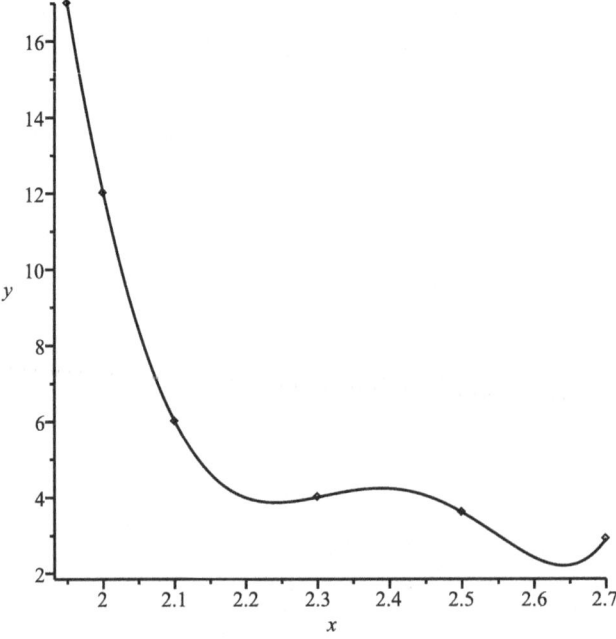

Abb. 6.38 Preis-Absatz-Funktion

3. c) Lücke

   d) Sprung

   Beachten Sie, dass man im Allgmeinen eine Polstelle nicht als Unstetigkeitsstelle auffasst, da diese Stelle ja gar nicht zum Defintionsbereich der Funktion gehört!

4. c) Lücke

   Begründung: Durch geeignete Festlegung eines einzigen Funktionswertes könnte man die Lücke der Funktion an dieser Stelle „füllen" bzw. „beheben".

5. a) Ermittlung des linksseitigen Grenzwertes a.d.St. x_0

   c) Ermittlung des rechtsseitigen Grenzwertes a.d.St. x_0

   d) Differenz der einseitigen Grenzwerte bilden

6. b) falsch

7. a) richtig

8. a) richtig

9. a) richtig

10. b) falsch

11. a) richtig

12. a) richtig

13. b) falsch

14. a) richtig

15. a) richtig

Aufgabe 2.54: Handyvertrag

a) $K(t) = 15$

   Den Graphen der Kostenfunktion zeigt Abb. 6.39.

b) $K(t) = 15 + 0{,}29 \cdot t$

   Den Graphen der Kostenfunktion zeigt Abb. 6.40.

c) Aus $K(t) = 15 + 0{,}29 \cdot t$ folgt für die Kosten in Höhe von 102 €:

   $$102 = 15 + 0{,}29 \cdot t$$

   $$87 = 0{,}29 \cdot t$$

   $$t = 300$$

   Matze kann 300 min mit seiner Freundin telefonieren, wenn die Gesamttelefonrechnung 102 € betragen soll.

Aufgabe 2.55: Handytarife im Vergleich

a) Kostenfunktion in Abhängigkeit der Zeit

   $$K_A(t) = 15 + 0{,}12 \cdot t$$

   $$K_B(t) = 13 + 0{,}159 \cdot t$$

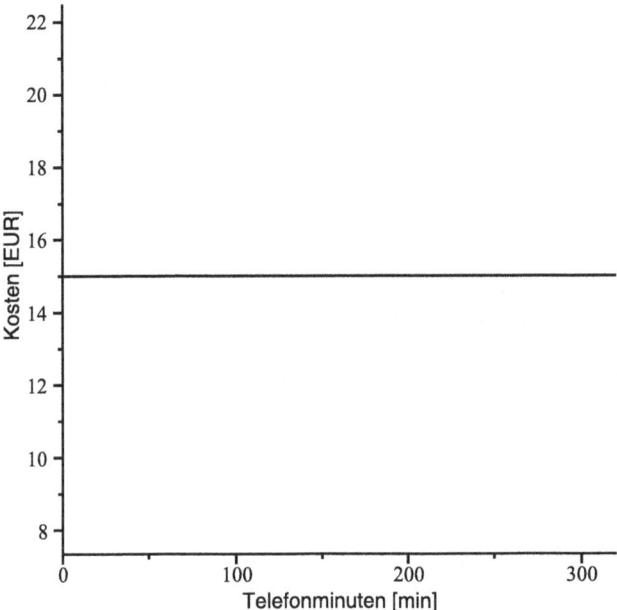

Abb. 6.39 Kosten der Telefonminuten ins Festnetz als Flatrate

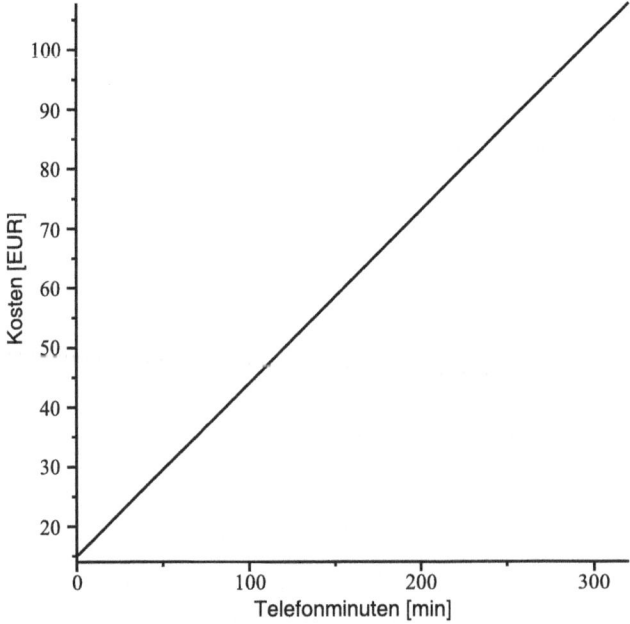

Abb. 6.40 Kosten der Telefonminuten ins Festnetz ohne Flatrate

b)

telefonierte Minuten t	A	B
0	15,00	13,00
50	21,00	20,95
100	27,00	28,90
150	33,00	36,85
200	39,00	44,80
250	45,00	52,75
300	51,00	60,70

c)

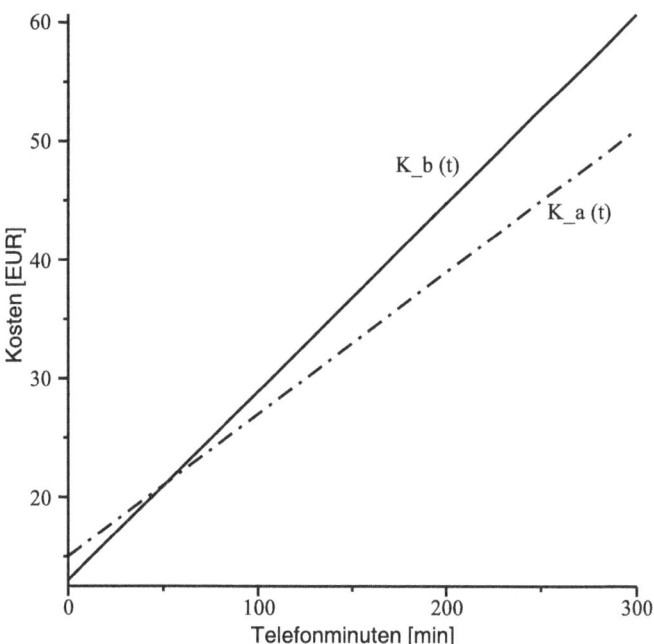

d) $15 + 0{,}12 \cdot t = 13 + 0{,}159 \cdot t$

$$2 = 0{,}039 \cdot t$$

$$t_S = 51{,}28$$

$$K(t_S) = K(51{,}28) = 21{,}15$$

$\Rightarrow$ Schnittpunkt mit Koordinaten $(51{,}28; 21{,}15)$

Zur Interpretation: Telefoniert man ca. 50 min, so zahlt man bei beiden Tarifen den gleichen Preis von ca. 21 €. Wird mehr telefoniert, so ist Tarif A aufgrund der geringeren Steigung der Kostenfunktion günstiger.

e)

1. $K_C(t) = \begin{cases} 25 & 0 \leq t \leq 100 \\ 25 + (t - 100) \cdot 0{,}17 & t > 100 \end{cases}$

2.

telefonierte Minuten t	A	B	C
0	15,00	13,00	25,00
50	21,00	20,95	25,00
100	27,00	28,90	25,00
150	33,00	36,85	33,50
200	39,00	44,80	42,00
250	45,00	52,75	50,50
300	51,00	60,70	59,00

Es handelt sich um eine stückweise definierte Funktion. Die alleinige Vorgabe des zweiten/unteren Teils der Definition reicht nicht aus! Sie erhalten mit dem Rechner dann beispielsweise bei 0 min den Wert $25 + 0{,}17 \cdot (0 - 100) = 8{,}00$. Dies ist weniger als der zu zahlende Grundbetrag! Sie müssten in diesem Fall die ersten Werte der Wertetabelle „per Hand" auf 25 € setzen, was mathematisch nicht der eigentlichen Funktion entspräche!

3. Abb. 6.41 zeigt den Graphen der Kostenfunktion in Abhängigkeit der telefonierten Zeit.

Aufgabe 2.56: Unterhaltskosten eines

a) $K_{\text{gesamt}} = \left(\frac{950 \cdot 12}{100} \cdot 7 \cdot 1{,}52 \right) + 120 + 550 + (950 \cdot 12 \cdot 0{,}20) = 4.162{,}96$

b) $K_{\text{Durchschnitt}} = \frac{4.162{,}96}{950 \cdot 12} = 0{,}365 \rightarrow 0{,}3652$ €/km $\rightarrow 36{,}52$€/100 km

c) $K_{\text{Bio}} = \left(\frac{950 \cdot 12}{100} \cdot 7 \cdot 1{,}04 \cdot 1{,}48 \right) + 120 + 550 + (950 \cdot 12 \cdot 0{,}20)$

$= 4.178{,}28$

d) Kosten je km: $\frac{4.178{,}28}{950 \cdot 12} = 0{,}3665$€

Reichweite für 1000 €:

$\frac{1000}{\left(\frac{4.178{,}28}{950 \cdot 12} \right)} = 2.728{,}39$ km

Demnach können ca. 2700 km für 1000 € gefahren werden.

Probe/Überschlag:

1000 ist ca. 1/4 von den 4178 km aus c)

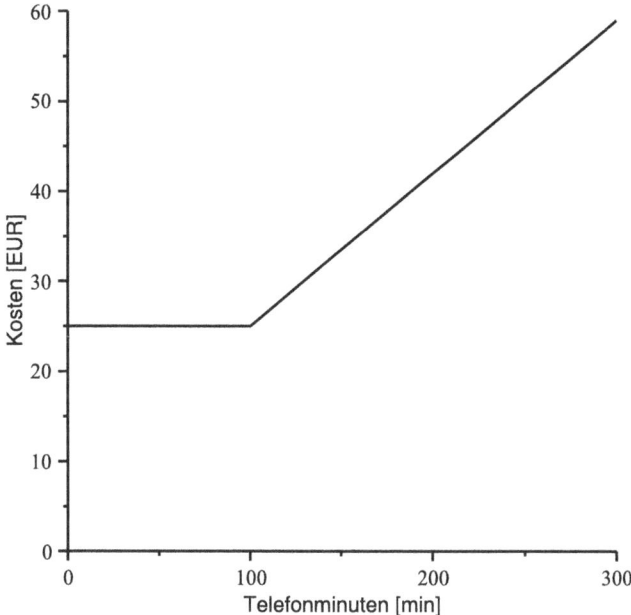

Abb. 6.41 Kosten in Abhängigkeit der telefonierten Minuten im Tarif C

$\curvearrowright 1/4$ von $950 \cdot 12 = 2800$

$\curvearrowright$ Lösung scheint überschlägig korrekt

Aufgabe 2.57: Mietkosten eines Pkw

a) Es handelt sich um eine stückweise definierte Funktion. Zu lesen ist sie wie folgt: Ist die gefahrene Strecke kleiner oder gleich 400 km, so fallen Kosten von 155€ an. Wird der Mietwagen über 400 km gefahren, fallen ebenfalls die Fixkosten von 155€ an. Zuzüglich wird jeder über 400 km gefahrene Kilometer mit 0,90€ berechnet. Wichtig ist der Term „$(x - 400)$"! Er sorgt dafür, dass nur die „Mehrkilometer" über 400 wirklich berechnet werden. Der Wert 400 tritt in der Bedingung der Funktion in der ersten Zeile ganz rechts sowie in diesem Klammerausdruck auf. Beide Zahlen müssen übereinstimmen.

Es ist zu beachten, dass beide Zeilen der Funktion unbedingt benötigt und die Bedingungen korrekt angegeben werden! Würde die erste Zeile der Funktionsdefinition fehlen und ein Kunde würde 300 km mit dem Mietwagen fahren, so würde folgen: $155 + (300 - 400) \cdot 0,90 = 65$. Der Mietpreis läge somit unter dem Mindestpreis von 155 €. Dies ist im vorliegenden Fall nicht möglich, da die Bedingung für x > 400 in der zweiten Zeile die Nutzung der Formel für 300 km verbietet und die erste Zeile dann den Mindestpreis korrekt definiert! Es werden also alle beide Zeilen und die Bedingungen dringend in dieser Form benötigt. Dies ist auch bei der folgenden Definition der Kostenfunktion $K_2(x)$ zu beachten!

b) Nach der Logik der Erläuterungen in Teil (a) folgt direkt die folgende Funktionsgleichung für das Angebot der Mietwagenfirma 2:

$$K_2(x) = \begin{cases} 125 & \text{für } 0 \le x \le 100 \\ 125 + (x - 100) \cdot 0{,}35 & \text{für } x > 100 \end{cases}$$

c) Abb. 6.42 zeigt den Funktionsverlauf der Kostenfunktionen in Abhängigkeit der gefahrenen Kilometer.

d) $K_1(320) = 155{,}00\,€$ und $K_2(320) = 202{,}00\,€$

e) Aus der Skizze der Funktionsgraphen erkennt man, dass die Gleichungen
$125 + (x - 100) \cdot 0{,}35 = 155$ sowie
$125 + (x - 100) \cdot 0{,}35 = 155 + (x - 400) \cdot 0{,}90$
zu lösen sind. Man erhält 185,71 km und 536,36 km als Schnittstellen. Vom ersten Schnittpunkt ist die y-Koordinate 155 € bereits bekannt. Für den zweiten Punkt erhält man diese durch Einsetzen in eine der beiden Funktionen. Also z. B. $K_1(536{,}36) = 277{,}73\,€$. Es folgen die Schnittpunkte $P_1(185{,}71;\ 155{,}00)$ und $P_2(536{,}36;\ 277{,}40)$.

f) Aufgrund der Schnittpunkte sowie der Skizze der Funktionsgraphen ist das Angebot der Mietwagenfirma 1 zu wählen, sobald voraussichtlich mehr als 536,36 km gefahren werden.

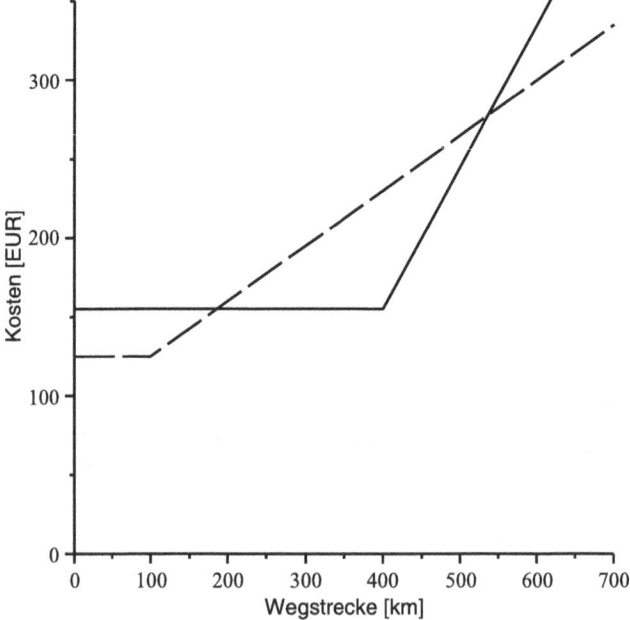

Abb. 6.42 Verlauf der Kostenfunktionen der Miet-Pkw

Aufgabe 2.58: Auswirkungen der Umsatzbesteuerung

a) Die zu zahlende Umsatzsteuer in Abhängigkeit des Umsatzes zeigt Abb. 6.43. Beachten Sie, dass unter 17.500 € keine Umsatzsteuer zu zahlen ist! Der Wert der Funktion ist hier also null.

b) Umsatzsteuerfunktion S in Abhängigkeit des Umsatzes U für $U < 50.000$:

$$S(U) = \begin{cases} 0; & \text{für } U < 17.500 \\ 0{,}19 \cdot U; & \text{für } 17.500 \leq U < 50.000 \end{cases}$$

c) Den Graphen der Funktion „Einkommen nach Umsatzsteuer" zeigt Abb. 6.44.

d) Gesucht wird ein Umsatz, der nach Abzug der Umsatzsteuer dem Wert von 17.500 € entspricht. Zu lösen ist also die Gleichung

$17.500 = U \cdot 0{,}81$

Der Umsatz muss demnach offenbar größer sein als

$17.500 : 0{,}81 = 21.604{,}94$

Aufgabe 2.59: Darstellung und Interpretation stückweise definierter Funktionen

a) Den Graphen der Funktion zeigt Abb. 6.45.

b) Den Graphen der Funktion zeigt Abb. 6.46.

c) Interpretation: Die Funktion $f_1(x)$ hat einen Schnittpunkt mit der y-Achse bei $x = 0$. Dies deutet darauf hin, dass es eigentlich keine Fixkosten unabhängig von der produzierten Stückzahl der Geräte (Ausbringungsmenge) gibt. Bei einer Produktionszahl von bis unter 6 Stück setzen sich die Kosten jedoch aus einem Fixkostenanteil

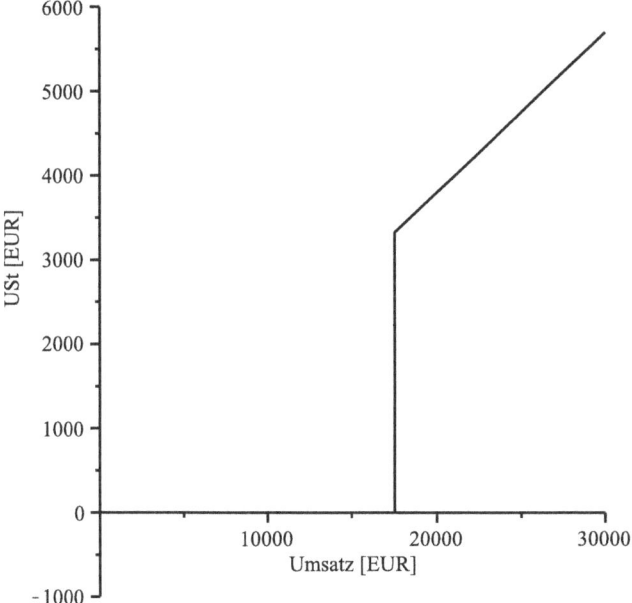

Abb. 6.43 Umsatzsteuer in Abhängigkeit des Umsatzes

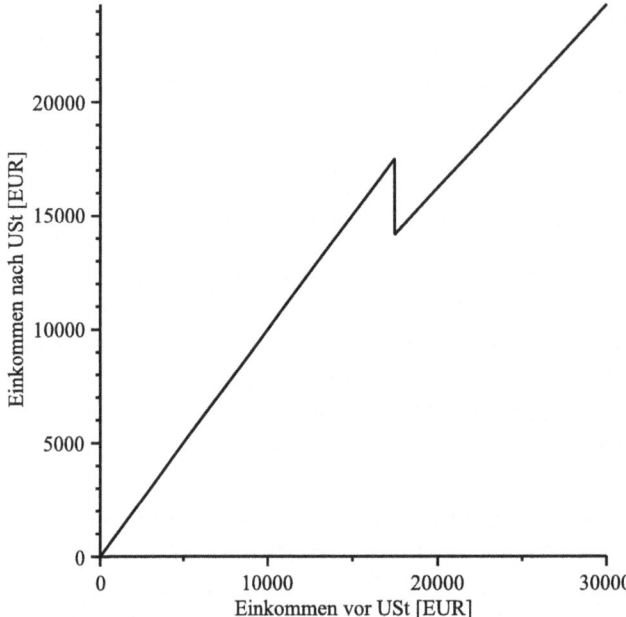

Abb. 6.44 Einkommen nach Umsatzsteuer

Abb. 6.45 Graph der
stückweise definierten
Funktion $f_1(x)$

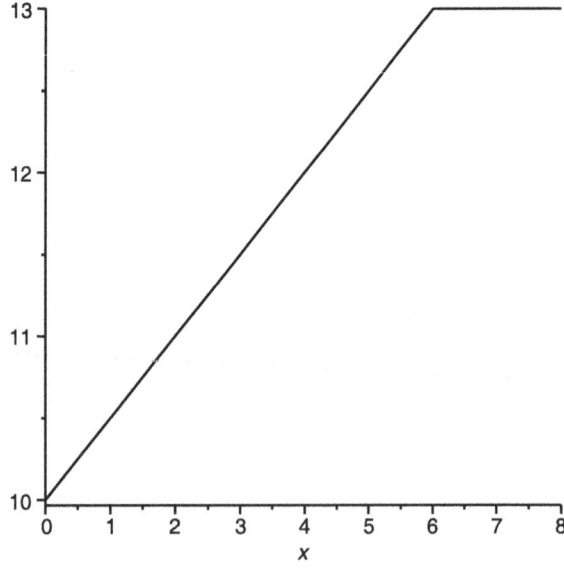

Abb. 6.46 Graph der
stückweise definierten
Funktion $f_2(x)$

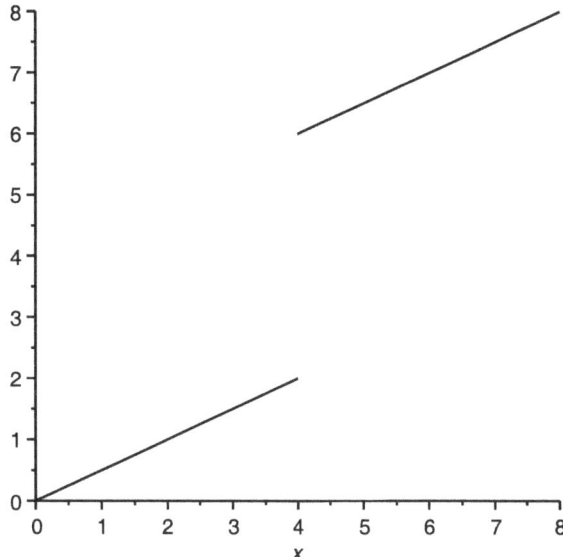

von 10 TEUR und einem variablen Kostenanteil von 500 € pro produzierter Menge
zusammen. Ab einer Produktion von 6 bis zu 8 Stück liegen die Kosten unabhängig
von der Ausbringungsmenge konstant bei 13 TEUR.

Die Kostenfunktion $f_2(x)$ besitzt keinen Fixkostenanteil. Bis zu einer produzierten
Menge von unter 4 Stück entstehen lediglich Kosten von 500 € pro produziertem
Stück. Ab einer Produktion von 4 Stück steigen die Kosten sprunghaft an, was darauf hindeuten könnte, dass die Kapazitäten nicht ausreichen und deshalb Investitionen
(z. B. in neue Maschinen) getätigt werden müssen. Danach steigen die Kosten wieder
linear mit gleichem Anstieg an.

d) Nutzt man die Definition des absoluten Betrages, wie sie in „Aufgabe 1.12: Vollständige Fallunterscheidung bei Beträgen" aufgeführt ist, so kann die Funktion stückweise wie folgt beschrieben werden:

$$f_3(x) = \begin{cases} -(x-2) - 3; & x < 2 \\ (x-2) - 3; & x \geq 2 \end{cases}$$

Man erhält den Graphen gemäß Abb. 6.47.

Aufgabe 2.60: Bevölkerungsentwicklung EU 27

a) Zur Vereinfachung der grafischen Darstellung legt man das Basisjahr 2000 fest. Alle
   weiteren Jahre werden entsprechend mit $t = 1, 2, \ldots$ usw. nummeriert. Man erhält den
   Graphen der Funktion gemäß Abb. 6.48.

b) Die erklärende Variable wird i. d. R. auf der horizontalen Achse und die abhängige
   Variable auf der vertikalen Achse abgetragen. Daraus folgt, dass im vorliegenden
   Modell die Zeit als erklärende Variable für die Entwicklung der Einwohnerzahl

Abb. 6.47 Graph der
Betragsfunktion $f_3(x)$

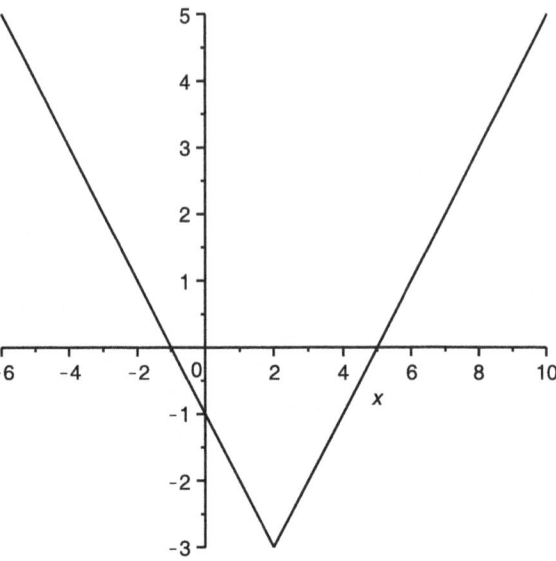

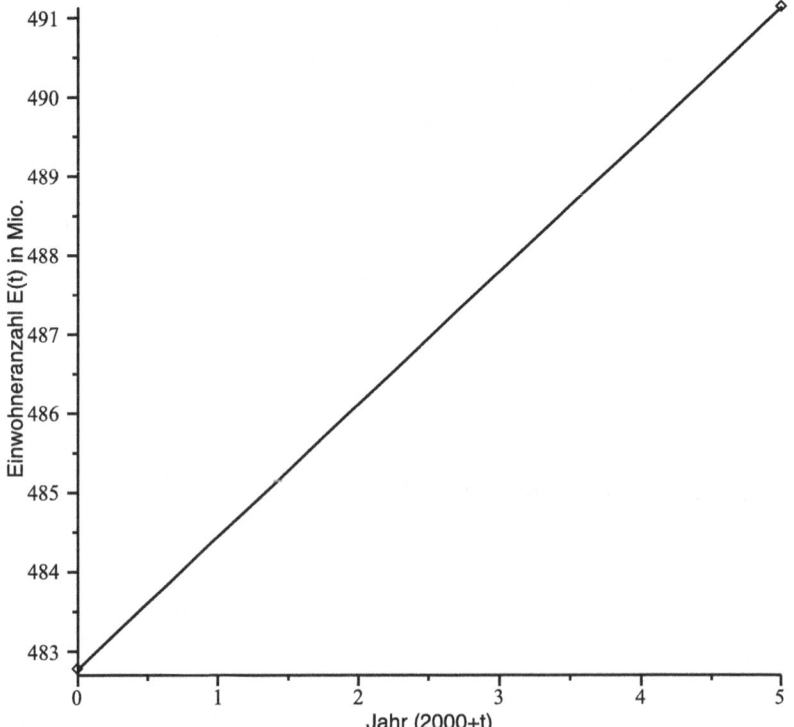

Abb. 6.48 Entwicklung der Einwohnerzahl der EU 27

benutzt wird! Über die Zeit substituiert man somit Geburtenrate, konjunkturelle Einflüsse usw.

c) Gegeben sind die Datenpunkte (0; 482,768) sowie (5; 491,135). Als Geradengleichung erhält man:

$$E(t) = m \cdot t + n$$

$$m = \frac{491,135 - 482,768}{5 - 0} = 1,673$$

$$E(t) = 1,673 \cdot t + n$$

Mit $(0, 482,768)$ folgt $n = 482,768$
und somit

$$E(t) = 1,673 \cdot t + 482,768$$

d) Im Jahre 2000 beträgt die Einwohnerzahl mit $t = 0$ dann 482,768 Millionen. Der Anstieg der linearen Funktion $m = 1,673$ bedeutet: Mit jedem Jahr steigt die Einwohnerzahl im Durchschnitt um 1,673 Millionen.

e) Auf der Webseite von EuroStat findet man die Datenreihe „Bevölkerung am 1. Januar" mit dem Code „tps00001". Gegebenenfalls ist die Suchfunktion der Datenbank zu nutzen. Siehe auch Tab. 6.6. Die Werte zeigt Der direkte Link zur Tabelle: http://epp.eurostat.ec.europa.eu/tgm/table.do?tab=table&init=1&plugin=1&language=de&pcode=tps00001

f) Laut Funktionsgleichung/linearem Modell folgt:

$$E(1) = 1,673 \cdot 1 + 482,768$$

$$= 484,441$$

$$E(3) = 487,787$$

Dies entspricht absoluten Abweichungen von 0,644 Mio. Personen in 2001 und 1,141 Mio. Personen in 2003.

g) $E(9) = 1,673 \cdot 9 + 482,768$

$$= 497,825$$

Dies entspricht einer absoluten Abweichung von 1,88 Mio. Einwohnern. Für ein einfaches lineares Modell stellt diese Abweichung ein akzeptables Ergebnis dar.

h) Die Ergebnisse für die einzelnen Jahre zeigt Tab. 6.7.

Tab. 6.6 Bevölkerung am 1. Januar in Millionen Personen

Bevölkerung am 1. Januar in Millionen Personen					
Jahr	**2007**	**2008**	**2009**	**2010**	**2011**	**2012**
EU (27 Länder)	493,987	495,985	497,780	498,868	498,675	499,772
Jahr	**2013**	**2014**	**2015**	**2016**	**2017**	**2018**
EU (27 Länder)	500,901	502,765	504,315	506,087	507,367	508,605

Tab. 6.7 Bevölkerung am 1. Januar in Millionen Personen mit Prognose

Bevölkerung am 1. Januar in Millionen Personen

Jahr	2000	2001	2002	2003	2004	2005
Zeit t	0	1	2	3	4	5
EU (27 Länder)	482,768	483,797	484,635	486,646	488,798	491,135
Prognose mit linearem Modell	482,768	484,441	486,114	487,788	489,461	491,135
abs. Abweichung	0,000	0,644	1,479	1,141	0,664	0,000
Jahr	2006	2007	2008	2009	2010	2011
Zeit t	6	7	8	9	10	11
EU (27 Länder)	493,210	495,292	497,686	499,705	501,121	502,489
Prognose mit linearem Modell	492,808	494,482	496,155	497,829	499,502	501,176
abs. Abweichung	0,402	0,810	1,531	1,877	1,618	1,313

Aufgabe 2.61: Ermittlung von Gleichgewichtsmenge und -preis

a) Nachfragefunktion:

Gegeben sind für die Nachfrage zwei Punkte (500; 0,10); (40; 0,45):

$$P_N(Q) = m \cdot Q + n$$

$$m = \frac{\triangle P}{\triangle Q} = \frac{0,45 - 0,10}{40 - 500} = -0,0008$$

$$P_N(Q) = -0,0008 \cdot Q + n$$

Mit (500; 0,10) folgt:

$$P_N(500) = 0,10 = -0,0008 \cdot 500 + n$$

$$n = 0,10 + 0,0008 \cdot 500$$

$$n = 0,5000$$

$$P_N(Q) = -0,0008 \cdot Q + 0,5$$

Gegeben sind für das Angebot zwei Punkte (230; 0,10); (400; 0,45):

$$P_A(Q) = m \cdot Q + n$$

$$m = \frac{\triangle P}{\triangle Q} = \frac{0,45 - 0 \cdot 10}{400 - 230} = 0,0021$$

$$P_A(Q) = 0,0021 \cdot Q + n$$

Anmerkung: Hier Dezimaldarstellung genutzt; bei Berechnung mit voller Genauigkeit kann das Ergebnis reproduziert werden.

Mit (230; 0,10) folgt:

$$P_A(Q) = 0{,}10 = 0{,}0021 \cdot 230 + n$$
$$n = 0{,}10 - 0{,}0021 \cdot Q$$
$$n = -0{,}3735$$
$$P_A(Q) = 0{,}0021 \cdot Q - 0{,}3735$$

b)

c) Gleichsetzen der Angebots- und Nachfragefunktion führt zur Ermittlung des Marktgleichgewichtes mit den folgenden Koordinaten: Menge in 1000 Stück von
$Q = 302{,}86$ und Preis von $P = 0{,}25$ €. Den Schnittpunkt zeigt auch Abb. 6.49.

Aufgabe 2.62: Maximalpreis für Brot

a) Zur Berechnung des Marktgleichgewichtes:

$$P_N(Q) = -\frac{7}{12000} \cdot Q + \frac{71}{20}$$
$$P_A(Q) = \frac{7}{9000} \cdot Q - \frac{2}{9}$$

Gleichsetzen der Nachfrage- und Angebotsfunktion führt zu folgender Gleichung:

$$-\frac{7}{12000} \cdot Q + \frac{71}{20} = \frac{7}{9000} \cdot Q - \frac{2}{9}$$

nach Q umstellen:

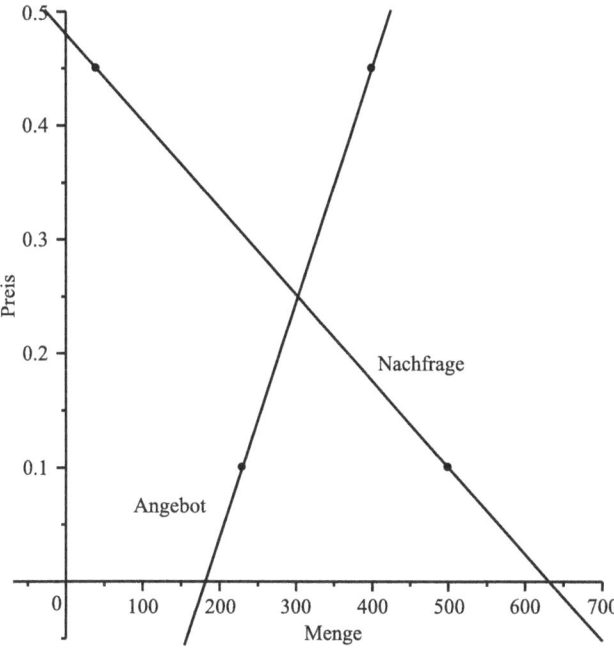

Abb. 6.49 Graph von Angebots- und Nachfragefunktion

$$-\frac{7}{12000} \cdot Q + \frac{71}{20} = \frac{7}{9000} \cdot Q - \frac{2}{9} \quad \left| +\frac{2}{9} \right| + \frac{7}{12000} \cdot Q$$

$$\frac{49}{36000} \cdot Q = \frac{679}{180} \quad \left| : \frac{49}{36000} \right.$$

$$Q = 2771{,}4286$$

Nun wird Q in einer der beiden Funktionen, z. B. die Angebotsfunktion, eingesetzt. Damit folgt $P_A(2771{,}4286) = 1{,}9333$.

Somit sind die Koordinaten des Marktgleichgewichts (2771,43; 1,93). Die Lösung zeigt auch Abb. 6.50.

b)

1. Die Einführung eines Maximalpreises (engl. *ceiling price*) ist nur wirkungsvoll, wenn dieser unterhalb des aktuellen Gleichgewichtspreises liegt. Würde man im vorliegenden Fall einen Preis größer oder gleich 1,93 €/kg vorgeben, so hätte dieser keine Auswirkungen.

2. Das ergänzte Diagramm sollte die Hilfslinien gemäß Abb. 6.50 enthalten.

c) Zur Berechnung der Mengen setzt man den Maximalpreis in die Gleichungen $P_A(Q) = \frac{7}{9000} \cdot Q - \frac{2}{9}$ und $P_N(Q) = -\frac{7}{12000} \cdot Q + \frac{71}{20}$ ein. Damit gilt für die angebotene Menge

$$P_A(Q) = \frac{7}{9000} \cdot Q - \frac{2}{9} = 1{,}85$$

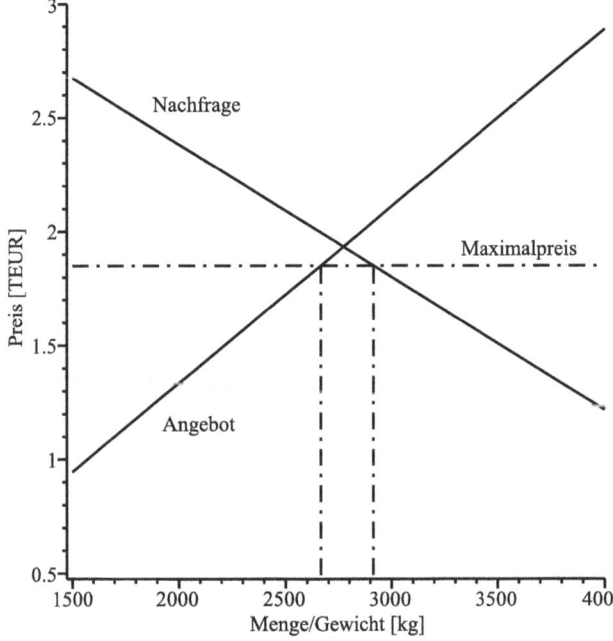

Abb. 6.50 Angebots- und Nachfragefunktion für Brot

und somit nach Auflösung der Gleichung $Q_A = 2 \cdot 664{,}29$.

Für die gleichzeitig nachgefragte Menge folgt:

$P_N(Q) = -\frac{7}{12 \cdot 000} \cdot Q + \frac{71}{20} = 1{,}85$

Wiederum nach der Menge aufgelöst erhält man $Q_N = 2 \cdot 914{,}29$. Aufgrund des – verglichen mit dem Gleichgewichtspreis – per Gesetz niedrigeren Preises entsteht eine Angebotslücke von $2.914{,}29 - 2.664{,}29 = 250$ kg.

d) Die Berechnungen zeigen, dass bei Vorgabe eines Maximalpreises die Bereitschaft der Produzenten in der Regel deutlich hinter der Nachfrage zurückbleibt. Das Resultat ist die oben genannte Angebotslücke. Es bilden sich in diesem Fall Schwarzmärkte, auf denen die Produzenten/Händler versuchen, die Nachfrage zu Preisen oberhalb des regulatorisch festgesetzten Maximalpreises zu bedienen. Ein weiterer Nachteil ist, dass auch die Steuereinnahmen auf diesen Teil des Handels entfallen.

Aufgabe 2.63: Mindestpreis für Kleinwagen

a) Werden Autos im Kleinwagensegment für einen Preis von ca. 10.000 € angeboten, so kann man mit einer jährlichen Nachfrage von 50.000 Stück rechnen. Steigt der Preis, so werden bei 15.000 € pro Auto lediglich noch 10.000 Stück nachgefragt.

Man erkennt an der Angebotsfunktion, dass die Hersteller aufgrund der Produktionskosten und der zu erzielenden Kapitalrenditen nicht bereit sind, bei einem Preis von 10.000 € entsprechend viele Autos anzubieten, um die Nachfrage zu befriedigen.

Berechnung des Gleichgewichtspreises:

$P_N(Q) = -\frac{1}{8} \cdot Q + \frac{65}{4}$

$P_A(Q) = \frac{1}{9} \cdot Q + \frac{70}{9}$

Gleichsetzen beider Funktionen ergibt:

$-\frac{1}{8} \cdot Q + \frac{65}{4} = \frac{1}{9} \cdot Q + \frac{70}{9}$

Diese Gleichung wird nach Q umgestellt:

$-\frac{1}{8} \cdot Q + \frac{65}{4} = \frac{1}{9} \cdot Q + \frac{70}{9} \quad \left| -\frac{70}{9} \right| + \frac{1}{8} \cdot Q$

$\frac{17}{72} \cdot Q = \frac{305}{36} \quad \left| : \frac{17}{72} \right.$

$Q = 35{,}882$

Anschließend setzt man den Wert für Q in eine der beiden Funktionen ein und erhält:

$P_A(35{,}882) = 11{,}76$

Somit liegt das Marktgleichgewicht bei (35,88; 11,76). Abb. 6.51 zeigt den Schnittpunkt von Angebots- und Nachfragefunktion.

b)

1. Die Einführung eines Mindestpreises (engl. *floor price*) ist nur dann sinnvoll, wenn dieser über dem aktuellen Gleichgewichtspreis von Angebot und Nachfrage liegt.

Würde man im vorliegenden Fall einen Preis kleiner als 11.764,71 € vorgeben, so hätte dies keinerlei Auswirkungen auf die handelnden Marktteilnehmer.

2. Abb. 6.51 zeigt die Lösung inkl. aller Hilfslinien.

3. Das ergänzte Diagramm sollte die Hilfslinien gemäß Abb. 6.51 enthalten.

c) Zur Berechnung der Mengen setzt man den Mindestpreis in die Gleichungen $P_A(Q) = \frac{1}{9} \cdot Q + \frac{70}{9}$ und $P_N(Q) = -\frac{1}{8} \cdot Q + \frac{65}{4}$ auf der linken Seite ein. Beachtenswert ist die Einheit „tausend Euro". Es folgt $12{,}8 = \frac{1}{9} \cdot Q + \frac{70}{9}$ und $12{,}8 = -\frac{1}{8} \cdot Q + \frac{65}{4}$. Stellt man diese Gleichungen nach Q um, so erhält man für das Angebot eine Menge von $Q_A = 45{,}2$ und für die Nachfrage eine Menge von $Q_N = 27{,}6$. Daraus ist zu schlussfolgern, dass durch den eingeführten Mindestpreis das Angebot zwar steigt, aber die Nachfrage deutlich sinkt. Dies führt zur Überproduktion der Güter bzw. einer Nachfragelücke von in diesem Fall 17.600 Autos und ist damit wirtschaftlich nicht sinnvoll.

d) Die Berechnungen zeigen, dass bei Vorgabe eines Mindestpreises die Nachfrage deutlich hinter dem Angebot zurückbleibt. Zwar sind die Hersteller nun motiviert, mehr Autos zu produzieren und am Markt anzubieten, jedoch finden sich nicht entsprechend viele Käufer. Die Einführung eines Mindestpreises führt nicht dazu, dass sich der Marktgleichgewichtspreis verschiebt, da den Konsumenten nicht mehr Geld zum Erwerb der Produkte zur Verfügung steht!

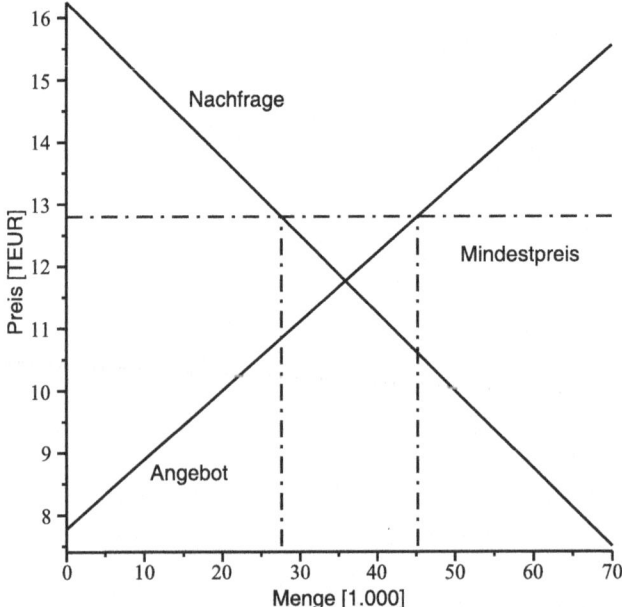

Abb. 6.51 Angebots- und Nachfragefunktion für Kleinwagen

Aufgabe 2.64: Ermittlung einfacher Kosten- und Erlösfunktion

a) $K(x) = 150 + 30 \cdot x$

b) $E(x) = 54 \cdot x$

c) Der Definitionsbereich ist in beiden Fällen $x \in N$ mit $x \geq 0$, da nur nichtnegative Stückzahlen produziert werden können. Da die Obergrenze der Produktionskapazität 20 Stück beträgt, liegt x hier zwischen null und 20 Stück.

c) Es gilt:

	$x = 2$	$x = 9$
$K(x)$	210	420
$E(x)$	108	486

e) Abb. 6.52 zeigt die Graphen der Kosten- und Erlösfunktion.

f) Abb. 6.52 zeigt die Graphen der Kosten- und Erlösfunktion.

$$K(x) = E(x)$$

$$150 + 30 \cdot x = 54 \cdot x$$

$$150 = 24 \cdot x$$

$$x_S = \frac{150}{24} = 6{,}25$$

$$E(x_S) = K(x_S) = 337{,}50$$

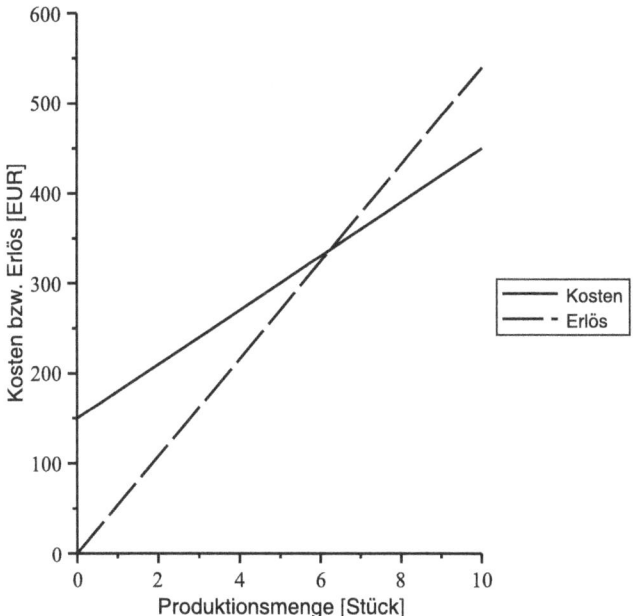

Abb. 6.52 Graphen der Kosten- und Erlösfunktion

Diesen Punkt (6,25; 337,50) bezeichnet man als Break-even-Point. Hier sind Kosten und Erlös gleich, sodass dies der Gewinnschwelle entspricht. Ab dem siebenten produzierten Stück würde in diesem Fall Gewinn erwirtschaftet.

Aufgabe 2.65: Ermittlung und Analyse von Kosten- und Erlösfunktionen

a)

1. $K(x) = 25 \cdot x + 550$

   $E(x) = p \cdot x$ mit $p \in R$ und $p > 0$

   An der Stelle des Break-Even gilt

   $K(x) = E(x)$

   $25 \cdot x + 550 = p \cdot x$

   Mit der vorgegebenen Gewinnschwelle bei $x = 10$ Stück folgt:

   $25 \cdot 10 + 550 = 10 \cdot p$

   $800 = 10 \cdot p$

   $p = 80$

2. $K(10) = 800$ Geldeinheiten

b.

1. Es ist $K(x) = -2x^2 + 205x + 300$ und $E(x) = 85x$. Die Graphen dieser Funktionen zeigt Abb. 6.53.

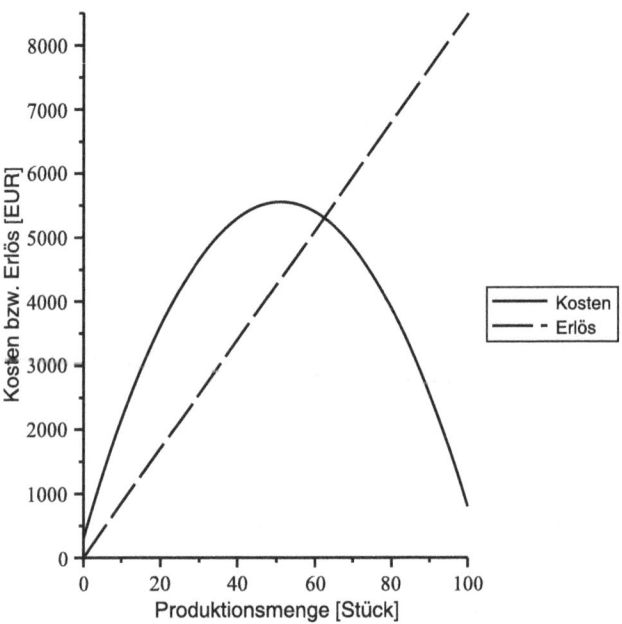

Abb. 6.53 Kosten- und Erlösfunktion

Man erkennt den parabelförmigen Verlauf der Kostenfunktion. Dieser ist in der deutlichen Form unrealistisch. Dennoch zeigt er eine Art Skaleneffekt bei der Produktion: Mit zunehmender Produktionsmenge steigen die Kosten zunächst, um dann deutlich zu sinken. An der Schnittstelle von Kosten- und Erlösfunktion liegt die Gewinnstelle vor.

2. $E(x) = K(x)$

$$-2x^2 + 205x + 300 = 85x$$

$$-2x^2 + 120x + 300 = 0$$

$$x^2 - 60x - 150 = 0$$

$$x_1 = -2{,}4$$

$$x_2 = 62{,}4$$

Ab dem 63. Stück wird an dieser Stelle Gewinn produziert. Die Kosten an dieser Stelle betragen $K(63) = 5277 €$

Aufgabe 2.66: Gewinnmaximierung

a) $G(x) = E(x) - K(x)$

$$= 100x - \left(20x + 0{,}25x^2\right)$$

$$= -0{,}25x^2 + 80x$$

$$G'(x) = -0{,}5x + 80$$

$$0 = -0{,}5x + 80$$

$$0{,}5x = 80$$

$$x = 160$$

b) Aufgrund der zusätzlichen Steuern sinkt der Erlös pro Stück von 100 auf 90 €. Damit gilt:

$E(x) = 90x$

Die gewinnmaximierende Absatzmenge wird über die Gewinnfunktion ermittelt:

$G(x) = E(x) - K(x)$

$$= 90x - \left(20x + 0{,}25x^2\right)$$

$$= 70x - 0{,}25x^2$$

Zur Ermittlung des Gewinnmaximums kann die erste Ableitung benutzt werden:

$G'(x) = 70 - 0{,}5x$

$$0 = 70 - 0{,}5x$$

$$0{,}5x = 70$$

$$x = 140$$

c) $G(x) = (p - t) \cdot x - \left(\alpha \cdot x + \beta \cdot x^2 \right)$

$G'(x) = (p - t) - (\alpha + 2 \cdot \beta \cdot x)$

$0 = p - t - \alpha - 2\beta x$

$2\beta x = p - t - \alpha$

$x = \dfrac{p - t - \alpha}{2\beta}$

Aufgabe 2.67: Gewinnmaximierung mit und ohne Steuern

a) $G(x) = E(x) - K(x)$

$G(x) = P(x) \cdot x - [EP(x) \cdot x + TK(x)]$

$G(x) = P(x) \cdot x - EP(x) \cdot x - TK(x)$

$G(x) = \left(1000 - \dfrac{1}{3}x \right) \cdot x - \left(800 - \dfrac{1}{5}x \right) \cdot x - 100x$

$\qquad = 1000x - \dfrac{1}{3}x^2 - 800x + \dfrac{1}{5}x^2 - 100x$

$\qquad = 100x - \dfrac{2}{15}x^2$

$\qquad = x \cdot \left(100 - \dfrac{2}{15}x \right)$

b) Für die Ermittlung des Gewinnmaximums kann die Differenzialrechnung genutzt werden. An dieser Stelle sollen verschiedene Varianten gezeigt werden.
Mithilfe der Differenzialrechnung:

$G(x) = 100x - \dfrac{2}{15}x^2$

$G'(x) = 100 - \dfrac{4}{15}x$

$0 = 100 - \dfrac{4}{15}x$

$x = \dfrac{100 \cdot 15}{4} = 375{,}00$

Aufgrund der Axialsymmetrie der Parabel zum Scheitel sollte die Stelle auch der Mitte zwischen den Nullstellen entsprechen.
Die Nullstellen sind:

$x_1 = 0$

$100 - \dfrac{2}{15}x = 0$

$-\dfrac{2}{15}x = -100$

$x_2 = \dfrac{1500}{2} = 750{,}00$

Damit liegt der Scheitel an der Stelle: $\frac{750}{2} = 375{,}00$

Auch die x-Komponente des Scheitels kann genutzt werden. Man vergleiche hierzu auch die Formelsammlung im Anhang A1.

$x_S = -\frac{b}{2a}$

Hier sind $a = -\frac{2}{15}$ und $b = 100$

$x_S = -\frac{100}{2 \cdot \left(-\frac{2}{15}\right)} = 375{,}00$

Alle drei Wege führen zum gleichen Ergebnis.

c) Die Formel zur Berechnung des Gewinns aus Aufgabenteil (b) ist durch die Steuern zu modifizieren. Es folgt:

$$G_{\text{nach Steuern}}(x) = 100x - \frac{2}{15}x^2 - 10x$$

$$= 90x - \frac{2}{15}x^2$$

Mithilfe der Differenzialrechnung kann die Stelle des Gewinnmaximums bestimmt werden:

$$G_{\text{nach Steuern}}{}'(x) = 90 - \frac{4}{15}x$$

$$0 = 90 - \frac{4}{15}x$$

$$x = 337{,}50$$

Aufgabe 2.68: Gemischte wirtschaftswissenschaftliche Anwendungen

a) $K(0) = 1200$

$K(100) = 26.200$

$K(101) = 26.551$

$K(101) - K(100) = 26.551 - 26.200 = 351$

Bei der Produktion des 101. Teils entstehen Kosten i. H. v. 351 Geldeinheiten.

b) $K(x)x^2 + 150x + 1200$

$K(x + 1) = (x + 1)^2 + 150(x + 1) + 1200$

$\qquad = x^2 + 2x + 1 + 150x + 150 + 1200$

$\qquad = x^2 + 152x + 1351$

$K(x + 1) - K(x) = x^2 + 152x + 1351 - \left(x^2 + 150x + 1200\right)$

$\qquad = 2x + 151$

c) Das sind die sogenannten Grenzkosten. Das heißt die Kosten, die jeweils entstehen, wenn statt x Einheiten x+1 Einheiten produziert werden. Da die Koeffizienten oft komplexer sind, benutzt man i. d. R. die erste Ableitung der Kostenfunktion. Diese wäre hier $K'(x) = 2x + 150$.

6.3   Kapitel 3 Differenzialrechnung

Aufgabe 3.1: Einfache Extremwertbestimmung
Derjenige Wert von x, für den $K(x)$ seinen größten Wert annimmt, wird auch als sein (globales) Maximum bezeichnet:

$$K(x) = 74 - (5 + x)^2 - (3 - rx)^2$$

Zunächst wird die Funktionsgleichung durch Anwendung der „binomischen Formeln" vereinfacht:

$$K(x) = -r^2x^2 - x^2 + 6rx - 10x + 40$$

1. und 2. Ableitung bilden:

$$K'(x) = -2r^2x - 2x + 6r - 10$$

$$K''(x) = -2r^2 - 2$$

Stelle, an der der Anstieg gleich null:

$$K'(x) = 0$$

$$-2r^2x - 2x + 6r - 10 = 0$$

$$x = \frac{-5 + 3r}{1 + r^2}$$

x in $K''(x)$ einsetzen:

$$K''\left(\frac{-5 + 3r}{1 + r^2}\right) = -2r^2 - 2 < 0$$

$$-2r^2 < 2$$

$$r^2 > \frac{2}{-2}$$

$$r^2 > -1$$

Diese Ungleichung gilt für alle r. Eine Einschränkung für den Wertebereich von r ist nicht erforderlich. Damit handelt es sich um eine Rechtskrümmung und somit um ein Maximum.

Aufgabe 3.2: Zaunbau

Der Flächeninhalt eines Rechtecks ergibt sich aus $A = a \cdot b$. Mit einer Länge von $500 + x$ und einer Höhe von $500 - x$ ergibt sich:

$$A(x) = (500 + x) \cdot (500 - x)$$
$$A(x) = 500^2 - x^2$$
$$A'(x) = -2x$$
$$A''(x) = -2$$

$$A'(x) = 0$$
$$-2x = 0$$
$$x = 0$$

$$A''(x) = -2 \; < 0, \text{ Rechtskrümmung und somit Maximum}$$

Mit $2000\,m$ Zaun ergibt sich ein maximaler Flächeninhalt bei einer Zaunlänge von jeweils $500\,m$ pro Seite. Als x muss demzufolge null gewählt werden:

$(4 \cdot 500 = 2000)$

Aufgabe 3.3: Differenziation von Funktionen

a)
$$f(k) = \frac{2k^2 \alpha}{\beta + k}$$

$$f'(k) = \frac{4\alpha k(\beta + k) - 2k^2 \alpha 1}{(\beta + k)^2} = \frac{4\alpha k\beta + 4\alpha k^2 - 2\alpha k^2}{(\beta + k)^2}$$

$$f'(k) = \frac{2\alpha k(2\beta + k)}{(\beta + k)^2}$$

b) $L(r) = 3\sqrt{2r + r^5 + 3}$

$$L(r) = 3\left(2r + r^5 + 3\right)^{\frac{1}{2}}$$

$$L'(r) = 3 \cdot \frac{1}{2}\left(2r + r^5 + 3\right)^{-\frac{1}{2}} \cdot (2 + 5r^4) = \frac{3}{2}\frac{\left(2 + 5r^4\right)}{\sqrt{2r + r^5 + 3}}$$

c) $P(q) = q^4 \cdot e^{5q}$

$$P'(q) = 4q^3 \cdot e^{5q} + q^4 \cdot e^{5q} \cdot 5 = q^3 e^{5q}(4 + 5q)$$

d)
$$f(k) = \frac{-k + \gamma}{\beta + k^2}$$

$$f'(k) = \frac{-1\left(\beta + k^2\right) - (-k + \gamma) \cdot 2k}{\left(\beta + k^2\right)^2} = \frac{-\beta - k^2 + 2k^2 - 2k\gamma}{\left(\beta + k^2\right)^2} = \frac{-\beta + k^2 - 2k\gamma}{\left(\beta + k^2\right)^2}$$

e) $Q(t) = \sqrt{4 + t^5}$

$$Q(t) = \left(4 + t^5\right)^{\frac{1}{2}}$$

$$Q'(t) = \frac{1}{2}\left(4 + t^5\right)^{-\frac{1}{2}} \cdot 5t^4 = 2{,}5\frac{t^4}{\sqrt{4 + t^5}}$$

f) $K(s) = s^2 e^{7s}$

$$K'(s) = 2s \cdot e^{7s} + s^2 \cdot e^{7s} \cdot 7 = s \cdot e^{7s}(2 + 7s)$$

Aufgabe 3.4: Ableitung von Funktionen mit Logarithmen

a) $L(k) = \ln(3k^4)$

$$L'(k) = \frac{1}{3k^4} \cdot 12k^3 = \frac{4}{k}$$

b) $s(m) = \ln\left(5m^2\right)$

$$s'(m) = \frac{1}{5m^2} \cdot 10m = \frac{2}{m}$$

c) $f(x) = (\ln x)^2$

$$f'(x) = 2 \cdot \ln x \cdot \frac{1}{x} = \frac{2 \cdot \ln x}{x}$$

d) $M(l) = [\ln(3l + 1)]^2$

$$M'(l) = 2 \cdot [\ln(3l + 1)] \cdot \frac{1}{3l + 1} \cdot 3 = \frac{6[\ln(3l + 1)]}{3l + 1}$$

Vergleiche hierzu auch das Beispiel im Abschn. 3.1.

e)
$$A(y) = \ln\left[4y^3 \cdot \left(\frac{1}{2}y^5 + 3\right)\right]$$

$$A'(y) = \frac{1}{4y^3 \cdot \left(\frac{1}{2}y^5 + 3\right)} \cdot \left[12y^2 \cdot \left(\frac{1}{2}y^5 + 3\right) + 4y^3 \cdot \left(\frac{5}{2} \cdot y^4\right)\right]$$

$$A'(y) = \frac{1}{2y^8 + 12y^3} \cdot \left[6y^7 + 36y^2 + 10y^7\right]$$

$$A'(y) = \frac{1}{2y^8 + 12y^3} \cdot \left[16y^7 + 36y^2\right]$$

oder erst ausmultiplizieren und dann Ableitung ermitteln...

$$A(y) = \ln\left[4y^3 \cdot \left(\frac{1}{2}y^5 + 3\right)\right] = \ln\left[2y^8 + 12y^3\right]$$

$$A'(y) = \frac{1}{2y^8 + 12y^3} \cdot \left(16y^7 + 36y^2\right)$$

f)

$$Z(\alpha) = \ln \sqrt{\frac{4\alpha^2 + 1}{\alpha^2 + 5}}$$

$$Z(\alpha) = \frac{1}{2} \cdot \ln \left(\frac{4\alpha^2 + 1}{\alpha^2 + 5} \right)$$

$$Z(\alpha) = \frac{1}{2} \cdot \left[\ln \left(4\alpha^2 + 1 \right) - \ln \left(\alpha^2 + 5 \right) \right]$$

$$Z'(\alpha) = \frac{1}{2} \cdot \left[\frac{8\alpha}{4\alpha^2 + 1} - \frac{2\alpha}{\alpha^2 + 5} \right]$$

$$Z'(\alpha) = \frac{4\alpha}{4\alpha^2 + 1} - \frac{\alpha}{\alpha^2 + 5}$$

$$= \frac{4\alpha \left(\alpha^2 + 5 \right) - \alpha \left(4\alpha^2 + 1 \right)}{\left(4\alpha^2 + 1 \right) \left(\alpha^2 + 5 \right)}$$

$$= \frac{4\alpha^3 + 20\alpha - 4\alpha^3 - \alpha}{\left(4\alpha^2 + 1 \right) \left(\alpha^2 + 5 \right)}$$

$$= \frac{19\alpha}{\left(4\alpha^2 + 1 \right) \left(\alpha^2 + 5 \right)}$$

Achtung: Die Anwendung der Potenzregel zur Differenziation wäre falsch! Die Wurzel bezieht sich lediglich auf das Argument des Logarithmus, und die Funktion lautet <u>nicht</u> $Z(\alpha) = \left(\ln \sqrt{\sim} \right)^{1/2}$!

g) $O(a) = \log_x \left(4a^3 + 2 \right)$

$$O(a) = \frac{\ln \left(4a^3 + 2 \right)}{\ln x}$$

$$O'(a) = \frac{1}{\ln x} \cdot \frac{1}{4a^3 + 2} \cdot 12a^2 = \frac{12a^2}{\ln x \left(4a^3 + 2 \right)}$$

h) $Y(s) = \log_3 \left(7 - s \right)$

$$Y'(s) = \frac{1}{\ln 3} \cdot \frac{1}{7 - s} \cdot (-1)$$

i) $R(v) = e^{-3v} \cdot \ln(5x + 2)$

$$R'(v) = e^{-3v} \cdot (-3) \cdot \ln(5x + 2)$$

j) $R(v) = e^{-3v} \cdot \ln(5v + 2)$

$$R'(v) = e^{-3v} \cdot (-3) \cdot \ln \left(5v + 2 \right) + e^{-3v} \cdot \frac{1}{5v + 2} \cdot 5$$

k) $T(u) = \log_u \sqrt{x^2 - 7}$

$$T(u) = \frac{\ln \sqrt{x^2 - 7}}{\ln u} = \ln \sqrt{x^2 - 7} \cdot (\ln u)^{-1}$$

$$T'(u) = \ln \sqrt{x^2 - 7} \cdot (-1)(\ln u)^{-2} \cdot \frac{1}{u}$$

$$T'(u) = -\frac{\ln \sqrt{x^2 - 7}}{(\ln u)^2 \cdot u} = -\frac{\ln \left(x^2 - 7\right)^{\frac{1}{2}}}{(\ln u)^2 \cdot u} = -\frac{\ln \left(x^2 - 7\right)}{2 \cdot (\ln u)^2 \cdot u}$$

Aufgabe 3.5: Funktionsapproximation mithilfevon

a) $f(x_0 + 0{,}1) = f(x_0) + \Delta f$

Mit $\Delta f \approx df$

$\approx f'(x) \cdot dx, \text{weil} f'(x) = \frac{df}{dx}$

bzw. aus

$f'(x_0) = tan\alpha = \frac{Gegenkathete}{Ankathete} = \frac{\Delta f}{\Delta x}$

$\curvearrowright \Delta f \approx f'(x) \cdot \Delta x$

folgt:

$$f(x_0 + 0{,}1) = f(x_0) + f'(x_0) \cdot dx \qquad |dx \approx \Delta x$$

$$= x_0^2 + 2x_0 \cdot \Delta x$$

$$= 3^2 + 2 \cdot 3 \cdot 0{,}1$$

$$= 9 + 0{,}6 = 9{,}6$$

b)

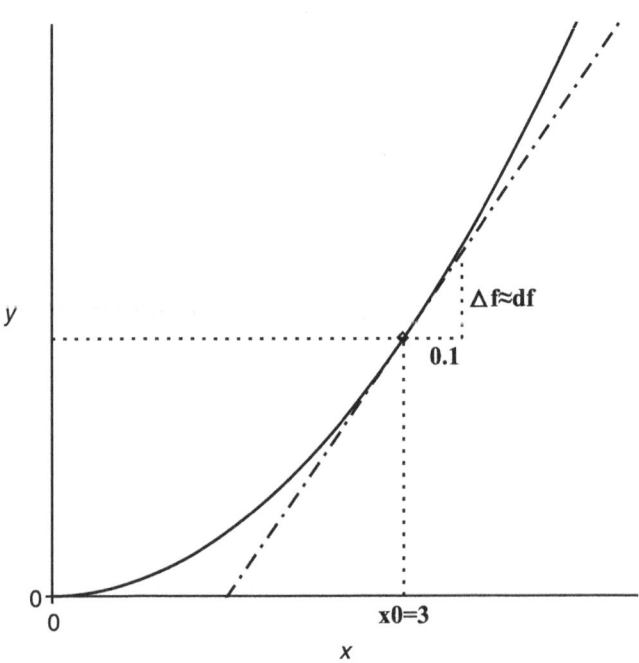

c) Approximationsfehler $f(3,1) - 9,6 = 9,61 - 9,6 = 0,01$ Er ist abhängig von der Steigung der Funktion an der Stelle x_0. Je steiler die Funktion, desto größer der Fehler bei $\Delta x \approx dx$ und $\Delta f \approx df$. Der Ausdruck „dx" steht auch für eine infinitesimale/unendlich kleine Änderung.

Aufgabe 3.6: Herleitung der Formel des Newton'schen Iterationsverfahrens

a) $t(x) : y = m \cdot x + n$

$\qquad y = f'(x_i) \cdot x + n \qquad\quad |(x_i; f(x_i))$

$\qquad f(x_i) = f'(x_i) \cdot x_i + n$

$\qquad n = f(x_i) - f'(x_i) \cdot x_i$

$\qquad \curvearrowright y = f'(x_i) \cdot x + f(x_i) - f'(x_i) \cdot x_i$

b) Nullstelle der Tangente $(x_{i+1}; 0)$:

$$0 = f'(x_i) \cdot x_{i+1} + f(x_i) - f'(x_i) \cdot x_i$$

$$-f'(x_i) \cdot x_{i+1} = f(x_i) - f'(x_i) \cdot x_i$$

$$x_{i+1} = x_i - \frac{f(x_i)}{f'(x_i)}$$

Man beachte, dass die im nächsten Iterationsschritt zu benutzenden Punkte wie folgt zu erhalten sind:

- entfällt, $(x_i; f(x_i))$
- aus $(x_{i+1}; f(x_{i+1}))$ wird $(x_i; f(x_i))$

Damit wird ein neuer Punkt $(x_{i+1}; f(x_{i+1}))$ ermittelt.

Aufgabe 3.7: Newton'sches Iterationsverfahren im Einsatz

a) $K(s) = e^{1+3s} - 10 \cdot$

$0 = e^{1+3s} - 10$

$10 = e^{1+3s}$

$ln\,10 = 1 + 3s$

$s = \frac{1}{3}[(ln\,10) - 1]$

$s = 0{,}4342$

b) $x_{i+1} = x_i - \frac{e^{1+3s} - 10}{3 \cdot e^{1+3s}}.$

c)

Nr.	s	$K(s)$	$K'(s)$	$s - \frac{K(s)}{K'(s)}$
0	0,70000	12,19795	66,59385	0,51683
1	0,51683	2,81341	38,44022	0,44364
2	0,44364	0,28745	30,86235	0,43433
3	0,43433	0,00398	30,01194	0,43420

Aufgabe 3.8: Anwendung des Newton'schen-Iterationsverfahrens
Teil1

a) In der folgenden Wertetabelle sind die Stellen, zwischen denen die Funktion aufgrund ihrer Stetigkeit und des Vorzeichenwechsels eine Nullstelle besitzen muss, hervorgehoben.

x	f(x)
0,01	−6,60517019
1,00	−2
2,00	−1,30685282
3,00	−0,90138771
4,00	−0,61370564
5,00	−0,39056209
6,00	−0,20824053
7,00	**−0,05408985**
8,00	**0,07944154**
9,00	0,19722458
10,00	0,30258509
11,00	0,39789527
12,00	0,48490665
13,00	0,56494936

b) Als Startwert kann z. B. $x = 7$ genutzt werden. Dies erkennt man am Vorzeichenwechsel zwischen $x = 7$ und $x = 8$ in der obigen Wertetabelle. Deshalb ist diese auch wichtig!

c) Für das Newton'sche Iterationsverfahren wird die Funktion sowie deren Ableitung benötigt. Man erhält:

$$f(x) = \ln(x) - 2$$
$$f'(x) = \frac{1}{x}$$

Einzusetzen ist die Formel des Verfahrens:

$$x_{i+1} = x_i - \frac{f(x_i)}{f'(x_i)}$$

d) Für das Newton'sche Iterationsverfahren erhält man mit einem Startwert $x = 7$ die Werte der folgenden Tabelle.

Umsetzung Newton-Iterationsverfahren			
x_i bzw. x_{i+1}	$f(x_i)$	$f'(x_i)$	$x_i - \dfrac{f(x_i)}{f'(x_i)}$
7,00000000	−0,05408985	0,14285714	7,37862896
7,37862896	−0,00141216	0,13552653	7,38904874
7,38904874	−0,00000100	0,13533542	7,38905610
7,38905610	0,00000000	0,13533528	7,38905610

e) Natürlich kann die Lösung in diesem Fall auch algebraisch ermittelt werden, da die Gleichung $0 = \ln(x) - 2$ nach x auflösbar ist.
Es gilt:
$0 = \ln(x) - 2$

$2 = \ln(x)$

$x = e^2$

$x = 7,389$

Vergleichen Sie das exakte Ergebnis mit dem Wert des Iterationsverfahrens!

Teil 2

a) In der folgenden Wertetabelle sind die Stellen, zwischen denen die Funktion aufgrund ihrer Stetigkeit und des Vorzeichenwechsels eine Nullstelle besitzen muss, hervorgehoben.

x	f(x)
−10,00	−165200,00
−9,00	−100676,00
−8,00	−57640,00
−7,00	−30314,00
−6,00	−14048,00
−5,00	−5200,00
−4,00	**−1016,00**
−3,00	**490,00**

−2,00	656,00
−1,00	**292,00**
0,00	**−200,00**
1,00	−706,00
2,00	−1280,00
3,00	−2024,00
4,00	−2968,00
5,00	−3950,00
6,00	−4496,00
7,00	−3700,00
8,00	**−104,00**
9,00	**8422,00**
10,00	24800,00

b) Als Polynom fünften Grades kann die Funktion maximal fünf Nullstellen besitzen.

c) Die Funktion besitzt in den Intervallen $[-4; -3], [-1; 0]$ sowie $[8; 9]$ je einen Vorzeichenwechsel. Da die Funktion im gesamten Definitionsbereich stetig ist, muss hier je eine Nullstelle vorliegen.

d) Für das Newton'sche Iterationsverfahren wird die erste Ableitung der Funktion benötigt. Diese ist $f'(x) = 5x^4 - 28x^3 - 500$

Mit dem Startwert $x = 7$ erhält man die Werte der folgenden Tabelle.

x_i bzw. x_{i+1}	$f(x_i)$	$f'(x_i)$	$x_i - \frac{f(x_i)}{f'(x_i)}$
7,00000000	−3700,00000000	1901,00000000	8,94634403
8,94634403	7794,97706944	11480,56711888	8,26737260
8,26737260	1587,03145249	7036,26607899	8,04182237
8,04182237	136,32980810	5849,61655420	8,01851660
8,01851660	1,34417425	5734,49346947	8,01828220
8,01828220	0,00013489	5733,34254393	8,01828217
8,01828217	0,00000000	5733,34242841	8,01828217

Damit ist die Nullstelle näherungsweise bei $x_1 = 8,018$ zu finden. Analog erhält man für die beiden weiteren Nullstellen die Werte $x_2 = -0,4$ und $x_3 = -3,48$.

Aufgabe 3.9: Herleitung der Formel des Sekantenverfahrens

a) $s(x)$ verläuft durch die beiden Punkte $(x_{i-1}; f(x_{i-1}))$ und $(x_i; f(x_i))$. $s(x)$ hat die Form $s(x) = mx + n$. Für den Anstieg m gilt:

$$m = \frac{\Delta f(x)}{\Delta x} = \frac{f(x_i) - f(x_{i-1})}{x_i - x_{i-1}}$$

Es ist n zu ermitteln:

$s(x) = mx + n$

$\quad n = s(x) - mx$

Durch Einsetzen des Punktes $(x_i; f(x_i))$ folgt $n = f(x_i) - mx_i$.

Damit ist:

$s(x) = mx + n$

$\quad\quad = mx + [f(x_i) - mx_i]$

$\quad\quad = m(x - x_i) + f(x_i)$

Durch Einsetzen der Beziehung für m folgt:

$$= \frac{f(x_i) - f(x_{i-1})}{x_i - x_{i-1}} \cdot (x - x_i) + f(x_i)$$

b) Die Nullstelle x_{i+1} der Sekante wird nun als Näherung der Nullstelle der Funktion betrachtet. Es gilt $s(x) = 0$ und damit:

$$0 = \frac{f(x_i) - f(x_{i-1})}{x_i - x_{i-1}} \cdot (x - x_i) + f(x_i)$$

Durch Umstellen nach x_{i+1} folgt:

$$\frac{f(x_i) - f(x_{i-1})}{x_i - x_{i-1}} \cdot (x_{i+1} - x_i) = -f(x_i)$$

$$x_{i+1} - x_i = -f(x_i) \cdot \frac{x_i - x_{i-1}}{f(x_i) - f(x_{i-1})}$$

$$x_{i+1} = x_i - \frac{x_i - x_{i-1}}{f(x_i) - f(x_{i-1})} \cdot f(x_i)$$

Dies ist die üblicherweise benutzte Gleichung des Sekantenverfahrens.

Man beachte, dass die im nächsten Iterationsschritt zu benutzenden Punkte wie folgt zu erhalten sind:

- $(x_{i-1}; f(x_{i-1}))$ entfällt,
- aus $(x_i; f(x_i))$ wird $(x_{i-1}; f(x_{i-1}))$
- aus dem Ergebnis der Berechnungen mit o. g. Formel wird $(x_i; f(x_i))$

Damit wird ein neuer Punkt $(x_{i-1}; f(x_{i-1}))$ ermittelt.

Eine elegante Möglichkeit der Herleitung der Formel ist auch die Elemination der Ableitung von $f(x)$ aus dem Newton-Verfahren. Denn für dieses gilt:

$x_{i+1} = x_i - \frac{f(x_i)}{f'(x_i)}$

Setzt man nun

$f'(x) \approx \frac{f(x_i) - f(x_{i-1})}{x_i - x_{i-1}}$,

so folgt direkt

$x_{i+1} = x_i - \frac{x_i - x_{i-1}}{f(x_i) - f(x_{i-1})} \cdot f(x_i)$

als Formel des Sekantenverfahrens.

c) Wie der Formel des Sekantenverfahrens zu entnehmen ist, werden die Funktionswerte $f(x_i)$ sowie $f(x_{i-1})$ zur Berechnung benötigt.

d) Wie man beim Vergleich der Formeln für das Newton-Verfahren sowie das Sekanten-verfahren erkennt, wird beim Sekantenverfahren keine Ableitung der Funktion $f(x)$ zur Nullstellensuche benötigt. Dies ist von Vorteil, da die Differenzierbarkeit einer Funktion eine starke Forderung ist, die oft nicht erfüllt werden kann, da z. B. Stetig-keit vorauszusetzen ist. Zudem ist die Ableitung von komplexen Funktionen oft nicht oder nur schwer ermittelbar.

Aufgrund des geringeren Aufwandes bei der Ermittlung der Formel für das Sekanten-verfahren muss dieses auch einen Nachteil besitzen. Dieser besteht in der Kon-vergenzgeschwindigkeit, d. h. in der Anzahl der pro Iterationsschritt ermittelten Anzahl korrekter Nachkommastellen. Diese ist beim Sekantenverfahren mit ca. 1,6 Stellen geringer als beim Newton-Verfahren mit zwei Stellen. Die Konvergenz-geschwindigkeit des Newton-Verfahrens wird als quadratisch bezeichnet. Die Anzahl gültiger Stellen verdoppelt sich in jedem Schritt.

Aufgabe 3.10: Anwendung von Grenzfunktionen

a) Den Graphen der Kostenfunktion zeigt Abb. 6.54. Die additive Konstante von 10.000 der Kostenfunktion lässt sich als Fixkosten interpretieren, da diese unabhängig von der Produktionsmenge entstehen.

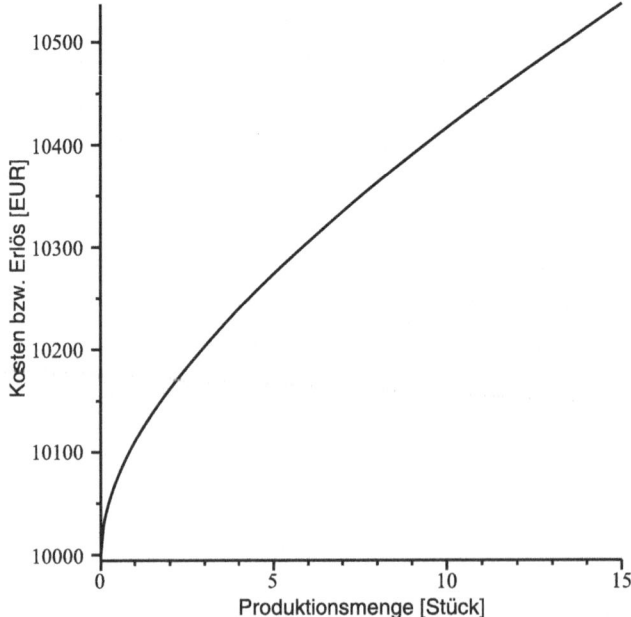

Abb. 6.54 Kostenfunktion des Beispiels

b) Die Grenzkosten lassen sich mithilfe der ersten Ableitung der Kostenfunktion berechnen. Es ist also zunächst die Ableitung zu ermitteln und darin dann die Produktionsmenge von 100 Stück einzusetzen.

$$K(x) = 10x + 100\sqrt{x} + 10.000 = 10x + 100^{\frac{1}{2}} + 10.000$$

$$K'(x) = 10 + \frac{1}{2}100x^{-\frac{1}{2}} = 10 + \frac{50}{\sqrt{x}}$$

$$K'(100) = 10 + \frac{50}{\sqrt{100}} = 10 + \frac{50}{10} = 15$$

Die Grenzkosten für $x = 100$, also die angenäherten Kosten für die Herstellung des 101. Artikels, betragen 15 €.

c) $K(100) = 10 \cdot 100 + 100\sqrt{100} + 10.000 = 12.000$

$$K(101) = 10 \cdot 101 + 100\sqrt{101} + 10.000 = 12.014{,}99$$

$$K(101) - K(100) = 14{,}99$$

$$K'(100) = 15$$

Die Differenz beträgt ca. 0,01. Damit liegt hier nur eine geringe Abweichung zwischen beiden Berechnungen vor, da der Anstieg der Funktion in diesem Bereich relativ gering ist! Für eine theoretische Betrachtung der Zusammenhänge siehe auch „Aufgabe 3.5: Funktionsapproximation mithilfe von ".

d) Die Abweichung zwischen Grenzkosten und tatsächlicher Kostendifferenz ist hier größer, da die Änderungsrate der Funktion, also ihr Anstieg, in diesem Bereich relativ hoch ist.

$$K(4) - K(3) = 36{,}79$$

$$K'(4) = 38{,}87$$

Die Differenz beträgt hier ca. 2,0726.

e) Grenzerlös:

Der Erlös $E(x)$ ist gleich der Anzahl verkaufter Artikel x multipliziert mit dem Preis P.

$E(x) = x \cdot P(x)$

Unter Verwendung der Funktion $P(x)$ ergibt sich:

$$E(x) = x \cdot \frac{1000}{\sqrt{x}}$$

$$= 1000 \cdot x^1 \cdot x^{-\frac{1}{2}}$$

$$= 1000 \cdot x^{\frac{1}{2}}$$

$$= 1000 \cdot \sqrt{x}$$

Zur Bestimmung des Grenzerlöses muss nun die Erlösfunktion abgeleitet werden.

$$E'(x) = \frac{500}{\sqrt{x}}$$

Der angenäherte Erlös für den Verkauf des 101. Artikels ist also gleich 50 €, denn es gilt:

$E^{'}(100) = \frac{500}{\sqrt{100}} = 50$

Grenzgewinn:

Der Gewinn G(x) ergibt sich aus den Erlösen abzüglich der Kosten.

$$G(x) = E(x) - K(x)$$
$$= 1000\sqrt{x} - \left(10x + 100\sqrt{x} + 10.000\right)$$
$$= -10x + 900\sqrt{x} - 10.000$$

Der Grenzgewinn ergibt sich aus der Ableitung der Gewinnfunktion:

$$G(x) = -10x + 900\sqrt{x} - 10.000 = -10x + 900x^{\frac{1}{2}} - 10.000$$
$$G^{'}(x) = -10 + \frac{450}{\sqrt{x}}$$
$$G^{'}(100) = -10 + \frac{450}{\sqrt{100}} = 35$$

Durch den Verkauf des 101. Artikels erzielt man einen annähernden Gewinn von 35 €. Alternativ kann man den Grenzgewinn auch durch Einsetzen in folgende Formel ermitteln:

$$G^{'}(x) = E^{'}(x) - K^{'}(x)$$

Für $x = 100$ gilt somit:

$$G^{'}(100) = E^{'}(100) - K^{'}(100)$$
$$= 50 - 15 = 35$$

Als Grenzgewinn bleiben also 35 € übrig, wenn die Herstellung des 101. Produkts 15 € kostet und der Verkauf 50 € einbringt.

f) Die Vorgehensweise zur Bestimmung des maximalen Gewinns entspricht der Vorgehensweise zur Bestimmung des Maximums einer beliebigen differenzierbaren Funktion. Es ist zunächst die 1. Ableitung der Gewinnfunktion zu ermitteln (der sogenannte Grenzgewinn) und diese dann gleich null zu setzen.

$$G^{'}(x) = -10 + \frac{450}{\sqrt{x}} = -10 + 450x^{-\frac{1}{2}}$$
$$0 = -10 + \frac{450}{\sqrt{x}}$$
$$\sqrt{x} = 45$$
$$x = 2025$$

Im zweiten Schritt muss überprüft werden, ob sich an der Stelle $x = 2025$ auch wirklich ein Maximum befindet. Dazu muss die 2. Ableitung an dieser Stelle kleiner als null sein.

$$P^{''}(x) = 450 \cdot \left(-\frac{1}{2}\right)x^{-\frac{3}{2}} = -225 \cdot \frac{1}{\sqrt{x^3}}$$

$P^{''}(2025) < 0 \curvearrowright Maximum$

Der Maximalgewinn ist folglich beim Verkauf von 2025 Artikeln zu erzielen. Er beträgt

$G(2025) = 10.250 €$

Der Preis pro Artikel bei einer Ausbringungsmenge von 2.025 Artikeln ergibt sich aus der Nachfragefunktion.

$P(2025) = \frac{1000}{\sqrt{2025}} = 22{,}22$

Theoretisch entsteht also der maximale Gewinn von 10.250 €, wenn der Preis mit 22,22 € festgelegt wird. Zu diesem Preis werden 2025 Artikel verkauft.

Alternativ kann festgestellt werden, dass der maximale Gewinn vorliegt, wenn die Grenzerlöse mit den Grenzkosten übereinstimmen. Dies kann man sich wie folgt verdeutlichen:

Gewinn = Erlöse − Kosten

Mit der notwendigen Bedingung, dass die 1. Ableitung null ist, ergibt sich:

$0 = \left(Erlöse\right)' - \left(Kosten\right)'$

$\left(Erlöse\right)' = \left(Kosten\right)'$

Grenzerlöse = Grenzkosten

Aufgabe 3.11: Cournot'scher Punkt, lineare Preis-Absatz-FunktionErlösfunktion:

a.

1. Erlösfunktion:

   $$E(x) = P(x) \cdot x$$
   $$= 100x - 4x^2$$

2. Gewinnfunktion:

   $$G(x) = E(x) - K(x)$$
   $$= 100x - 4x^2 - 20x$$
   $$= -4x^2 + 80x$$

3. Gewinnmaximale Absatzmenge:

   $$G'(x) = -8x + 80 = 0$$
   $$x = 10$$

   Nachweis, dass auch ein Maximum der Gewinnfunktion vorliegt:

   $G''(x) = -8 < 0 \curvearrowright Maximum\ liegt\ vor$

4. Der Cournot'sche Punkt setzt sich aus gewinnmaximaler Absatzmenge und dem dafür zu erzielenden Preis zusammen. Die gewinnmaximale Absatzmenge beträgt 10. Der dafür zu erzielende Preis ergibt sich durch Einsetzen in die Preis-Absatz-Funktion:

   $$P(10) = 100 - 4 \cdot 10 = 60$$

Damit lauten die Koordinaten des Cournot'schen Punktes
(10; 60)

5. Erlösmaximale Absatzmenge:

$$E(x) = 100x - 4x^2$$

$$E'(x) = 100 - 8x = 0$$

$$x = \frac{100}{8} = 12{,}5$$

Der erlösmaximale Preis liegt damit bei $P(12{,}5) = 100 - 4 \cdot 12{,}5 = 50$ und daher niedriger als bei der gewinnmaximalen Absatzmenge

Somit ist bei etwas geringerer Menge zwar weniger abzusetzen, aber trotzdem der Preis höher anzusetzen und somit mehr Gewinn zu erzielen.

6. Prohibitivpreis:

$$P(x) = 100 - 4 \cdot x$$

$$P(0) = 100 - 4 \cdot 0$$

$$x_{\text{prohibitiv}} = 100$$

7. Sättigungsmenge => Preis =0:

$$P(x) = 100 - 4 \cdot x = 0$$

$$x_{\text{Sättigung}} = 25$$

8. Die grafische Darstellung erfolgt in Abb. 6.55.

9. Die entsprechenden Werte zeigt Abb. 6.55. Zudem werden folgend die Koordinaten angegeben:
   – Prohibitivpreis: (0; 100),
   – Sättigungsmenge: (25; 0),
   – Cournot'scher Punkt: (10; 60),
   – gewinnmaximierende Absatzmenge: (10; 0),
   – erlösmaximale Absatzmenge: (12,5; 0),
   – gewinnmaximierender Preis: (10; 60),
   – erlösmaximierender Preis: (12,5; 50).

10. Nachweis der Gewinnmaximierung, wenn Grenzerlös = Grenzkosten
    Grenzerlös = Anstieg Erlösfunktion
    Grenzkosten= Anstieg Kostenfunktion

$$G(x) = E(x) - K(x)$$

$$G'(x) = E'(x) - K'(x) = 0$$

$$E'(x) = K'(x)$$

Abb. 6.55 Veranschaulichung
des Cournot'schen Punktes

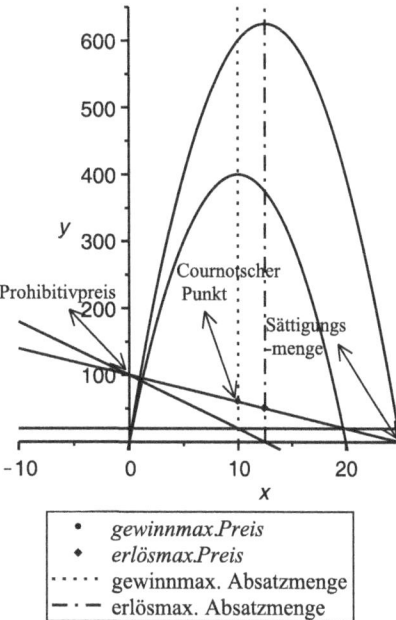

b)

1. Erlösfunktion:

$$E(x) = P(x) \cdot x$$
$$= 4000x - 80x^2$$

2. Gewinnfunktion:

$$G(x) = E(x) - K(x)$$
$$= \left(4000x - 80x^2\right) - (2000x + 500)$$
$$= 2000x - 80x^2 - 500$$

3. Gewinnmaximale Absatzmenge:

$$G'(x) = 2000 - 160x = 0$$
$$x = 12{,}5$$

Nachweis, dass auch ein Maximum der Gewinnfunktion vorliegt:

$$G''(x) = -160 < 0 \frown Maximum \ liegt \ vor$$

4. Der Cournot'sche Punkt setzt sich aus gewinnmaximaler Absatzmenge und dem dafür zu erzielenden Preis zusammen. Die gewinnmaximale Absatzmenge beträgt 12,5. Der dafür zu erzielende Preis ergibt sich durch Einsetzen in die Preis-Absatz-Funktion:

$$P(12{,}5) = 3000$$

Damit lauten die Koordinaten des Cournot'schen Punktes (12,5; 3000).

5. Erlösmaximale Absatzmenge:

$$E(x) = 4000x - 80x^2$$

$$E'(x) = -160x + 4000 = 0$$

$$x = 25$$

Gewinnmaximum liegt vor Erlösmaximum.

6. Prohibitivpreis:

$$P(x) = 4000 - 80x$$

$$P(0) = 4000 - 80 \cdot 0$$

$$x_{\text{prohibitiv}} = 4000$$

7. Beim Erreichen der Sättigungsmenge ist der Preis des Produktes null:

$$P(x) = 4000 - 80 \cdot x = 0$$

$$x_{\text{Sättigung}} = 50$$

8. Die grafische Darstellung erfolgt in Abb. 6.56.

Abb. 6.56 Gewinn- und
Erlösfunktion im Vergleich

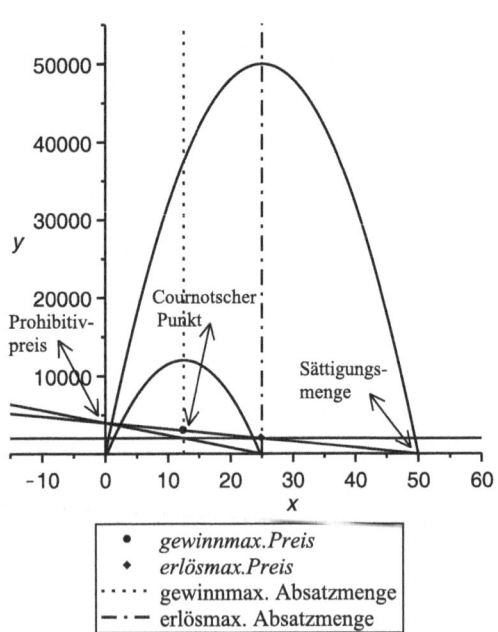

•	*gewinnmax. Preis*
♦	*erlösmax. Preis*
.....	gewinnmax. Absatzmenge
—·—	erlösmax. Absatzmenge

Aufgabe 3.12: Cournot'scher Punkt, nichtlineare Funktionen

a) $E(x) = P(x) \cdot x$

$E(x) = (150 - 10x) \cdot x$

$E(x) = 150x - 10x^2$

$G(x) = E(x) - K(x)$

$G(x) = \left(150x - 10x^2\right) - (x^3 - 8x^2 + 60x + 90)$

$G(x) = -x^3 - 2x^2 + 90x - 90$

b) Den Graphen der Gewinnfunktion zeigt Abb. 6.57.

Das Intervall der Produktionsmenge, in dem das Unternehmen Gewinn verzeichnet, wird begrenzt durch die Nullstellen der Gewinnfunktion. Mithilfe des Newton'schen Iterationsverfahrens oder mit dem Taschenrechner bestimmt man die folgenden Nullstellen. Den Startwert $x_0 = 7$ zeigt Tab. 6.8. Die Nullstellen der Funktion sind $x_{NS1} = -10{,}960$ sowie $x_{NS2} = 1{,}036$ und $x_{NS2} = 7{,}924$

c) $G(x) = -x^3 - 2x^2 + 90x - 90$

$G'(x) = -3x^2 - 4x + 90$

$0 = -3x^2 - 4x + 90$

$0 = x^2 + \frac{4}{3}x - 30$

Als Lösung der Gleichung folgt:

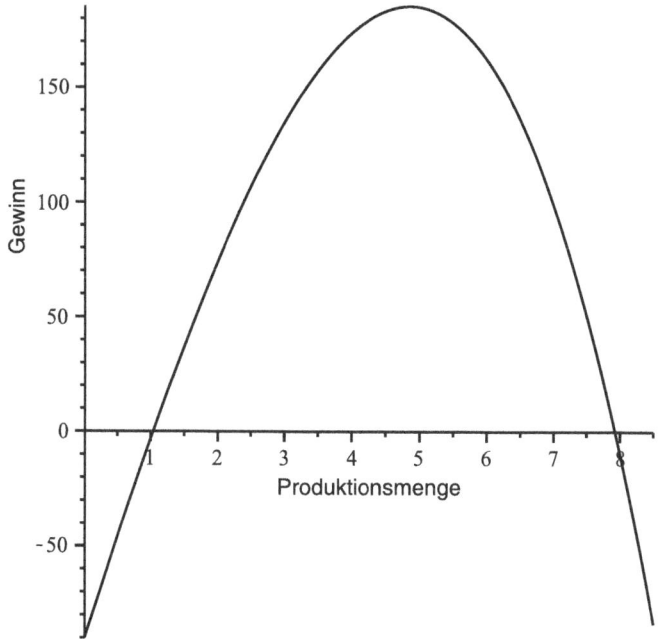

Abb. 6.57 Graph der Gewinnfunktion

Tab.	Nr.	x	$G(x)$	$G'(x)$	$\dfrac{G(x)}{G'(x)}$
6.8 Nullstellenbestimmung mit dem Newton-Verfahren	0	7,00000	99,00000	−85,00000	−1,16471
	1	8,16471	−32,78039	−142,64609	0,22980
	2	7,93490	−1,38699	−130,62770	0,01062
	3	7,92429	−0,00291	−130,08006	0,00002
	4	7,92426	0,00000	−130,07891	0,00000
	5	7,92426	0,00000	−130,07891	0,00000

d)
$$x_{1/2} = -\frac{2}{3} \pm \sqrt{\frac{4}{9} + 30}$$

$$x_1 = -6,184$$

$$x_2 = 4,851$$

Es liegt ein Maximum vor, da $G''(x_2) = -33,106$

Der zugehörige Preis ist:

$$P(x_2) = 101,49$$

Der Umsatz bei Erreichen des Gewinnmaximums beträgt:

$$E(x_2) = 492,33$$

e) Für das Erlös-/Umsatzmaximum folgt:

$$E'(x) = 150 - 20x$$

$$0 = 150 - 20x$$

$$x = 7,5$$

Es liegt ein Maximum vor, da $E''(x) = -10$ ist.

Der Umsatz beträgt $E(7,5) = 562,50$.

Gewinnmaximale und umsatzmaximale Absatzmenge stimmen nicht überein. Die gewinnmaximale Absatzmenge liegt vor der umsatzmaximalen Absatzmenge.

Aufgabe 3.13: Marginalanalyse von Kosten und Gewinn

a) Die Lösungen zeigt Tab. 6.9. Tab. 6.10 enthält ausführliche Erläuterungen zur Berechnung der einzelnen Werte. Diese beziehen sich auf die Spalten- und Zeilennummerierung in Tab. 6.9 und sind identisch mit der zugehörigen Excel-Lösung.

b) Unter der Voraussetzung, dass keine weiteren Restriktionen vorliegen, so gilt zur Bestimmung der optimalen Produktionsmenge im Falle von diskreten Entscheidungsvariablen Folgendes: Die Produktionsmenge muss bis zu dem Level erhöht werden, bei dem die Grenzerlöse die Grenzkosten gerade noch übersteigen.

Dies ist bei einer Produktionsmenge von 3000 Stück der Fall.

Tab. 6.9 Lösungstabelle Marginalanalyse

	B	C	D	E	F	G
	Produktions-menge	Umsatz	Kosten	Gewinn	Grenzumsatz	Grenz-kosten
	x	U	K	G	MU	MK
4	0	0	19	-19		
5	1	32	28	4	32	9
6	2	64	35	29	32	7
7	3	81	47	34	17	12
8	4	92	60	32	11	13
9	5	100	77	23	8	17

Tab. 6.10 Erläuterung zur Berechnung der Marginalwerte

Produktions-menge	Zelle	Ergebnis und Anmerkung zur Berechnung
0	D4	Wegen $G = -19$ folgen Kosten von $K = 19$. Dies sind Fixkosten, da die Produktionsmenge null ist
1000	C5	Wenn der Umsatz zuvor 0 war und für den Grenzumsatz $MU = 32$ gilt, dann muss der neue Umsatz $U = 32$ betragen
	D5	Der Gewinn beträgt $G = 4$. Damit müssen die Kosten nun $K = 28$ sein
	G5	Die Grenzkosten ergeben sich aus Kosten neu 28 und Kosten alt 19 zu $28 - 19 = 9$
2000	E6	Aus $G = U - K$ folgt $64 - 35 = 29$
	F6	Der Grenzerlös ergibt sich aus $Umsatz_{neu} = 64$ minus $Umsatz_{alt} = 32$ nun zu 32
3000	D7	Alte Kosten von 35 und aktuelle Grenzkosten von 12 ergeben neue Kosten von $35 + 12 = 47$
	C7	Der Gewinn beträgt 34 und die gerade berechneten Kosten sind 47. Daraus folgt Umsatz $U = 47 + 34 = 81$
	F7	Der Grenzumsatz/Grenzerlös ergibt sich aus Umsatz/Erlös alt $= 64$ und Umsatz/erlös neu $= 81$. Damit folgt $81 - 64 = 17$
4000	C8	Der neue Umsatz ergibt sich über den Grenzumsatz zu $81 + 11 = 92$
	D8	Über die Kosten alt von 47 und die Grenzkosten von 13 folgen Kosten von $47 + 13 = 60$
	E8	Für den Gewinn folgt $92 - 60 = 32$
5000	D9	Die Kosten erhält man aus der Differenz von Umsatz und Gewinn zu $100 - 23 = 77$

Aufgabe 3.14: Angebot und Nachfrage

a) Zur Berechnung des Wertes der Zelle E4 wird der relative Zellbezug $C4 - D4$ genutzt. Mithilfe der anschließenden Anwendung der Ausfüllfunktionalität erhält man das Ergebnis in Tab. 6.11.

b) Prohibitivpreis:

$$P_N(x) = -0{,}20 \cdot x + 300$$

$$P_N(0) = -0{,}20 \cdot 0 + 300$$

$$P_N(0) = 300$$

c) Sättigungsmenge:

$$P_N(x) = -0{,}20 \cdot x + 300 = 0$$

$$-0{,}20 \cdot x = -300$$

$$x_{\text{Sättigung}} = 1500$$

d) Für die Berechnung der linearen Preis-Angebots-Funktion werden zwei Punkte benötigt. Dabei gilt zu beachten, dass das Angebot die unabhängige Variable darstellt. $P_1 = (7000; 300), P_2 = (0; 20)$

$$P_A(x) = m \cdot x + n \left| m = \frac{y_2 - y_1}{x_2 - x_1} \right.$$

$$P_A(x) = \frac{20 - 300}{0 - 7000} \cdot x + n$$

$$P_A(x) = \frac{1}{25} \cdot x + n$$

Es folgt die Ermittlung von n durch Einsetzen eines gegebenen Punktes, beispielsweise von $(0; 20)$:

$$20 = 0{,}04 \cdot 0 + n$$

$$n = 20$$

Für die Preis-Anagebots-Funktion erhält man:

$$P_A(x) = 0{,}04 \cdot x + 20$$

Tab. 6.11 Lösung Angebot und Nachfrage vs. Preis

Preis [EUR]	Angebot [Stück]	Nachfrage [Stück]	Angebotsüberhang [Stück]
300	7000	0	7000
120	2500	900	1600
100	2000	1000	1000
80	1500	1100	400
60	1000	1200	−200
40	500	1300	−800
20	0	1400	−1400

e) Die additive Konstante $c = 20$ lässt sich als Fixkosten für die Produktion, inkl. aller Nebenkosten, deuten. Unternehmer sind somit nicht bereit, die Produkte unter einem Verkaufspreis von 20 € abzugeben, da diese Fixkosten unabhängig von der Produktionsmenge entstehen.

f) Zur Ermittlung des Gleichgewichtspreises werden Angebot und Nachfrage gleichgesetzt und nach x umgestellt.

$$-0{,}20 \cdot x + 300 = 0{,}04 \cdot x + 20$$

$$x = 1166{,}67 \approx 1167$$

Der so erhaltene Wert ist die Gleichgewichtsmenge. Diese wird nun in die ursprüngliche Preis-Nachfrage-Funktion eingesetzt, um den Gleichgewichtspreis zu erhalten.

g) $P(1167) = -0{,}20 \cdot 1167 + 300$

$$P(1167) = 66{,}60$$

Der Gleichgewichtspreis beträgt 66,60 €.

Aufgabe 3.15: Gewinnmaximierung durch Preisdifferenzierung

Zur Verbesserung der Lesbarkeit werden die Indizes der Variablen hier meist nicht aufgeführt.

a) Markt 1:

Erlös:

$$E_1(x) = x \cdot P_1(x)$$

$$E_1(x) = 210x - 10x^2$$

Gewinn:

$$\begin{aligned}
G_1(x) &= E_1(x) - K_1(x) \\
&= 210x - 10x^2 - (2000 + 10x) \\
&= 200x - 10x^2 - 2000
\end{aligned}$$

$$G_1'(x) = 200 - 20x$$

$$0 = 200 - 20x$$

$$x = 10$$

Die gewinnmaximierende Absatzmenge beträgt 10 Stück.

Preis:

$$P_1(x) = 210 - 10x \rightarrow x = 10 \rightarrow P_1(10) = 110$$

Der dann gültige Preis beträgt 110 €.

Markt 2:

Erlös:

$$E_2(x) = x \cdot P_2(x)$$

$$E_2(x) = x \cdot 125 - 2{,}5x^2$$

Gewinn:

$$G_2(x) = 125x - 2{,}5x^2 - (2000 + 10x)$$
$$= 125x - 2{,}5x^2 - 2000 - 10x$$
$$= 115x - 2{,}5x^2 - 2000$$
$$G_2'(x) = 115 - 5x$$
$$x = 23$$

Die gewinnmaximierende Absatzmenge beträgt 23 Stück.

Preis:

$$P_2(x) = 125 - 2{,}5x \rightarrow x = 23 \rightarrow P_2(23) = 67{,}50$$

Der dann gültige Preis beträgt 67,5 €. ($P_1 > P_2$)

Die vom Unternehmen insgesamt zu produzierende Menge beträgt

$$x_{ges} = x_1 + x_2 = 10 + 23 = 33.$$

Stück.

b) Bei der Berechnung der Gesamtkosten dürfen die Kosten der einzelnen Märkte nicht einfach addiert werden, da sonst die Fixkosten doppelt einfließen würden! Es gilt also *nicht*:

$$K(10) + K(23)$$

sondern

$$K_{ges} = K(33) = 2.330$$

Auch dürfen zur Ermittlung des Gesamtgewinns nicht die Einzelgewinne G_1 und G_2 ausgerechnet und einfach addiert werden, da auch dort die Fixkosten enthalten sind, diese aber nicht anteilig aufgeteilt wurden. Es gilt also:

$$G_{ges} = E_{ges} - K_{ges}$$
$$G_{ges} = P_1 \cdot x_1 + P_2 \cdot x_2 - K_{ges}$$
$$G_{ges} = 110 \cdot 10 + 67{,}5 \cdot 23 - 2330$$
$$G_{ges} = 2652{,}50 - 2330$$
$$G_{ges} = G(33) = 322{,}50$$

Falls eine Diskriminierung der Märkte vorgenommen wird, beträgt der Gesamtgewinn 322,50. Für den Gesamterlös folgt:

$$E_{ges} = P_1 \cdot x_1 + P_2 \cdot x_2$$
$$110 \cdot 10 + 67{,}50 \cdot 23 = 2.652{,}50$$

c)

1. Die Nachfragefunktionen ergeben sich durch einfaches Umstellen nach x.

$P_1(x_1) = 210 - 10x_1$

$P_1 + 10x_1 = 210$

$10x_1 = 210 - P_1$

$x_1(P_1) = 21 - 0.1 \cdot P_1$

Analog folgt:

$P_2(x_2) = 125 - 2.5x_2$

$P_2 + 2.5x_2 = 125$

$2.5x_2 = 125 - P_2$

$x_2(P_2) = 50 - 0.4 \cdot P_2$

2. Wenn keine Diskriminierung stattfindet, besitzt das Produkt auf beiden Märkten den gleichen Preis. Es gilt: $P_1 = P_2$ für

$x_1(P_1) = 21 - 0.1 \cdot P_1$

$x_2(P_2) = 50 - 0.4 \cdot P_2$

Man erhält:

$x(P) = 71 - 0.5 \cdot P$

3. Umstellen der Gleichung:

$x(P) = 71 - 0.5 \cdot P$

$\dfrac{x - 71}{-0.5} = P$

$P(x) = 142 - 2x$

4. Gewinnmaximierende Absatzmenge:

$G(x) = x \cdot P(x) - E(x)$

$\qquad = 142x - 2x^2 - (2000 + 10x)$

$\qquad = 132x - 2x^2 - 2000$

$G'(x) = 132 - 4x$

$x = 33$

Gültiger Preis:

$P(35) = 142 - 2 \cdot 33 = 76$

5. Ohne Diskriminierung:

Gesamtkosten: $K(33) = 2330$ wie oben

Gesamterlös: $E(33) = 33 \cdot 72 = 2508$

Gesamtgewinn: $2508 - 2330 = 178$

d) Durch Diskrimination der Märkte kann ein Unternehmer den Gewinn steigern.

e) Voraussetzung ist, dass sich die Preis-Absatz-Funktionen wie hier einfach zusammen-
fassen lassen.

Aufgabe 3.16: Effektivzins bei Verrentung einer Einmalzahlung

a)
$$R_0 = \frac{r}{q^{n-1}} \cdot \frac{q^n - 1}{q - 1}$$

$$\frac{R_0}{r} \cdot q^{n-1}(q - 1) = q^n - 1$$

$$0 = q^n - \frac{R_0}{r} \cdot q^{n-1}(q - 1) - 1$$

$$0 = q^n - \frac{R_0}{r} \cdot \left(q^n - q^{n-1}\right) - 1$$

$$0 = q^n - \frac{R_0}{r}q^n + \frac{R_0}{r}q^{n-1} - 1$$

$$0 = \left(1 - \frac{R_0}{r}\right) \cdot q^n + \frac{R_0}{r}q^{n-1} - 1$$

b) Diese Funktion besitzt maximal n Nullstellen, da es sich um ein Polynom n-ten Grades handelt.

c) Es ist:

$$f(q) = \left(1 - \frac{R_0}{r}\right) \cdot q^n + \frac{R_0}{r}q^{n-1} - 1$$

$$f'(q) = n\left(1 - \frac{R_0}{r}\right) \cdot q^{n-1} + (n - 1)\frac{R_0}{r}q^{n-2}$$

Für die Formel des Newton'schen Iterationsverfahrens folgt dann:

$$q_{i+1} = q_i + \frac{f(q_i)}{f'(q_i)}$$

$$q_{i+1} = q_i + \frac{\left(1 - \frac{R_0}{r}\right) \cdot q^n + \frac{R_0}{r}q^{n-1} - 1}{n\left(1 - \frac{R_0}{r}\right) \cdot q^{n-1} + (n - 1)\frac{R_0}{r}q^{n-2}}$$

Mithilfe dieser Iterationsformel ermittelt man die Nullstellen: 0 und 1,0459. Tab. 6.12
zeigt die Ergebnisse des Verfahrens bei Wahl des Startwertes $x_0 = 1,05$, also einem
angenommenen Zins von 5 %. Man vergleiche auch Abb. 6.58.

Tab. 6.12 Ergebnis des Newton'schen Iterationsverfahrens

Umsetzung Newton-Iterationsverfahren

q_i bzw. q_{i+1}	$f(q_i)$	$f'(q_i)$	$q_i - \dfrac{f(q_i)}{f'(q_i)}$
1,050000000	−0,004500381	−1,203351188	1,046260126
1,046260126	−0,000357405	−1,013278614	1,045907405
1,045907405	−0,000003106	−0,995678929	1,045904286
1,045904286	0,000000000	−0,995523549	1,045904285
1,045904285	0,000000000	−0,995523537	1,045904285
1,045904285	0,000000000	−0,995523537	1,045904285
1,045904285	0,000000000	−0,995523537	1,045904285
1,045904285	0,000000000	−0,995523537	1,045904285
1,045904285	0,000000000	−0,995523537	1,045904285

Abb. 6.58 Graph der Funktion in Abhängigkeit des Zinses

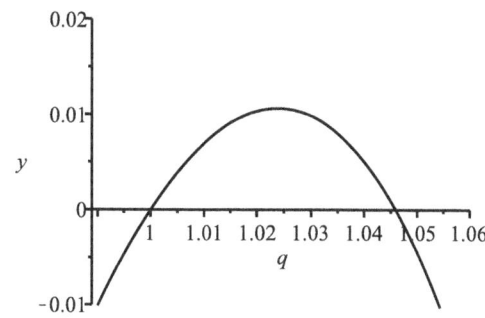

d)
$$R_0 = \frac{r}{q^{n-1}} \frac{q^n - 1}{q - 1}$$

$$\frac{R_0(q-1)}{r} \cdot q^{n-1} = q^n - 1$$

$$1 = q^n - \frac{R_0(q-1)}{r} \cdot q^{n-1}$$

$$1 = q^{n-1} \cdot \left(q - \frac{R_0(q-1)}{r} \right)$$

$$q^{n-1} = \left(q - \frac{R_0(q-1)}{r} \right)^{-1}$$

$$n - 1 = \log_q \left(q - \frac{R_0(q-1)}{r} \right)^{-1}$$

$$n - 1 = -\log_q \left(q - \frac{R_0(q-1)}{r} \right)$$

$$n = 1 - \log_q \left(q - \frac{R_0(q-1)}{r} \right)$$

Setzt man in diese Formel $q = 1 + 0,0459 = 1,0459$ sowie $R_0 = 43.000$ und $r = 7000$ ein, so erhält man eine Laufzeit von ca. 7 Jahren.

Aufgabe 3.17: Verzinsung von Kapitallebensversicherungen

a) *Risikolebensversicherung*: Die Versicherungsleistung wird nur fällig, wenn der Tod des Versicherten während der Versicherungsdauer eintritt.

Kapitallebensversicherung: Eine Kapitallebensversicherung hingegen dient neben der Todesfallabsicherung auch der Absicherung des Alters. Erlebt die versicherte Person den Ablauf des Vertrages, so wird die Versicherungssumme zuzüglich der erwirtschafteten Überschussanteile ausgezahlt. Die Beiträge für eine Kapitallebensversicherung sind dabei höher als Beiträge für eine Risikolebensversicherung, da bei der Kapitallebensversicherung neben einem Risiko- auch ein Sparanteil gezahlt werden muss.

Garantieverzinsung: Die Verzinsung erfolgt nur auf den Betrag der Einzahlung, der nach Abzug der Kosten verbleibt. Sie entspricht also nicht der Effektivverzinsung der Lebensversicherung. Der Effektivzins liegt *unter* dem Garantiezins.

b) Versicherungen investieren zur Refinanzierung in hohem Maße in Staatsanleihen. Sollte hier die Rendite (aufgrund steigender Nachfrage und somit steigender Kaufkurse) sinken, so wird es dem Versicherer schwerer fallen, die nötige Garantieverzinsung zu erwirtschaften.

c) Gesucht ist der Endwert der Ratenzahlung bei vorschüssiger Zahlung:

$r = 1200$

$q = 1 + 0,025$

$n = 25$

$$K_n = 1200 \cdot 1,025 \cdot \frac{1 - 1,025^{25}}{1 - 1,025} = 42.014,05$$

d) Die Rendite einer Kapitallebensversicherung wird durch den Abzug der Kosten der Versicherung vor der Verzinsung des eingezahlten Kapitals geschmälert. Weiterhin entwertet die Inflation den Wert des ausgezahlten Kapitals.

Bei einem Fondssparplan partizipiert man direkt von den Kursgewinnen und kann diese relativ transparent nachvollziehen. Meist sind auch die Kosten bei einem Fondssparplan geringer.

Eine Orientierung zur Bewertung der Garantieverzinsung können die Umlaufrendite der Euro-Staatsanleihen, die Kosten der Versicherung (z. B. Verwaltungskosten) sowie der Effektivzins anderer Geldanlagen bieten.

Die Höhe der Garantieverzinsung liegt im Beispiel bei 2,5 %. Da die Effektivverzinsung dementsprechend unter 2,5 % oder sogar unter 2 % liegt, wird kaum die Inflationsrate ausgeglichen werden können. Die EZB hat sich das Ziel gesetzt, die Inflationsrate bei knapp unter 2 % zu halten.

e)

1.
$$K_n = r \cdot q \cdot \frac{1-q^n}{1-q} \qquad\qquad |:r$$

$$\frac{K_n}{r} = \frac{q-q^{n+1}}{1-q} \qquad\qquad | \cdot (1-q)$$

$$\frac{K_n}{r} - \frac{K_n}{r} \cdot q = q - q^{n+1}$$

$$q^{n+1} - \frac{K_n}{r} \cdot q - q + \frac{K_n}{r} = 0$$

$$q^{n+1} - \left(\frac{K_n}{r} - 1\right) \cdot q + \frac{K_n}{r} = 0$$

$$q^{n+1} - \left(\frac{K_n - r}{r}\right) \cdot q + \frac{K_n}{r} = 0$$

$$0 = q^{n+1} - \frac{K_n + r}{r} \cdot q + \frac{K_n}{r}$$

2. Die Funktion besitzt maximal $n+1$ Nullstellen, da es sich um ein Polynom $n+1$-ten Grades handelt.

3. Die Suche der Nullstellen sollte durch ein Iterationsverfahren erfolgen, da der Exponent von q größer als drei ist. Hier soll das Newton'sche Iterationsverfahren genutzt werden.

$$f(q) = q^{n+1} - \frac{K_n + r}{r} \cdot q + \frac{K_n}{r}$$

$$f'(q) = (n+1) \cdot q^n - \frac{K_n + r}{r}$$

$$\Rightarrow q_{i+1} = q_i - \frac{q^{n+1} - \frac{K_n + r}{r} \cdot q + \frac{K_n}{r}}{(n+1) \cdot q^n - \frac{K_n + r}{r}}$$

Als eine Nullstelle der Funktion ermittelt man durch Einsetzen der gegebenen Werte 0,019988145.

4. Die höhere Rendite liegt offenbar beim Vertrag von Frau Grothe vor.

Aufgabe 3.18: Marginale technische Substitutionsrate

a)

1. Eine Isoquante ist eine Höhenlinie, die man bei einem horizontalen Schnitt durch das „Gebirge" der Funktion $f(A, B)$ erhält. Alle auf der Schnittebene liegenden Werte beschreiben die möglichen Kombinationen von A und B, mit denen die entsprechende Produktionsmenge des Zielstoffes erzeugt werden kann. In der X-Y-Richtung bzw. hier in A-B-Richtung befinden sich demnach die Mengen der Ausgangsstoffe und in Z-Richtung die jeweils daraus produzierte Menge. Abb. 6.59 zeigt Beispiele solcher Isoquanten.

Abb. 6.59 Mögliche
Isoquanten in der Sicht von der
z-Achse aus

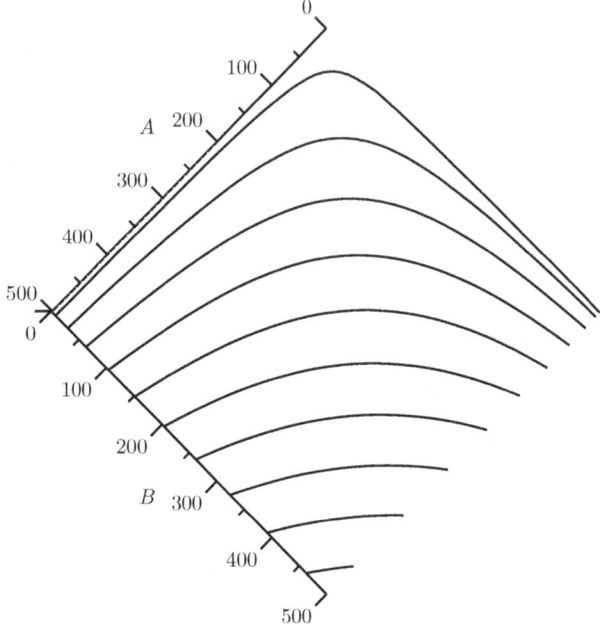

2. Abb. 6.60 und 6.61 zeigen die Schnitte durch die Funktion und das entsprechende Ergebnis in Form einer Schnittkurve.

3. Setzt man in die Funktionsgleichung
$$f(A, B) = 25\sqrt{A} \cdot B^{\frac{2}{3}} + 500$$
die gewünschte Produktionsmenge von 10.000 Einheiten sowie die zugegebene Menge von A gleich 400 Einheiten ein, so folgt
$$10.000 = 25\sqrt{400} \cdot B^{\frac{2}{3}} + 500.$$
Durch Umstellen nach B erhält man
$$B = \left(\frac{10.000 - 500}{25\sqrt{400}}\right)^{\frac{3}{2}} = \left(\frac{9500}{500}\right)^{\frac{3}{2}}$$
$$B = 19^{\frac{3}{2}} = 19\sqrt{19} = 82,82.$$

Das heißt, bei einer Produktionsmenge von 10.000 Stück müssen 400 Einheiten von A und 82,82 Einheiten des Stoffes B zugegeben werden.

4. Erläuterung der Gleichung 1: Die Abhängigkeit der Produktionsmenge von den Ausgangsstoffen A und B wird mit $f(A, B) = 25\sqrt{A} \cdot B^{\frac{2}{3}} + 500$ beschrieben. Setzt man nun die Produktionsmenge fix auf den Wert 10.000 Einheiten, so betrachtet man eine Isoquante. Erläuterung der Gleichung 2:
Verdeutlichen Sie sich, dass A und B gegenseitig voneinander abhängig sind. Will man also die Änderungsrate von A bestimmen und differenziert nach B, so müssen die zusätzlichen Differenziale bei der Berechung der Ableitung eingefügt werden!

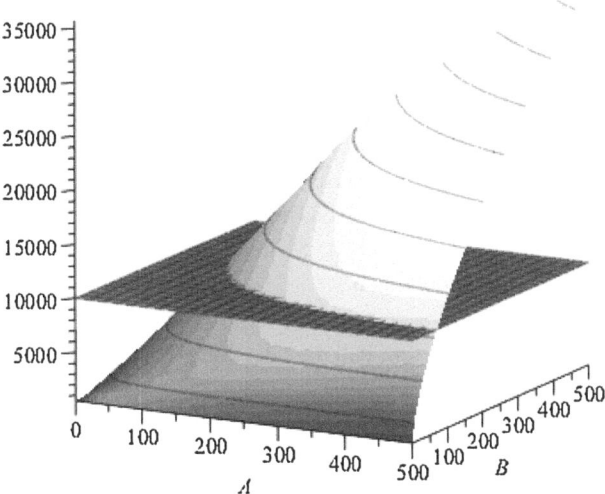

Abb. 6.60   Funktion f(A,B) bei einer Produktionsmenge von 10.000 Einheiten

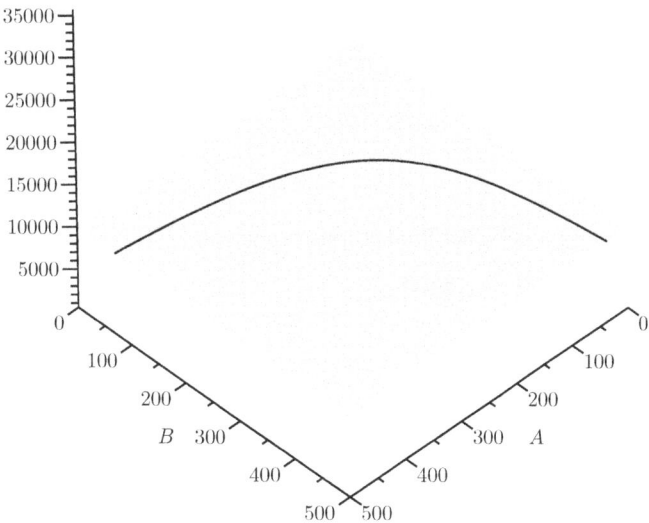

Abb. 6.61   Schnittkurve der Funktion f(A,B)

5. Erhöht man die Zugabemenge des Stoffes B um eine Einheit, so folgt $B = 19\sqrt{19} + 1$. Die zugehörige Isoquante hat damit die Gleichung

$$f(A, B) = 25\sqrt{A} \cdot \left(19\sqrt{19} + 1\right)^{\frac{2}{3}} + 500 = 10.000.$$

Aufgelöst nach A erhält man

$$A = \left(\frac{10.000-500}{25 \cdot \left(19\sqrt{19}+1\right)^{2/3}} \right)^2 = 393{,}65.$$

Damit ergibt sich eine Differenzmenge für den Stoff A von $393{,}65 - 400 = -6{,}35$. Im vorherigen Aufgabenteil wurde mithilfe der Differenzialrechnung ein Wert von $-6{,}48$ Einheiten ermittelt. Diese Abweichung erklärt sich aus der Näherung der marginalen und unendlich kleinen (infinitesimalen) Änderung statt der tatsächlichen Änderung von einer Einheit. Siehe hierzu auch Aufgabe „Aufgabe 3.10: Anwendung von Grenzfunktionen.

b)

1. Die Isoquante besitzt in diesem Fall die Gleichung:

$$36X^{\frac{5}{7}} \sqrt[6]{Y} + 1200 = 5400$$

Für die erste Ableitung folgt:

$$\frac{180}{7}X^{-\frac{2}{7}} \cdot \frac{dX}{dY} \cdot Y^{\frac{1}{6}} + 6X^{\frac{5}{7}} \cdot Y^{-\frac{5}{6}} = 0$$

Das Umstellen nach $\frac{dX}{dY}$ ergibt:

$$\frac{dX}{dY} = \frac{-6X^{\frac{5}{7}} \cdot Y^{-\frac{5}{6}}}{\frac{180}{7}X^{-\frac{2}{7}} \cdot Y^{\frac{1}{6}}}$$

$$\frac{dX}{dY} = \frac{-7 \cdot X}{30 \cdot Y}$$

Für $X = 240$ folgt bei einer Produktionsmenge von 5400 Einheiten:

$$36 \cdot 240^{\frac{5}{7}} \cdot \sqrt[6]{Y} + 1200 = 5400$$

$$Y = \left(\frac{5400-1200}{36 \cdot 240^{\frac{5}{7}}} \right)^6 = 158{,}77$$

und damit für die marginale Substitutionsrate an der Stelle $X = 240$ und $Y = 158{,}77$

$$\frac{dX}{dY} = \frac{-7 \cdot 240}{30 \cdot 158{,}77} \approx -0{,}3527$$

Wird Y um eine Einheit erhöht, so muss X um rund 0,3527 Einheiten reduziert werden, sofern die Produktionsmenge 5400 Einheiten betragen soll.

2. Die Produktionsmenge von 5400 gibt die „Höhe der Schnittfläche" im Diagramm an, wie Abb. 6.62 sowie Abb. 6.59 und 6.60 zeigen. Sie bestimmt damit das Aussehen der Isoquante und somit auch die Rate der technischen Substitution. Ändert man die gewünschte Produktionsmenge, so ändert sich auch das Substitutionsverhältnis von X und Y.

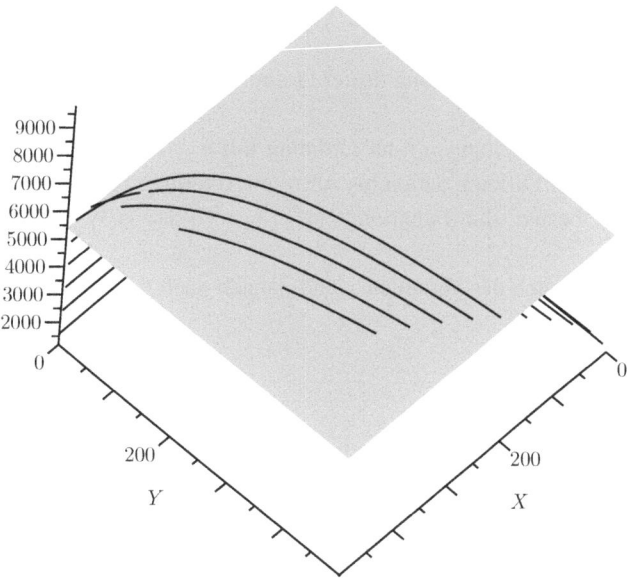

Abb. 6.62 Schnittkurve der Funktion f(X,Y)

Aufgabe 3.19: Schreibweise und Berechnung partieller Ableitungen
a) Die partiellen Ableitungen $f_x{}'$ und $f_y{}'$ werden wie folgt notiert:

$$f_x{}' = \frac{\partial f_x}{\partial x}$$

$$f_y{}' = \frac{\partial f_y}{\partial y}$$

Die partiellen Ableitungen $f_x{}'$ und $f_y{}'$ sind im allgemeinen Fall wieder Funktionen von x und y, sodass sich auch partielle Ableitungen höherer Ordnung bilden lassen. Die folgenden partiellen Ableitungen zweiter Ordnung sind möglich:

$$f_{xx}{}'' = \frac{\partial^2 f}{\partial x^2}$$

$$f_{xy}{}'' = \frac{\partial^2 f}{\partial x \partial y}$$

$$f_{yx}{}'' = \frac{\partial^2 f}{\partial y \partial x}$$

$$f_{yy}{}'' = \frac{\partial^2 f}{\partial y^2}$$

Das Symbol $f_{xy}{}''$ bedeutet, dass die Funktion f zunächst nach der Variablen x und anschließend nach der Variablen y partiell differenziert worden ist. Auf ähnliche Weise bildet man partielle Ableitungen höherer Ordnung, z. B.

$$f'''_{xyy} = \frac{\partial^3 f}{\partial x \partial y^2}$$

wobei f_{xyy}''' die partielle Ableitung dritter Ordnung der Funktion f einmal nach x und zweimal nach y ist.

b) Sind die partiellen Ableitungen n-ter Ordnung mit $n \geq 2$ einer Funktion stetig, so ist die Reihenfolge der Differenziation bis zur n-ten Ableitung vertauschbar.

Beispielsweise besitzt die Funktion $f(x,y) = x^2 - 2xy - 3y^2$ folgende partiellen Ableitungen:

Leitet man zuerst nach der Variablen x und danach nach der Variablen y ab, so erhält man Folgendes:

$$f_x' = 2x - 2y = 2(x - y)$$

$$f_{xy}' = -2$$

Differenziert man hingegen zuerst nach der Variablen y und danach nach der Variablen x, so erhält man:

$$f_y' = -2x - 6y = -2(x + 3y)$$

$$f_{yx}'' = -2$$

Da f_{xy}'' und f_{yx}'' stetige Funktionen sind, sind die Bedingungen des Schwarz'schen Satzes erfüllt, d. h., die Reihenfolge der Differenziation bis zur zweiten Ableitung ist unerheblich.

Aufgabe 3.20: Ermittlung partieller Ableitungen

a.

1. $f(x,y) = 3xe^{x^4 - y}$

   Mit Produktregel folgt:

   $$f_x'(x,y) = 3e^{x^4 - y} + 3xe^{x^4 - y} \cdot 4x^3$$

   $$= 3e^{x^4 - y} + 12x^4 e^{x^4 - y}$$

   $$= 3e^{x^4 - y}\left(1 + 4x^4\right)$$

   $$f_y'(x,y) = 3xe^{x^4 - y}(-1)$$

   $$= -3xe^{x^4 - y}$$

2. $f(x,y) = x^2 - 3x + 2y^2 - x^2 y^2$

   $$f_x'(x,y) = 2x - 3 - 2xy^2$$

   $$f_y'(x,y) = 4y - 2x^2 y$$

3. $f(x,y) = \dfrac{x^2}{y} + x^3 e^{2y} = x^2 y^{-1} + x^3 e^{2y}$

   $$f_x'(x,y) = 2xy^{-1} + 3x^2 e^{2y}$$

   $$f_y'(x,y) = -x^2 y^{-2} + 2x^3 e^{2y}$$

4. $f(x,y) = \dfrac{x}{2 - e^{2y}} = x \cdot \left(2 - e^{2y}\right)^{-1}$

$f_x'(x,y) = \left(2 - e^{2y}\right)^{-1}$

$f_y'(x,y) = -x \cdot \left(2 - e^{2y}\right)^{-2} \cdot \left(-2e^{2y}\right) = 2xe^{2y} \cdot \left(2 - e^{2y}\right)^{-2}$

5. $f(x,y) = x \cdot \ln(y) + x^2 y - 10$

$f_x'(x,y) = \ln(y) + 2xy$

$f_y'(x,y) = \dfrac{x}{y} + x^2$

6. $f(x,z) = x\left(z^2 + x - 3\right) + z\left(x^2 - 1\right) = xz^2 + x^2 - 3x + zx^2 - z$

$f_x'(x,z) = z^2 + 2x - 3 + 2zx$

$f_z'(x,z) = 2xz + x^2 - 1$

7. $f(k,l) = k^3 e^l + k \cdot l$

$f_k'(k,l) = 3k^2 e^l + l$

$f_l'(k,l) = k^3 e^l + k$

b.

1. $f_x'(x,y) = 3e^{x^4 - y}\left(1 + 4x^4\right)$

$f_{xx}''(x,y) = 3e^{x^4 - y} \cdot 4x^3 \cdot \left(1 + 4x^4\right) + 3e^{x^4 - y} \cdot 16x^3$

$= 12x^3 e^{x^4 - y}\left(1 + 4x^4\right) + 48x^3 e^{x^4 - y}$

$= 12x^3 e^{x^4 - y}\left(1 + 4x^4 + 4\right)$

$= 12x^3 e^{x^4 - y}\left(5 + 4x^4\right)$

$f_{xy}''(x,y) = 3e^{x^4 - y} \cdot (-1) \cdot \left(1 + 4x^4\right)$

$= -e^{x^4 - y}\left(1 + 4x^4\right)$

$f_y'(x,y) = -3xe^{x^4 - y}$

$f_{yx}''(x,y) = -3e^{x^4 - y} + \left(-3xe^{x^4 - y} \cdot 4x^3\right)$

$f_{yx}''(x,y) = -3e^{x^4 - y}\left(1 + 4x^4\right)$

$$f_{yy}''(x, y) = -3xe^{x^4-y} \cdot (-1)$$
$$= 3xe^{x^4-y}$$

2. $f_x'(x, y) = 2x - 3 - 2xy^2$

$f_{xx}''(x, y) = 2 - 2y^2$

$f_{xy}''(x, y) = -4xy$

$f_y'(x, y) = 4y - 2x^2 y$

$f_{yx}''(x, y) = -4xy$

$f_{yy}''(x, y) = 4 - 2x^2$

3. $f_y'(x, y) = 2xy^{-1} + 3x^2 e^{2y}$

$f_{xx}''(x, y) = 2y^{-1} + 6xe^{2y}$

$f_{xy}''(x, y) = -2xy^{-2} + 3x^2 e^{2y} \cdot 2$
$$= -2xy^{-2} + 6x^2 e^{2y}$$

$f_y'(x, y) = -x^2 y^{-2} + 2x^3 e^{2y}$

$f_{yx}''(x, y) = -2xy^{-2} + 6x^2 e^{2y}$

$f_{yy}''(x, y) = 2x^2 y^{-3} + 2x^3 e^{2y} 2$
$$= 2x^2 y^{-3} + 4x^3 e^{2y}$$

4. $f_x'(x, y) = \left(2 - e^{2y}\right)^{-1}$

$f_{xx}''(x, y) = 0$

Folgend insbesondere die innere Ableitung beachten!

$f_{xy}''(x, y) = -\left(2 - e^{2y}\right)^{-2} \cdot \left(-e^{2y}\right) \cdot 2$
$$= 2e^{2y} \left(2 - e^{2y}\right)^{-2}$$

$f_y'(x, y) = 2xe^{2y} \cdot \left(2 - e^{2y}\right)^{-2}$

$f_{yx}''(x, y) = 2e^{2y} \left(2 - e^{2y}\right)^{-2}$

Lösung für $f_{yy}''(x, y)$ mittels Produktregel:

$f_y'(x, y) = 2xe^{2y} \cdot \left(2 - e^{2y}\right)^{-2}$

$u = 2xe^{2y}$

$u' = 2xe^{2y} \cdot 2 = 4xe^{2y}$

$$v = \left(2 - e^{2y}\right)^{-2}$$

$$v' = (-2) \cdot \left(2 - e^{2y}\right)^{-3} \cdot \left(-e^{2y}\right) \cdot 2$$

$$v' = 4e^{2y} \cdot \left(2 - e^{2y}\right)^{-3}$$

$$f_{yy}{}''(x,y) = 4xe^{2y}\left(2 - e^{2y}\right)^{-2} + 2xe^{2y} \cdot 4e^{2y}\left(2 - e^{2y}\right)^{-3}$$

$$= \frac{4xe^{2y}}{\left(2 - e^{2y}\right)^2} + \frac{8xe^{2y}e^{2y}}{\left(2 - e^{2y}\right)^3}$$

$$= \frac{4xe^{2y}\left(2 - e^{2y}\right) + 8xe^{2y}e^{2y}}{\left(2 - e^{2y}\right)^3}$$

$$= \frac{4xe^{2y}\left(2 - e^{2y} + 2e^{2y}\right)}{\left(2 - e^{2y}\right)^3}$$

$$= \frac{4xe^{2y}\left(2 + e^{2y}\right)}{\left(2 - e^{2y}\right)^3}$$

5. $f_x{}'(x,y) = \ln(y) + 2xy$

$\quad f_{xx}{}''(x,y) = 2y$

$\quad f_{xy}{}''(x,y) = \dfrac{1}{y} + 2x$

$\quad f_y{}'(x,y) = \dfrac{x}{y} + x^2$

$\quad f_{yx}{}''(x,y) = \dfrac{1}{y} + 2x$

$\quad f_{yy}{}''(x,y) = -xy^{-2}$

Aufgabe 3.21: Ermittlung weiterer partieller Ableitungen

a) $f_x{}'(x,y) = 6x^2 \cdot y^2$

$\quad f_y{}'(x,y) = 4x^3 y$

b) $f_y{}'(x,y) = 2e^{(x^2+y)} + 2x \cdot 2xe^{(x^2+y)}$

$$= 2e^{(x^2+y)} + 4x^2 e^{(x^2+y)}$$

$$= 2e^{(x^2+y)} \cdot \left(1 + 2x^2\right)$$

$\quad f_y{}'(x,y) = 2xe^{(x^2+y)}$

c) $f_x'(x,y) = 3x^2 \cdot \ln(y) - \dfrac{y^2}{x} - 2xy$

$f_y'(x,y) = \dfrac{x^3}{y} - 2y \cdot \ln(x) - x^2$

d) $f_x'(x,y) = 3x^2 \cdot e^y$

$f_y'(x,y) = x^3 \cdot e^y - \dfrac{2}{y^3}$

e) Es ist $f(x,y) = x \cdot e^{x+y} + y \cdot \ln\left(x^3\right) = x \cdot e^{x+y} + y \cdot 3 \cdot \ln(x)$. Vergleiche hierzu auch „Aufgabe 3.4: Ableitung von Funktionen mit Logarithmen".

$f_x'(x,y) = e^{x+y} + xe^{x+y} + \dfrac{3y}{x}$

$f_y'(x,y) = xe^{x+y} + \ln\left(x^3\right) = xe^{x+y} + 3 \cdot \ln(x)$

f) $f_x'(x,y) = (y-1)^2$

$f_y'(x,y) = 2 \cdot (x+7) \cdot (y-1)$

g) $f_x'(x,y) = \frac{1}{e^y-1}$

Es ist $f(x,y) = \frac{x}{e^y-1} = x \cdot (e^y-1)^{-1}$ und damit

$f_y'(x,y) = -x \cdot (e^y-1)^{-2} \cdot e^y = -\dfrac{xe^y}{(e^y-1)^2}$

h)

1. $f_x'(x,y) = 6x^2 \cdot y^2$

$f_{xx}''(x,y) = 12xy^2$

$f_{xy}''(x,y) = 12x^2 y$

$f_y'(x,y) = 4x^3 y$

$f_{yx}''(x,y) = 12x^2 y$

$f_{yy}''(x,y) = 4x^3$

2. $f_x'(x,y) = e^{(x^2+y)}\left(2 + 4x^2\right)$

Mit Produktregel für $f_x'(x,y)$ folgt bei Ableitung nach x:

$$u = e^{(x^2+y)}$$

$$u' = 2xe^{(x^2+y)}$$

$$v' = \left(2 + 4x^2\right)$$

$$v = 8x$$

$$f_{xx}''(x,y) = 2e^{(x^2+y)}\left(2 + 4x^2\right) + e^{(x^2+y)}8x$$

$$= e^{(x^2+y)} \cdot \left(2x\left(2 + 4x^2\right) + 8x\right)$$

$$= e^{(x^2+y)} \cdot \left(4x + 8x^3 + 8x\right)$$

$$= e^{(x^2+y)} \cdot \left(12x + 8x^3\right)$$

$$f_{xy}''(x,y) = e^{(x^2+y)} \cdot \left(2 + 4x^2\right)$$

$$f_y'(x,y) = 2xe^{(x^2+y)}$$

$$f_{yy}''(x,y) = 2xe^{(x^2+y)}$$

Mit Produktregel für $f_y'(x,y)$ folgt bei Ableitung nach x:

$$u = 2x$$

$$u' = 2$$

$$v = e^{(x^2+y)}$$

$$v' = 2xe^{(x^2+y)}$$

$$f_{yx}''(x,y) = 2e^{(x^2+y)} + 2x2xe^{(x^2+y)} = e^{(x^2+y)}\left(2 + 4x^2\right)$$

Aufgabe 3.22: Extrema von Funktionen mehrerer Variablen

a) Gegeben ist die Funktion $f(x,y) = x^3 + y^2 - 6xy - 39x + 18y + 20$

Schritt 1:

„Gemeinsame" Nullstellen der ersten partiellen Ableitungen ermitteln. Zu lösen ist dazu das Gleichungssystem:

$$f_x' = 0$$

$$f_y' = 0$$

Ermittlung der ersten partiellen Ableitungen:

$$f_x' = 3x^2 - 6y - 39$$

$$f_y' = 2y - 6x + 18$$

Das Nullsetzen und Auflösen der ersten Gleichung ergibt:

$3x^2 - 6y - 39 = 0$

$-6y = 39 - 3x^2 \quad \downarrow : (-3)$

$2y = -13 + x^2$

In II einsetzen:

$-13 + x^2 - 6x + 18 = 0$

$x^2 - 6x + 5 = 0 \rightarrow x_{1,2} = 3 \pm \sqrt{9 - 5}$

$x_1 = 1 \quad x_2 = 5$

$y_1 = -6 \quad y_2 = 6$

Man erhält $(1; -6)$ und $(5; 6)$ als extremwertverdächtige Stellen.

Schritt 2:

Berechnet werden muss der Wert der Hesse'schen Determinante

$D(x,y) = f_{xx}'' f_{yy}'' - \left(f_{xy}''\right)^2$

an den extremwertverdächtigen Stellen. Dazu werden die gemischten partiellen Ableitungen benötigt.

$f_{xx}'' = 6x$

$f_{yy}'' = 2$

$f_{xy}'' = -6$

Für die Hesse'sche Determinante folgt:

$D_{xy} = 6x \cdot 2 - 36 = 12x - 36$

Es gilt folgende Entscheidungsregel:

$D(x; y) > 0 \rightarrow$ Extremum liegt vor

$D(x; Y) < 0 \rightarrow$ Sattelpunkt

$D(x; y) = 0 \rightarrow$ keine Entscheidung derzeit möglich

Im vorliegenden Fall ist dann:

$D_{xy}(1; -6) = -24 \rightarrow$ Sattelpunkt an der Stelle $(1; -6)$.

$D_{xy}(5; 6) = 24$

Schritt 3:

Berechnung der Art des Extremums unter der Voraussetzung, dass für die Hesse'sche Determinante $D(x; y) > 0$ gilt:

Ist $f_{xx}''(x, y) > 0 \rightarrow$ Minimum an der Stelle (x, y)

Ist $f_{xx}''(x, y) < 0 \rightarrow$ Maximum an der Stelle (x, y)

Es gilt:

$f_{xx}''(x, y) = 6x$

und an der extremverdächtigen Stelle $(5; 6)$ entsprechend:

$f_{xx}''(5; 6) = 30 > 0$

Damit besitzt die Funktion an der Stelle $(1; -6)$ einen Sattelpunkt und an der Stelle $(5; 6)$ ein Minimum. Punkt des Minimums im Raum ist $(5; 6; f(5; 6)) = (5; 6; -86)$. Man beachte, dass es sich um lokale (!) Extrema handelt. Auch Abb. 6.63 lässt

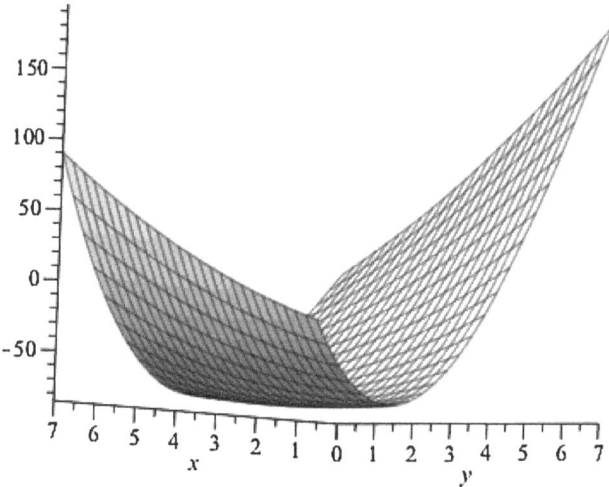

Abb. 6.63 Graph der Funktion $f(x, y) = x^3 + y^2 - 6xy - 39x + 18y + 20$

erahnen, dass eine grafische Untersuchung bei derartigen Funktionen kaum zum Ziel führt. Das Aussehen des Graphen hängt gerade in diesem Fall sehr stark von den zur Darstellung gewählten Grenzen ab!

b) Gegeben ist $f(x, y) = \sqrt{1 + x^2 + y^2}$. Gesucht sind die Extrema der Funktion.

Schritt 1:

„Gemeinsame" Nullstellen der ersten partiellen Ableitungen ermitteln. Zu lösen ist dazu das Gleichungssystem:

$$f'_x = 0$$

$$f'_y = 0$$

Ermittlung der ersten partiellen Ableitungen:

$$f(x, y) = \sqrt{1 + x^2 + y^2} = \left(1 + x^2 + y^2\right)^{\frac{1}{2}}$$

$$f_x' = \frac{1}{2}\left(1 + x^2 + y^2\right)^{-\frac{1}{2}} \cdot 2x = x \cdot \left(1 + x^2 + y^2\right)^{-\frac{1}{2}}$$

$$f_y' = y \cdot \left(1 + x^2 + y^2\right)^{-\frac{1}{2}}$$

Das zu lösende Gleichungssystem ist damit:

$$\frac{x}{\sqrt{1 + x^2 + y^2}} = 0$$

$$\frac{y}{\sqrt{1 + x^2 + y^2}} = 0$$

Als einzige extremwertverdächtige Stelle erhält man (0; 0)

Schritt 2:

Berechnet werden muss der Wert der Hesse'schen Determinante

$$D(x,y) = f_{xx}''f_{yy}'' - \left(f_{xy}''\right)^2$$

an der oder den extremwertverdächtigen Stellen. Dazu werden die gemischten partiellen Ableitungen benötigt.

$$f_x' = x \cdot \left(1 + x^2 + y^2\right)^{-\frac{1}{2}}$$

Anzuwenden ist die Produktregel:

$$u = x$$

$$u' = 1$$

$$v = \left(1 + x^2 + y^2\right)^{-\frac{1}{2}}$$

$$v' = -\frac{1}{2}\left(1 + x^2 + y^2\right)^{-\frac{3}{2}} \cdot 2x$$

$$= -x \cdot \left(1 + x^2 + y^2\right)^{-\frac{3}{2}}$$

Damit folgt:

$$f_{xx}'' = 1 \cdot \left(1 + x^2 + y^2\right)^{-\frac{1}{2}} + x \cdot \left[-x \cdot \left(1 + x^2 + y^2\right)^{-\frac{3}{2}}\right]$$

$$= \frac{1}{\sqrt{1 + x^2 + y^2}} - \frac{x^2}{\sqrt{\left(1 + x^2 + y^2\right)^3}}$$

und analog

$$f_y' = y \cdot \left(1 + x^2 + y^2\right)^{-\frac{1}{2}}$$

$$f_{yy}'' = \frac{1}{\sqrt{1 + x^2 + y^2}} - \frac{y^2}{\sqrt{\left(1 + x^2 + y^2\right)^3}}$$

Für die gemischte partielle Ableitung gilt:

$$f_x' = x \cdot \left(1 + x^2 + y^2\right)^{-\frac{1}{2}}$$

$$f_{xy}'' = x \cdot \left(-\frac{1}{2}\right) \cdot \left(1 + x^2 + y^2\right)^{-\frac{3}{2}} \cdot 2y = \frac{-xy}{\sqrt{\left(1 + x^2 + y^2\right)^3}}$$

Für die Hesse'sche Determinante folgt:

$$D(x, y) = \left(\frac{1}{\sqrt{1 + x^2 + y^2}} - \frac{x^2}{\sqrt{\left(1 + x^2 + y^2\right)^3}} \right) \cdot$$

$$\left(\frac{1}{\sqrt{1 + x^2 + y^2}} - \frac{y^2}{\sqrt{\left(1 + x^2 + y^2\right)^3}} \right) - \frac{x^2 y^2}{\left(1 + x^2 + y^2\right)^3}$$

An der extremwertverdächtigen Stelle (0; 0) folgt:

$$D(0; 0) = \left(\tfrac{1}{1} - \tfrac{0}{1} \right) \cdot \left(\tfrac{1}{1} - \tfrac{0}{1} \right) - 0 = 1$$

Es gilt folgende Entscheidungsregel

$D(x; y) > 0 \rightarrow$ Extremum liegt vor

$D(x; y) < 0 \rightarrow$ Sattelpunkt

$D(x; y) = 0 \rightarrow$ keine Entscheidung derzeit möglich

Offenbar handelt es sich hier um den 1. Fall. Im nächsten und letzten Schritt wird nun die Art des Extremums ermittelt.

Schritt 3:

Berechnung der Art des Extremums unter der Voraussetzung, dass für die Hesse'sche Determinante $D(x; y) > 0$ gilt:

Ist $f_{xx}''(x, y) > 0 \rightarrow$ Minimum an der Stelle (x, y).

Ist $f_{xx}''(x, y) < 0 \rightarrow$ Maximum an der Stelle (x, y).

Es gilt:

$$f_{xx}''(x, y) = \frac{1}{1 + x^2 + y^2} - \frac{x^2}{\sqrt{\left(1 + x^2 + y^2\right)^3}}$$

und an der extremverdächtigen Stelle (0; 0) entsprechend

$f_{xx}''(0; 0) = \tfrac{1}{1} - 0 = 1 > 0$

Damit besitzt die Funktion an der Stelle (0; 0) ein Minimum, wie es auch Abb. 6.64 zeigt. Punkt des Maximums im Raum ist $(0; 0; f(0; 0)) = (0; 0; 1)$

Aufgabe 3.23: Multiple-Choice-Test für Funktionen mehrerer Variablen

1. c) $x \in R$ und $y \in R^+$
2. c) $x - 2y > 0$
3. b) Die Hesse'sche Determinante ist an der Stelle (2; 5) gleich null,
   c) Die Hesse'sche Determinante ist an der Stelle (2; 5) größer null.
4. b) falsch
5. a) richtig
6. b) falsch (hinreichend, aber nicht notwendig)
7. a) richtig

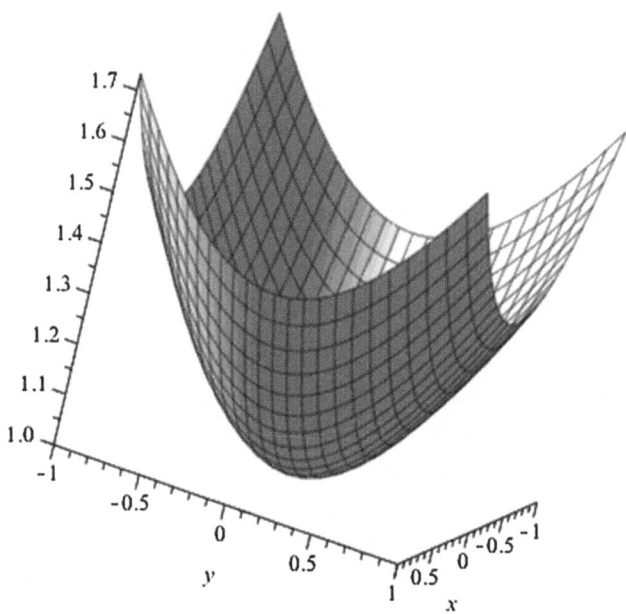

Abb. 6.64 Graph der Funktion $f(x,y) = \sqrt{1 + x^2 + y^2}$

Aufgabe 3.24: Ermittlung von Grenzproduktivitäten

a) $f(r_1, r_2) = 2r_1^2 + 3r_2^2 - 10r_1r_2$

   $f'_{r_1} = 4r_1 - 10r_2$

   $f'_{r_2} = 6r_2 - 10r_1$

b) $f(r_1, r_2) = 3r_1^2r_2 + r_1r_2 - 10r_1^2r_3^3$

   $f'_{r_1} = 6r_1r_2 + r_2 - 20r_1r_3^3$

   $f'_{r_2} = 3r_1^2 + r_1$

   $f'_{r_3} = -30r_1^2r_3^2$

Aufgabe 3.25: Gewinnoptimale Produktionsmengen

a) $G(x_1, x_2) = -3x_1^2 + 6x_1x_2 - 4x_2^2 + 512x_2 = 1500$

   Bildung der partiellen Ableitungen:

   $G'_{x_1} = -6x_1 + 6x_2$

   $G'_{x_2} = 6x_1 - 8x_2 + 512$

   Die Ermittlung der extremwertverdächtigen Stelle erfolgt durch Lösung des Gleichungssystems $G'_{x_1} = 0$ und $G'_{x_2} = 0$. Diese kann auch mit einem Taschenrechner ermittelt werden! Man erhält $x_1 = 256$ und $x_2 = 256$.

Die zweiten partiellen Ableitungen sind:

$G_{x_1x_1}'' = -6$

$G_{x_2x_2}'' = -8$

$G_{x_1x_2}'' = 6$

Damit folgt für die Prüfung der extremwertverdächtigen Stelle auf Extrema:

$D(x_1, x_2) = G_{x_1x_1}''(x_1, x_2) \cdot G_{x_2x_2}''(x_1, x_2) - \left(G_{x_1x_2}''(x_1, x_2)\right)^2$

$D(x_1, x_2) = (-6) \cdot (-8) - 6^2$

$D(x_1, x_2) = 12 > 0$

An der Stelle (256; 256) liegt damit ein Extremum vor. Das Unternehmen sollte von beiden Produkten 256 Einheiten produzieren.

Da $G_{x_1x_1}''$ auch bei $x_1 = x_2 = 256$ größer ist, liegt hier ein Gewinnmaximum vor. Der Gewinn beträgt $G(256; 256) = 64.036$ Geldeinheiten.

b) $P_1(x_1) = 60 - 3x_1$

$P_2(x_2) = 45 - 5x_2$

$K(x_1, x_2) = 3x_1^2 + 4x_1x_2 + 2x_2^2$

Es ist $E(x_1, x_2) = P_1(x_1) \cdot x_1 + P_2(x_2) \cdot x_2$

$E(x_1, x_2) = 60x_1 - 3x_1^2 + 45x_2 - 5x_2^2$

$G(x_1, x_2) = E(x_1, x_2) - K(x_1, x_2)$

$G(x_1, x_2) = 60x_1 - 3x_1^2 + 45x_2 - 5x_2^2 - \left(3x_1^2 + 4x_1x_2 + 2x_2^2\right)$

$G(x_1, x_2) = -6x_1^2 - 7x_2^2 - 4x_1x_2 + 60x_1 + 45x_2$

$G'_{x_1} = -12x_1 - 4x_2 + 60$

$G'_{x_2} = -14x_2 - 4x_1 + 45$

$G'_{x_1} = 0$ und $G'_{x_2} = 0$ führen zu $x_1 = \frac{165}{38}$ und $x_2 = \frac{75}{38}$ bzw. (4,34; 1,97) als extremwertverdächtige Stelle.

Der Nachweis eines Maximums an der extremwertverdächtigen Stelle erfolgt mit der Hesse'schen Determinante.

Die zweiten partiellen Ableitungen sind:

$G''_{x_1x_1} = -12$

$G''_{x_2x_2} = -14$

$G''_{x_1x_2} = -4$

Damit ist:

$$D(x_1, x_2) = G_{x_1 x_1}''(x_1, x_2) \cdot G_{x_2 x_2}''(x_1, x_2) - \left(G_{x_1 x_2}''(x_1, x_2)\right)^2$$

$$D(x_1, x_2) = (-12) \cdot (-14) - (-4)^2$$

$$D(x_1, x_2) = 152 > 0$$

Zudem ist $G_{x_1 x_1}''\left(\frac{165}{38}, \frac{75}{38}\right) < 0$. Damit handelt es sich bei (4,34; 1,97) um die Stelle des Maximums der Gewinnfunktion. Der Gewinn beträgt 174,67 Geldeinheiten.

6.4   Kapitel 4 Integralrechnung

Aufgabe 4.1: Unbestimmte Integration

a) $\int t^2 - 3t + 1 dt = \frac{1}{3}t^3 - \frac{3}{2}t^2 + t + c$

b) $\int \sqrt{x} dx = \frac{2}{3}x^{\frac{3}{2}} + c = \frac{2}{3}\sqrt{x^3} + c$

c) $\int \frac{2t}{\sqrt{t^2 + 1}} dt = 2\sqrt{t^2 + 1} + c$

d) $\int e^{1-x} dx \qquad z = 1 - x \qquad \frac{dz}{dx} = -1 \qquad dx = -dz$

$\int e^{1-x} dx = -\int e^z dz = -e^z + c = -e^{1-x} + c$

e) $\int 2x e^{x^2 - 2} dx$

$z = x^2 - 2 \qquad \frac{dz}{dx} = 2x \qquad dx = \frac{dz}{2x}$

$\int 2x e^{x^2 - 2} dx = \int e^z dz = e^z + c = e^{x^2 - 2} + c$

f) $\int \frac{1}{x \cdot lnx} dx = \ln(|\ln x|) + c$

$u = \ln x \Rightarrow \frac{du}{dx} = \frac{1}{x} \Leftrightarrow dx = x du \Rightarrow I = \int \frac{du}{u} = \ln|u| + c = \ln(|\ln x|) + c$

g) $\int \frac{3+t}{3-t} dt$

$= \int \frac{3}{3-t} dt + \int \frac{t}{3-t} dt$

$= -3\ln(|3-t|) + \int -1 + \frac{3}{3-t} dt$

$= -3\ln(|3-t|) - t - 3\ln(|3-t|) + c$

$= -6\ln(|3-t|) - t + c$

h) $\int \dfrac{x}{x^2 - 3} dx$

$z = x^2 - 3 \qquad \dfrac{dz}{dx} = 2x dx = \dfrac{dz}{2x}$

$= \dfrac{1}{2} \int \dfrac{1}{z} dz = \dfrac{1}{2} \ln(|z|) + c = \dfrac{1}{2} \ln\left(\left|x^2 - 3\right|\right) + c$

i) $\int x - \dfrac{2x}{x^2 + a} dx = \int x dx - 2 \int \dfrac{x}{x^2 + a} dx$

$z = x^2 + a \qquad \dfrac{dz}{dx} = 2x \qquad dx = \dfrac{dz}{2x}$

$\int x dx - 2 \int \dfrac{x}{x^2 + a} dx = \dfrac{x^2}{2} - 2 \int \dfrac{dz}{2z} = \dfrac{x^2}{2} - \int \dfrac{dz}{z} = \dfrac{x^2}{2} - \ln(|z|) + c$

$= \dfrac{x^2}{2} - \ln\left(\left|x^2 + a\right|\right) + c$

Aufgabe 4.2: Unbestimmte Integration von Winkelfunktionen

a) $\int x \cdot \sin x dx = -x \cdot \cos x + \sin x + c$

b) $\int x \cdot \cos x dx = x \cdot \sin x + \cos x + c$

c) $\int x^2 \cdot \sin x dx = 2x \cdot \sin x - \left(x^2 - 2\right) \cdot \cos x + c$

d) $\int x^2 \cdot \cos x dx = 2x \cdot \cos x + \left(x^2 - 2\right) \cdot \sin x + c$

e) $\int x^2 \sin x dx = -x^n \cdot \cos x + n \cdot \int x^{n-1} \cos x dx + c$

f) $\int x^2 \cos x dx = x^n \cdot \sin x - n \cdot \int x^{n-1} \sin x dx + c$

Aufgabe 4.3: Partielle Integration

a) $\int (2 - x)e^{-x} dx$

$u = 2 - x \qquad v' = e^{-x}$

$u' = -1 \qquad v = -e^{-x}$

$\int (2 - x)e^{-x} dx = -(2 - x)e^{-x} - \int e^{-x} dx = -(2 - x)e^{-x} + e^{-x} + c$

$\int (2 - x)e^{-x} dx = -e^{-x}(2 - x - 1) + c = -e^{-x}(1 - x) + c$

b) $\displaystyle\int (x+a)e^{-x}dx$

$u = x + a \qquad v' = e^{-x}$

$u' = 1 \qquad\quad v = -e^{-x}$

$\displaystyle\int (x+a)e^{-x}dx = (x+a)(-e^{-x}) + \int e^{-x}dx$

$\displaystyle\int (x+a)e^{-x}dx = -(x+a)e^{-x} - e^{-x} = -e^{-x}(x+a+1) + c$

c) $\displaystyle\int x \cdot e^x dx$

$u = x \qquad v' = e^x$

$u' = 1 \qquad v = e^x$

$\displaystyle\int x \cdot e^x dx = x \cdot e^x - \int e^x dx$

$\displaystyle\int x \cdot e^x dx = x \cdot e^x - e^x = e^x(x-1)$

d) $\displaystyle\int x \cdot \ln x\, dx$

$u = \ln x \qquad\quad v' = x$

$u' = \dfrac{1}{x} \qquad v = \dfrac{1}{x}x^2$

$\displaystyle\int x \cdot \ln x\, dx = \frac{1}{2}x^2 \cdot \ln x - \int \frac{1}{x} \cdot \frac{1}{2}x^2 dx = \frac{1}{2}x^2 \cdot \ln x - \int \frac{1}{2}x\, dx$

$\displaystyle\int x \cdot \ln x\, dx = \frac{1}{2}x^2 \cdot \ln x - \frac{1}{4}x^2$

e) $\displaystyle\int \left(x^2 + 3x\right)e^x dx$

$u = x^2 + 3x \qquad v'e^x$

$u' = 2x + 3 \qquad\; v = e^x$

$\displaystyle\int \left(x^2 + 3x\right)e^x dx = \left(x^2 + 3x\right)e^x - \int (2x+3)e^x dx$

Die Regeln zur partiellen Integration sind hier auf das Integral im rechten Teil nochmals anzuwenden. Die Nebenrechnung lautet:

$$\int (2x+3)e^x dx$$

$$u = 2x+3 \qquad\qquad v' = e^x$$

$$u' = 2 \qquad\qquad v = e^x$$

$$\int (2x+3)e^x dx = (2x+3)e^x - \int 2e^x dx$$

$$\int (2x+3)e^x dx = (2x+3)e^x - 2e^x$$

Eingesetzt in den bereits vorhandenen Term folgt:

$$\int \left(x^2+3x\right)e^x dx = \left(x^2+3x\right)e^x - \int (2x+3)e^x dx$$

$$\int \left(x^2+3x\right)e^x dx = \left(x^2+3x\right)e^x - \left[(2x+3)e^x - 2e^x\right]$$

$$\int \left(x^2+3x\right)e^x dx = \left(x^2+3x-2x-3+2\right)e^x$$

$$\int \left(x^2+3x\right)e^x dx = \left(x^2+x-1\right)e^x$$

f) $\displaystyle\int 2x \cdot \sqrt{x-1}\, dx$

$$u = 2x \qquad v' = (x-1)^{\frac{1}{2}}$$

$$u' = 2 \qquad v = \frac{2}{3}(x-1)^{\frac{3}{2}}$$

$$\int 2x \cdot \sqrt{x-1}\, dx = 2x \cdot \frac{2}{3}(x-1)^{\frac{3}{2}} - \int 2 \cdot \frac{2}{3}(x-1)^{\frac{3}{2}} dx$$

$$\int 2x \cdot \sqrt{x-1}\, dx = \frac{4}{3}x(x-1)^{\frac{3}{2}} - \left[2 \cdot \frac{4}{15}(x-1)^{\frac{5}{2}}\right]$$

$$\int 2x \cdot \sqrt{x-1}\, dx = \frac{4}{3}x(x-1)^{\frac{3}{2}} - \frac{8}{15}(x-1)^{\frac{5}{2}}$$

$$\int 2x \cdot \sqrt{x-1}\, dx = \frac{4}{3}(x-1)^{\frac{3}{2}} \cdot \left(x - \frac{2}{5}(x-1)\right)$$

$$\int 2x \cdot \sqrt{x-1}\, dx = \frac{4}{3}(x-1)^{\frac{3}{2}} \cdot \left(x - \frac{2}{5}x + \frac{2}{5}\right)$$

$$\int 2x \cdot \sqrt{x-1}\, dx = \frac{4}{3}(x-1)^{\frac{3}{2}} \cdot \left(\frac{3}{5}x + \frac{2}{5}\right)$$

g) $\displaystyle\int arc\,\tan x dx = \int 1 \cdot arc\,\tan x dx = x \cdot arc\,\tan x - \int \frac{x \cdot dx}{1 + x^2}$

$$\int arc\,\tan x dx = x \cdot arc\,\tan x - \frac{1}{2}\ln(1 + x^2) + c$$

Aufgabe 4.4: Komplexere Anwendung der partiellen Integration

a) $\displaystyle\int \cos^2 x dx = \int \cos x \cdot \cos x dx$

$\qquad = \cos x \cdot \sin x - \int -\sin x \cdot \sin x dx$

$\qquad = \cos x \cdot \sin x + \int \sin^2 x dx \,\Big\|\, mit\,\sin^2 x + \cos^2 x = 1$

$\qquad = \cos x \cdot \sin x + \int \left[1 - \cos^2 x\right] dx$

$\qquad = \cos x \cdot \sin x + \int 1 dx - \int \cos^2 x dx$

$\qquad = \cos x \cdot \sin x + x - \int \cos^2 x dx$

Man fasst nun die Integrale auf der linken Seite zusammen.

$$2 \cdot \int \cos^2 x dx = \cos x \cdot \sin x + x$$

$$\int \cos^2 x dx = \frac{x}{2} + \frac{1}{2} \cdot \sin x \cdot \cos x + c$$

b) $\displaystyle\int e^{ax} \cos bx dx = e^{ax} \cdot \frac{1}{b}\sin bx - \int a \cdot e^{ax} \cdot \frac{1}{b}\sin bx dx$

$\qquad = e^{ax} \cdot \frac{1}{b}\sin bx - \frac{a}{b}\int e^{ax} \cdot \sin bx dx$

Es wird eine Nebenrechnung für das Integral im hinteren Teil des rechten Terms benötigt: Die nochmalige partielle Integration von $\int e^{ax} \cdot \sin bx dx$ ergibt:

$\int e^{ax} \cdot \sin bx dx = e^{ax} \cdot \left(-\frac{1}{b}\right)\cos bx - \int a \cdot e^{ax} \cdot \left(-\frac{1}{b}\right)\cos bx dx$

Hier endet die Nebenrechnung und der bereits vorhandene Teil

$e^{ax} \cdot \frac{1}{b}\sin bx - \frac{a}{b}\int e^{ax} \cdot \sin bx dx$

wird mit dem gerade ermittelten Term zusammengefügt. Es gilt also:

$$\int e^{ax}\cos bx dx = e^{ax}\cdot\frac{1}{b}\sin bx - \frac{a}{b}\int e^{ax}\cdot\sin bx dx$$

$$= e^{ax}\cdot\frac{1}{b}\sin bx - \frac{a}{b}\cdot\left[e^{ax}\cdot\left(-\frac{1}{b}\right)\cos bx - \int a\cdot e^{ax}\cdot\left(-\frac{1}{b}\right)\cos bx dx\right]$$

$$= e^{ax}\cdot\frac{1}{b}\sin bx - \frac{a}{b}\cdot\left[e^{ax}\cdot\left(-\frac{1}{b}\right)\cos bx + \frac{a}{b}\int e^{ax}\cdot\cos bx dx\right]$$

$$= e^{ax}\cdot\frac{1}{b}\sin bx + \frac{a}{b^2}\cdot e^{ax}\cdot\cos bx - \frac{a^2}{b^2}\cdot\int e^{ax}\cdot\cos bx dx \Bigg| + \frac{a^2}{b^2}\cdot\int$$

$$\frac{a^2+b^2}{b^2}\cdot\int e^{ax}\cdot\cos bx dx = e^{ax}\cdot\frac{1}{b}\sin bx + \frac{a}{b^2}\cdot e^{ax}\cdot\cos bx \Bigg| \cdot\frac{b^2}{a^2+b^2}$$

$$\int e^{ax}\cdot\cos bx dx = \frac{b^2}{a^2+b^2}\cdot\left(e^{ax}\cdot\frac{1}{b}\sin bx + \frac{a}{b^2}\cdot e^{ax}\cdot\cos bx\right)$$

$$\int e^{ax}\cdot\cos bx dx = \frac{b^2}{a^2+b^2}\cdot e^{ax}\left(\frac{1}{b}\sin bx + \frac{a}{b^2}\cdot\cos bx\right)$$

$$\int e^{ax}\cdot\cos bx dx = \frac{1}{a^2+b^2}\cdot e^{ax}\cdot b^2\left(\frac{1}{b}\sin bx + \frac{a}{b^2}\cdot\cos bx\right)$$

$$\int e^{ax}\cdot\cos bx dx = \frac{1}{a^2+b^2}e^{ax}(a\cdot\cos bx + b\cdot\sin bx) + c$$

Aufgabe 4.5: Berechnung bestimmter Integrale

a)
$$\int_0^1 x^2 dx = \left[\frac{1}{3}x^3\right]_0^1 = \frac{1}{3} - 0 = \frac{1}{3}$$

b)
$$\int_1^2 (2x+1)^2 dx = \left[\frac{4}{3}x^3 + 2x^2 + x\right]_1^2 = 20\frac{2}{3} - 4\frac{1}{3} = \frac{49}{3}$$

c)
$$\int_0^\pi x + 2e^x dx = \left[\frac{x^2}{2} + 2e^x\right]_0^\pi = \frac{\pi^2}{2} + 2e^\pi - 2 \approx 49{,}21619$$

d)
$$\int_0^1 e^{1-x}dx = \left[-e^{1-x}\right]_0^1 = -e^0 + e^1 = -1 + e$$

e)
$$\int_1^2 \frac{1}{e^{3x-1}}dx = \int_1^2 e^{1-3x}dx$$

$$1 - 3x = z \quad \frac{dz}{dx} = -3 \quad dx = -\frac{1}{3}dz$$

$$x = 2 \Rightarrow z = -5$$

$$x = 1 \Rightarrow z = -2$$

$$= \int_{-2}^{-5} -\frac{1}{3}e^z dz = \frac{1}{3}\int_{-5}^{-2} e^z dz = \frac{1}{3}\left[e^{-2} - e^{-5}\right] = \frac{1}{3}\left[\frac{1}{e^2} - \frac{1}{e^5}\right]$$

f) $\int\limits_{1}^{\ln 2} e^x dx = [e^x]_1^{\ln 2} = e^{\ln 2} - e^1 = 2 - e$

g) $\int\limits_{1}^{e} \ln x dx = [x \cdot \ln x - x]_1^e = e \cdot \ln e - e - (1 \cdot \ln 1 - 1) = 1$

h)
$$\int\limits_{1}^{2} \frac{1}{x}\left(x^2 - 2\right) dx = \int\limits_{1}^{2} x - \frac{2}{x} dx$$

$$= \left[\frac{x^2}{2} - 2\ln|x|\right]_1^2 = 2 - 2\ln 2 - \frac{1}{2} + 2\ln 1 = \frac{3}{2} - 2\ln 2$$

i)
$$\int\limits_{1}^{2} \frac{t^2 - 1}{t^2} dt = \int\limits_{1}^{2} 1 - \frac{1}{t^2} dt = \int\limits_{1}^{2} dt - \int\limits_{1}^{2} \frac{dt}{t^2}$$

$$= [t]_1^2 + \left[\frac{1}{t}\right]_1^2 = 2 - 1 + \frac{1}{2} - 1 = \frac{1}{2}$$

j)
$$\int\limits_{0}^{1} \frac{\ln(x+2)}{x+2} dx$$

$$z = \ln(x+2)\quad \frac{dz}{dx} = \frac{1}{x+2}\quad dx = (x+2)dz$$

$$x = 0 \Rightarrow z = \ln 2$$

$$x = 1 \Rightarrow z = \ln 3$$

$$\int\limits_{\ln 2}^{\ln 3} z dz = \left[\frac{z^2}{2}\right]_{\ln 2}^{\ln 3} = \frac{(\ln 3)^2}{2} - \frac{(\ln 2)^2}{2}$$

k) $\int\limits_{-1}^{1} 2\cos(x)dx = 2[\sin(x)]_{-1}^1 = 2(\sin(1) - \sin(-1)) = 4\sin 1 \approx 3{,}36588$

Aufgabe 4.6: Weitere Übungen zur bestimmten Integration

a) $F(x) = -ln(x) + c$

   $ln 3 = 1{,}0986$

b) $F(x) = (-1 + x) \cdot e^x + c$

   $e^{e+1} - e^e = 26{,}039$

c) $F(x) = \frac{1}{2} \cdot x^2 \cdot \ln(x) - \frac{1}{4}x^2 + c$

   $\frac{1}{4} + \frac{1}{4}e^2 = 2{,}0973$

d) $F(x) = -\dfrac{1}{2} \cdot e^{-2x} + c$

$\dfrac{1}{2}\left(e^{-2+4e} - 1\right) \cdot e^{-4e} = 0{,}06766$

e) $F(x) = -\dfrac{1}{6} \cdot (1 - 2x)^3 + c$

Lösung: 9

f) $F(x) = -\dfrac{1}{2(x^3+2)^2} + c$

Lösung: $\dfrac{3}{25}$

g) $F(x) = -\dfrac{1}{2}e^{-x} \cdot \cos(x) - \dfrac{1}{2}e^{-x} \cdot \sin(x) + c$

Lösung: 0,52161

h) $F(x) = \sin(x) - x \cdot \cos(x) + c$

Lösung: 1

i) $F(x) = -\dfrac{1}{2}\sin(x) \cdot \cos(x) + \dfrac{1}{2}x + c$

Lösung: $\dfrac{1}{2}\pi = 1{,}570796$

Aufgabe 4.7: Verkaufserlösrate

a)
$$E(r) = \int\limits_0^r 35 - 0{,}02r + 0{,}0003r^2\,dr = \left[35r - \frac{0{,}02r^2}{2} + \frac{0{,}0003r^3}{3}\right]_0^r$$

$$= 35r - 0{,}01r^2 + 0{,}0001r^3$$

b) $E(200) - E(100) = 3900$

Der Erlös steigt um 3900 Geldeinheiten.

Aufgabe 4.8: Flächeninhalt zwischen Funktionen und der x-Achse

a)
$$A = \int\limits_0^3 -x + 2\,dx = \left[-\frac{x^2}{2} + 2x\right]_0^3 = \frac{3}{2}$$

b)
$$A = \int\limits_{-1}^1 -\frac{x^2}{4} + 2\,dx = \left[-\frac{x^3}{12} + 2x\right]_{-1}^1 = \frac{23}{6}$$

c)
$$A = \int\limits_1^5 \sqrt{x}\,dx = \left[\frac{2x^{\frac{3}{2}}}{3}\right]_1^5 = -\frac{2}{3} + \frac{10}{3}\sqrt{5} \approx 6{,}78689$$

d)
$$A = 2 \int\limits_{1}^{2} e^x dx = 2 \left[e^x \right]_{1}^{2} = -2e + 2e^2 \approx 9{,}3415485$$

Aufgabe 4.9: Flächeninhalt zwischen zwei Funktionen

Hinweis:

Zum Verständnis der Differenzenbildung beider Funktionen vgl. auch „Aufgabe 2.49: Bedeutung der Differenz von Funktionswerten".

a) Abb. 6.65 zeigt die Graphen der Funktionen.

Schnittstellen berechnen: $f(x) = g(x)$

$x_1 = 2$ und $x_2 = -\frac{5}{3}$

Die Integrationsintervalle werden von den Schnittstellen bestimmt!

$$\int\limits_{-2}^{-\frac{5}{3}} f(x) - g(x)dx + \int\limits_{-\frac{5}{3}}^{2} g(x) - f(x)dx + \int\limits_{2}^{3} f(x) - g(x)dx$$

$$= 10{,}59876543$$

b) Abb. 6.66 zeigt die Graphen der Funktionen.

Schnittstellen berechnen: $f(x) = g(x)$

$x_1 = 1{,}5571$

Die Integrationsintervalle werden von der Schnittstelle bestimmt!

Abb. 6.65 Graphen der Funktionen aus Teilaufgabe (a)

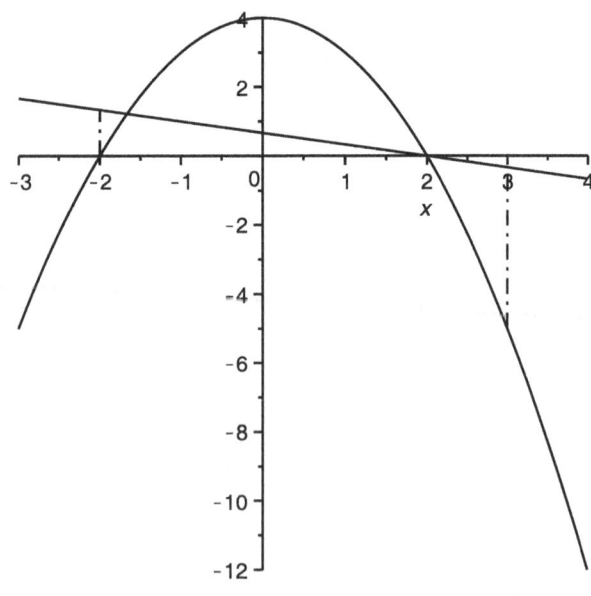

Abb. 6.66 Graphen der
Funktionen aus Teilaufgabe (b)

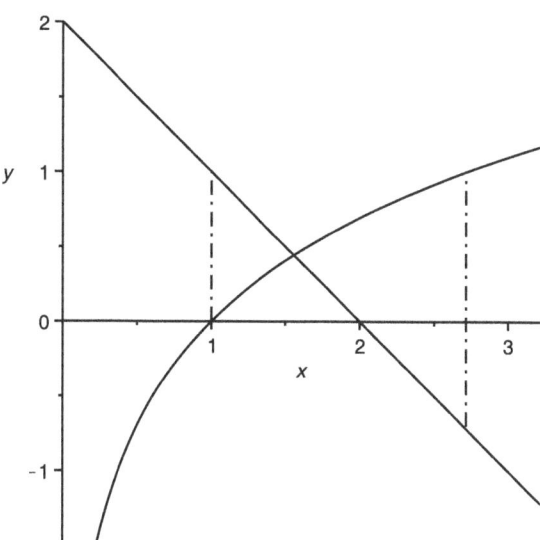

$$\int\limits_{1}^{1,5571} g(x) - f(x)dx + \int\limits_{1,5571}^{e} f(x) - g(x)dx = 1{,}296958$$

c) Abb. 6.67 zeigt die Graphen der Funktionen. Beide Funktionen schneiden sich nicht, sodass das Integrationsintervall nicht geteilt werden muss.

$$\int\limits_{0}^{2} g(x) - f(x)dx = -2 + 2e^{2} - 4\sqrt{2} = 7{,}12126$$

Aufgabe 4.10: Komplexere Übung zum Flächeninhalt zwischen zwei Funktionen

a) Abb. 6.68 zeigt die Graphen der beiden Funktionen sowie deren Schnittstellen.
Berechnung der Schnittstellen beider Funktionen: $x_1 = 1$ und $x_2 = -1$
Integration über das von beiden Schnittstellen begrenzte Intervall:

$$\int\limits_{-1}^{1} g(x) - f(x)dx = 4e^{-1} = 1{,}47152$$

b)

1. Abb. 6.69 zeigt die Graphen mit Beschriftung.
2. Ermittlung der Schnittstellen der beiden Funktionen mithilfe des Gleichsetzungsverfahrens:

$$x^{3} - 5x = 2x^{2} - 6$$

$$0 = x^{3} - 2x^{2} - 5x + 6$$

$$x_1 = 1$$

Abspalten der gefundenen Nullstelle als Linearfaktor mit der Polynomdivision:

$$\left(x^3 - 2x^2 - 5x + 6\right) : (x - 1) = x^2 - x - 6$$
$$- \left(x^3 - x^2\right)$$
$$\qquad - x^2 - 5x$$
$$\qquad - \left(-x^2 + x\right)$$
$$\qquad - 6x + 6$$

Abb. 6.67 Graphen der
Funktionen aus Teilaufgabe (c)

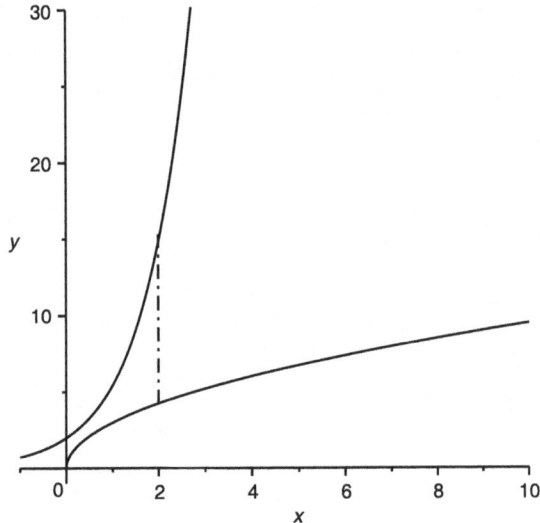

Abb. 6.68 Graphen der
die Fläche einschließenden
Funktionen

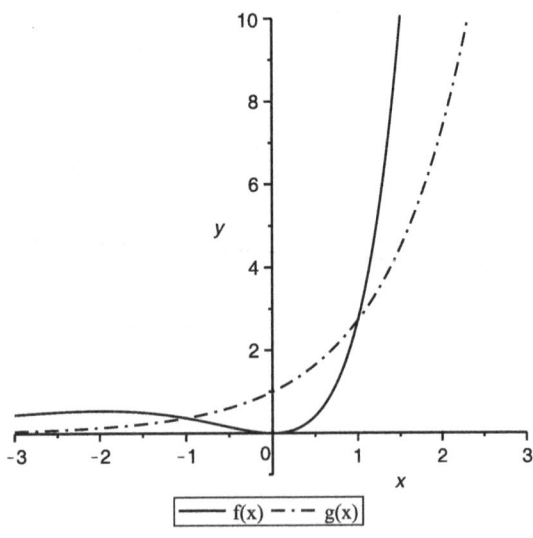

Abb. 6.69 Graphen der
Funktionen mit Beschriftung

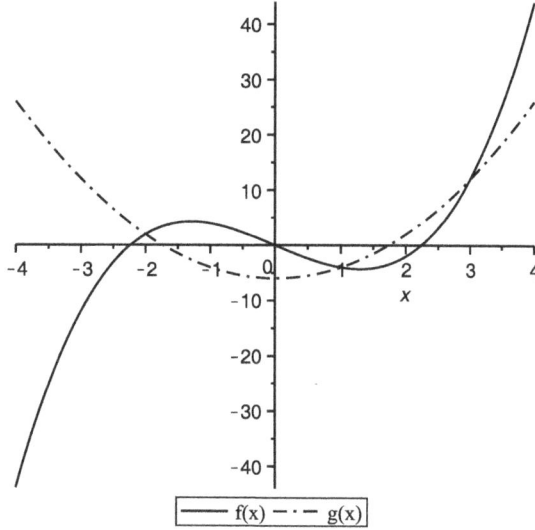

Suche der Nullstellen des Restpolynoms:

$$x^2 - x - 6 = 0$$
$$x_2 = 3$$
$$x_3 = -2$$

Die Schnittstellen der Funktionen und damit die Nullstellen der obigen Gleichung
bestimmen die Integrationsgrenzen für die Flächenberechnung:

$$\int_{-2}^{1} x^3 - 2x^2 - 5x + 6\,dx = \left[\frac{1}{4}x^4 - \frac{2}{3}x^3 - \frac{5}{2}x^2 + 6x\right]_{-2}^{1}$$

$$= 3\frac{1}{12} - \left(-12\frac{2}{3}\right) = 15\frac{3}{4}$$

$$\int_{1}^{3} x^3 - 2x^2 - 5x + 6\,dx = \left[\frac{1}{4}x^4 - \frac{2}{3}x^3 - \frac{5}{2}x^2 + 6x\right]_{1}^{3}$$

$$= -2\frac{1}{4} - 3\frac{1}{12} = -5\frac{1}{3}$$

Der Flächeninhalt ergibt sich als Summe der Beträge der Teilflächen:
$$A_{gesamt} = 15\frac{3}{4} + 5\frac{1}{3} = 21\frac{1}{12} = 21{,}083$$

c) Abb. 6.70 zeigt die Graphen der beiden Funktion inkl. der Lösungsfunktion.

Abb. 6.70 Graphen der zu
diskutierenden Funktionen

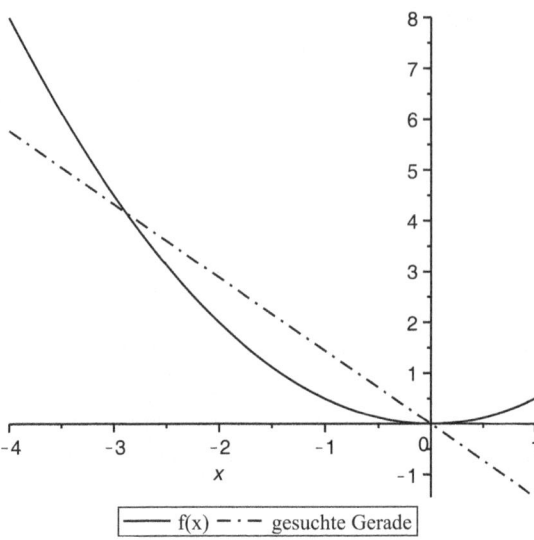

$f(x)$ — · — gesuchte Gerade

1. Für die gesuchte Gerade gilt die Funktionsgleichung $y = ax$.
   Ermittlung der Schnittstellen beider Funktionen:

   $$ax = \frac{1}{2}x^2$$

   $$0 = \frac{1}{2}x^2 - ax$$

   $$0 = x \cdot \left(\frac{1}{2}x - a\right)$$

   $$x_1 = 0; x_2 = 2a$$

   Integration zwischen den Schnittstellen beider Funktionen:

   $$A = \int_0^{2a} \left(\frac{1}{2}x^2 - ax\right) dx = \left[\frac{1}{6}x^3 - \frac{a}{2}x^2\right]_0^{2a} = \frac{1}{6}8a^3 - \frac{a}{2}4a^2 = \frac{4}{3}a^3 - 2a^3$$

   $$2 = \frac{4}{3}a^3 - 2a^3 \Leftrightarrow 2 = -\frac{2}{3}a^3 \Leftrightarrow -3 = a^3 \Leftrightarrow a = \sqrt[3]{-3}$$

2. Ermittlung der Nullstellen:

   $$f(x) = 0 = 3x - x^2$$

   $$x_1 = 0$$

   $$x_2 = 3$$

   Die Nulstellen der Funktion bestimmen die Integrationsgrenzen für die Flächenberechnung:

$$A = \int\limits_{0}^{3} \left(3x - x^2\right)dx = \left[\frac{3}{2}x^2 - \frac{1}{3}x^3\right]_{0}^{3} = \frac{9}{2} - 0 = \frac{9}{2}$$

Aufgabe 4.11: Interpretation des Mittelwertsatzes der Integralrechnung

Laut Mittelwertsatz der Integralrechnung soll es einen Wert ξ geben, der im Intervall $[a,b]$ liegt, sodass $\int\limits_{a}^{b} f(x)dx = f(\xi)(b-a)$ gilt. Wie auf der rechten Seite der Gleichung zu erkennen, handelt es sich um ein Produkt aus zwei Zahlenwerten. Dieses kann als Flächeninhalt eines Rechtecks mit der Breite $b - a$ und der Höhe $f(\xi)$ interpretiert werden. Mithilfe dieses Rechteckes kann der Flächeninhalt zwischen $f(x)$ und der x-Achse abgeschätzt werden. Abb. 6.71 zeigt ein Beispiel.

Aufgabe 4.12: Uneigentliche Integrale

a) $\int_{1}^{a} \frac{1}{x}dx = [ln|x|]_{1}^{a} = \ln(a)$

$\lim\limits_{a \to \infty} (\ln(a)) = \infty$

b) $\int_{a}^{-1} -6x^{-3}dx = \left[3x^{-2}\right]_{a}^{-1} = 3 - 3a^{-2}$

$\lim\limits_{a \to -\infty} \left(3 - \frac{3}{a^2}\right) = 3$

c) $\int\limits_{0}^{a} 4e^{-2x}dx = \left[-2e^{-2x}\right]_{0}^{a} = -2e^{-2a} + 2$

$\lim\limits_{a \to \infty} \left(-2e^{-2a} + 2\right) = 2$

Abb. 6.71 Interpretation des Mittelwertsatzes der Integralrechnung

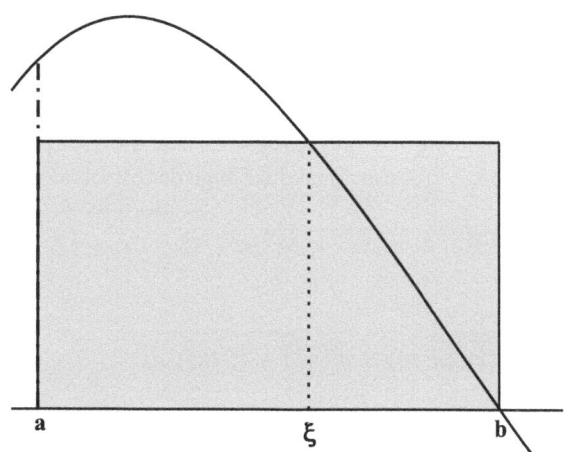

d)
$$\int_a^{-1} -8x^{-3}dx = \left[4x^{-2}\right]_a^{-1} = 4 - 4a^{-2} = 4 - \frac{4}{a^2}$$

$$\lim_{a \to -\infty} \left(4 - \frac{4}{a^2}\right) = 4$$

e)
$$\int_a^0 2e^{2x+1}dx = \left[e^{2x+1}\right]_a^0 = e - e^{2a+1}$$

$$\lim_{a \to -\infty} \left(e - e^{2a+1}\right) = e$$

f)
$$\int_a^0 \frac{1}{2}e^{-6x+3}dx = \left[-\frac{1}{12}e^{-6x+3}\right]_a^0 = -\frac{1}{12}e^3 + \frac{1}{12}e^{-6a+3} = -\frac{1}{12}e^3\left(1 - e^{-6a}\right)$$

$$\lim_{a \to -\infty} \left(-\frac{1}{12}e^3 \cdot \left(1 - e^{-6a}\right)\right) = \infty$$

g)
$$\int_a^{-1} -2x^{-3}dx = \left[x^{-2}\right]_a^{-1} = 1 - \left(a^{-2}\right)$$

$$\lim_{a \to -\infty} \left(1 - a^{-2}\right) = 1$$

h)
$$\int_a^0 -9e^{-3x}dx = \left[3e^{-3x}\right]_a^0 = 3 - 3e^{-3a}$$

$$\lim_{a \to -\infty} \left(3 - 3e^{-3a}\right) = -\infty$$

i)
$$\int_0^a e^{-2x+1}dx = \left[-\frac{1}{2}e^{-2x+1}\right]_0^a = -\frac{1}{2}e^{-2a+1} - \left(-\frac{1}{2}e^1\right) = \frac{1}{2}e \cdot \left(1 - e^{-2a}\right)$$

$$\lim_{a \to \infty} \left(\frac{1}{2}e \cdot \left(1 - e^{-2a}\right)\right) = \frac{1}{2}e$$

Aufgabe 4.13: Länge von Kurvenabschnitten

a) Abb. 6.72 zeigt den Graphen der Funktion im gewünschten Intervall sowie einige Hilfslinien für die folgenden Berechnungen.

b) Die Koordinaten der Anfangs- und Endpunkte der zu betrachtenden Strecke sind zu bestimmen. Es gilt $f(0) = 2$ und $f(5) = \frac{3}{4}5 + 2 = \frac{23}{4}$. Damit ist $P_S(0; 2)$ und $P_E\left(5; \frac{23}{4}\right)$. Gesucht ist die Länge der Strecke $\overline{P_S P_E}$. Es gilt lt. Satz des Pythagoras:

$$L\left(\overline{P_S P_E}\right) = \sqrt{\Delta x^2 + \Delta y^2} = \sqrt{(5 - 0)^2 + \left(\frac{23}{4} - 2\right)^2} = \frac{25}{4}$$

c) Es ist:

$$L(f(x); [a; b]) = \int_a^b \sqrt{1 + \left(f'(x)\right)^2}dx$$

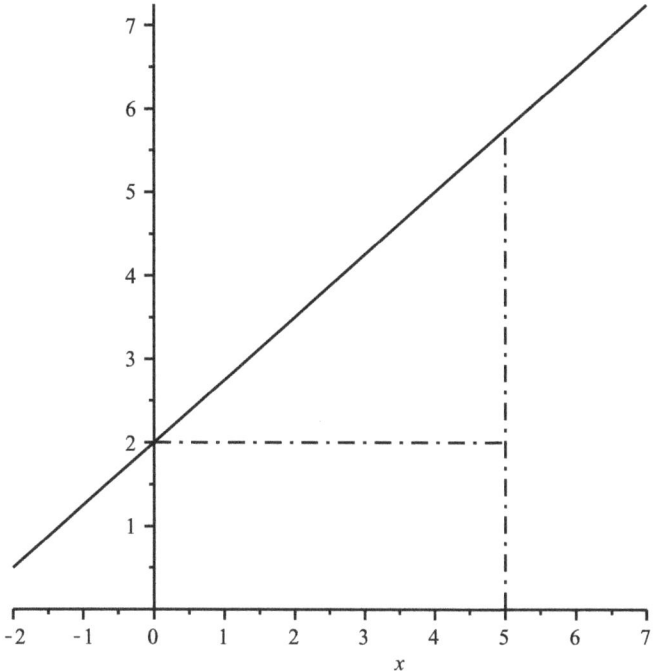

Abb. 6.72 Graph des Kurvenabschnittes

Mit $f(x) = \frac{3}{4}x + 2$ und $f'(x) = \frac{3}{4}$ folgt:

$$L = \int_0^5 \sqrt{1 + \left(\frac{3}{4}\right)^2}\,dx = \int_0^5 \sqrt{\frac{25}{16}}\,dx = \left[\frac{5}{4}x\right]_0^5$$

$$= \frac{5}{4} \cdot 5 - \frac{5}{4} \cdot 0 = \frac{25}{4}$$

Die Lösung stimmt mit jener aus Teil b überein!

d) Gegeben ist $f(x) = \frac{1}{3}x^{\frac{3}{2}} + 2$. Für die Berechnung mit

$$L(f(x); [a; b]) = \int\limits_a^b \sqrt{1 + \left(f'(x)\right)^2}\,dx$$

wird die 1. Ableitung der Funktion benötigt. Es ist:
$f'(x) = \frac{1}{2}x^{\frac{1}{2}}$

Damit folgt:

$$\int_1^{3,5} \sqrt{1 + \left(\frac{1}{2}x^{\frac{1}{2}}\right)^2}\,dx = \int_1^{3,5} \sqrt{1 + \frac{1}{4}x}\,dx = \int_1^{3,5} \left(1 + \frac{1}{4}x\right)^{\frac{1}{2}}\,dx$$

$$= \left[\frac{2}{3}\left(1 + \frac{1}{4}x\right)^{\frac{3}{2}} 4\right]_1^{3,5} = \frac{8}{3}\left[\left(1 + \frac{1}{4}3,5\right)^{\frac{3}{2}} - \left(1 + \frac{1}{4}1\right)^{\frac{3}{2}}\right] = 3,12$$

Aufgabe 4.14: Volumen von Rotationskörpern

a) Abb. 6.73 zeigt den Graphen der Funktion im gewünschten Intervall.

b) Es entsteht ein Zylinder, dessen Grundfläche einen Radius von drei Längeneinheiten (LE) und eine Höhe von $5 - 0 = 5LE$ besitzt.

c) Für das Volumen eines Zylinders mit $r = 3LE$ und $h = 5LE$ gilt:

$$V = \frac{\pi}{4}d^2h = \pi r^2 h$$

$$V = \pi \cdot (3LE)^2 \cdot (5LE)$$

$$V = 45\pi LE^3 \approx 141{,}37 VE1$$

Der Zylinder besitzt ein Volumen von ca. 141,37 Volumeneinheiten.

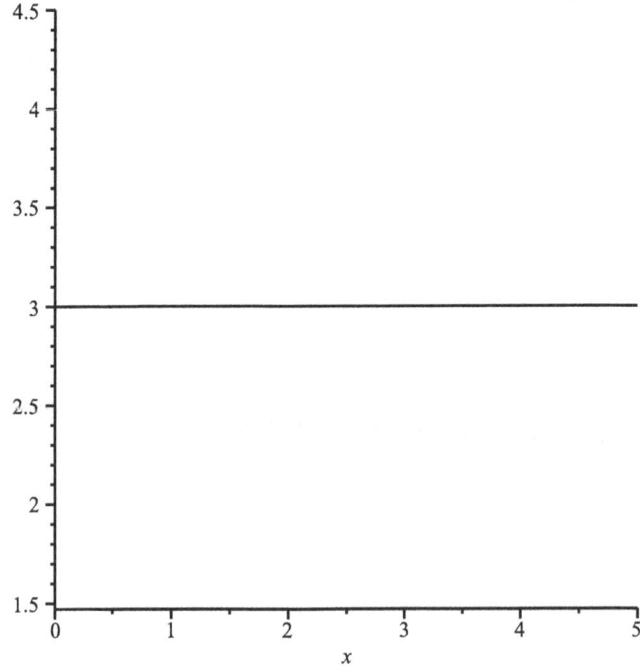

Abb. 6.73 Graph des Kurvenabschnitts zur Erzeugung des Rotationskörpers

d) Mit der gegebenen Formel gilt:

$$V = \pi \int\limits_0^5 (3)^2 dx = \pi [9x]_0^5 = 45\pi \approx 141{,}37 VE$$

Das Ergebnis stimmt mit dem Wert aus Teilaufgabe c überein.

e) Es handelt sich um einen Kegelstumpf. Dessen Grundfläche besitzt einen Radius von $f(7) = 25\,LE$. Der Radius der Deckfläche ist $f(2) = 10\,LE$. Für das Volumen gilt:

$$V = \pi \int\limits_2^7 (3x + 4)^2 dx = \pi \left[\frac{1}{3}(3x + 4)^3 \cdot \frac{1}{3} \right]_2^7$$

$$V = \pi \left[\frac{1}{9} \cdot 25^3 - \frac{1}{9} 10^3 \right] = 1625 \cdot \pi \approx 5105{,}09\,VE$$

Das Volumen lässt sich hier auch mit Formeln der Schulmathematik berechnen. Für das Volumen eines Kegelstumpfes mit R als Radius der Grundfläche und r als Radius der Deckfläche gilt:
$V = \frac{1}{3}\pi h \left(R^2 + Rr + r^2 \right)$
Mit den oben genannten Radien folgt für das Volumen des Kegelstumpfes:
$V = \frac{1}{3}\pi \cdot 5 \cdot \left(25^2 + 25 \cdot 10 + 10^2 \right) = 5105{,}09\,VE$

6.5   Kapitel 5 Matrizenrechnung und Determinanten

Aufgabe 5.1: Transponieren von Matrizen

a)
$$A^T = \begin{pmatrix} 5 & 25 & 10 \\ 40 & 5 & 4 \end{pmatrix}$$

b)
$$B^T = \begin{pmatrix} 10 & 1 \\ 2 & 4 \\ -1 & 12 \end{pmatrix}$$

c) Wird eine Matrix der Dimension 4 x 2 transponiert, so erhält man eine 2 x 4- Matrix.

Aufgabe 5.2: Einfache Berechnungen mit Matrizen
Gegeben sind folgende Matrizen:

$$A = \begin{pmatrix} 1 & 1 & 7 \\ 10 & 2 & -2 \\ 5 & 10 & 1 \end{pmatrix}$$

$$B = \begin{pmatrix} -10 & 4 & 2 \\ 1 & 0 & 6 \end{pmatrix}$$

$$C = \begin{pmatrix} 10 & -1 \\ 0 & -4 \\ 1 & 1 \end{pmatrix}$$

Es ist:

$$A^T = \begin{pmatrix} 1 & 10 & 5 \\ 1 & 2 & 10 \\ 7 & -2 & 1 \end{pmatrix}$$

$$B^T = \begin{pmatrix} -10 & 1 \\ 4 & 0 \\ 2 & 6 \end{pmatrix}$$

$$C^T = \begin{pmatrix} 10 & 0 & 1 \\ -1 & -4 & 1 \end{pmatrix}$$

und damit:

a)
$$B^T + C = \begin{pmatrix} -10 & 1 \\ 4 & 0 \\ 2 & 6 \end{pmatrix} + \begin{pmatrix} 10 & -1 \\ 0 & -4 \\ 1 & 1 \end{pmatrix} = \begin{pmatrix} 0 & 0 \\ 4 & -4 \\ 3 & 7 \end{pmatrix}$$

b)
$$A \cdot B^T = \begin{pmatrix} 1 & 1 & 7 \\ 10 & 2 & -2 \\ 5 & 10 & 1 \end{pmatrix} \cdot \begin{pmatrix} -10 & 1 \\ 4 & 0 \\ 2 & 6 \end{pmatrix} = \begin{pmatrix} 8 & 43 \\ -96 & -2 \\ -8 & 11 \end{pmatrix}$$

c)
$$B \cdot A^T = \begin{pmatrix} -10 & 4 & 2 \\ 1 & 0 & 6 \end{pmatrix} \cdot \begin{pmatrix} 1 & 10 & 5 \\ 1 & 2 & 10 \\ 7 & -2 & 1 \end{pmatrix} = \begin{pmatrix} 8 & -96 & -8 \\ 43 & -2 & 11 \end{pmatrix}$$

d)
$$A \cdot C \cdot B = \begin{pmatrix} 1 & 1 & 7 \\ 10 & 2 & -2 \\ 5 & 10 & 1 \end{pmatrix} \cdot \begin{pmatrix} 10 & -1 \\ 0 & -4 \\ 1 & 1 \end{pmatrix} \cdot \begin{pmatrix} -10 & 4 & 2 \\ 1 & 0 & 6 \end{pmatrix}$$

$$= \begin{pmatrix} 17 & 2 \\ 98 & -20 \\ 51 & -44 \end{pmatrix} \cdot \begin{pmatrix} -10 & 4 & 2 \\ 1 & 0 & 6 \end{pmatrix} = \begin{pmatrix} -168 & 68 & 46 \\ -1000 & 392 & 76 \\ -554 & 204 & -162 \end{pmatrix}$$

e)
$$B^T - C = \begin{pmatrix} -10 & 1 \\ 4 & 0 \\ 2 & 6 \end{pmatrix} - \begin{pmatrix} 10 & -1 \\ 0 & -4 \\ 1 & 1 \end{pmatrix} = \begin{pmatrix} -20 & 2 \\ 4 & 4 \\ 1 & 5 \end{pmatrix}$$

f)
$$B \cdot A = \begin{pmatrix} -10 & 4 & 2 \\ 1 & 0 & 6 \end{pmatrix} \cdot \begin{pmatrix} 1 & 1 & 7 \\ 10 & 2 & -2 \\ 5 & 10 & 1 \end{pmatrix} = \begin{pmatrix} 40 & 18 & -76 \\ 31 & 61 & 13 \end{pmatrix}$$

g)
$$A \cdot E = \begin{pmatrix} 1 & 1 & 7 \\ 10 & 2 & -2 \\ 5 & 10 & 1 \end{pmatrix} \cdot \begin{pmatrix} 1 & 0 & 0 \\ 0 & 1 & 0 \\ 0 & 0 & 1 \end{pmatrix} = \begin{pmatrix} 1 & 1 & 7 \\ 10 & 2 & -2 \\ 5 & 10 & 1 \end{pmatrix}$$

h) Wir nehmen an, die zwei Matrizen

$$A = \begin{pmatrix} 1 & 1 & 7 \\ 10 & 2 & -2 \\ 5 & 10 & 1 \end{pmatrix} \text{ sowie } C = \begin{pmatrix} 10 & -1 \\ 0 & -4 \\ 1 & 1 \end{pmatrix}$$

sind gegeben. Diese besitzen die Dimensionen 3×3 und 3×2. Die Multiplikation $A \cdot C$ ist ausführbar und liefert eine Matrix der Dimension 3×2. Hingegen ist die Berechnung von $C \cdot A$ nicht möglich, da die Matrix C über zwei Spalten und die Matrix A über drei Zeilen verfügt. Beide Matrizen sind so nicht verknüpfbar! Das Kommunikativgesetz gilt also nicht für die Multiplikation von Matrizen! Merke also: Bei der Multiplikation von Matrizen kann man die Reihenfolge der Matrizen nicht vertauschen!

i) Die Vereinfachung der Gleichungen führt zu:
1. $x = A \cdot E \cdot y = A \cdot y$
2. $x = E \cdot A \cdot y \cdot B = A \cdot y \cdot B$
3. $x = y - B \cdot y = E \cdot y - B \cdot y = [E - B] \cdot y$

Aufgabe 5.3: Berechnung von Determinanten für 2x2-Matrizen
Die Determinanten der gegebenen Matrizen sind:

a) $|A| = 7 \cdot 1 - 0 \cdot (-8) = 7$

b) Die Matrix B hat die Dimension 3×2. Eine Determinante ist nur für quadratische Matrizen definiert. $|B|$ ist somit nicht definiert.

c) $|C| = (-2) \cdot (-8) - 2 \cdot 8 = 0$

d) $|D| = x_{11} \cdot y_{22} - t \cdot v$

e)
$$|E| = \begin{vmatrix} 2 & t-1 \\ -5 & t \end{vmatrix}$$
$$= 2t - (-5) \cdot (t-1) = 2t - (-5t + 5) = 7t + 5$$

Aufgabe 5.4: Berechnung von Determinanten für 3x3-Matrizen
a) Gegeben ist:
$$A = \begin{pmatrix} 1 & 0 & -2 \\ 1 & 2 & -3 \\ 3 & 1 & 3 \end{pmatrix}$$

Wir ergänzen die Ausgangsdeterminante durch eine Kopie der ersten beiden Spalten auf der rechten Seite.

1	0	−2	1	0
1	2	−3	1	2
3	1	3	3	1

Das Produkt der Elemente auf und parallel zur Hauptdiagonalen ist zu berechnen und die Werte sind zu addieren. Es ist:

$1 \cdot 2 \cdot 3 + 0 \cdot (-3) \cdot 3 + (-2) \cdot 1 \cdot 1 = 6 + 0 - 2 = 4$

Das Produkt der Elemente auf und parallel zur Nebendiagonalen ist zu berechnen und die Werte sind zu addieren. Es ist:

$3 \cdot 2 \cdot (-2) + 1 \cdot (-3) \cdot 1 + 3 \cdot 1 \cdot 0 = -12 - 3 + 0 = -15$

Die gerade berechneten Werte werden subtrahiert:

b) $|A| = 4 - (-15) = 19$

Gegeben ist:

$$A = \begin{pmatrix} 3 & -4 & 2 \\ 1 & 8 & -7 \\ 0 & 14 & 2 \end{pmatrix}$$

Wir ergänzen die Ausgangsdeterminante durch eine Kopie der ersten beiden Spalten auf der rechten Seite.

3	−4	2	3	−4
1	8	−7	1	8
0	14	2	0	14

Das Produkt der Elemente auf und parallel zur Hauptdiagonalen ist zu berechnen und die Werte sind zu addieren. Es ist:

$3 \cdot 8 \cdot 2 + (-4) \cdot (-7) \cdot 0 + 2 \cdot 1 \cdot 14 = 48 + 0 + 28 = 76$

Das Produkt der Elemente auf und parallel zur Nebendiagonalen ist zu berechnen und die Werte sind zu addieren. Es ist:

$0 \cdot 8 \cdot 2 + 14 \cdot (-7) \cdot 3 + 2 \cdot 1 \cdot (-4) = 0 - 294 + (-8) = -302$

Die gerade berechneten Werte werden subtrahiert:

$|A| = 76 - (-302) = 378$

Aufgabe 5.5: Anwendung der Regel von Cramer

a)
$$\begin{pmatrix} -0,75 & -1,5 & 2,25 \\ 1 & 2 & -3 \\ 2 & 4 & -6 \end{pmatrix} \cdot \begin{pmatrix} x_1 \\ x_2 \\ x_3 \end{pmatrix} = \begin{pmatrix} -5,25 \\ -7 \\ -14 \end{pmatrix}$$

Mit der Regel von Sarrus erhalten wir:

$$|A| = \begin{vmatrix} -0,75 & -1,5 & 2,25 \\ 1 & 2 & -3 \\ 2 & 4 & -6 \end{vmatrix} = 0$$

Dieses Ergebnis ist leicht einsehbar, weil die erste Zeile das $-0,75$-fache der zweiten Zeile und die dritte Zeile das Doppelte der zweiten Zeile ist. In diesem Fall spricht man von linearer Abhängigkeit der Zeilen. Zwei der drei Zeilen der Matrix liefern keinen weiteren Informationsinhalt. Für die Lösung des Gleichungssystems mithilfe der Regel von Cramer hat dies gravierende Auswirkungen:

$$x_1 = \frac{\begin{vmatrix} -5,25 & -1,5 & 2,25 \\ -7 & 2 & -3 \\ -14 & 4 & -6 \end{vmatrix}}{|A|} = \frac{0}{0}$$

$$x_2 = \frac{\begin{vmatrix} -0,75 & -5,25 & 2,25 \\ 1 & -7 & -3 \\ 2 & -14 & -6 \end{vmatrix}}{|A|} = \frac{0}{0}$$

$$x_3 = \frac{\begin{vmatrix} -0,75 & -1,5 & -5,25 \\ 1 & 2 & -7 \\ 2 & 4 & -14 \end{vmatrix}}{|A|} = \frac{0}{0}$$

Das Gleichungssystem besitzt hier unendlich viele Lösungen. Diese ergeben sich direkt aus der Betrachtung einer der Zeilen. Beispielsweise folgt aus Zeile 1, dass alle unendlich vielen Lösungen der Gleichung $-0,75x_1 - 1,5x_2 - 2,25x_3 = -5,25$ genügen müssen und dann automatisch auch alle anderen Gleichungen erfüllen.

b)
$$\begin{pmatrix} 1 & 0 & -2 \\ 1 & 2 & -3 \\ 3 & 1 & 3 \end{pmatrix} \cdot \begin{pmatrix} x_1 \\ x_2 \\ x_3 \end{pmatrix} = \begin{pmatrix} 6 \\ -7 \\ 40 \end{pmatrix}$$

Mit der Regel von Sarrus erhalten wir:

$$|A| = \begin{vmatrix} 1 & 0 & -2 \\ 1 & 2 & -3 \\ 3 & 1 & 3 \end{vmatrix} = 19$$

$$x_1 = \frac{\begin{vmatrix} 6 & 0 & -2 \\ -7 & 2 & -3 \\ 40 & 1 & 3 \end{vmatrix}}{|A|} = \frac{228}{19} = 12$$

$$x_2 = \frac{\begin{vmatrix} 1 & 6 & -2 \\ 1 & -7 & -3 \\ 3 & 40 & 3 \end{vmatrix}}{|A|} = \frac{-95}{19} = -5$$

$$x_3 = \frac{\begin{vmatrix} 1 & 0 & 6 \\ 1 & 2 & -7 \\ 3 & 1 & 40 \end{vmatrix}}{|A|} = \frac{57}{19} = 3$$

Das Gleichungssystem besitzt die eindeutige Lösung $x^T = (12;\ -5;\ 3)$.

c)
$$\begin{pmatrix} 870 & 950 \\ 975 & 470 \end{pmatrix} \cdot \begin{pmatrix} x_1 \\ x_2 \end{pmatrix} = \begin{pmatrix} 324.500 \\ 215.000 \end{pmatrix}$$

$$x_1 = \frac{\begin{vmatrix} 324.500 & 950 \\ 215.000 & 470 \end{vmatrix}}{|A|} = \frac{-51.735.000}{-517.350} = 100$$

$$x_2 = \frac{\begin{vmatrix} 870 & 324.500 \\ 975 & 215.000 \end{vmatrix}}{|A|} = \frac{-129.337.500}{-517.350} = 250$$

Das Gleichungssystem besitzt die eindeutige Lösung $x^T = (100;\ 250)$.

d)
$$\begin{pmatrix} 486 & 130 \\ 46 & 220 \end{pmatrix} \cdot \begin{pmatrix} s \\ t \end{pmatrix} = \begin{pmatrix} 24,98 \\ 18,98 \end{pmatrix}$$

$$s = \frac{\begin{vmatrix} 24,98 & 130 \\ 18,98 & 220 \end{vmatrix}}{|A|} = \frac{24,98 \cdot 220 - 18,98 \cdot 130}{100.940} = 0,03$$

$$t = \frac{\begin{vmatrix} 486 & 24,98 \\ 46 & 18,98 \end{vmatrix}}{|A|} = \frac{486 \cdot 18,98 - 46 \cdot 24,98}{100.940} = 0,08$$

Das Gleichungssystem besitzt die eindeutige Lösung $x^T = (0,03;\ 0,08)$.

Anhang

A.1 Formelsammlung

Potenzgesetze

1.	Für alle $m, n \in \mathbb{Z}$ und $a, b \in \mathbb{R}/\{0\}$ gilt:
	$a^m \cdot a^n = a^{m+n}$
	$a^m \cdot b^m = (a \cdot b)^m$
	$\frac{a^m}{a^n} = a^{m-n}$
	$\frac{a^m}{b^m} = \left(\frac{a}{b}\right)^m$
	$(a^m)^n = a^{m \bullet n}$

Potenzen mit rationalen Exponenten; Wurzeln

2.	a, b positiv reell; $m, n, p, q \in \mathbb{R}$, $n, q \neq 0$
	$\sqrt[n]{a}\, (a \geq 0; n \in N; n \geq 1)$ ist diejenige nichtnegative reelle Zahl b, für die gilt $b^n = a$
	$a^{\frac{m}{n}} \cdot a^{\frac{p}{q}} = a^{\frac{m}{n} + \frac{p}{q}}$
	$\frac{a^{\frac{m}{n}}}{a^{\frac{p}{q}}} = a^{\frac{m}{n} - \frac{p}{q}}$
	$a^{\frac{m}{n}} \cdot b^{\frac{m}{n}} = (a \cdot b)^{\frac{m}{n}}$
	$\frac{a^{\frac{m}{n}}}{b^{\frac{m}{n}}} = \left(\frac{a}{b}\right)^{\frac{m}{n}}$
	$\left(a^{\frac{m}{n}}\right)^{\frac{p}{q}} = a^{\frac{m \cdot p}{n \cdot q}}$

Spezialfälle m = 1 (Wurzelgesetze)

3.	$\sqrt[n]{a} \cdot \sqrt[n]{b} = \sqrt[n]{a \cdot b};\ (a \geqq 0; b \geqq 0)$
	$\frac{\sqrt[n]{a}}{\sqrt[n]{b}} = \sqrt[n]{\frac{a}{b}};\ (a \geqq 0; b > 0)$
	$\sqrt[q]{\sqrt[n]{a}} = \sqrt[n]{\sqrt[q]{a}} = \sqrt[n \cdot q]{a};\ (a \geqq 0)$
	$(\sqrt[n]{a})^p = \sqrt[n]{a^p};\ (a \geqq 0)$

© Springer-Verlag GmbH Deutschland, ein Teil von Springer Nature 2019
T. Wendler und U. Tippe, *Übungsbuch Mathematik für Wirtschaftswissenschaftler,*
https://doi.org/10.1007/978-3-662-58715-7

Logarithmengesetze

	$\log_a b (a > 0; a \neq 1; b > 0)$ ist diejenige reelle Zahl c, für diese gilt $a^c = b$.
4.	$a \log_a b = b$ $\log_a 1 = 0$ $\log_1 a = n.l.$ $\log_a a = 1$
5.	Für $b, b_1, b_2 > 0$; $r \in \mathbb{R}$; $a > 0, a \neq 1$ gilt: $\log_a (b_1 \cdot b_2) = \log_a b_1 + \log_a b_2$ $\log_a \left(\frac{b_1}{b_2} \right) = \log_a b_1 - \log_a b_2$ $\log_a b^r = r \cdot \log_a b$ $\log_a \sqrt[n]{b} = \frac{1}{n} \cdot \log_a b$; $(n \in N^* \backslash \{1\})$
6.	Wenn $a, b, c > 0$, aber ungleich 1 gilt: $\log_a c = \frac{1}{\log_c a}$ $\log_b c = \frac{\log_a c}{\log_a b}$ $\log_a c = \frac{\ln c}{\ln a} = \frac{\lg c}{\lg a}$ $a^x = e^{x \cdot \ln a}$

Quadratische Funktionen

7.	$a = 1$; Normalform $y = x^2 + px + q$ Definitionsbereich: $-\infty < x < +\infty$ Wertebereich: $-\frac{p^2}{4} + q \leqq y < +\infty$ Graph: zur Normalparabel kongruente Parabel Scheitelpunkt: $S\left(-\frac{p}{2}; -\frac{p^2}{4} + q \right)$ Allgemeine Form: $y = ax^2 + bx + c$, (a, b, c beliebige reelle Konstanten; $a \neq 0$) Definitionsbereich: $-\infty < x < +\infty$ Scheitelpunkt: $S\left(-\frac{b}{2a}; \frac{4ac - b^2}{4a} \right)$; $x_{1,2} = \frac{-b \pm \sqrt{b^2 - 4ac}}{2a}$

Quadratische Gleichungen

8.	Allgemeine Form: $ax^2 + bx + c = 0$; ($a \neq 0$; a, b, c konst.) Normalform: $x^2 + px + q = 0$ mit $p = \frac{b}{a}$ und $q = \frac{c}{a}$ Nullstellen: $x_{1,2} = -\frac{p}{2} \pm \sqrt{\frac{p^2}{4} - q}$ Unter Betrachtung der Diskriminante $D = \left(\frac{p}{2} \right)^2 - q$: zwei reelle Lösungen, falls $D > 0$, eine reelle Lösung, falls $D = 0$, keine reelle Lösung, falls $D < 0$
9.	Zerlegung in Linearfaktoren: Sind x_1 und x_2 Lösungen der Gleichung $x^2 + px + q = 0$, so gilt $x^2 + px + q = (x - x_1)(x - x_2)$

Monotoniegesetze für lineare Ungleichungen (a, b, c reelle Zahlen)

10.	Wenn $a < b$, so $a + c < b + c$ und $a - c < b - c$ Wenn $a < b$ und $c > 0$, so $a \cdot c < b \cdot c$ und $\frac{a}{c} < \frac{b}{c}$ Wenn $a < b$ und $c < 0$, so $a \cdot c > b \cdot c$ und $\frac{a}{c} > \frac{b}{c}$

Preisindizes

11	Laspeyres-Preisindex	$L_{0;t} = \frac{\sum_{i=1}^{n} p_t^{(i)} \cdot q_0^{(i)}}{\sum_{i=1}^{n} p_0^{(i)} \cdot q_0^{(i)}} \cdot 100$
12.	Paasche-Preisindex	$P_{0;t} = \frac{\sum_{i=1}^{n} p_t^{(i)} \cdot q_t^{(i)}}{\sum_{i=1}^{n} p_0^{(i)} \cdot q_t^{(i)}} \cdot 100$

Folgen und Reihen

13.	Partialsummen/-folgen	$(s_n) = (\sum_{k=1}^{n} a_k)$
14.	n-te Partialsumme einer arithmetischen Reihe	$s_n = \frac{n}{2}[a_1 + a_n]$ $= \frac{n}{2}[2 \cdot a_1 + (n-1) \cdot d]$
15.	n-te Partialsumme einer geometrischen Reihe	$s_n = a_1 \cdot \frac{q^n - 1}{q - 1}$
16.	Grenzwert einer geometrischen Reihe	$\lim_{x \to \infty} \left(a_1 \cdot \frac{q^n - 1}{q - 1} \right) \overset{|q| < 1}{=}$ $a_1 \cdot \frac{-1}{q-1} = a_1 \cdot \frac{1}{1-q}$

Finanzmathematik

17.	Endkapital bei einfacher Verzinsung	$K_n = K_0 \cdot (1 + n \cdot i)$
18.	Endkapital in der Zinseszinsrechnung	$K_n = K_0 \cdot (1 + i)^n$
19.	Barwert eines über n Zinsperioden abgezinsten Kapitals	$K_0 = K_n \cdot \frac{1}{(1+i)^n}$
	vorschüssige Rente	
20.	Rentenendwert	$R_n = r \cdot q \cdot \frac{q^n - 1}{q - 1}$
21.	Barwert	$R_0 = r \cdot \frac{1}{q^{n-1}} \cdot \frac{q^n - 1}{q - 1}$
22.	Vorschüssig unterjährliche Rentenzahlung	$r_E = r \cdot [m + \frac{i}{2} \cdot (m+1)]$ mit m = Anzahl der Rentenperioden $R_n = r_E \cdot \frac{q^n - 1}{q - 1}$
	Nachschüssige Rente	
23.	Rentenendwert	$R_n = r \cdot \frac{q^n - 1}{q - 1}$
24.	Barwert	$R_0 = \frac{R_n}{q^n} = r \cdot \frac{1}{q^n} \cdot \frac{q^n - 1}{q - 1}$
25.	nachschüssige unterjährliche Rentenzahlung bei jährlich nachschüssiger Verzinsung	$r_E = r \cdot [m + \frac{i}{2} \cdot (m-1)]$ Entspricht der konformen Ersatzrate r_E = Wert wird jährlich nachschüssig mit Zinseszins verzinst $R_n = r_E \cdot \frac{q^n - 1}{q - 1}$

	Tilgung eines Kredits durch n Annuitäten	
26.	Annuität	$A = S_0 \cdot q^n \cdot \frac{q-1}{q^n-1}$
27.	Restschuld nach Zahlungen von r Annuitäten	$S_r = S_0 \cdot \frac{q^n-q^{r-1}}{q^n-1}$
28.	Höhe der r-ten Zinszahlung	$Z_r = S_0 \cdot i \cdot \frac{q^n-q^{r-1}}{q^n-1}$
29.	Höhe der r-ten Tilgungsleistung	$T_r = S_0 \cdot i \cdot \frac{q^{r-1}}{q^n-1}$
30.	Gesamttilgungsleistung nach Zahlung von r Annuitäten	$T_{ges,r} = T_1 \cdot \frac{q^r-1}{q-1}$
31.	Gesamtrückzahlungsbetrag nach Zahlung von r Annuitäten	$r \cdot A$
32.	Tilgungsdauer	$n = \frac{\ln\left(1 - \frac{S_0 \cdot (1-q)}{t_1}\right)}{\ln q}$
	Effektivzinssatz	
33.	bei vorliegendem Tilgungsplan	$i_{eff} = \frac{Zinssumme}{Restschuldsumme} = \frac{\sum_{r=1}^{n} Z_r}{\sum_{r=1}^{n} S_r}$
34.	mit Iterationsverfahren Lösung von	$q^{n+1} - \frac{S_0+A}{S_0} \cdot q^n + \frac{A}{S_0} = 0,$ $mit\, q = 1 + i_{eff}$
35.	unterjähriger Zins bei m Zinsperioden und Zinseszins	$1 + i_{neu} = \sqrt[m]{1 + i_{Jahr}}$

Symmetrie von Funktionen

36.	Axialsymmetrie zur y-Achse $\rightarrow$ gerade Funktion	$f(-x) = f(x)$
37.	Punktsymmetrie zum Koordinatenursprung $\rightarrow$ ungerade Funktion	$f(-x) = -f(x)$
38.	Axialsymmetrie zur Achse $x = a$	$f(a-x) = f(a+x)$
39.	Punktsymmetrie zum Punkt $(x_0; y_0)$	$f(x_0-x) + f(x_0+x) = 2y_0$

Differenzialrechnung

	$f(x)$	$f'(x)$	Anmerkung
40.	konst.	0	
	x	1	$x \in R$
	x^n	$n \cdot x^{n-1}$	falls $n \in N$: $x \in R$ falls $n \in Z$: $x \in R\backslash\{0\}$ falls $n \in R$: $x \in R^+$
	e^x	e^x	$x \in R$
	$ln(x)$	$\frac{1}{x}$	$x \in R^+$

41.	$c \cdot g(x)$	$c \cdot g'(x)$	$c \in R$, konst
	$u(x) \pm v(x)$	$u'(x) \pm v'(x)$	Summenregel
	$u(x) \cdot v(x)$	$u'(x) \cdot v(x) + u(x) \cdot v'(x)$	Produktregel
	$\frac{u(x)}{v(x)}$	$\frac{u'(x) \cdot v(x) - u(x) \cdot v'(x)}{(v(x))^2}$	Quotientenregel
	$f(g(x))$	$f'(g(x)) \cdot g'(x)$	Kettenregel
42.	a^x	$a^x \cdot \ln(a)$	$a \in R^+, x \in R$
	$\log_a x$	$\frac{1}{x \cdot \ln(a)}$	$a \in R^+ \{0\}, x \in R^+$

43.	Bedingung für Extrema von Funktionen zweier Variablen $f'_x(x; y) = 0$ und $f'_y(x; y) = 0$ Berechnung der Hesse'schen Determinante an den extremwertverdächtigen Stellen $D(x, y) = f''_{xx}(x, y) \cdot f''_{yy}(x, y) - f''^2_{xy}(x, y)$ Es gilt: Wenn $D(x, y) < 0$ Sattelpunkt. Wenn $D(x, y) = 0$ keine Entscheidung möglich. Wenn $D(x, y) > 0$ und $f''_{xx}(x, y) < 0$, dann Maximum. Wenn $D(x, y) > 0$ und $f''_{xx}(x, y) > 0$, dann Minimum.
44.	Länge von Kurvenabschnitten Die Länge eines Kurvenabschnittes einer stetig differenzierbaren Funktion im Intervall $[a; b]$ lässt sich berechnen mit: $L(f(x); [a; b]) = \int\limits_a^b \sqrt{1 + \left(f'(x)\right)^2}\, dx$
45.	Volumen von Rotationskörpern Das Volumen eines Rotationskörpers, dessen Mantelfläche durch Rotation einer stetigen Funktion $f(x)$ um die x-Achse im Intervall $[a; b]$ erzeugt wird, lässt sich berechnen mit: $V = \pi \int\limits_a^b (f(x))^2 dx$

Integralrechnung

	$f(x)$	$\int f(x)dx$	*Anmerkung*
46.	x^n	$\frac{1}{n+1} \cdot x^{n+1} + c$	$n \neq -1$
	$\frac{1}{x}$	$\ln|x| + c$	
	e^x	$e^x + c$	
	$\sin(x)$	$-\cos(x) + c$	
	$\cos(x)$	$\sin(x) + c$	
	$\frac{f'(x)}{f(x)}$	$\ln|f(x)|$	$f(x) \neq 0$
	a^x	$\frac{1}{\ln(a)} \cdot a^x$	$-\infty < x < +\infty,$ $a > 0, a \neq 1$

Integrationsregeln

47.

$$\int a \cdot f(x)dx = a \cdot \int f(x)dx$$

$$\int f(x) + g(x)dx = \int f(x)dx + \int g(x)dx$$

$$\int f(x) \cdot g'(x)dx = f(x) \cdot g(x) - \int f'(x) \cdot g(x)dx$$

$$\int_a^b f(x)dx = -\int_b^a f(x)dx$$

$$\int_a^b f(x)dx = \int_b^c f(x)dx + \int_c^b f(x)dx$$

$$\int_a^b f(g(x)) \cdot g'(x)dx = \int_{g(a)}^{g(b)} f(z)dz$$

Iterationsverfahren

	Verfahren	Formel
48.	Regula Falsi	Startbedingung: $f(a) \cdot f(b) < 0$ $x_{neu} = a - f(a) \cdot \frac{b-a}{f(b)-f(a)}$ Wenn $f(a) \cdot f(x_{neu}) < 0$, dann $b = x_{neu}$ Sonst $a = x_{neu}$
49.	Sekantenverfahren	$x_{i+1} = x_i - \frac{x_i - x_{i-1}}{f(x_i)-f(x_{i-1})} \cdot f(x)$
50.	Newton-Verfahren	$x_{i+1} = x_i - \frac{f(x_i)}{f'(x_i)}$

Numerische Integration

	Hinweis:	$h = \frac{b-a}{n}$
	Verfahren	Formel
51.	Rechteckregel (linksseitig)	$h \cdot \sum\limits_{i=0}^{n-1} f(a+ih)$
52.	Rechteckregel (mittig)	$h \cdot \sum\limits_{i=0}^{n-1} f(a + \left(i + \frac{1}{2}\right) \cdot h)$
53.	Trapezregel	$h \cdot \left[\frac{1}{2} \cdot (f(a)+f(b)) + \sum\limits_{i=1}^{n-1} f(a+ih) \right]$
54.	Simpson-Regel	$\frac{h}{6} \cdot \left[f(a)+f(b) + 4 \cdot \sum\limits_{i=0}^{n-1} f\left(a + \left(i + \frac{1}{2}\right)h\right) + 2 \sum\limits_{i=4}^{n-1} f(a+ih) \right]$

A.2 Hilfsmittel zur Lösung der Aufgaben

A.2.1 Lösungen und Zusatzmaterial

Das vorliegende Buch beinhaltet eine Vielzahl von Aufgaben. Deren Lösung soll dabei unterstützen, mathematische Fähigkeiten und Fertigkeiten zu erwerben bzw. wieder aufzufrischen. Um den Lernprozess so effizient wie möglich zu gestalten, wurde das Buch in einen Übungs- und einen Lösungsteil unterteilt. Die Lösungen sind in der Regel äußerst detailliert ausgeführt, um eine Nachvollziehbarkeit für jeden Leser zu gewährleisten.

Die Lösungen zu den Übungen dieses Buches stehen als PDF- und MAPLE-Datei zum Download unter http://www.wiwistat.de/downloads zur Verfügung. Bitte nutzen Sie das Passwort mathespringer2014

Die folgende Tabelle zeigt die Möglichkeiten der Lösungsunterstützung übersichtlich auf:

Lösungen im Buch	Die Lösungen aller Aufgaben sind ab Kap. 6 zu finden
Lösungen im PDF-Format	Die Übungen wurden auch mit dem Computer-Algebra-System MAPLE gelöst. Die PDF-Dateien zeigen diese Lösungen, sodass sie ohne unübliche Zusatzsoftware gelesen werden können
MAPLE-Lösungen	Diese Dateien beinhalten die Lösungen der Aufgaben zur Nutzung in MAPLE. Details sind Anhang A.2.2 zu entnehmen
MICROSOFT EXCEL-Lösungen	Wo immer möglich, wurden die Lösungen auch im Excel-Format bereitgestellt. Dies ermöglicht die einfache Nachvollziehbarkeit. Auch findet der Leser interessante Ansätze zur Bewältigung mathematischer Probleme mit der Tabellenkalkulation aus dem Hause MICROSOFT

A.2.2 MAPLE-Lösungen

In Ergänzung zu den Lösungen in diesem Buch sind zu allen Aufgaben auch die entsprechenden Lösungen mit dem Computer-Algebra-System MAPLE erstellt worden. Mithilfe der Software ist es möglich, eine Vielzahl von komplexen mathematischen Problemen zu lösen und auch Funktionen grafisch darzustellen sowie zu analysieren. Um die vorhandenen MAPLE-Lösungen *(worksheets)* bearbeiten zu können und sich möglicherweise selbstständig an weiteren Beispielen zu erproben, ist die Software zuvor lokal auf dem eigenen Rechner zu installieren.

Das Leistungsspektrum sowie die Voraussetzungen für den Bezug der Lösungen sind folgend zusammengefasst:

1. Eine MAPLE-Testlizenz kann auf der Website des Herstellers http://www.maplesoft. com angefordert werden.
2. Alle Lösungen zu den Übungen dieses Buches können als MAPLE- und PDFDatei heruntergeladen werden.
3. Die Download-Adresse der Dateien ist: http://www.wiwistat.de/downloads

Zur Ausführung der einzelnen Rechenprozesse kennt MAPLE neben der Möglichkeit der manuellen Eingabe von einfachen Berechnungen auch umfangreiche Befehle, von denen einige in Packages organisiert und erst geladen werden müssen, andere aber direkt aufrufbar sind.

Bei der Bearbeitung der hier zur Verfügung gestellten MAPLE-*worksheets* werden z. B. immer wieder die Befehle *simplify, solve* und *evalf* benutzt, die nicht an Packages gebunden sind und direkt aufgerufen werden können.

Einfache Rechnungen wie $\left(\frac{39}{8} + \frac{67}{8}\right)$ können eingegeben und mithilfe der Bestätigung durch die Enter-Taste ausgeführt werden. Interessant und notwendig wird z. B. der-Befehl *evalf* dann, wenn wie hier beispielsweise eine gebrochenrationale Zahl oder auch eine Wurzel als Ergebnis geliefert wird. MAPLE gibt standardmäßig die Ergebnisse exakt als Bruch aus. Durch Nutzung von $evalf\left(\frac{39}{8} + \frac{67}{8}\right)$ wird das Resultat als Dezimalzahl 13,25 angezeigt.

Prinzipiell benutzt MAPLE die englische Notation für Dezimalzahlen. Komma und Punkt sind also im Vergleich zur deutschen Notation vertauscht. Standardmäßig wird das Komma als Trennzeichen für Argumente von MAPLE-Funktionen und in einigen Fällen auch als Trennzeichen einer Dezimalzahl benutzt. Dies gilt dann, wenn beispielsweise die Anzahl der Dezimalstellen manuell festgelegt wurde. Dies zeigt u. a. „Aufgabe 1.32: Übung zur Nutzung des Taschenrechners".

Der Befehl *simplify* dient der Vereinfachung eines mathematischen Ausdruckes/ Terms. Der Befehl *solve* wird vorrangig immer dann genutzt, wenn eine Gleichung oder ein Ausdruck nach einer Variablen aufgelöst werden soll. Dabei wird zuerst die zu lösende Gleichung aufgeführt und anschließend die Variable, nach der aufgelöst wird. Für das Umstellen der Zinsformel nach der Laufzeit würde damit solve $(K_n = K_o \cdot (1 + n \cdot i), n)$ folgen.

Beim Lösen von Gleichungen und Ungleichungen wird auch hier die Lösung als Bruch ausgegeben. Analog zu *evalf* erhält man mit *fsolve* die entsprechende reelle Lösung, so diese existiert. Problematisch wird dies ggf. beim Lösen von Ungleichungen, wenn es nicht nur eine Lösung gibt. Dann kann nicht sichergestellt werden, dass alle Lösungen gefunden werden. Es bietet sich von daher an, zuerst die Ungleichung grafisch zu bestimmen und anschließend die Suche nach einer Lösung auf ein bestimmtes Intervall zu beschränken. Der interessierte Leser sei auf die Ausführungen in Westermann (2006, S. 14) verwiesen. Generell gibt dieses Buch eine leicht verständliche und übersichtliche Einführung in die Benutzung von MAPLE.

Ein interessantes Beispiel für ein Package ist *Student*. Hier werden viele Teilgebiete für Mathematikinteressierte zusammengefasst. Das Spektrum der Inhalte reicht von den Grundlagen der Analysis, wie der Berechnung der Steigung einer Funktion sowie der Ermittlung der Geradengleichung mittels zweier Punkte, über die lineare Algebra bis hin zur numerischen Mathematik. Um die Befehle dieses Packages nutzen zu können, muss ein gesonderter Befehl ausgeführt werden. Beispielsweise nutzt man für die numerische

Mathematik *with(Student[NumericalAnalysis])*. In den in diesem Buch vorhandenen Aufgaben wurde das MAPLE-Paket im Zuge der Iterationen mit dem Newton- oder dem Sekantenverfahren genutzt. Nähere Ausführungen finden Sie dazu in Kap. 3.

Neben den rechnerischen Aspekten bietet MAPLE ein großes Spektrum an grafischen Gestaltungsmöglichkeiten in 3-D, 2-D sowie als Animation. Ein Großteil der in diesem Buch enthaltenen Abbildungen wurde in MAPLE erstellt, um nicht nur die theoretischen Grundlagen zu ergänzen, sondern gerade auch in den Lösungen den vorliegenden Sachverhalt in Kombination mit den Rechnungen verständnisfördernd zu verdeutlichen. Schaubilder können je nach Bedarf mit verschiedenen Farben, Linienarten und anderen Optionen erzeugt werden. Während im Buch die Schwarzweißvariante benutzt wurde, wird in den MAPLE-Files mithilfe von Farben unterschieden.

Bei der Erstellung der MAPLE-Dateien wurde auf eine ausführliche Dokumentation Wert gelegt. Hinweise zum Gebrauch mit MAPLE sind in Form von Kommentaren eingefügt. Ein Index aller Befehle und Packages sowie genauere Einzelheiten können unter Benutzung von *?function* bzw. *?package* erzeugt werden. Alle MAPLE-Lösungen werden zudem als PDF-Dateien zu diesem Buch zur Verfügung gestellt.

Literatur

Dörsam, P. (2007), Wirtschaftsstatistik anschaulich dargestellt: Ausführliche Darstellung der wichtigsten Zusammenhänge; zahlreiche typische Klausuraufgaben mit detaillierten Lösungsvorschlägen, 6., überarb. Auflage, Heidenau: PD-Verlag.

Dowling, Edward Thomas (2001): Schaum's outline of theory and problems of introduction to mathematical economics. 3. Auflage. New York: McGraw Hill.

Finke, Robert (2005): Grundlagen des Risikomanagements. Quantitative Risikomanagement-Methoden für Einsteiger und Praktiker. Weinheim: Wiley-VCH.

Haack, Bertil (2017): Mathematik für Wirtschaftswissenschaftler – Intuitiv und praxisnah. Heidelberg: Springer-Gabler.

Heidorn, Thomas (2006): Finanzmathematik in der Bankpraxis. Vom Zins zur Option. 5. Aufl. Wiesbaden: Betriebswirtschaftlicher Verlag Dr. Th. Gabler/GWV Fachverlage GmbH, Wiesbaden.

Miller, Michael B. (2012): Mathematics and statistics for financial risk management. Hoboken, N.J: Wiley.

Ohse, Dietrich (1993): Analysis. 3. Auflage. München: Vahlen.

Ryan, Mark (2010): Analysis für Dummies. 2. Auflage. Weinheim: Wiley-VCH-Verl.

Sydsæter, Knut; Hammond, Peter J. (2010): Mathematik für Wirtschaftswissenschaftler. Basiswissen mit Praxisbezug. 3. Auflage. München [u. a.]: Pearson Studium.

Thomas, Christopher R.; Maurice, S. Charles (2011): Managerial economics. Foundations of business analysis and strategy. 10. Auflage. New York: McGraw-Hill/Irwin.

Westermann, Thomas. (2006), Mathematische Probleme lösen mit Maple. Berlin, Heidelberg: Springer-Verlag.

© Springer-Verlag GmbH Deutschland, ein Teil von Springer Nature 2019
T. Wendler und U. Tippe, *Übungsbuch Mathematik für Wirtschaftswissenschaftler,*
https://doi.org/10.1007/978-3-662-58715-7

The manufacturer's authorised representative in the EU is Springer
Nature Customer Service Centre GmbH, Europaplatz 3, 69115 Heidelberg,
Germany. If you have any concerns regarding our products, please
contact ProductSafety@springernature.com

Printed and bound by CPI Group (UK) Ltd, Croydon, CR0 4YY

27/04/2026

02097616-0011